プラズマ物理の基礎

宮本健郎　…………［著］

朝倉書店

まえがき

　新しいエネルギー源として核融合反応を応用し発展させようとするプラズマ物理の研究が始まってからすでに半世紀が過ぎようとしている．そして ITER と呼ばれる国際トカマク実験炉の建設段階がようやく始まった．

　この教科書の主な目的は，プラズマ物理の基礎および核融合研究の最近の状況を専門課程の大学生および大学院生に紹介することにある．またこの分野の研究者にとっても有用な参照資料になることも期待している．

　第1章，第2章においてはプラズマについてのおよその概念をつかんでもらうように心がけた．第3章ではプラズマを構成するイオンおよび電子の軌道について述べ，第4章ではプラズマ物理の基礎方程式である速度分布関数に関するボルツマン方程式，フォッカー–プランク方程式を導いた．

　第5章から第9章まではプラズマを電磁流体と見なして，その運動方程式 (第5章)，平衡 (第6章)，プラズマの拡散，閉じ込め時間 (第7章) などを記述した．さらに第8章においてはプラズマ中に電磁流体力学的微小擾乱が起きたとき減衰して平衡状態に戻るのか，成長して不安定になるのかについての電磁流体力学的不安定性の問題を論じた．第9章ではプラズマが有限な電気抵抗率を持つ場合に起こる抵抗不安定性について述べた．

　第10章から第13章まではプラズマを電磁波動の伝播媒質と見なしてその性質を記述した．第10章で述べる冷たいプラズマ・モデルはプラズマ粒子の熱速度が波動の伝播速度に比べて無視できる場合に成り立つモデルであるが，その単純さのために非等方電磁媒質としてのプラズマの誘電率テンサーを簡単に導くことができ，伝播可能な波動の性質を記述することができる．もし媒質の屈折率が大きくなり，波動伝播速度が遅くなって粒子の熱速度に近くなると波動と粒子との間に相互作用が生ずる．第11章はプラズマの最も特徴的な協同的現象であるランダウ減衰 (増幅)，サイクロトロン減衰について述べる．第12章では熱いプラズマ (粒子の熱速度が波の位相速度に比べて無視できない) についての誘電率テンサーを用いて種々の波動の減衰あるいはプラズマの加熱そして非誘導電流駆動について論ずる．波動加熱や中性粒子入射はイオンや電子を加熱する有効

な手段である．またプラズマ電流の非誘導電流駆動は，ブートストラップ電流と組み合わせて，トカマクの定常運転に欠かせない機構である．熱いプラズマの誘電率テンサーの導入は数学的にやや長い過程が必要なので，その過程の記述は付録 A にまわした．

第 13 章では乱流によるプラズマ輸送を議論する．ドリフト乱流によって引き起こされるプラズマの損失は，磁場配位によりボーム型になったり，ジャイロボーム型になったりする．乱流によるプラズマ輸送は複雑な非線形現象でもある．帯状流の発生，減衰機構の理解が進めば，閉じ込め改善に向かういくつかのルートが発見されるかも知れない．これらの新しいトピックスも 13 章に記述する．

第 14 章から第 17 章では，核融合の種々の分野における最新の研究を記述する．

第 14 章では核融合を目指した高温プラズマ閉じ込め研究の発展を解説する．

第 15 章で述べるトカマクは最も活発に研究され，成果をあげているので，詳しく説明している．電磁流体力学的 (MHD) 不安定性，L モード，H モードのエネルギー閉じ込め時間の実験的比例則，定常運転などの重要な課題を説明している．国際トカマク実験炉 ITER 計画の目的，その根拠について述べる．

第 16 章の逆転磁場ピンチ (RFP) では，MHD 緩和の現象，パルス的平行電流駆動 (PPCD)，電流分布制御による閉じ込め特性の改善などを述べる．

第 17 章の慣性閉じ込めにおいては，高速点火を紹介する．

読者が数多くの論文を理解するべく数式の演繹に費やす時間を節約し，その因って来たる物理や実験結果の考察に振り向けられるように，わかりやすく説明することを目指した．

この教科書は，プラズマ物理の重要な課題を総合的かつ簡潔に説明し，核融合研究の興味ある最新の研究を紹介することを心がけた．

2014 年 9 月

宮 本 健 郎

目 次

1. プラズマとは ··· 1
  1.1 プラズマの定義 ··· 1
  1.2 デバイ遮蔽 ··· 3
  1.3 核融合炉心プラズマ ··· 4

2. プラズマの諸量 ··· 9
  2.1 速度分布関数，電子温度，イオン温度 ··· 9
  2.2 プラズマ振動数，デバイ長 ··· 10
  2.3 サイクロトロン周波数，ラーマー半径 ··· 11
  2.4 案内中心のドリフト速度 ·· 12
  2.5 磁気モーメント，ミラー磁場による閉じ込め，縦の断熱不変量 ······· 14
    2.5.1 ミラーの閉じ込め時間 ··· 16
    2.5.2 磁気モーメント ··· 16
  2.6 クーロン衝突時間，高速中性粒子入射加熱 ·································· 17
  2.7 遁走電子，ドライサー電場，電気抵抗 ··· 21
  2.8 プラズマの時間および空間スケールの多様性 ······························· 22

3. 磁場配位と荷電粒子の軌道 ·· 24
  3.1 マックスウェルの電磁方程式 ··· 24
  3.2 磁 束 面 ··· 26
  3.3 荷電粒子の運動方程式 ··· 27
  3.4 回転対称系における軌道面 ·· 30
  3.5 トーラス磁場における案内中心のドリフト ·································· 32
    3.5.1 トーラスを周回する非捕捉荷電粒子の案内中心 ···················· 33
    3.5.2 トーラスの外側に捕捉されるバナナ粒子の案内中心 ············· 34
  3.6 案内中心のドリフト ·· 35
  3.7 捕捉粒子 (バナナ) の歳差運動 ·· 37
  3.8 バナナ粒子の軌道に対する縦電場の影響 ····································· 41

目次

- 3.9 分極ドリフト ... 42
- 3.10 電磁波の電子に働くポンデラモーティブ力 ... 43

4. 分布関数とプラズマの基礎方程式 ... 46
- 4.1 位相空間と分布関数 ... 46
- 4.2 ボルツマン方程式，ブラゾフ方程式 ... 47
- 4.3 フォッカー–プランクの衝突項 ... 49

5. 電磁流体としてのプラズマ ... 54
- 5.1 電磁2流体プラズマの運動方程式 ... 54
- 5.2 電磁1流体運動方程式 ... 56
- 5.3 簡単化された電磁流体運動方程式 ... 58
- 5.4 磁気音波 ... 60

6. 平衡 ... 63
- 6.1 圧力平衡 ... 63
- 6.2 軸対称系および移動対称系における平衡の式 ... 64
- 6.3 Grad–Shafranov 平衡方程式の厳密解 ... 66
- 6.4 トカマクの平衡 ... 68
- 6.5 ベータ比の上限 ... 74
- 6.6 Pfirsch–Schlüter 電流 ... 75

7. プラズマの閉じ込め (理想的な場合) ... 79
- 7.1 衝突頻度が大きい場合の拡散 (古典拡散) ... 80
  - 7.1.1 電磁流体力学的取り扱い ... 80
  - 7.1.2 粒子的取り扱い ... 82
- 7.2 トカマクにおける衝突頻度が小さい場合の電子の新古典拡散 ... 83
- 7.3 ブートストラップ電流 ... 85

8. 電磁流体力学的不安定性 ... 88
- 8.1 交換不安定性およびソーセージ不安定性，キンク不安定性 ... 89
  - 8.1.1 交換不安定性 ... 89
  - 8.1.2 交換不安定性の安定条件，磁気井戸 ... 92
- 8.2 電磁流体力学的不安定性の公式化 ... 95
  - 8.2.1 電磁流体力学方程式の線形化 ... 95

          8.2.2 エネルギー原理 98
    8.3 円柱プラズマの不安定性 100
          8.3.1 表面電流構成における不安定性 (Kruskal–Shafranov 条件) 100
          8.3.2 分布電流構成における不安定性 104
          8.3.3 Suydam 条件 109
    8.4 Hain–Lüst の電磁流体運動方程式 111
    8.5 バルーニング不安定性 113
    8.6 密度勾配と温度勾配がある場合の η_i モード 117

9. 抵抗不安定性 121
    9.1 ティアリング不安定性 121
    9.2 抵抗性ドリフト不安定性 126

10. 電磁波伝播媒質としてのプラズマ 131
    10.1 冷たい無衝突プラズマの分散式 132
    10.2 波の偏光性, カット・オフ, 共鳴 135
          10.2.1 波の偏光性と粒子の運動 135
          10.2.2 カット・オフと共鳴 136
    10.3 2 成分プラズマの波 137
    10.4 いろいろな波 141
          10.4.1 アルフベン波 141
          10.4.2 イオン・サイクロトロン波 143
          10.4.3 低域混成共鳴 144
          10.4.4 高域混成共鳴 145
          10.4.5 電子サイクロトロン波など 145
    10.5 静電波の条件 147

11. ランダウ減衰, サイクロトロン減衰 149
    11.1 ランダウ減衰 (増幅) 149
    11.2 トランジット・タイム減衰 152
    11.3 サイクロトロン減衰 153
    11.4 準線形理論による分布関数の変化 155

12. 波の伝播, 波動加熱 158
    12.1 エネルギーの流れ 159

12.2 光線追跡 ･･･ 162
12.3 熱いプラズマの分散式，波の吸収，プラズマ加熱 ････････････ 163
12.4 イオン・サイクロトロン周波数領域の波動加熱 (ICRF) ･･･････ 168
12.5 低域混成波加熱 (LHH) ･･････････････････････････････････ 172
12.6 電子サイクロトロン加熱 (ECH) ･･･････････････････････････ 175
12.7 低域混成電流駆動 (LHCD) ･･･････････････････････････････ 178
12.8 電子サイクロトロン電流駆動 (ECCD) ･･････････････････････ 181
12.9 中性粒子ビーム電流駆動 (NBCD) ･･････････････････････････ 184

13. 乱流によるプラズマ輸送 ･･････････････････････････････････ 188
13.1 揺動損失，ボーム，ジャイロ・ボーム拡散，対流損失 ･･･････ 188
13.2 磁気揺動による損失 ･･･････････････････････････････････ 194
13.3 閉じ込め時間の次元解析 ･･･････････････････････････････ 194
13.3.1 Kadomtsev の無次元制約 ･･･････････････････････････ 194
13.3.2 エネルギー閉じ込め時間比例則についての制約 ･････････ 195
13.4 帯状流 ･･･ 196
13.4.1 ドリフト乱流の長谷川–三間方程式 ･････････････････ 196
13.4.2 帯状流の生成 ････････････････････････････････････ 204

14. 核融合研究の発展 ･････････････････････････････････････ 211
14.1 極秘研究から国際的協力研究へ ･････････････････････････ 212
14.2 Artsimovich の時代 ･･････････････････････････････････ 214
14.3 大型トカマクへの道のり (石油ショックのころから) ･･･････ 216
14.4 代替方式 ･･･ 218

15. トカマク ･･･ 221
15.1 トカマク装置 ･･･････････････････････････････････････ 221
15.2 平衡プラズマ位置の安定性 ･････････････････････････････ 225
15.2.1 縦長断面プラズマ・ベータ上限 ････････････････････ 226
15.2.2 垂直方向の移動に対する抵抗性シェルの効果 ････････ 227
15.3 MHD 安定性および密度上限 ･･･････････････････････････ 229
15.4 縦長断面プラズマの MHD 安定なベータ上限 ･････････････ 231
15.5 不純物制御，スクレイプ・オフ層，ダイバーター ･･････････ 234
15.6 L モードの閉じ込め比例則 ････････････････････････････ 235
15.7 H モードおよび閉じ込め改善モード ･････････････････････ 238

目　次

- 15.8 　定　常　運　転 245
  - 15.8.1 　非誘導電流駆動およびブートストラップ電流 245
  - 15.8.2 　新古典ティアリング・モード 247
  - 15.8.3 　抵抗性壁モード 247
  - 15.8.4 　ELM 247
  - 15.8.5 　ディスラプションの制御 249
  - 15.8.6 　高エネルギー粒子による不安定性 249
- 15.9 　国際トカマク実験炉 (ITER) のパラメーター 249
- 15.10 　先進的トカマクへの試み 259

16. 逆転磁場ピンチ (RFP) 264
- 16.1 　RFP 配 位 264
- 16.2 　テイラーの緩和理論 265
- 16.3 　MHD 緩和過程 268
- 16.4 　RFP の閉じ込め 271
  - 16.4.1 　パルス的平行電流駆動 (PPCD) 273
  - 16.4.2 　振動場による電流駆動 274

17. 慣性閉じ込め 280
- 17.1 　ペレット利得 281
- 17.2 　爆　　　縮 285
- 17.3 　電磁流体力学的不安定性 288
- 17.4 　高 速 点 火 290

A. 熱いプラズマの誘電率の導入 295
- A.1 　熱いプラズマの分散式の公式化 295
- A.2 　線形化ブラゾフ方程式の解 297
- A.3 　熱いプラズマの誘電率テンサー 298
- A.4 　マックスウェル分布の場合の誘電率テンサー 301
- A.5 　プラズマ分散関数 302
- A.6 　静電波の分散式 305
- A.7 　不均一プラズマにおける静電波の分散関係 307
- A.8 　速度空間不安定性 310
  - A.8.1 　ドリフト不安定性 (無衝突) 310
  - A.8.2 　イオン温度勾配不安定性 (ITG) 311

  A.8.3　種々の速度空間不安定性 ・・・・・・・・・・・・・・・・・・・・・・・・・・・・・・・・・・・・・・ 311

B. 物理定数，プラズマ・パラメーター，数学公式 ・・・・・・・・・・・・・・・・・・・・・・・ 313

索　　引 ・・ 317

1

プラズマとは

1.1 プラズマの定義

　物質の温度を上げていくと固体，液体，気体と相変化を行うが，さらに高温にすると気体分子は原子に解離し，ついには原子がイオンと電子に分離し，全体として電気的に中性で，イオンと電子(および中性粒子)とからなる高温の電離ガス状態になる．その構成粒子であるイオンと電子が集団運動を起こすとき，荷電粒子間にクーロン力が働く．その距離を r とするときクーロン力は r^{-2} 程度で遠距離になってもあまり小さくならない．また電流が流れ，ローレンツ力が荷電粒子の間で働く．したがって，多数の構成粒子が互いに長距離相互作用を及ぼし合って多様な集団運動を起こす．その典型例は種々の不安定性，波動現象である．このような高温の電離ガス状態をプラズマという．すなわちプラズマとはイオンと電子の準中性的集まりで，それらが集団運動を起こす高温ガス状態を意味する．

　温度が $T\,(\mathrm{K})$ のとき，その粒子の熱運動の平均速度 v_T は

$$mv_\mathrm{T}^2/2 = \kappa T/2$$

である．κ はボルツマン定数で $\kappa = 1.380\cdots \times 10^{-23}\,\mathrm{J/K}$ である．κT は熱運動エネルギーの大きさを表す．一方エネルギーの単位として，電子の電荷の大きさに等しい $e \simeq 1.602\cdots \times 10^{-19}$ クーロンを1ボルトの電位差に抗して移動することに費やすエネルギー

$$1\,\mathrm{eV}\,(エレクトロン・ボルト) = 1.602\cdots \times 10^{-19}\,\mathrm{J}\,(ジュール)$$

を用いることがプラズマ物理の分野では多い．$\kappa T = 1\,\mathrm{eV}$ に相当する温度は $e/\kappa = 1.160\cdots \times 10^4\,\mathrm{K/V}$ であるので $1.160\cdots \times 10^4\,\mathrm{K}$ である．

　これ以降は便宜上 κT を T と表し，その SI 単位は J(ジュール)である．水素原子のイオン化エネルギーは $13.6\,\mathrm{eV}$ であるので，水素ガスを $1\,\mathrm{eV}\sim 10^4\,\mathrm{K}$ 程度の温度にすると，熱運動の平均エネルギーは $1\,\mathrm{eV}$ であっても $13.6\,\mathrm{eV}$ 以上の高速電子もある程

度あるので水素原子と衝突して電離しプラズマ状態になる.

プラズマは自然界に多様な形で現れる (図 1.1). 地球大気の上層で高さが $70 \sim 500\,\text{km}$ の範囲には電離気体がいくつかの層をなして存在し，電離層と呼ばれている (密度 $10^{12}\,\text{m}^{-3}$, 温度 $0.2\,\text{eV}$). また太陽周囲の惑星間空間には太陽風と呼ばれるプラズマの流れが太陽から吹き出しており，その密度は $10^{6\sim 7}\,\text{m}^{-3}$, 電子温度は $10\,\text{eV}$ くらいである. また太陽のまわりにはコロナ領域が広がっていてその位置によって異なるが密度は $10^{14}\,\text{m}^{-3}$, 電子温度は $100\,\text{eV}$ 程度と推定されている. また恒星の進化の最終状態の一つである白色矮星においては $10^{35\sim 36}\,\text{m}^{-3}$ の電子密度となる. 横軸に電子密度 ($n\,(\text{m}^{-3})$), 縦軸に温度 ($T\,(\text{eV})$) として様々なプラズマの領域を図 1.1 に示す.

プラズマ物理は特に核融合研究に関連して，学問体系が整えられてきた. したがって，高温プラズマの研究は核融合研究の分野で最も活発に研究されている. プラズマ物理のもう一つの重要な応用は宇宙科学，天体物理学である. 地磁気圏におけるプラズマ現象，電波を出すパルサー，X 線天体など，プラズマが重要な働きをしている. また金属や半導体内には内部に比較的自由に働く荷電粒子群を含んでおり，金属中の電子系においては量子効果が重要になっている. より実用的応用分野においては放電現象，MHD 発電，宇宙ロケット用イオン・エンジンなどがある. また最近ではプラズマ・プロセッシングに多くの関心が集まっている.

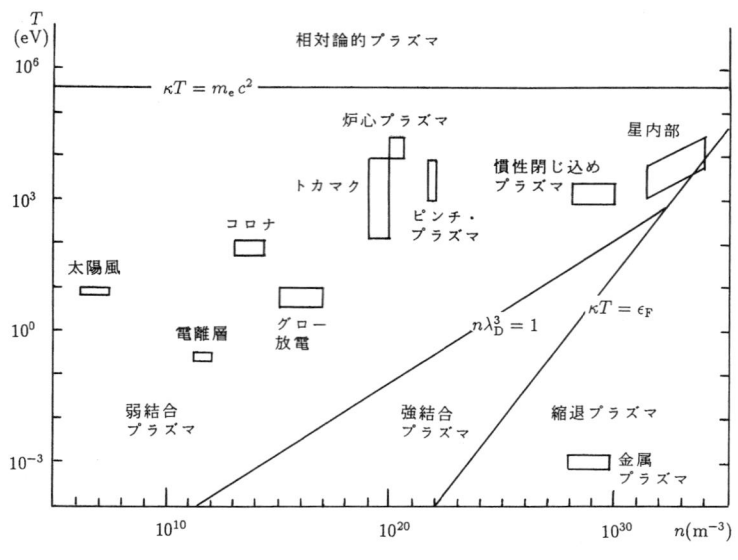

図 1.1 n-T ダイアグラムにおける種々のプラズマ領域

1.2 デバイ遮蔽

プラズマの基本的性質の一つはプラズマに加えた電位を遮蔽してしまうことである．正の電極の周りには電子が集まり，負の電極の周りからは電子が反発をうけて，電位を遮蔽してしまう (図 1.2 参照)．この遮蔽距離を計算してみよう．簡単のため，イオンは一様に分布し ($n_i = n_0$)，電子はボルツマン分布をすると仮定する．すなわち電子密度を n_e とすると

$$n_e = n_0 \exp(e\phi/T_e)$$

となる．いま電子のポテンシャル・エネルギーが熱エネルギーより小さい場合は次のように近似できる．

$$n_e \simeq n_0(1 + e\phi/T_e)$$

一方ポアソンの式は

$$\bm{E} = -\nabla\phi, \qquad \nabla(\epsilon_0 \bm{E}) = -\epsilon_0 \nabla^2 \phi = \rho$$

で与えられる．したがって

$$-\epsilon_0 \nabla^2 \phi = -e(n_e - n_0) = -\frac{e^2 n_0}{T_e}\phi$$

$$\nabla^2 \phi = \frac{\phi}{\lambda_D^2}$$

$$\lambda_D = \left(\frac{\epsilon_0 T_e}{n_e e^2}\right)^{1/2} = 7.45 \times 10^3 \left(\frac{1}{n_e}\frac{T_e}{e}\right)^{1/2} \quad \text{(m)} \tag{1.1}$$

となる．ただし n_e は m^{-3} 単位，T_e/e は eV 単位である．この式の球対称な解は，$\nabla^2 \phi = (1/r^2)(\partial/\partial r)(r^2 \partial \phi/\partial r)$ となるから

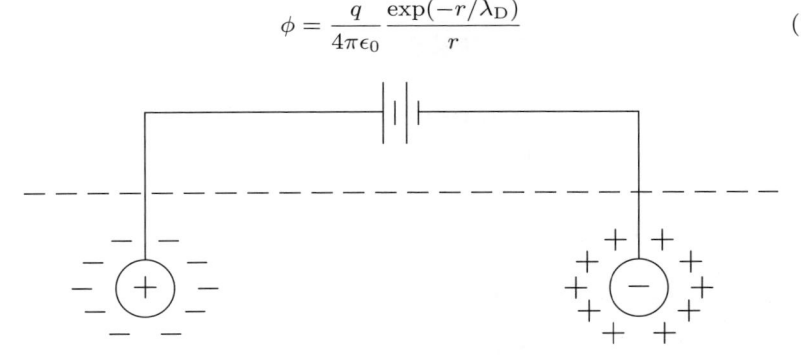

$$\phi = \frac{q}{4\pi\epsilon_0} \frac{\exp(-r/\lambda_D)}{r} \tag{1.2}$$

図 1.2 プラズマに加えた電位の遮蔽

となる．このことは点電荷のポテンシャル $q/4\pi\epsilon_0 r$ が λ_D の距離で遮蔽されることを意味する．この距離 λ_D をデバイ長 (Debye length) と呼ぶ．プラズマの大きさを a とするとき，$a \gg \lambda_\mathrm{D}$ であればプラズマは電気的に中性であるといえる．もし $a < \lambda_\mathrm{D}$ であると，各荷電粒子は静電的に遮蔽されず独立な荷電粒子の集まりとなってしまうのでプラズマといえなくなる．

デバイ長を半径に持つ球の中にある電子の数をプラズマ・パラメーター (plasma parameter) という．

$$n\lambda_\mathrm{D}^3 = \left(\frac{\epsilon_0}{e}\frac{T_\mathrm{e}}{e}\right)^{3/2}\frac{1}{n_\mathrm{e}^{1/2}} \tag{1.3}$$

となる．したがって温度一定のとき密度を大きくしていくと，この値は小さくなる．もしプラズマ・パラメーターが1程度になると，電荷密度が連続的としている取扱いができなくなりデバイ遮蔽の概念が成り立たなくなる．$n\lambda_\mathrm{D}^3 > 1$ の領域を古典プラズマあるいは**弱結合プラズマ** (weakly coupled plasma) と呼んでいる．なぜならば熱運動エネルギー T_e と電子間のクーロン・エネルギー $E_\mathrm{coulomb} = e^2/4\pi\epsilon_0 d$ ($d \simeq n^{-1/3}$ は電子間の平均距離) の比は

$$\frac{T_\mathrm{e}}{E_\mathrm{coulomb}} = 4\pi(n\lambda_\mathrm{D}^3)^{2/3} \tag{1.4}$$

で与えられ，クーロン・エネルギーが熱運動エネルギーに比べて小さいからである．$n\lambda_\mathrm{D}^3 < 1$ の場合は荷電粒子間のクーロン・エネルギーが支配的になるので**強結合プラズマ** (strongly coupled plasma) と呼んでいる (図 1.1 参照)．縮退した電子ガスのフェルミ・エネルギーは $\epsilon_\mathrm{F} = (h^2/2m_\mathrm{e})(3\pi^2 n)^{2/3}$ で表されるので，高密度になってくると $\epsilon_\mathrm{F} \geq T_\mathrm{e}$ となる可能性がある．この場合には熱運動の効果よりフェルミ粒子としての量子効果が重要となってくる．このような系を縮退した電子系と呼んでいる．この例は金属中の電子プラズマである．実験室で普通取り扱うプラズマのほとんどは古典的弱結合プラズマである．

1.3 核融合炉心プラズマ

プラズマ物理の発展は核融合炉心プラズマをどのようにしたら生成できるかという動機に負うところが大きい．この節では核融合炉心プラズマの必要条件について述べてみよう．

質量数の小さい各種の原子核が衝突して，質量数の大きい原子核をつくる反応を核融合という．核融合反応後に生成された原子核の質量の和は，衝突する前の二つの原子核の質量の和に比べてわずかに少なくなっている．相対性理論によれば，この質量欠損 Δm に相当する $(\Delta m)c^2$ (c は光速度) のエネルギーが放出される．太陽の中心部では核融合の反応が進行して地球に降り注ぐエネルギーの源となっている．

1.3 核融合炉心プラズマ

　利用可能な核融合反応として現在考えられているのは重水素 D，三重水素 T，ヘリウム 3 それにリチウムなどの軽原子核の反応である．

(1) 　D+D→T (1.01 MeV)+p (3.03 MeV)
(2) 　D+D→ ^{3}He (0.82 MeV)+n (2.45 MeV)
(3) 　T+D→ ^{4}He (3.52 MeV)+n (14.06 MeV)
(4) 　D+^{3}He → ^{4}He (3.67 MeV)+p (14.67 MeV)
(5) 　^{6}Li+n→T+^{4}He+4.8 MeV
(6) 　^{7}Li+n (2.5 MeV)→T+^{4}He+n

　重水素はきわめて豊富に存在し，1.35×10^9 km^3 の海水中の水素の 0.015%(原子の数で) が重水素である．ここで p, n はそれぞれ陽子 (水素 H のイオン) と中性子である．また 1 MeV は 10^6 eV である．ちなみに水素分子 H$_2$ が燃焼して H$_2$O になる化学反応で放出される化学エネルギーは 2.96 eV であるから，上記の核融合反応によるエネルギーは，その 100 万倍程度の大きな値である．

　爆発的な核融合反応によるエネルギーの放出は水素爆弾の実験によって実証されているが，核融合炉の研究は制御された核融合反応がエネルギー資源として役立つであろうという期待にもとづいている．核融合反応そのものからは放射能生成物は出てこない (ただし，放出される中性子が炉壁材料に捕捉されて誘導放射能を生ずる可能性はある)．核融合反応は 1920 年代に発見されたが，そのときは原子番号 Z の小さい元素を標的にして陽子や重陽子 (重水素イオン) の粒子線をぶつけた．しかしこのような方法では，粒子線の大部分は標的元素のイオン化，弾性散乱などによる熱化に費やされてしまい，核融合反応を起こす確率は，微々たるものである．

　現在研究されているのは，高温プラズマを使った核融合である．水素プラズマ中ではイオンがさらに電離したり，励起されたりすることはない．高い熱エネルギーを持つイオンや電子が衝突を繰り返しても，プラズマがある領域に閉じ込められていれば，その平均エネルギー，すなわち温度は下がらない．したがってある温度以上の高温 DT プラズマ，あるいは DD プラズマを閉じ込めることができるならば，D と T あるいは D と D が互いに高速で走り回っているので双方の持つ ＋ 電気の反発力を乗り越えて衝突し，核融合反応を起こすことが期待できる．

　たとえば T が D と核融合反応を起こすような衝突をする場合に，衝突をする相手の D の大きさの断面積を反応断面積という．この断面積は衝突する T の運動エネルギー E によって変化する．$E = 100$ keV のとき DT 反応の断面積は 5×10^{-24} cm^2 である．DT, DD, D^{3}He 反応の反応断面積 σ の衝突粒子運動エネルギー E への依存性を図 1.3a に示す[1)2)]．ある D イオンが v の速度で密度 n_T の T イオンと核融合反応する場合，単位時間に核融合反応を起こす確率は $n_\mathrm{T} \sigma v$ となる (衝突確率については 2.7 節のクーロン衝突のところでより詳しく説明する)．プラズマが温度 T_i のマックスウェル分布をし

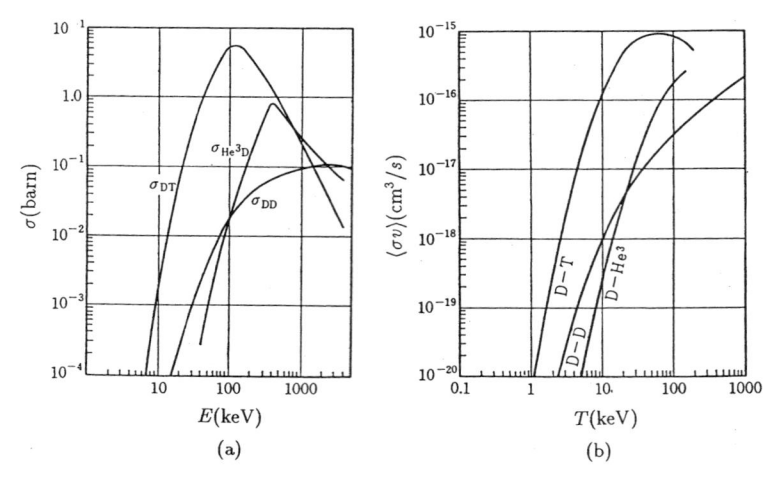

図 1.3 (a) 核融合反応断面積 σ の衝突粒子運動エネルギー E への依存性. (b) 核融合反応率 $\langle \sigma v \rangle$ のイオン温度 T_i 依存性
σ_{DD} は DD 反応 1,2 の断面積の和を示す. 1 barn = 10^{-24} cm^2.

ているとき,衝突するイオンの相対速度は様々に変わるので σv の速度平均値 $\langle \sigma v \rangle$ が必要となる. 図 1.3b に $\langle \sigma v \rangle$ のイオン温度 T_i に対する依存を示す[3]. DT 反応率 $\langle \sigma v \rangle$ の温度 T (keV 単位) の依存性によく合う関数として

$$\left.\begin{array}{l}\langle \sigma v \rangle (\mathrm{m}^3/\mathrm{s}) = \dfrac{3.7 \times 10^{-18}}{H(T) \times T^{2/3}} \exp\left(-\dfrac{20}{T^{1/3}}\right) \\ H(T) \equiv \dfrac{T}{37} + \dfrac{5.45}{3 + T(1 + T/37.5)^{2.8}}\end{array}\right\} \quad (1.5)$$

が提案されている[4].

核融合炉の概念図を図 1.4 に示す. 炉心プラズマから飛び出した中性子は真空壁を突き抜けて Li ブランケット内で減速され熱エネルギーを生じる. また Li と核反応 (5)(6) を起こさせて, 天然には存在しない三重水素 T を生成する (T は 12.3 年の半減期で ^{3}He にベータ崩壊する). この熱エネルギーは熱交換機によって水蒸気の発生に利用され, 蒸気タービンを回転し発電する. その電気エネルギーの一部をつかって加熱装置を働かせ, 炉心プラズマのエネルギー損失を補って高温に保つ. そのためには炉心プラズマから出てくる核融合エネルギー出力が, その効率をも考慮した上で炉心プラズマを保つのに必要な加熱エネルギー入力より大きくなくてはならない. 必要な加熱入力は炉心プラズマのエネルギー損失割合に等しいからプラズマのエネルギー閉じ込めが非常によいことが必要となる.

プラズマの単位体積あたり熱エネルギーは $(3/2)n(T_i + T_e)$ で与えられる. この熱エ

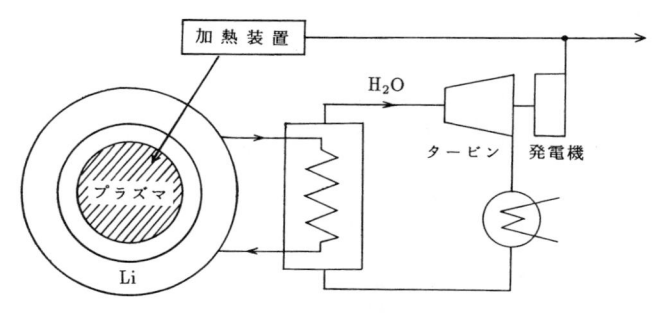

図 1.4 核融合炉の概念図

ネルギーは熱伝導や対流損失によって失われていく．単位体積単位時間あたりのこのエネルギー損失を P_L とする．また電子の制動放射，不純物イオンによる放射損失 R がある．熱伝導，対流損失および放射損失で決まるエネルギー閉じ込め時間 τ_E を

$$\tau_E \equiv \frac{(3/2)n(T_e+T_i)}{P_L+R} \simeq \frac{3nT}{P_L+R} \tag{1.6}$$

と定義する．プラズマを高温に保つために必要な加熱入力 P_{heat} は P_L+R に等しい．DT 炉を考える場合，1 反応あたりアルファ粒子 (ヘリウム) の $Q_\alpha = 3.52\,\text{MeV}$ および中性子の $Q_n = 14.06\,\text{MeV}$ の合計 $Q_{\text{NF}} = 17.58\,\text{MeV}$ のエネルギー放出がある．また D および T のイオンが等しい割合で混ざっているとき各々の密度は $n/2$ であるから単位時間単位体積あたりの核融合反応の起こる回数は $(n/2)(n/2)\langle\sigma v\rangle$ であり，単位体積あたりの核融合反応出力 P_{NF} は

$$P_{\text{NF}} = \frac{n}{2}\frac{n}{2}\langle\sigma v\rangle Q_{\text{NF}} \tag{1.7}$$

で与えられる．発電効率を η_{el}，加熱効率を η_{heat} とするとき，炉心プラズマの条件は

$$P_{\text{heat}} = P_L + R = \frac{3nT}{\tau_E} < (\eta_{\text{el}})(\eta_{\text{heat}})P_{\text{NF}} \tag{1.8}$$

$$\frac{3nT}{\tau_E} < (\eta_{\text{el}})(\eta_{\text{heat}})\frac{Q_{\text{NF}}}{4}n^2\langle\sigma v\rangle$$

$$n\tau_E > \frac{12T}{\eta Q_{\text{NF}}\langle\sigma v\rangle} \tag{1.9}$$

となる．ただし η は二つの効率の積である．ここで右辺は温度 T のみの関数である．$T = 10^4\,\text{eV}$ のとき $\eta \sim 0.3 (\eta_{\text{el}} \sim 0.4, \eta_{\text{heat}} \sim 0.75)$ として $n\tau_E > 1.7 \times 10^{20}\,\text{m}^{-3}\cdot\text{s}$ となる．$\eta \sim 0.3$ としたときの **DT 炉心プラズマ**の条件を図 1.5 に示す．現実の炉心プラズマではその中心は高温であるが，周辺においては低温になっている．より厳密に取り扱うためには温度や密度の空間分布の影響を考慮して全領域の積分をとらなければならない．

また $P_{\text{heat}} = P_{\text{NF}}$ の条件を**臨界条件** (break even condition) という．これは $\eta = 1$

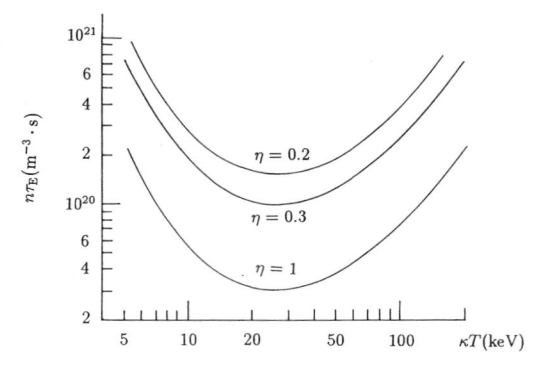

図 1.5 DT 炉心プラズマの条件 $n\tau_E$–T ダイアグラム
臨界条件 ($\eta = 1$), 着火条件 ($\eta = 0.2$)

とした場合に相当する.DT 反応の全出力のうちアルファ粒子による出力の割合は $Q_\alpha/Q_{NF} = 0.2$ である.アルファ粒子は荷電粒子であるので,クーロン衝突によってプラズマを加熱する (2.6 節参照).もしアルファ粒子による出力が全部プラズマの加熱に寄与する場合,$P_{heat} = 0.2 P_{NF}$ の条件を**着火条件** (ignition) という.外から加熱しなくても自分自身の出力で高温状態を持続するからである.これは $\eta = 0.2$ とした場合に相当する.

文　　献

1) W. R. Arnold, J. A. Phillips, G. A. Sawyer, E. J. Stovall, Jr. and J. C. Tuck: *Phys. Rev.* **93**, 483 (1954).
2) C. F. Wandel, T. Hesselberg Jensen and O. Kofoed-Hansen: *Nucl. Instr. Methods* **4**, 249 (1959).
3) J. L. Tuck: *Nucl. Fusion* **1**, 201 (1961).
4) T. Takizuka and M. Yamagiwa: JAERI-M 87-006 (1987) Japan Atomic Energy Research Institute.

2

プラズマの諸量

2.1 速度分布関数，電子温度，イオン温度

プラズマ中の電子およびイオンはいろいろな速度で運動している．単位体積あたりの電子の個数は，電子密度 n_e で与えられるが，その中で速度の x 成分が v_x と $v_x + \Delta v_x$ との間にある電子の個数 $\Delta n(v_x)$ は

$$\Delta n(v_x) = f_e(v_x) \Delta v_x$$

で与えられるとする．このとき $f_e(v_x)$ を電子の**速度分布関数** (velocity space distribution function) という．電子が熱平衡状態にあるときはマックスウェル分布になることが知られており

$$f_e(v_x) = n_e \left(\frac{\beta}{2\pi}\right)^{1/2} \exp\left(-\frac{\beta v_x^2}{2}\right), \qquad \beta = \frac{m_e}{T_e}$$

となる．もちろん速度分布関数は次の関係式を満たす．

$$\int_{-\infty}^{\infty} f_e(v_x) \mathrm{d}x = n_e$$

同様な議論により 3 次元の速度分布関数は

$$f_e(v_x, v_y, v_z) = n_e \left(\frac{m_e}{2\pi T_e}\right)^{3/2} \exp\left(-\frac{m_e(v_x^2 + v_y^2 + v_z^2)}{2T_e}\right) \qquad (2.1)$$

で与えられる．イオンの速度分布関数およびイオン温度についても全く同様に考えることができる．速度の 2 乗平均 v_T^2 は

$$v_T^2 = \frac{1}{n} \int_{-\infty}^{\infty} v_x^2 f(v_x) \mathrm{d}x = \frac{T}{m} \qquad (2.2)$$

となる．圧力 p は

$$p = nT \qquad (2.3)$$

である．また x の正の方向に単位面積あたり流れる粒子束 $\varGamma_{+,x}$ は

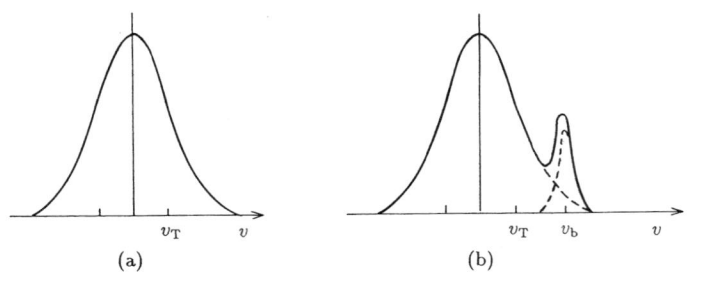

図 2.1 (a) 電子温度 T_e のマックスウェル分布をした速度分布関数. (b) 電子温度 T_e のプラズマに平均速度 v_b の電子ビームを入射したときの速度分布関数

$$\Gamma_{+,x} = \int_0^\infty v_x f(v_x) \mathrm{d}v_x = n\left(\frac{T}{2\pi m}\right)^{1/2}$$

となる. 図 2.1a に示した電子速度分布関数のプラズマに平均速度 v_b の電子ビームを z 方向に入射した場合は図 2.1b に示すような速度分布関数となる. このような場合の速度分布関数のモデルとして次の式がよく用いられる.

$$f_e(v_z) = n_e \left(\frac{m_e}{2\pi T_e}\right)^{1/2} \exp\left(-\frac{m_e v_z^2}{2T_e}\right) + n_b \left(\frac{m_e}{2\pi T_b}\right)^{1/2} \exp\left(-\frac{m_e(v_z - v_b)^2}{T_b}\right)$$

2.2 プラズマ振動数, デバイ長

一様なプラズマ中で擾乱が起こり電子が微少に変位したとする. このときイオンは重いので一様な分布のまま $(n_i = n_0)$ になっているとする. 電子の変位により電荷分布が生じ電場が発生する. 電場はポアソンの方程式

$$\epsilon_0 \nabla \cdot \boldsymbol{E} = -e(n_e - n_0) \tag{2.4}$$

を満たす. 電子は電場によって加速される.

$$m_e \frac{\mathrm{d}\boldsymbol{v}}{\mathrm{d}t} = -e\boldsymbol{E} \tag{2.5}$$

そして電子の移動により $\Gamma = n_e v_x$ の粒子束が生じ電子密度が変化する.

$$\frac{\partial n_e}{\partial t} + \nabla \cdot (n_e \boldsymbol{v}) = 0 \tag{2.6}$$

$n_e - n_0 = n_1$ とし $|n_1| \ll n_0$ とすると上記の関係式は次のようになる.

$$\epsilon_0 \nabla \cdot \boldsymbol{E} = -e n_1, \qquad m_e \frac{\partial \boldsymbol{v}}{\partial t} = -e\boldsymbol{E}, \qquad \frac{\partial n_1}{\partial t} + n_0 \nabla \cdot \boldsymbol{v} = 0$$

簡単のため変位は x 方向のみとし, 振動量は正弦的に振動するとする. すなわち

$$n_1(x,t) = n_1 \exp(ikx - i\omega t)$$

時間微分 $\partial/\partial t$ は $-i\omega$ で置き換えられ，$\partial/\partial x$ は ik で置き換えられる．そして

$$ik\epsilon_0 E = -en_1$$
$$-i\omega m_e v = -eE$$
$$-i\omega n_1 = -ikn_0 v$$

したがって

$$\omega^2 = \frac{n_0 e^2}{\epsilon_0 m_e}$$

でなければならない．この波を**電子プラズマ波** (electron plasma wave) という．その周波数を**電子プラズマ周波数** (electron plasma frequency) Π_e といい，

$$\Pi_e = \left(\frac{n_e e^2}{\epsilon_0 m_e}\right)^{1/2} = 5.64 \times 10^{11} \left(\frac{n_e}{10^{20}}\right)^{1/2} \quad (\text{rad/s}) \tag{2.7}$$

となる．デバイ長 λ_D とは次の関係がある．

$$\lambda_D \Pi_e = \left(\frac{T_e}{m_e}\right)^{1/2} = v_{Te}$$

2.3 サイクロトロン周波数，ラーマー半径

電磁場 $\boldsymbol{E}, \boldsymbol{B}$ において質量 m，電荷 q を持つ粒子の運動方程式は

$$m\frac{d\boldsymbol{v}}{dt} = q(\boldsymbol{E} + \boldsymbol{v} \times \boldsymbol{B}) \tag{2.8}$$

で与えられる．z 方向に一様な磁場があって電場が 0 の場合 $\dot{\boldsymbol{v}} = (qB/m)(\boldsymbol{v} \times \boldsymbol{b})$ となるので $(\boldsymbol{b} = \boldsymbol{B}/B)$，

$$v_x = -v_\perp \sin(\Omega t + \delta)$$
$$v_y = v_\perp \cos(\Omega t + \delta)$$

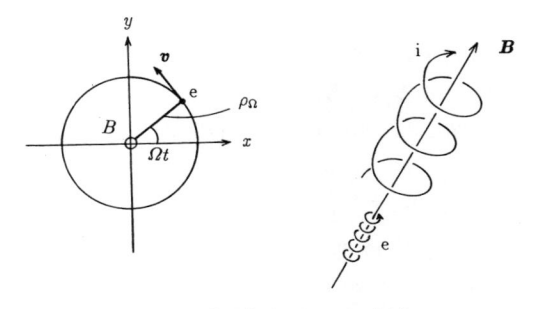

図 2.2 荷電粒子のラーマー運動

$$v_z = v_{z0}$$
$$\Omega = -\frac{qB}{m} \tag{2.9}$$

となり，Ω の角速度で磁力線の周りを旋回する運動をする (図 2.2)．この運動をラーマー運動といい，Ω をサイクロトロン (角) 周波数という．回転半径を ρ_Ω とすると遠心力は $mv_\perp^2/\rho_\Omega$ であり，ローレンツ力は $qv_\perp B$ であるから両者が釣り合わなければならない．すなわち

$$\rho_\Omega = \frac{mv_\perp}{|q|B} \tag{2.10}$$

となる．この回転半径をラーマー半径という．電子は右回り ($\Omega > 0$)，イオンは左回りである (図 2.2 参照)．$B = 1\,\mathrm{T}$, $T = 100\,\mathrm{eV}$ のとき，それぞれの値は次のようになる．

	電 子	プロトン
熱速度 $v_\mathrm{T} = (T/m)^{1/2}$	4.2×10^6 m/s	9.8×10^{11} m/s
ラーマー半径 ρ_Ω	$23.8\,\mu\mathrm{m}$	$1.02\,\mathrm{mm}$
サイクロトロン角周波数 Ω	1.76×10^{11}/s	-9.58×10^7/s
サイクロトロン周波数 $\Omega/2\pi$	$28\,\mathrm{GHz}$	$-15.2\,\mathrm{MHz}$

ラーマー運動の中心を**案内中心** (guiding center) という．案内中心は磁力線に沿って等速運動をするので，荷電粒子の軌道は螺旋状となる (図 2.2)．

2.4　案内中心のドリフト速度

一様磁場に垂直で一様な電場 $\boldsymbol{E}$ が加わるときは

$$\boldsymbol{v} = \boldsymbol{u}_\mathrm{E} + \boldsymbol{u}, \quad \boldsymbol{u}_\mathrm{E} = \frac{\boldsymbol{E} \times \boldsymbol{b}}{B} \tag{2.11}$$

として運動方程式に代入すると

$$m\frac{d\boldsymbol{u}}{dt} = q(\boldsymbol{u} \times \boldsymbol{B})$$

となる．したがって荷電粒子の運動はラーマー運動と，電場による案内中心のドリフト運動 $\boldsymbol{u}_\mathrm{E}$ との重ね合わせとなる．電場によるイオンと電子のドリフト運動は互いに同じ方向，同じ速度である (図 2.3)．加速度 $\boldsymbol{g}$ が加わった場合は力 $m\boldsymbol{g}$ が $q\boldsymbol{E}$ と対応するので

$$\boldsymbol{u}_\mathrm{g} = \frac{m}{qB}(\boldsymbol{g} \times \boldsymbol{b}) = -\frac{\boldsymbol{g} \times \boldsymbol{b}}{\Omega} \tag{2.12}$$

のドリフト速度で案内中心がドリフトする．加速度によるイオンと電子のドリフト速度は互いに反対方向でイオンの方が速い (図 2.3)．

磁場や電場が時間的，空間的にゆるやかに変化している場合は ($|\omega/\Omega| \ll 1, \rho_\Omega/R$

2.4 案内中心のドリフト速度

図 2.3 電場および加速度による案内中心のドリフト運動

≪ 1),上記のドリフト運動の表式はそのまま成立する.ただし磁力線が曲がっているので磁力線に沿って速度 $v_\parallel$ で運動する粒子には遠心力が加わる (図 2.4). 磁力線の曲率半径を R とし,その曲率中心 O から磁力線に向かう単位ベクトルを $\bm{n}$ とすると,遠心加速度は

$$\bm{g}_{\mathrm{curv}} = \frac{v_\parallel^2}{R}\bm{n} \tag{2.13}$$

となる.次に不均一磁場中におけるラーマー運動の効果を考慮すると

$$\bm{g}_{\nabla B} = \frac{v_\perp^2/2}{B}\nabla B \tag{2.14}$$

の加速度を受ける (後述). したがって案内中心は不均一磁場中において

$$\bm{u}_{\mathrm{g}} = -\frac{1}{\Omega}\left(\frac{v_\parallel^2}{R}\bm{n} - \frac{v_\perp^2}{2}\frac{\nabla B}{B}\right)\times \bm{b} \tag{2.15}$$

のドリフトをする.第 1 項を**曲率ドリフト** (curvature drift), 第 2 項を**グラジエント $B(\nabla B)$ ドリフト**という.真空磁場中においては $\nabla\times\bm{B} = 0$ であるから

$$\frac{1}{2}\nabla(\bm{B}\cdot\bm{B}) = (\bm{B}\cdot\nabla)\bm{B} + \bm{B}\times(\nabla\times\bm{B}) = B\frac{\partial}{\partial l}(B\bm{b}) = \frac{\partial B}{\partial l}\bm{b} + B\frac{\partial \bm{b}}{\partial l} = \frac{\partial B}{\partial l}\bm{b} - B\frac{\bm{n}}{R}$$

となり

$$\bm{u}_{\mathrm{g}} = -\frac{1}{\Omega}\frac{v_\parallel^2 + v_\perp^2/2}{R}(\bm{n}\times\bm{b}) \tag{2.16}$$

となる.磁力線に平行方向の案内中心の運動は

$$m\frac{\mathrm{d}v_\parallel}{\mathrm{d}t} = qE_\parallel + mg_\parallel - \frac{mv_\perp^2/2}{B}\nabla_\parallel B$$

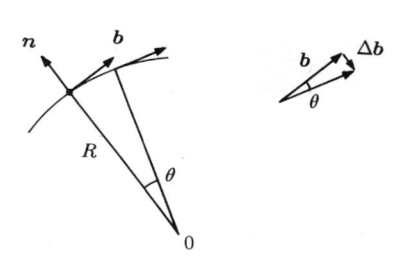

図 2.4 磁力線の曲率半径

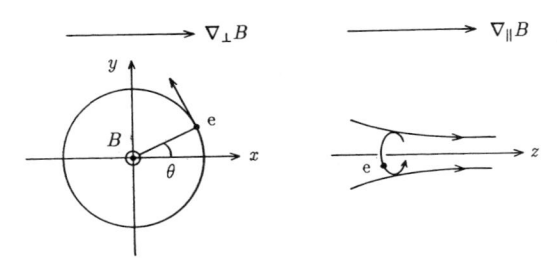

図 2.5 不均一磁場中における旋回運動

となる．ただし l は磁力線に沿う長さである．

不均一磁場中で旋回運動をしているとき荷電粒子に加わるローレンツ力 $\boldsymbol{F}_\mathrm{L} = q\boldsymbol{v} \times \boldsymbol{B}$ の時間平均を求めてみよう．$\boldsymbol{B}$ を z 軸にとったとき，ローレンツ力の x 成分および案内中心付近の磁場の大きさ B は

$$F_{\mathrm{L}x} = qv_y B = -qv_\perp \cos\theta B$$

$$B = B_0 + \frac{\partial B}{\partial x}\rho_\Omega \cos\theta + \frac{\partial B}{\partial y}\rho_\Omega \sin\theta$$

となるから (図 2.5 参照)．時間平均は $\langle F_{\mathrm{L}x}\rangle = (1/2)(\partial B/\partial x)(-q)v_\perp \rho_\Omega$ で与えられる．y 成分についても同様に求まる．したがって

$$\langle \boldsymbol{F}_\mathrm{L}\rangle_\perp = -\frac{mv_\perp^2/2}{B}\nabla_\perp B$$

となる．次に磁力線方向の z 成分について求めてみよう．図 2.5 の座標においては $\nabla\cdot\boldsymbol{B} = 0$ の式は $B_r/r + \partial B_r/\partial r + \partial B_z/\partial z = 0$ となるから ($2\partial\boldsymbol{B}_r/\partial r \approx -\partial\boldsymbol{B}/\partial z$)

$$\langle F_{\mathrm{L}z}\rangle = -\langle qv_\perp B_r\rangle = |q|v_\perp \rho_\Omega \frac{\partial B_r}{\partial r} = -\frac{mv_\perp^2}{2B}\frac{\partial B}{\partial z}$$

となる．したがって ∇B による加速度 $\boldsymbol{g}_{\nabla B}$ の表式がえられた．

2.5 磁気モーメント，ミラー磁場による閉じ込め，縦の断熱不変量

一般に S の面積を囲むループに電流 I が流れている場合その電流ループは $\mu_\mathrm{m} = IS$ の磁気モーメント (magnetic moment) を持つ．ラーマー運動をしている場合 $I = q\Omega/2\pi, S = \pi\rho_\Omega^2$ ゆえ

$$\mu_\mathrm{m} = \frac{q\Omega}{2\pi}\pi\rho_\Omega^2 = \frac{mv_\perp^2}{2B} \tag{2.17}$$

の磁気モーメントを持っている．この物理量は断熱不変量であることが証明できる (後出)．すなわち案内中心が移動しても磁場の変化がゆるやかならば常に一定に保たれる．したがって B を時間的に大きくしていくと μ_m が一定ゆえ，$mv_\perp^2$ が増大し，荷電粒子

が加熱される．このような加熱法を**断熱圧縮**という．

次に図 2.6 に示すように磁場が中央部で弱く両端部で強い磁場配位を考えよう．簡単のため定常磁場で電場は 0 とする．ローレンツ力は速度に対して直角に働くから荷電粒子に対して仕事をしない．したがって電場が 0 のときは運動エネルギーは保存される．

$$\frac{mv_\parallel^2}{2} + \frac{mv_\perp^2}{2} = \frac{mv^2}{2} = E = \text{const.}$$

磁気モーメントは保存されるから

$$v_\parallel = \pm \left(\frac{2}{m}E - v_\perp^2\right)^{1/2} = \pm \left(v^2 - \frac{2}{m}\mu_\mathrm{m} B\right)^{1/2}$$

が導かれる．粒子が端に近づいて磁場が大きくなると $v_\parallel$ は小さくなり，ついには 0 となり向きを変える．磁力線方向には $-\mu_\mathrm{m} \nabla_\parallel B$ の力が加わるので荷電粒子を反射する効果を与える．このように両端の磁場を強くし，磁力線を絞った磁場を**ミラー磁場** (mirror field) という．両端の磁場の大きさと中心における大きさとの比を**ミラー比** (mirror ratio) という．

$$R_\mathrm{M} = \frac{B_\mathrm{M}}{B_0} \tag{2.18}$$

ミラー磁場の中心における速度の平行成分，垂直成分をそれぞれ $v_{\parallel 0}, v_{\perp 0}$ とする．最大磁場 B_M の点における $v_\perp^2$ は

$$v_{\perp \mathrm{M}}^2 = \frac{B_\mathrm{M}}{B_0} v_{\perp 0}^2$$

で与えられる．もしこの値が $v^2 = v_0^2$ より小さければミラー磁場を通り抜けることができるから，

$$\left(\frac{v_{\perp 0}}{v_0}\right)^2 < \frac{B_0}{B_\mathrm{M}} = \frac{1}{R_\mathrm{M}}$$

の条件を満たす粒子はミラー磁場に捕捉されないことになる．$v_\parallel$–$v_\perp$ 空間において $\sin\theta \equiv v_{\perp 0}/v_0$ が

$$\sin^2\theta \leq \frac{1}{R_\mathrm{M}} \tag{2.19}$$

を満たす領域を **ロス・コーン** (損失錐，loss cone) という (図 2.6 参照)．ロス・コーン以外の粒子はミラー磁場に捕捉されることになる．

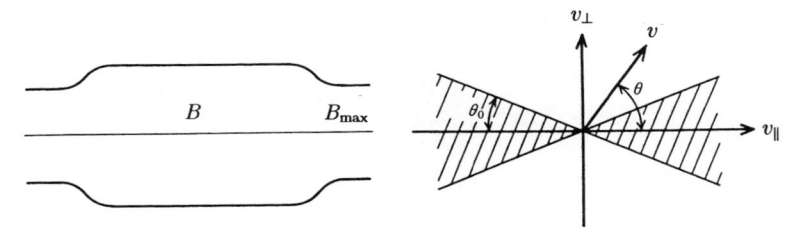

図 2.6 ミラー磁場および $v_\parallel$–$v_\perp$ 空間におけるロス・コーン (斜線部分)

2.5.1 ミラーの閉じ込め時間

ミラーに閉じ込められていたイオンとイオンがクーロン衝突するとロス・コーン内に散乱され，ミラー端から外部にとびだす．したがって閉じ込め時間 τ_p はイオン・イオン衝突時間 τ_ii の程度である．ミラー比が大きいとロス・コーンの領域がせばまるので閉じ込め時間は長くなるが，$\ln R$ の程度である[1]．

$$\tau_\mathrm{p} = \tau_\mathrm{ii} \ln R \tag{2.20}$$

したがって磁場の強さや装置の大きさに依存しない．$n \approx 10^{20}\,\mathrm{m}^{-3}$, $T_\mathrm{i} \approx 100\,\mathrm{keV}$ のプラズマの場合 $\tau_\mathrm{p} \approx 0.3\,\mathrm{s}$, $n\tau_\mathrm{p} \approx 0.3 \times 10^{20}\,\mathrm{m}^{-3}\,\mathrm{s}$ の程度である．核融合炉の条件を満たすためには端損失抑制の新しい機構が必要となる[2]．

2.5.2 磁気モーメント

荷電粒子がラーマー運動の1周期の間に磁場がほんのわずかしか変化しない場合，すなわち $|\partial B/\partial t| \ll |\Omega B|$ のとき磁気モーメントが保存されることを示そう．運動方程式と磁場に垂直な速度成分 $\boldsymbol{v}_\perp$ とのスカラー積をとると

$$m\boldsymbol{v}_\perp \cdot \frac{\mathrm{d}\boldsymbol{v}_\perp}{\mathrm{d}t} = \frac{\mathrm{d}}{\mathrm{d}t}\left(\frac{mv_\perp^2}{2}\right) = q(\boldsymbol{v}_\perp \cdot \boldsymbol{E}_\perp)$$

となる．ラーマー運動の1周期 $2\pi/|\Omega|$ の間に運動エネルギー $W_\perp = mv_\perp^2/2$ の変化する量 $\Delta W_\perp$ は

$$\Delta W_\perp = q\int (\boldsymbol{v}_\perp \cdot \boldsymbol{E}_\perp)\mathrm{d}t = q\oint \boldsymbol{E}_\perp \cdot \mathrm{d}\boldsymbol{s} = q\int (\nabla \times \boldsymbol{E} \cdot \boldsymbol{n})\mathrm{d}S$$

となる．ただし $\oint \mathrm{d}s$ は荷電粒子のラーマー運動の軌道に沿って1周する積分である．また $\int \mathrm{d}S$ はラーマー軌道で囲まれた面積分である．$\nabla \times \boldsymbol{E} = -\partial \boldsymbol{B}/\partial t$ より

$$\Delta W_\perp = -q\int \frac{\partial B}{\partial t} \cdot \boldsymbol{n}\,\mathrm{d}S = |q|\,\pi\rho_\Omega^2 \frac{\partial B}{\partial t}$$

となる．ラーマー運動の1周期の間の磁場の変化量を ΔB とすると，$\Delta B = (\partial B/\partial t)(2\pi/|\Omega|)$ であるから

$$\Delta W_\perp = \frac{mv_\perp^2}{2}\frac{\Delta B}{B} = W_\perp \frac{\Delta B}{B}$$

となる．したがって

$$\mu_\mathrm{m} = \frac{W_\perp}{B} = \mathrm{const.} \tag{2.21}$$

となる．

一般に周期運動においては1周期における作用積分 $J_\perp = \oint p\,\mathrm{d}q = -(4\pi m/q)\mu_\mathrm{m}$ は断熱不変量である．磁気モーメントを横の断熱不変量ともいう．

すでに述べたようにミラー磁場に捕捉された粒子は磁力線に沿って往復運動を行う．

この周期運動の第 2 の作用積分

$$J_\parallel = m \oint v_\parallel dl \tag{2.22}$$

も断熱不変量である．$J_\parallel$ を縦の断熱不変量という．ミラー磁場の長さ l を短くしていくと，$J_\parallel = 2m\langle v_\parallel \rangle l$ が一定であるから $\langle v_\parallel \rangle$ が大きくなり加熱される．この機構をフェルミ加速 (Fermi accelaration) という．

　ミラー磁場の磁力線はミラー中央部では外に対して凸の曲率半径を持っている．ミラー中央部付近に捕捉された粒子の案内中心の軌道は磁力線に沿って往復運動をしながら曲率ドリフトによって θ 方向にもドリフトする．案内中心の軌道が $z = 0$ 面と交差する点 (r, θ) の軌跡は $J_\parallel(r, \theta, \mu_{\rm m}, E) = {\rm const.}$ より求めることができる．

2.6　クーロン衝突時間，高速中性粒子入射加熱

　これまで考察した荷電粒子の運動においては荷電粒子間の局所的クーロン力による衝突の効果を考慮していなかったが，この節においてはこのクーロン衝突 (Coulomb collision) について考察しよう．まず簡単なモデルから出発する．半径 b の球が密度 n で満たされているところへ半径 a の球が速度 v で飛び込んだとする (図 2.7)．二つの球の中心距離が $a+b$ 以内になると衝突するのでこの球の衝突断面積 σ は $\sigma = \pi(a+b)^2$ となる．球 a が δt の間に $l = v\delta t$ の距離だけ飛行する．したがってその間に球 b と衝突する確率は

$$nl\sigma = n\sigma v \delta t$$

である．nl は入射単位面積あたり衝突可能な球 b の数であり，$nl\sigma$ は入射単位面積あたり衝突可能な全断面積になるからである．したがって衝突時間 $t_{\rm coll}$ の逆数は

$$(t_{\rm coll})^{-1} = n\sigma v$$

である．この例では衝突断面積 σ は速度に無関係であるが一般には σ は速度 v に依存する．

　次に電子がイオンのクーロン引力によって強く曲げられる場合の衝突断面積を求めて

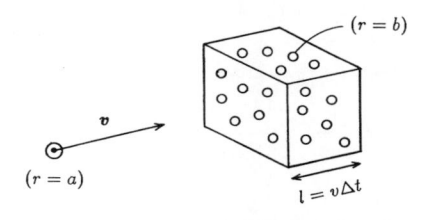

図 2.7　球 a が球 b と衝突するときの確率

図 2.8 電子 → イオンのクーロン衝突

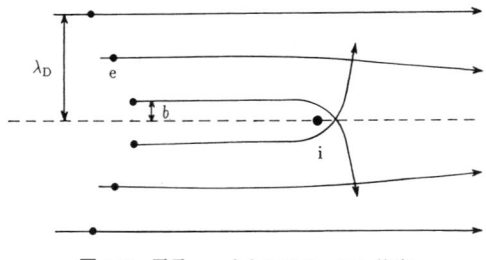

みよう (図 2.8 参照). このような衝突が起こるのは最近接距離 b におけるポテンシャル・エネルギーが運動エネルギーとほぼ等しい場合である.

$$\frac{Ze^2}{4\pi\epsilon_0 b} = \frac{m_e v_e^2}{2}$$

したがって強く曲げられる衝突断面積は $\sigma = \pi b^2$ である. そしてこのような過程の衝突時間 τ_{ei} の逆数は

$$n_i \sigma v_e = n_i v_e \pi b^2 = \frac{n_i \pi (Ze^2)^2 v_e}{(4\pi\epsilon_0 m_e v_e^2/2)^2}$$

である. クーロン力は長距離相互作用であるので, 比較的遠く離れて走るテスト粒子に対しても少し軌道を曲げる. そして 1.2 節で述べたように, ある 1 個の場の粒子のクーロン場はデバイ長内では遮蔽されない. デバイ長半径内の粒子のクーロン力による小散乱角衝突も, 回数を重ねると大きな効果となる. これらの衝突の効果を含めて考えると, クーロン衝突面積はいわゆるクーロン対数

$$\ln \Lambda = \ln \left(\frac{2\lambda_D}{b}\right) \simeq 15 \sim 20$$

の因子だけ大きくなる. 初速度に平行な運動量成分 $p_\parallel$ の時間変化は**衝突時間** τ_{ei} を用いて

$$\left. \begin{array}{l} \dfrac{dp_\parallel}{dt} = -\dfrac{p_\parallel}{\tau_{ei\parallel}} \\[2mm] \dfrac{1}{\tau_{ei\parallel}} = \dfrac{Z^2 e^4 n_i \ln \Lambda}{3^{1/2} 12\pi \epsilon_0^2 m_e^{1/2} T^{3/2}} \end{array} \right\} \tag{2.23}$$

となる. $\tau_{ei\parallel}$ は減速時間を表す[1]).

電荷 Z, 質量 m_i のイオンが同種のイオンとクーロン衝突する場合

$$\frac{1}{\tau_{ii\parallel}} = \frac{n_i Z^4 e^4 \ln \Lambda}{3^{1/2} 6\pi \epsilon_0^2 m_i^{1/2} T_i^{3/2}} \tag{2.24}$$

となる.

電子が電子とクーロン衝突する場合はイオン・イオンのクーロン衝突の式において

$m_\mathrm{i} \to m_\mathrm{e}, Z \to 1$ とすればよい．イオンが電子とクーロン衝突する場合は取扱いが複雑になる．

一般に観測者が静止している実験室系で質量 M のテスト粒子が v_s の速度で，静止している質量 m の場の粒子に衝突する場合を考える．これを二つの粒子の重心が静止している重心系でみると m 粒子は $v_\mathrm{c} = -Mv_\mathrm{s}/(M+m)$ の速度で走り，M 粒子は $v_\mathrm{s} - v_\mathrm{c} = mv_\mathrm{s}/(M+m)$ で走るようにみえる (図 2.9 参照)．

弾性衝突においては全運動量および全運動エネルギーは保存されるから，重心系でみるとテスト粒子と場の粒子のそれぞれの速度の大きさは変わらず向きを θ だけ変える．実験室系でみたテスト粒子の衝突後の速度 v_f と散乱角 ϕ は図 2.9 より

$$v_\mathrm{f}^2 = (v_\mathrm{s} - v_\mathrm{c})^2 + v_\mathrm{c}^2 + 2(v_\mathrm{s} - v_\mathrm{c})v_\mathrm{c}\cos\theta = v_\mathrm{s}^2 \frac{M^2 + 2Mm\cos\theta + m^2}{(M+m)^2}$$

$$\sin\phi = \frac{m\sin\theta}{(M^2 + 2Mm\cos\theta + m^2)^{1/2}}$$

となる．これより衝突前のテスト粒子の運動量およびエネルギーをそれぞれ $p_\mathrm{s}, E_\mathrm{s}$，衝突後の量を $p_\mathrm{f}, E_\mathrm{f}$ とすると，

$$\frac{\Delta E}{E_\mathrm{s}} \equiv \frac{E_\mathrm{f} - E_\mathrm{s}}{E_\mathrm{s}} = -\frac{2Mm}{(M+m)^2}(1-\cos\theta)$$

θ で平均をとると，$m/M \ll 1$ のとき

$$\left\langle \frac{\Delta E}{E_\mathrm{s}} \right\rangle \simeq -\frac{2m}{M}, \quad \left\langle \frac{\Delta p_\parallel}{p_\mathrm{s}} \right\rangle \simeq -\frac{m}{M} \tag{2.25}$$

となる．以上場の粒子が静止している場合について述べたが，場の粒子が動いている場合もその運動エネルギーがテスト粒子の運動エネルギーと同じ程度であるならば同様な結論が導かれる．

イオンが電子とクーロン衝突する場合の衝突時間の逆数は，電子がイオンとクーロン衝突する場合に比べておよそ $m_\mathrm{e}/m_\mathrm{i}$ 倍になる．そして

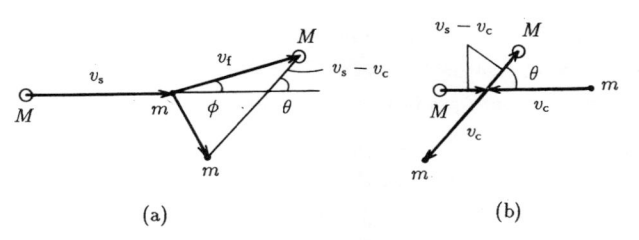

$$\frac{1}{\tau_{\mathrm{ie}\parallel}} = \frac{m_\mathrm{e}}{m_\mathrm{i}} \frac{Z^2 n_\mathrm{e} e^4 \ln\Lambda}{3(2\pi)^{3/2}\epsilon_0^2 m_\mathrm{e}^{1/2} T_\mathrm{e}^{3/2}} \tag{2.26}$$

図 2.9 実験室系 (a) と重心系 (b) における質量 M の粒子と質量 m の粒子との弾性衝突

が導かれる[1]．

テスト粒子の運動量の平行成分，垂直成分をそれぞれ $p_\parallel, p_\perp$ とし，運動エネルギーを E とすると

$$E = \frac{p_\parallel^2 + p_\perp^2}{2m}$$

$$\frac{\mathrm{d}p_\perp^2}{\mathrm{d}t} = 2m\frac{\mathrm{d}E}{\mathrm{d}t} - 2p_\parallel\frac{\mathrm{d}p_\parallel}{\mathrm{d}t}$$

であるので

$$\frac{\mathrm{d}p_\perp^2}{\mathrm{d}t} \equiv \frac{p_\perp^2}{\tau_\perp}$$

$$\frac{\mathrm{d}E}{\mathrm{d}t} \equiv -\frac{E}{\tau^\epsilon}$$

によって運動量の (初速度に対する) 垂直方向の速度拡散時間 $\tau_\perp$ およびエネルギー緩和時間 τ^ϵ を定義する．

電子がイオンとクーロン衝突する場合は

$$\frac{1}{\tau_{\mathrm{ei}\perp}} \simeq \frac{2}{\tau_{\mathrm{ei}\parallel}}, \quad \frac{1}{\tau_{\mathrm{ei}}^\epsilon} = \frac{Z^2 n_\mathrm{i} e^4 \ln \Lambda}{(2\pi)^{1/2} 3\pi \epsilon_0^2 m_\mathrm{e}^{1/2} T_\mathrm{e}^{3/2}} \frac{m_\mathrm{e}}{m_\mathrm{i}} \sim \frac{m_\mathrm{e}}{m_\mathrm{i}} \frac{2}{\tau_{\mathrm{ei}\parallel}} \tag{2.27}$$

電子が電子とクーロン衝突する場合は

$$\frac{1}{\tau_{\mathrm{ee}\perp}} \simeq \frac{1}{\tau_{\mathrm{ee}\parallel}}, \quad \frac{1}{\tau_{\mathrm{ee}}^\epsilon} \sim \frac{1}{\tau_{\mathrm{ee}\parallel}} \quad \left(\frac{1}{\tau_{\mathrm{ee}\parallel}} \simeq \frac{2}{Z}\frac{1}{\tau_{\mathrm{ei}\parallel}}\right) \tag{2.28}$$

イオンがイオンとクーロン衝突する場合は

$$\frac{1}{\tau_{\mathrm{ii}\perp}} \simeq \frac{1}{\tau_{\mathrm{ii}\parallel}}, \quad \frac{1}{\tau_{\mathrm{ii}}^\epsilon} \sim \frac{1}{\tau_{\mathrm{ii}\parallel}} \tag{2.29}$$

イオンが電子とクーロン衝突する場合は

$$\frac{1}{\tau_{\mathrm{ie}\perp}} \simeq \frac{Z^2 e^4 n_\mathrm{e} \ln \Lambda}{(2\pi)^{3/2} \epsilon_0^2 m_\mathrm{e}^{1/2} E_\mathrm{i} T_\mathrm{e}^{1/2}} \frac{m_\mathrm{e}}{m_\mathrm{i}}, \quad \frac{1}{\tau_{\mathrm{ie}}^\epsilon} \simeq \frac{2}{\tau_{\mathrm{ie}\parallel}} \simeq \frac{m_\mathrm{e}}{m_\mathrm{i}}\frac{2.77}{\tau_{\mathrm{ei}\parallel}} \tag{2.30}$$

となる ($E_\mathrm{i} = (3/2)T_\mathrm{i}$)．

衝突時間の逆数を衝突周波数 (collisional frequency) という．衝突時間の間に走る距離を自由行路長 (mean free path) という ($\lambda = 3^{1/2} v_\mathrm{T} \tau$)．

プラズマの外側から高速の中性粒子ビームを入射すると，電気的に中性であるため磁力線を横切ってプラズマ中に入る．このビームはプラズマ中では電子による衝突電離，イオンとの荷電交換によってイオン化され，質量 m_b，電荷 Z_{be}，エネルギー E_b のイオン・ビームとなる．高速イオンは磁力線に沿ってラーマー運動をしながらプラズマ中のイオン ($m_\mathrm{i}, Z_\mathrm{i} e$) および電子 ($m_\mathrm{e}, e$) とのクーロン衝突をしてプラズマを加熱し，高速イオンのエネルギーは減少する．このような加熱方法を**中性粒子ビーム入射加熱** (neutral beam injection, NBI) という．高速イオンのエネルギー減衰率すなわちプラズマの加熱率は

$$\left.\begin{aligned} \frac{dE_b}{dt} &= -\frac{E_b}{\tau_{bi}^\epsilon} - \frac{E_b}{\tau_{be}^\epsilon} \\ \frac{1}{\tau_{be}^\epsilon} &= \frac{(Z_b e)^2 (Z_i e)^2 \ln \Lambda n_i}{2\pi \epsilon_0^2 m_i m_b v_{bi}^3} \end{aligned}\right\} \quad (2.31)$$

となる．そして

$$\frac{dE_b}{dt} = -\frac{Z_b^2 e^4 \ln \Lambda n_e}{4\pi \epsilon_0^2 m_e v_{bi}} \left(\sum \frac{m_e}{m_i} \frac{n_i Z_i^2}{n_e} + \frac{4}{3\pi^{1/2}} \left(\frac{m_e E_b}{m_b T_e} \right)^{3/2} \right) \quad (2.32)$$

がえられる[2]．プラズマ中の電子とイオンを同じ割合で加熱する高速イオンのエネルギー E_{cr} は，第1項と第2項を等しいとおいて

$$E_{cr} = 15 T_e \left(A_b^{3/2} \sum \frac{n_i Z_i^2}{n_e} \frac{1}{A_i} \right)^{2/3} \quad (2.33)$$

で与えられる．ただし A_b, A_i は高速イオン・ビームおよびプラズマ中イオンの原子量である．高速イオンのエネルギーが E_{cr} より大きい場合は電子の加熱により多く寄与することになる．イオン・ビームの減速時間は

$$\left.\begin{aligned} \tau_{\text{slowdown}} &= \int_0^{E_{b0}} \frac{dE_b}{(dE_b/dt)} = \frac{\tau_{ei}^\epsilon}{1.5} \ln \left(1 + \left(\frac{E_{b0}}{E_{cr}} \right)^{3/2} \right) \\ \frac{1}{\tau_{ei}^\epsilon} &= \frac{m_e}{m_i} \frac{Z^2 n_i e^4 \ln \Lambda}{(2\pi)^{1/3} 3\pi \epsilon_0^2 m_e^{1/2} T_e^{3/2}} \end{aligned}\right\} \quad (2.34)$$

となる．ただし τ_{ei}^ϵ は電子とイオンのエネルギー緩和時間である．

2.7　遁走電子，ドライサー電場，電気抵抗

プラズマに一様な電場 $\boldsymbol{E}$ が加わったとき，電子の運動は電場による加速を受け，電子およびイオンとのクーロン衝突による減速を受ける．ここでは簡単のため電子とのクーロン衝突のみを考えると運動方程式は次のようになる．

$$m \frac{d\boldsymbol{v}}{dt} = -e\boldsymbol{E} - \frac{1}{\tau_{ee}(v)} m \boldsymbol{v}$$

$$\frac{1}{\tau_{ee}} = n_e \sigma v = \frac{e^4 \ln \Lambda}{2\pi \epsilon_0^2 m_e^2 v^3}$$

減速項の大きさは速度とともに減少するので，次式で与えられる値 v_{cr} の速度において加速項の大きさと等しくなる．したがって $v > v_{cr}$ では加速項の方が大きくなり，ますます速度が大きくなる．このような電子を**遁走電子** (runaway electron) という．

$$\frac{m_e v_{cr}^2}{2e} = \frac{e^2 n \ln \Lambda}{4\pi \epsilon_0^2 E}$$

またある与えられた速度の電子が遁走電子になる電場の値をドライサー電場 (Dreicer field) という．もし $\ln \Lambda = 20$ とすると

$$\frac{m_e v_{cr}^2}{2e} = 5 \times 10^{-16} \frac{n}{E} \tag{2.35}$$

をえる．ただし単位は MKS 単位である．$n = 10^{19}\,\mathrm{m}^{-3}, E = 1\,\mathrm{V/m}$ とすると $5\,\mathrm{keV}$ 以上のエネルギーの電子は遁走電子になる．

プラズマにドライサー電場以下の電場を加えると電子が電場で加速され，イオンと衝突して平衡に達する．すなわち

$$\frac{m_e(v_e - v_i)}{\tau_{ei}} = -eE$$

したがって電流密度 j は

$$j = -en_e(v_e - v_i) = \frac{e^2 n_e \tau_{ei}}{m_e} E$$

で与えられる．**電気抵抗** (electric resistance) は，$\eta j = E$ と比較することにより

$$\eta = \frac{m_e \nu_{ei\parallel}}{n_e e^2} = \frac{(m_e)^{1/2} Z e^2 \ln \Lambda}{51.6\pi^{1/2} \epsilon_0^2} (T_e)^{-3/2} = 5.2 \times 10^{-5} Z \ln \Lambda \left(\frac{T_e}{e}\right)^{-3/2} (\Omega \cdot \mathrm{m}) \tag{2.36}$$

がえられる[3]．$T_e = 1\,\mathrm{keV}, Z = 1$ のとき，$\eta = 3.3 \times 10^{-8}\,\Omega \cdot \mathrm{m}$ となり，銅の比抵抗 $(20°\mathrm{C})\, 1.8 \times 10^{-8}\,\Omega\mathrm{m}$ より若干大きい．プラズマに電流を流すと単位体積 ηj^2 のエネルギーが電子の加熱に寄与することになる．この電子加熱機構をオーム加熱 (Ohm's heating) という．

2.8　プラズマの時間および空間スケールの多様性

これまでプラズマの諸量について述べてきたが，様々の特徴的な時間および空間スケールが現れてきた．時間スケールに関しては電子プラズマ周波数に対応する周期 $2\pi/\Pi_e$，電子サイクロトロン周期 $2\pi/\Omega_e$，イオン・サイクロトロン周期 $2\pi/|\Omega_i|$，電子・イオン衝突時間 τ_{ei}，イオン・イオン衝突時間 τ_{ii}，電子・イオン温度緩和時間 τ_{ei}^ϵ について述べてきた．磁場の擾乱の伝播速度のアルフベン速度 v_A で $v_A^2 = B^2/(2\mu_0 \rho_m)$ (ρ_m は質量密度) で与えられる (第 5 章，第 10 章)．プラズマの典型的な大きさ L をアルフベン速度 v_A で通過するアルフベン通過時間 $\tau_H = L/v_A$ は電磁流体力学的現象の典型的時間スケールである．また電気抵抗率 η の媒質では電場は $\tau_R = \mu_0 L^2/\eta$ の時間スケールで拡散する (第 5 章)．この時間を抵抗拡散時間という．

空間スケールに関してはデバイ長 λ_D，電子ラーマー半径 $\rho_{\Omega e}$，イオン・ラーマー半径 $\rho_{\Omega i}$，電子・イオン自由行路長 λ_{ei}，プラズマの大きさ L である．空間スケールと時間スケールとの間には $\lambda_D \Pi_e = v_{Te}, \rho_{\Omega e} \Omega_e = v_{Te}, \rho_{\Omega i}|\Omega_i| = v_{Ti}, \lambda_{ei}/\tau_{ei} \simeq 3^{1/2} v_{Te}$,

$\lambda_{ii}/\tau_{ii} \simeq 3^{1/2} v_{Ti}$, $L/\tau_H = v_A$ などの関係がある.ただし v_{Te}, v_{Ti} はそれぞれ電子およびイオンの熱速度 $v_{Te}^2 = T_e/m_e, v_{Ti}^2 = T_i/m_i$ である.また案内中心のドリフト速度の大きさの程度は $v_{drift} \sim T/eBL = v_T(\rho_\Omega/L)$ である.

典型的炉心重水素プラズマのパラメーター $n_e = 10^{20}\,\mathrm{m}^{-3}$, $T_e = T_i = 10\,\mathrm{keV}$, $B = 5\,\mathrm{T}$, $L = 1\,\mathrm{m}$ の例をとると次のようになる.

$2\pi/\Pi_e = 11.1\,\mathrm{ps}$,　　$2\pi/|\Omega_e| = 7.1\,\mathrm{ps}$,　　$2\pi/|\Omega_i| = 26\,\mathrm{ns}$

$\tau_{ei} = 0.34\,\mathrm{ms}$,　　　$\tau_{ii} = 5.6\,\mathrm{ms}$,　　　$\tau_{ei}^\epsilon = 0.3\,\mathrm{s}$,

$\tau_H = 0.13\,\mu\mathrm{s}$,　　　$\tau_R = 1.2\times 10^3\,\mathrm{s}$

$\lambda_D = 74.5\,\mu\mathrm{m}$,　$\rho_{\Omega e} = 47.6\,\mu\mathrm{m}$,　$\rho_{\Omega i} = 2.88\,\mathrm{mm}$,　$\lambda_{ei} = 25\,\mathrm{km}$,　$\lambda_{ii} = 9.5\,\mathrm{km}$

時間および空間スケールは $\tau_R \Pi_e \sim 10^{14}$, $\lambda_{ei}/\lambda_D \sim 1.6\times 10^8$ の広い範囲にわたっており,プラズマ現象の多様性と複雑さを示唆している.

文　　　献

1) D. V. Sivukhin: *Reviews of Plasma Physics* **4**, 93 (ed. by M. A. Leontovich) Consultant Bureau, New York 1966.
2) L. Spitzer, Jr.: *Physics of Fully Ionized Gases*, Interscience, New York 1962.
3) T. H. Stix: *Plasma Phys.* **14**, 367 (1972).

3

磁場配位と荷電粒子の軌道

　すでに簡単な磁場配位における荷電粒子の軌道についてふれたが，この章においてはより一般な電磁場配位の性質を述べ，荷電粒子の軌道について記述する．

3.1 マックスウェルの電磁方程式

　電場 (electric intensity) を $\boldsymbol{E}$, 磁気誘導 (magnetic induction) を $\boldsymbol{B}$, 電気変位 (electric displacement) を $\boldsymbol{D}$, 磁場強度 (magnetic intencity) を $\boldsymbol{H}$ とする．また電荷密度 (charge density) を ρ, 電流密度 (current density) を $\boldsymbol{j}$ とする．これらの物理量は次のようなマックスウェルの方程式によって支配されている．

$$\nabla \times \boldsymbol{E} + \frac{\partial \boldsymbol{B}}{\partial t} = 0 \tag{3.1}$$

$$\nabla \times \boldsymbol{H} - \frac{\partial \boldsymbol{D}}{\partial t} = \boldsymbol{j} \tag{3.2}$$

$$\nabla \cdot \boldsymbol{B} = 0 \tag{3.3}$$

$$\nabla \cdot \boldsymbol{D} = \rho \tag{3.4}$$

(3.2) と (3.4) より電荷の保存則

$$\nabla \cdot \boldsymbol{j} + \frac{\partial \rho}{\partial t} = 0 \tag{3.5}$$

が導かれる．(3.3) より $\boldsymbol{B}$ はベクトル・ポテンシャル $\boldsymbol{A}$ で表すことができる．

$$\boldsymbol{B} = \nabla \times \boldsymbol{A} \tag{3.6}$$

(3.1) と (3.6) より

$$\nabla \times \left(\boldsymbol{E} + \frac{\partial \boldsymbol{A}}{\partial t} \right) = 0 \tag{3.7}$$

となるから，左辺の（　）内はスカラー・ポテンシャル ϕ で表され

$$\boldsymbol{E} = -\nabla \phi - \frac{\partial \boldsymbol{A}}{\partial t} \tag{3.8}$$

と記述される．ϕ と $\bm{A}$ は一義的に決まらず

$$\bm{A}' = \bm{A} - \nabla\psi \tag{3.9}$$

$$\phi' = \phi + \frac{\partial\psi}{\partial t} \tag{3.10}$$

としても同じように (3.6)(3.8) を満たす．

媒質が真空中の場合

$$\bm{D} = \epsilon_0 \bm{E}, \qquad \bm{B} = \mu_0 \bm{H}$$

であり，ここで ϵ_0, μ_0 をそれぞれ真空中の誘電率 (dielectric constant)，透磁率 (permeability) と呼ぶ．MKS 単位で

$$\epsilon_0 = \frac{10^7}{4\pi c^2}\,(\mathrm{C}^2\cdot\mathrm{s}^2/\mathrm{kg}\cdot\mathrm{m}^3) = 8.854\times 10^{-12}\,(\mathrm{F/m})$$

$$\mu_0 = 4\pi\times 10^{-7}\,(\mathrm{kg}\cdot\mathrm{m}/\mathrm{C}^2) = 1.257\times 10^{-6}\,(\mathrm{H/m})$$

$$\frac{1}{\epsilon_0\mu_0} = c^2$$

である．ただし c は真空中の光速である．また C はクーロン単位を表す．磁場中のプラズマは非等方的であり誘電率は一般にテンサーで表される．真空媒質の場合

$$\nabla\times\nabla\times\bm{A} + \frac{1}{c^2}\nabla\frac{\partial\phi}{\partial t} + \frac{1}{c^2}\frac{\partial^2\bm{A}}{\partial t^2} = \mu_0\bm{j} \tag{3.11}$$

$$\nabla^2\phi + \nabla\frac{\partial\bm{A}}{\partial t} = -\frac{1}{\epsilon_0}\rho \tag{3.12}$$

となる．ϕ と $\bm{A}$ については (3.9)(3.10) のような任意性があるため，次のようなローレンツ条件を課すことができる．

$$\nabla\cdot\bm{A} + \frac{1}{c^2}\frac{\partial\phi}{\partial t} = 0 \tag{3.13}$$

したがって (3.11)(3.12) は

$$\nabla^2\phi - \frac{1}{c^2}\frac{\partial^2\phi}{\partial t^2} = -\frac{1}{\varepsilon_0}\rho \tag{3.14}$$

$$\nabla^2\bm{A} - \frac{1}{c^2}\frac{\partial^2\bm{A}}{\partial t^2} = -\mu_0\bm{j} \tag{3.15}$$

となり波動方程式が導かれ，真空中の電磁波の伝播速度は c で与えられる．時間的に変化しない定常な場合

$$\bm{E} = -\nabla\phi$$

$$\bm{B} = \nabla\times\bm{A}$$

$$\nabla^2\phi = -\frac{1}{\varepsilon_0}\rho$$

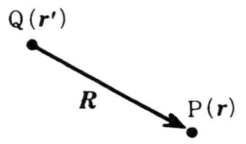

図 3.1 観測点 P と電流密度のある点 Q

$$\nabla^2 \boldsymbol{A} = -\mu \boldsymbol{j}$$
$$\nabla \cdot \boldsymbol{A} = 0$$
$$\nabla \cdot \boldsymbol{j} = 0$$

となる．観測点 P（ベクトル $\boldsymbol{r}$ で示す）における ϕ および $\boldsymbol{A}$ は電荷密度および電流密度が $\boldsymbol{r}'$（点 Q の座標）の関数で与えられているとき（図 3.1 参照）

$$\phi(\boldsymbol{r}) = \frac{1}{4\pi\epsilon_0} \int \frac{\rho(\boldsymbol{r}')}{R} \mathrm{d}\boldsymbol{r}' \tag{3.16}$$

$$\boldsymbol{A}(\boldsymbol{r}) = \frac{\mu_0}{4\pi} \int \frac{\boldsymbol{j}(\boldsymbol{r}')}{R} \mathrm{d}\boldsymbol{r}' \tag{3.17}$$

となる．ただし $\boldsymbol{R} \equiv \boldsymbol{r} - \boldsymbol{r}'$, $R = |\boldsymbol{R}|$ である．また $\mathrm{d}\boldsymbol{r} \equiv \mathrm{d}x\mathrm{d}y\mathrm{d}z$ である．したがって $\boldsymbol{E}$ および $\boldsymbol{B}$ は

$$\boldsymbol{E} = \frac{1}{4\pi\epsilon_0} \int \frac{\boldsymbol{R}}{R^3} \rho \mathrm{d}\boldsymbol{r}' \tag{3.18}$$

$$\boldsymbol{B} = \frac{\mu_0}{4\pi} \int \frac{\boldsymbol{j} \times \boldsymbol{R}}{R^3} \mathrm{d}\boldsymbol{r}' \tag{3.19}$$

で与えられる．電流分布がフィラメント状の閉じたループ C に電流 I が流れているように与えられている場合は

$$\boldsymbol{H} = \frac{\boldsymbol{B}}{\mu_0} = \frac{I}{4\pi} \oint_\mathrm{c} \frac{\boldsymbol{s} \times \boldsymbol{n}}{R^2} \mathrm{d}s \tag{3.20}$$

となりビオ–サバール (Biot–Savart) の式を与える．ただし $\boldsymbol{s}$ および $\boldsymbol{n}$ はそれぞれループ C 上の要素 $\mathrm{d}s$ の向きおよび $\boldsymbol{R}$ 方向の単位ベクトルである．

3.2 磁 束 面

磁力線 (lines of magnetic force) はその座標を $\boldsymbol{r}$ とするとき

$$\frac{\mathrm{d}x}{B_x} = \frac{\mathrm{d}y}{B_y} = \frac{\mathrm{d}z}{B_z} = \frac{\mathrm{d}l}{B} \tag{3.21}$$

である．$\mathrm{d}l$ は磁力線に沿う長さ $(\mathrm{d}l)^2 = (\mathrm{d}x)^2 + (\mathrm{d}y)^2 + (\mathrm{d}z)^2$ である．磁束面 (magnetic flux surface) $\psi(\boldsymbol{r}) = \mathrm{const.}$ は磁力線がその面上に存在する面として定義される

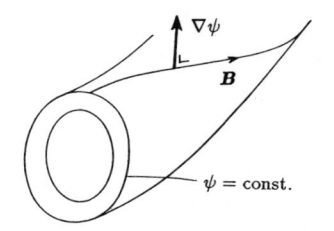

図 3.2 磁束面 $\psi = \text{const.}$ とその法線 $\nabla\psi$ と磁力線

ので

$$(\nabla\psi(\boldsymbol{r})) \cdot \boldsymbol{B} = 0 \tag{3.22}$$

を満たす.すなわち $\nabla\psi(\boldsymbol{r})$ は磁束面に垂直なベクトルであり,$\boldsymbol{B}$ と直交していなければならないからである (図 3.2 参照).

円筒座標系 (r, θ, z) を用いると $\boldsymbol{B}$ は

$$B_r = \frac{1}{r}\frac{\partial A_z}{\partial \theta} - \frac{\partial A_\theta}{\partial z}, \qquad B_\theta = \frac{\partial A_r}{\partial z} - \frac{\partial A_z}{\partial r}, \qquad B_z = \frac{1}{r}\frac{\partial}{\partial r}(rA_\theta) - \frac{1}{r}\frac{\partial A_r}{\partial \theta} \tag{3.23}$$

で与えられる.

系が回転対称である場合 $(\partial/\partial\theta = 0)$ には

$$\psi(r, z) = rA_\theta(r, z) \tag{3.24}$$

は $B_r \partial(rA_\theta)/\partial r + B_\theta \cdot 0 + B_z \partial(rA_\theta)/\partial z = 0$ を満たすので磁束面であることがわかる.

系が移動対称である場合 $(\partial/\partial z = 0)$ は

$$\psi(r, \theta) = A_z(r, \theta) \tag{3.25}$$

が磁束面であり,系がヘリカル対称である場合は

$$\psi(r, \theta - \alpha z) = A_z(r, \theta - \alpha z) + \alpha r A_\theta(r, \theta - \alpha z) \tag{3.26}$$

が磁束面となる (α はヘリカル・ピッチを表すパラメーター).磁束面を磁気面 (magnetic surface) ともいう.

3.3 荷電粒子の運動方程式

電磁場 $\boldsymbol{E}$, $\boldsymbol{B}$ において質量 m,電荷 q を持つ荷電粒子の運動方程式は

$$\frac{\mathrm{d}^2\boldsymbol{r}}{\mathrm{d}t^2} = \boldsymbol{F} = q\left(\boldsymbol{E} + \frac{\mathrm{d}\boldsymbol{r}}{\mathrm{d}t} \times \boldsymbol{B}\right) \tag{3.27}$$

で与えられる．第 2 項のローレンツ力は速度に対して直角であるから荷電粒子に対して仕事をしない．したがって運動エネルギーは

$$\frac{mv^2}{2} - \frac{mv_0^2}{2} = q\int_{t=t_0}^{t} \boldsymbol{E}\cdot\boldsymbol{v}\mathrm{d}t$$

となる．電場がない場合運動エネルギーは保存される．(3.27) の x 成分は直交座標系 (x,y,z) では $md^2x/dt^2 = q(E_x + (dy/dt)B_z - (dz/dt)B_y)$ と書けるが，円筒座標系 (r,θ,z) ではその r 成分は $md^2r/dt^2 \neq q(E_r + r(d\theta/dt)B_z - (dz/dt)B_\theta)$ である．すなわち (3.27) の形式は一般座標系では保存されない．一般座標 q_i ($i=1,2,3$) を用いる場合はラグランジュの方程式を用いることが必要である．すなわち (3.27) に相当するラグランジアン (Lagrangian) は

$$L(q_i, \dot{q}_i, t) = \frac{mv^2}{2} + q\boldsymbol{v}\cdot\boldsymbol{A} - q\phi \tag{3.28}$$

である．直交座標系および円筒座標系ではそれぞれ

$$L(x,y,z,\dot{x},\dot{y},\dot{z},t) = \frac{m}{2}(\dot{x}^2 + \dot{y}^2 + \dot{z}^2) + q(\dot{x}A_x + \dot{y}A_y + \dot{z}A_z) - q\phi$$

$$L(r,\theta,z,\dot{r},\dot{\theta},\dot{z},t) = \frac{m}{2}(\dot{r}^2 + (r\dot{\theta})^2 + \dot{z}^2) + q(\dot{r}A_r + r\dot{\theta}A_\theta + \dot{z}A_z) - q\phi$$

となる．そしてラグランジアンの運動方程式は

$$\frac{\mathrm{d}}{\mathrm{d}t}\left(\frac{\partial L}{\partial \dot{q}_i}\right) - \frac{\partial L}{\partial q_i} = 0 \tag{3.29}$$

である．直交座標系を用い (3.28) を (3.29) に代入すると

$$\frac{\mathrm{d}}{\mathrm{d}t}(mv_x + qA_x) - q\left(\boldsymbol{v}\cdot\frac{\partial \boldsymbol{A}}{\partial x} - \frac{\partial \phi}{\partial x}\right) = 0$$

$$m\ddot{x} = q\left(-\frac{\partial A_x}{\partial t} - \left(\frac{\mathrm{d}x}{\mathrm{d}t}\frac{\partial}{\partial x} + \frac{\mathrm{d}y}{\mathrm{d}t}\frac{\partial}{\partial y} + \frac{\mathrm{d}z}{\mathrm{d}t}\frac{\partial}{\partial z}\right)A_x + \boldsymbol{v}\cdot\frac{\partial \boldsymbol{A}}{\partial x} - \frac{\partial \phi}{\partial x}\right)$$

$$= q(\boldsymbol{E} + \boldsymbol{v}\times\boldsymbol{B})_x$$

となり (3.27) と同等であることがわかる．そして (3.29) は座標変換に対してその形式が保存される．円筒座標系における $q_i = r$ に関する運動方程式 (3.29) は $m\ddot{r} = q(\boldsymbol{E}+\boldsymbol{v}\times\boldsymbol{B})_r + m(r\dot{\theta})^2/r$ となり，遠心力の項がつけ加わる．

さらに一般的な正準変換に対して，その形式が保存される運動方程式がハミルトン (Hamilton) の運動方程式である．この場合には空間座標 q_i のほかに，次の式で定義される運動量

$$p_i \equiv \frac{\partial L}{\partial \dot{q}_i} \tag{3.30}$$

を導入し，p_i を独立変数として取り扱う．したがって (3.30) より $\dot{q}_i$ は (q_j, p_j, t) の関数として与えられる．

3.3 荷電粒子の運動方程式

$$\dot{q}_i = \dot{q}_i(q_j, p_j, t) \tag{3.31}$$

ハミルトニアン $H(q_i, p_i, t)$ として

$$H(q_i, p_i, t) \equiv -L(q_i, \dot{q}_i(q_j, p_j, t), t) + \sum_i p_i \dot{q}_i(q_j, p_j, t) \tag{3.32}$$

を導入する．直交座標系における p_x，円筒座標系における p_θ を一例として示すと

$$p_x = m\dot{x} + qA_x, \qquad \dot{x} = (p_x - qA_x)/m$$
$$p_\theta = mr^2\dot{\theta} + qrA_\theta, \qquad \dot{\theta} = (p_\theta - qrA_\theta)/(mr^2)$$

となる．ラグランジアン L の変分をとると

$$\delta L = \sum_i \left(\frac{\partial L}{\partial q_i} \delta q_i + \frac{\partial L}{\partial \dot{q}_i} \delta \dot{q}_i \right)$$
$$= \sum_i (\dot{p}_i \delta q_i + p_i \delta \dot{q}_i)$$
$$= \delta \left(\sum_i p_i \dot{q}_i \right) + \sum_i (\dot{p}_i \delta q_i - \dot{q}_i \delta p_i)$$

そして

$$\delta\left(-L + \sum_i p_i \dot{q}_i\right) = \sum_i (\dot{q}_i \delta p_i - \dot{p}_i \delta q_i)$$
$$\delta H(q_i, p_i, t) = \sum_i (\dot{q}_i \delta p_i - \dot{p}_i \delta q_i)$$

となる．したがって

$$\frac{\mathrm{d}q_i}{\mathrm{d}t} = \frac{\partial H}{\partial p_i}, \qquad \frac{\mathrm{d}p_i}{\mathrm{d}t} = -\frac{\partial H}{\partial q_i} \tag{3.33}$$

がえられる．

直交座標系の場合は

$$H = \frac{1}{2m}\left((p_x - qA_x)^2 + (p_y - qA_y)^2 + (p_z - qA_z)^2\right) + q\phi(x, y, z, t)$$

円筒座標系の場合は

$$H = \frac{1}{2m}\left((p_r - qA_r)^2 + \frac{(p_\theta - qrA_\theta)^2}{r^2} + (p_z - qA_z)^2\right) + q\phi(r, \theta, z, t)$$

となる．直交座標系で (3.33) を計算すると

$$\frac{\mathrm{d}x}{\mathrm{d}t} = \frac{p_x - qA_x}{m}$$
$$\frac{\mathrm{d}p_x}{\mathrm{d}t} = \frac{q}{m}\frac{\partial \boldsymbol{A}}{\partial x} \cdot (\boldsymbol{p} - q\boldsymbol{A}) - q\frac{\partial \phi}{\partial x}$$
$$m\frac{\mathrm{d}^2 x}{\mathrm{d}t^2} = \frac{\mathrm{d}p_x}{\mathrm{d}t} - q\frac{\mathrm{d}A_x}{\mathrm{d}t}$$

$$= q\left[\left(\boldsymbol{v}\cdot\frac{\partial \boldsymbol{A}}{\partial x}\right) - \frac{\partial \phi}{\partial x} - \left(\frac{\partial A_x}{\partial t} + (\boldsymbol{v}\cdot\nabla)A_x\right)\right]$$
$$= q(\boldsymbol{E} + \boldsymbol{v}\times\boldsymbol{B})_x$$

となり (3.27) と同等であることがわかる.

H が t を陽に含まない場合 ($\boldsymbol{A}, \phi$ が t に依存しない場合)

$$\left.\begin{array}{c}\dfrac{\mathrm{d}H(q_i,p_i)}{\mathrm{d}t} = \sum_i\left(\dfrac{\partial H}{\partial q_i}\dfrac{\mathrm{d}q_i}{\mathrm{d}t} + \dfrac{\partial H}{\partial p_i}\dfrac{\mathrm{d}p_i}{\mathrm{d}t}\right) = 0 \\ H(q_i,p_i) = \mathrm{const.}\end{array}\right\} \quad (3.34)$$

となる. これはエネルギー保存則である.

3.4 回転対称系における軌道面

回転対称系においては $\partial/\partial\theta = 0$ であるから (3.33) より

$$p_\theta = mr^2\dot{\theta} + qrA_\theta = \mathrm{const.} \tag{3.35}$$

となる. 回転モーメントの保存則を示す静磁場の磁気面の座標 (r^*, θ^*, z^*) は (3.24) より

$$\psi = r^* A_\theta(r^*, z^*) = c_\mathrm{M}$$

で与えられる. 一方荷電粒子の軌道面 (r, θ, z) は

$$rA_\theta(r,z) + \frac{m}{q}r^2\dot{\theta} = \frac{p_\theta}{q} = \mathrm{const.}$$

を満たす. $c_\mathrm{M} = p_\theta/q$ に選ぶと, 軌道面の磁気面からのずれは

$$rA_\theta(r,z) - r^* A_\theta(r^*, z^*) = -\frac{m}{q}r^2\dot{\theta}$$

から求めることができる. 図 3.3 に示すようにずれ $\boldsymbol{\delta}$ をとると

$$\boldsymbol{\delta} = (r - r^*)\boldsymbol{e}_r + (z - z^*)\boldsymbol{e}_z$$
$$\boldsymbol{\delta}\cdot\nabla(rA_\theta) = -\frac{m}{q}r^2\dot{\theta}$$

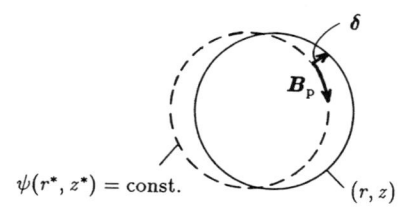

図 3.3 磁気面 (点線) と粒子の軌道面 (実線)

となる. $rB_r = -\partial(rA_\theta)/\partial z$, $rB_z = \partial(rA_\theta)/\partial r$ より
$$[-(z-z^*)B_r + (r-r^*)B_z] = -\frac{m}{q}r\dot\theta$$
となるが,右辺は (B_r, B_z) と $(r-r^*, z-z*)$ とのベクトル積の θ 成分と見なすことができる.
$$(\boldsymbol{B}\times\boldsymbol{\delta})_\theta = -\frac{m}{q}r\dot\theta$$
そこで磁場 $\boldsymbol{B}$ の (rz) 平面内の成分の大きさを B_p とすると $-B_\mathrm{p}\delta = -(m/q)v_\theta$ ($v_\theta = r\dot\theta$) となるから
$$\delta = \frac{mv_\theta}{qB_\mathrm{p}} = \rho_{\Omega\mathrm{p}} \tag{3.36}$$
となる.この値は v_θ の速度を持つ荷電粒子の B_p に対するラーマー半径である.$c_\mathrm{M} = (p_\theta - m\langle rv_\theta\rangle)/q$ ($\langle rv_\theta\rangle$ は rv_θ の平均値) に選ぶと
$$\delta = \frac{m}{qB_\mathrm{p}}\left(v_\theta - \frac{\langle rv_\theta\rangle}{r}\right) \tag{3.37}$$
となる.

回転対称系の簡単な例としてカスプ磁場を取り上げてみよう.カスプ磁場は
$$A_r = 0, \qquad A_\theta = arz, \qquad A_z = 0 \tag{3.38}$$
$$B_r = -ar, \qquad B_\theta = 0, \qquad B_z = 2az \tag{3.39}$$
で与えられる.したがって (3.34)(3.35) より
$$mr\dot\theta = \frac{p_\theta}{r} - qazr$$
$$\frac{m}{2}(\dot r^2 + \dot z^2) + \frac{(p_\theta - qar^2z)^2}{2mr^2} = W\left(=\frac{m}{2}v_0^2\right)$$

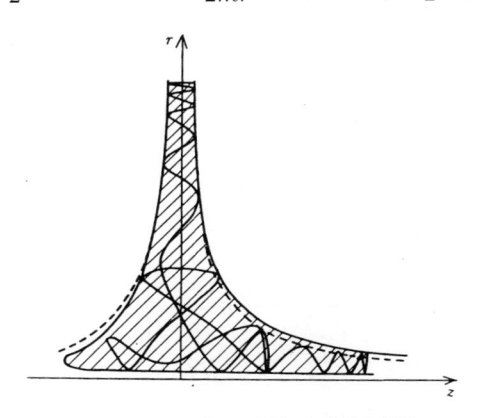

図 3.4 カスプ磁場 (点線) と軌道の領域

が導かれる．これは $X = (p_\theta - qar^2z)^2/(2mr^2)$ のポテンシャルを持つ粒子の軌道となる．電場がない場合は運動エネルギーは保存されるから粒子軌道の範囲は

$$X = \frac{1}{2m}\left(\frac{p_\theta}{r} - qarz\right)^2 < \frac{mv_0^2}{2}$$

となる (図 3.4 参照).

3.5 トーラス磁場における案内中心のドリフト

z 軸の周りに単純トーラス磁場 ($B_r = 0$, $B_\varphi = B_0R_0/R$, $B_z = 0$) がある場合について案内中心の運動を考えてみよう．φ 方向の磁場 B_φ をトロイダル磁場 (toroidal field) というが，B_φ は外側に $1/R$ で小さくなる．また磁力線は z 軸をまわるリング状になっている．z 軸をトーラスの主軸 (major axis) という．案内中心の運動は 2.4 節で述べたように

$$\boldsymbol{v}_\mathrm{G} = v_\parallel \boldsymbol{e}_\varphi + \frac{m}{qB_\varphi R}\left(v_\parallel^2 + \frac{v_\perp^2}{2}\right)\boldsymbol{e}_z$$

となり，トーラス方向に走りながら z 方向に

$$v_\mathrm{dr} = \frac{m}{qB_0R_0}\left(v_\parallel^2 + \frac{v_\perp^2}{2}\right) \sim O\left(\frac{\rho_\Omega}{R_0}\right)v \tag{3.40}$$

の速度でゆっくりとドリフトする．これをトロイダル・ドリフト (toroidal drift) という．電子とイオンは互いに逆方向に移動する．その結果電荷の分極により電場ができ，そのために $\boldsymbol{E} \times \boldsymbol{B}/B^2$ ドリフトでプラズマは外へ移動し，プラズマを閉じ込めることができない (図 3.5)．このトロイダル・ドリフトを消すためには，なんらかの方法でこの荷電分離 (charge separation) を消す必要がある．そのためトーラスの上部と下部を磁力線でつなげば，磁力線に沿って荷電粒子は自由に移動できるので分離した電荷を短絡させることができる．その方法の一つとしてプラズマ中にトーラス方向の電流を流せば，図 3.6 に示すようなプラズマの小軸 (minor axis) の周りに磁場成分ができる．この方向の磁場 B_p をポロイダル磁場 (poloidal field) という．ここで R をトーラス・プラズマの大半径 (major radius)，a をプラズマ断面の小半径 (minor radius) とする．そ

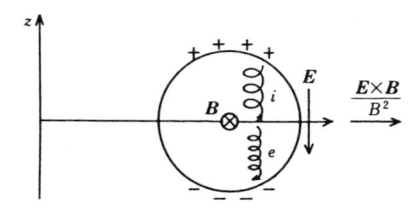

図 3.5 トロイダル・ドリフト

3.5 トーラス磁場における案内中心のドリフト

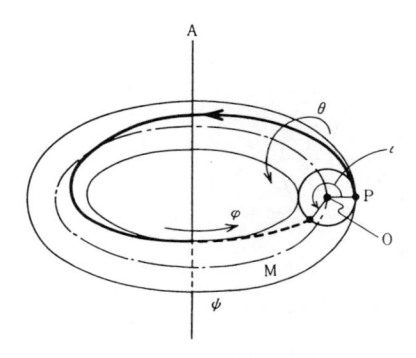

図 3.6 磁力線と回転変換角 ι

して r を小半径方向の座標とする．磁力線がトーラス方向に 1 周 $(2\pi R)$ したときプラズマの小軸の周りは ι の角度だけ回転した位置に変わったとすると

$$\frac{r\iota}{2\pi R} = \frac{B_\mathrm{p}}{B_\varphi}$$

の関係がある．ι を回転変換角 (rotational transform angle) といい

$$\frac{\iota}{2\pi} = \frac{R}{r}\frac{B_\mathrm{p}}{B_\varphi} \tag{3.41}$$

となる．$A \equiv R/a$ をアスペクト比 (aspect ratio) という．

3.5.1 トーラスを周回する非捕捉荷電粒子の案内中心

荷電粒子が磁力線に沿って $v_\parallel$ の速度でトーラスを 1 周する場合，$T = 2\pi R_0/v_\parallel$ の時間を要するのでポロイダル方向に

$$\omega = \frac{\iota}{T} = \frac{\iota v_\parallel}{2\pi R_0}$$

の角速度で回転する．そして z 方向に v_dr の速度でドリフトする．すなわち粒子の案内中心の軌道は $x = R - R_0$ として

$$\frac{\mathrm{d}x}{\mathrm{d}t} = -\omega z, \qquad \frac{\mathrm{d}z}{\mathrm{d}t} = \omega x + v_\mathrm{dr}$$

となる．解は

$$\left(x + \frac{v_\mathrm{dr}}{\omega}\right)^2 + z^2 = r^2$$

となる．したがってポロイダル磁場を導入すれば軌道面は閉じた円となり，その中心は磁気面 (円) の中心から

$$\varDelta = -\frac{v_\mathrm{dr}}{\omega} = -\frac{mv_\parallel}{qB_0}\frac{2\pi}{\iota}\left(1 + \frac{v_\perp^2}{2v_\parallel^2}\right) \tag{3.42}$$

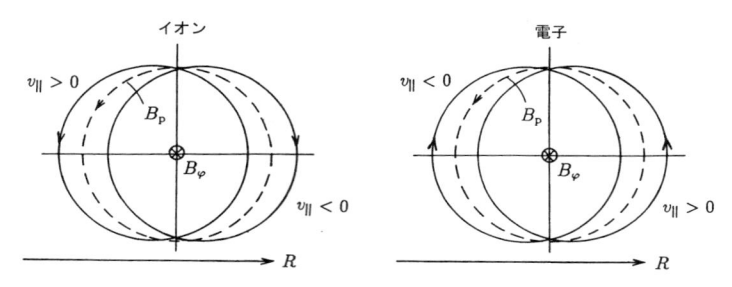

図 3.7 トーラスを周回するイオンおよび電子の案内中心軌道 (実線) の磁気面 (点線) からのずれ

$$|\Delta| \sim \rho_\Omega \left(\frac{2\pi}{\iota}\right)$$

だけずれることになる (ρ_Ω はラーマー半径). 図 3.7 のような配位においては $v_\parallel > 0$, $q > 0$(イオン) のとき $v_{\mathrm{dr}} > 0$, $\omega > 0$ であるから $\Delta < 0$ となる. また $v_\parallel < 0$ ($v_\parallel > 0$ の場合の反対方向), $q > 0$ (イオン) のときは $\Delta > 0$ となる.

3.5.2 トーラスの外側に捕捉されるバナナ粒子の案内中心

トーラス磁場において $|B_\varphi| \gg |B_\mathrm{p}|$ の場合はトーラス磁場の大きさは B_φ で決まってしまう.

$$B = \frac{B_0 R_0}{R} \simeq B_0 \left(1 - \frac{r}{R_0}\cos\theta\right)$$

磁力線に沿う長さを l とし磁力線を (R, z) 面に投影したときの座標を (r, θ) で表すとき (図 3.8 参照)

$$\frac{r\theta}{l} = \frac{B_\mathrm{p}}{B_0}, \qquad \theta = \frac{l}{r}\frac{B_\mathrm{p}}{B_0} = \kappa l$$

となるので

$$B = B_0\left(1 - \frac{r}{R_0}\cos(\kappa l)\right)$$

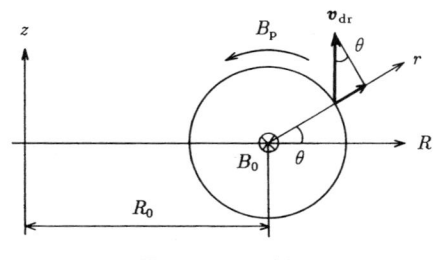

図 3.8 (r, θ) 座標

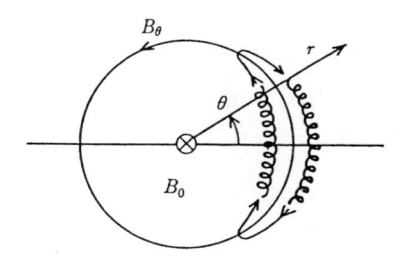

図 3.9 イオンのバナナ軌道

と書かれる．いま $v_\parallel$ 成分 (磁力線に平行成分) が $v_\perp$ 成分に比べて小さく

$$\frac{v_\perp^2}{v^2} > 1 - \frac{r}{R}, \qquad \frac{v_\parallel^2}{v^2} < \frac{r}{R} \tag{3.43}$$

の場合は，トーラスの外側の弱い磁場の領域にミラー効果 (2.5 節参照) により粒子が捕捉される．トロイダル・ドリフト v_dr の r 成分は，$v_\parallel^2 \ll v_\perp^2$ であるから

$$\dot{r} = v_\mathrm{dr} \sin\theta = \frac{m}{qB_0} \frac{v_\perp^2}{2R} \sin\theta$$

となる．案内中心の磁場に平行方向の運動は

$$\frac{\mathrm{d}v_\parallel}{\mathrm{d}t} = -\frac{\mu_\mathrm{m}}{m} \frac{\partial B}{\partial l}$$

$$\dot{v}_\parallel = -\frac{\mu_\mathrm{m}}{m} \frac{r}{R} \kappa B_0 \sin\kappa l = -\frac{v_\perp^2}{2R} \frac{B_\mathrm{p}}{B_0} \sin\theta$$

したがって

$$\frac{\mathrm{d}}{\mathrm{d}t}\left(r + \frac{m}{qB_\mathrm{p}} v_\parallel\right) = 0$$

$$r - r_0 = -\frac{m}{qB_\mathrm{p}} v_\parallel \tag{3.44}$$

となる．$r = r_0$ は磁気ミラーの反射点 (turning point) の位置である．このような案内中心はバナナの形をした軌道を描くのでバナナ粒子という (図 3.9 参照)．バナナ軌道の幅 Δ_b は

$$\Delta_\mathrm{b} = \frac{m}{qB_\mathrm{p}} v_\parallel \sim \frac{mv}{qB_0} \frac{v_\parallel}{v} \frac{B_0}{B_\mathrm{p}} \sim \frac{B_0}{B_\mathrm{p}} \left(\frac{r}{R}\right)^{1/2} \rho_\Omega \sim \left(\frac{R}{r}\right)^{1/2} \frac{2\pi}{\iota} \rho_\Omega \tag{3.45}$$

で与えられる．

3.6　案内中心のドリフト

案内中心の速度は

$$\boldsymbol{v}_{\mathrm{G}} = v_{\parallel}\boldsymbol{b} + \frac{1}{B}(\boldsymbol{E} \times \boldsymbol{b}) + \frac{mv_{\perp}^2/2}{qB^2}(\boldsymbol{b} \times \nabla B) + \frac{mv_{\parallel}^2}{qB^2}(\boldsymbol{b} \times (\boldsymbol{b} \cdot \nabla)\boldsymbol{B}) \quad (3.46)$$

で与えられることが 2.4 節で導かれた．電場 $\boldsymbol{E}$ が静電場の場合 $\boldsymbol{E} = -\nabla\phi$ となり，磁気モーメント $\mu_{\mathrm{m}} = mv_{\perp}^2/(2B) = \mathrm{const.}$ および

$$\frac{m}{2}(v_{\parallel}^2 + v_{\perp}^2) + q\phi = W$$

より

$$v_{\parallel} = \pm\left(\frac{2}{m}\right)^{1/2}(W - q\phi - \mu_{\mathrm{m}}B)^{1/2} \quad (3.47)$$

となる．したがって

$$\nabla \times (mv_{\parallel}\boldsymbol{b}) = mv_{\parallel}\nabla \times \boldsymbol{b} + \nabla(mv_{\parallel}) \times \boldsymbol{b}$$
$$= mv_{\parallel}\nabla \times \boldsymbol{b} + \frac{1}{v_{\parallel}}(-q\nabla\phi - \mu_{\mathrm{m}}\nabla B) \times \boldsymbol{b}$$

すなわち

$$\frac{v_{\parallel}}{qB}\nabla \times (mv_{\parallel}\boldsymbol{b}) = \frac{mv_{\parallel}^2}{qB}\nabla \times \boldsymbol{b} + \frac{1}{B}(\boldsymbol{E} \times \boldsymbol{b}) + \frac{mv_{\perp}^2/2}{qB^2}(\boldsymbol{b} \times \nabla B)$$

がえられる．そして

$$\boldsymbol{v}_{\mathrm{G}} = v_{\parallel}\boldsymbol{b} + \left(\frac{v_{\parallel}}{qB}\nabla \times (mv_{\parallel}\boldsymbol{b}) - \frac{mv_{\parallel}^2}{qB}\nabla \times \boldsymbol{b}\right) + \frac{mv_{\parallel}^2}{qB}(\boldsymbol{b} \times (\boldsymbol{b} \cdot \nabla)\boldsymbol{B})$$
$$= v_{\parallel}\boldsymbol{b} + \frac{v_{\parallel}}{qB}\nabla \times (mv_{\parallel}\boldsymbol{b}) - \frac{mv_{\parallel}^2}{qB}(\nabla \times \boldsymbol{b} - \boldsymbol{b} \times (\boldsymbol{b} \cdot \nabla)\boldsymbol{b})$$

が導かれる．$\nabla(\boldsymbol{b} \cdot \boldsymbol{b}) = 2(\boldsymbol{b} \cdot \nabla)\boldsymbol{b} + 2\boldsymbol{b} \times (\nabla \times \boldsymbol{b}) = 0$ ($(\boldsymbol{b} \cdot \boldsymbol{b}) = 1$) より $\boldsymbol{v}_{\mathrm{G}}$ の右辺第 3 項は ( ) $= (\nabla \times \boldsymbol{b}) - (\nabla \times \boldsymbol{b})_{\perp} = (\nabla \times \boldsymbol{b})_{\parallel} = (\boldsymbol{b} \cdot (\nabla \times \boldsymbol{b}))\boldsymbol{b}$ に還元される．したがってラーマー半径と $\boldsymbol{b}$ の特徴的長さの比の 1 次の精度で

$$\boldsymbol{v}_{\mathrm{G}} = \left(v_{\parallel} - \frac{mv_{\parallel}^2}{qB}(\boldsymbol{b} \cdot \nabla \times \boldsymbol{b})\right)\boldsymbol{b} + \frac{mv_{\parallel}}{qB}\nabla \times (v_{\parallel}\boldsymbol{b})$$
$$= \frac{1}{1 + (mv_{\parallel}/qB)\boldsymbol{b} \cdot \nabla \times \boldsymbol{b}}\left(v_{\parallel}\boldsymbol{b} + \frac{mv_{\parallel}}{qB}\nabla \times (v_{\parallel}\boldsymbol{b})\right) \quad (3.48)$$

を導くことができた．(3.48) の右辺第 1 項は，案内中心の運動のラグランジュ–ハミルトン公式化[1]において位相空間の体積を保存するために必要な項である．$\nabla \times \boldsymbol{B} = B\nabla \times \boldsymbol{b} + \nabla B \times \boldsymbol{b} = \mu_0 \boldsymbol{j}$ であるので，$\boldsymbol{b} \cdot \nabla \times \boldsymbol{b} = \mu_0 j_{\parallel}/B$ である．分母の第 2 項は通常 1 より非常に小さい ($j_{\parallel} = 0$ のときは0)．もし分母の第 2 項が無視できる場合は，(3.48) の $\boldsymbol{v}_{\mathrm{G}}$ は次のように還元される[2]．真空磁場のときは $\nabla \times \boldsymbol{B} = B\nabla \times \boldsymbol{b} + \nabla B \times \boldsymbol{b} = \mu_0 \boldsymbol{j} = 0$ であるので，$\boldsymbol{b} \cdot \nabla \times \boldsymbol{b} = \mu_0 j_{\parallel}/B$ であり，分母の第 2 項は 0 となる．したがって

$$\frac{d\bm{r}_{\rm G}}{dt} = \frac{v_\parallel}{B}\nabla\times\left(\bm{A} + \frac{mv_\parallel}{qB}\bm{B}\right)$$

となる．磁場が時間に依らないとき，軌道は (3.48) と全く同じである．そしてあたかもベクトル・ポテンシャル

$$\bm{A}^* \equiv \bm{A} + \frac{mv_\parallel}{qB}\bm{B}$$

を持つ磁場 $\bm{B}^* = \nabla\times\bm{A}^*$ の磁力線の軌跡と一致する．回転対称系の場合は

$$rA_\theta^*(r,z) = \text{const.} \tag{3.49}$$

が案内中心の軌道面となる．

3.7 捕捉粒子 (バナナ) の歳差運動 [*1)]

トカマクにおいて磁場の弱いトーラスの外側で捕捉されたバナナの中心は，トーラス方向に移動する．この捕捉粒子の歳差運動の軌道解析を一般的に行うために，図 3.10 に示されるような一般座標系 (u^1, u^2, u^3) を用いる．すなわち

$$u^1 = u^1(x,y,z), \qquad u^2 = u^2(x,y,z), \qquad u^3 = u^3(x,y,z)$$

一般座標系においては，任意のベクトル $\bm{F}$ はコントラバリアント $f^i = \bm{F}\cdot\bm{a}^i$ を用いて $\bm{F} = \sum f^i\bm{a}_i$，コバリアント $f_i = \bm{F}\cdot\bm{a}_i$ を用いて $\bm{F} = \sum f_i\bm{a}^i$ と表すことができる．ここでベクトル $\bm{a}_i$ および $\bm{a}^i$ は $\bm{a}_i \equiv \partial\bm{r}/\partial u^i$ および $\bm{a}^i \equiv \nabla u^i$ (図 3.10，表 3.1 参照) である．$u^1(x,y,z) = \text{const.}$ の曲面と $u^2(x,y,z) = \text{const.}$ の曲面の交差線が磁力線になるように (u^1, u^2, u^3) を選ぶ．磁力線に沿う単位ベクトル $\bm{b}$ は

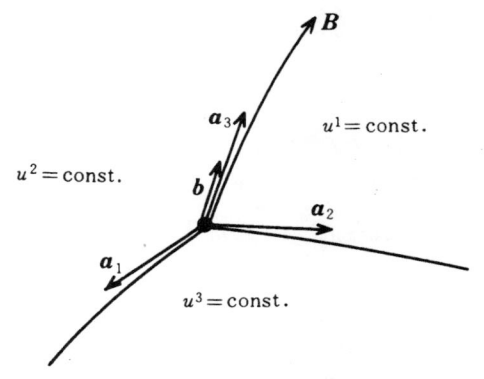

図 3.10 捕捉粒子の歳差運動の軌道解析のために用いる一般座標 (u^1, u^2, u^3)

[*1)] この節をスキップして先に進んでも差し支えない．

表 3.1　一般座標系におけるベクトル公式

---

(1) $\boldsymbol{a}_j \equiv \frac{\partial \boldsymbol{r}}{\partial u^j}$,　　$\boldsymbol{a}^i \equiv \nabla u^i$,　　$V \equiv \boldsymbol{a}_1 \cdot (\boldsymbol{a}_2 \times \boldsymbol{a}_3)$

(2) $\mathrm{d}\boldsymbol{r} = \sum_j \frac{\partial \boldsymbol{r}}{\partial u^j} \mathrm{d}u^j$,　　$\boldsymbol{a}^i \cdot \boldsymbol{a}_j = \delta^i_j$

(3) $\boldsymbol{a}^1 = V^{-1}(\boldsymbol{a}_2 \times \boldsymbol{a}_3)$,　　$\boldsymbol{a}^2 = V^{-1}(\boldsymbol{a}_3 \times \boldsymbol{a}_1)$,　　$\boldsymbol{a}^3 = V^{-1}(\boldsymbol{a}_1 \times \boldsymbol{a}_2)$

(4) $\boldsymbol{a}_1 = V(\boldsymbol{a}^2 \times \boldsymbol{a}^3)$,　　$\boldsymbol{a}_2 = V(\boldsymbol{a}^3 \times \boldsymbol{a}^1)$,　　$\boldsymbol{a}_3 = V(\boldsymbol{a}^1 \times \boldsymbol{a}^2)$

(5) $\boldsymbol{a}^1 \cdot (\boldsymbol{a}^2 \times \boldsymbol{a}^3) = V^{-1}$

(6) $g_{ij} \equiv \boldsymbol{a}_i \cdot \boldsymbol{a}_j = g_{ji}$,　　$g^{ij} \equiv \boldsymbol{a}^i \cdot \boldsymbol{a}^j = g^{ji}$

(7) $\boldsymbol{F} = \sum_i f^i \boldsymbol{a}_i$,　　$f^i \equiv \boldsymbol{F} \cdot \boldsymbol{a}^i$　　(コントラバリアント)

(8) $\boldsymbol{F} = \sum_i f_i \boldsymbol{a}^i$,　　$f_i \equiv \boldsymbol{F} \cdot \boldsymbol{a}_i$　　(コバリアント)

(9) $f_j = \sum_i g_{ji} f^i$,　　$f^i = \sum_j g^{ij} f_j$

(10) $g \equiv |g_{ij}| = V^2$,　　$\mathrm{d}x\mathrm{d}y\mathrm{d}z = g^{1/2} \mathrm{d}u^1 \mathrm{d}u^2 \mathrm{d}u^3$,
　　　$g^{1/2} = [\nabla u^1 \cdot (\nabla u^2 \times \nabla u^3)]^{-1}$

(11) $(\mathrm{d}s)^2 = (\mathrm{d}\boldsymbol{r})^2 = \sum_{ij} g_{ij} \mathrm{d}u^i \mathrm{d}u^j = \sum_{ij} g^{ij} \mathrm{d}u_i \mathrm{d}u_j$

(12) $(\boldsymbol{a} \times \boldsymbol{b})^1 = g^{-1/2}(a_2 b_3 - a_3 b_2)$,　　$(\boldsymbol{a} \times \boldsymbol{b})_1 = g^{1/2}(a^2 b^3 - a^3 b^2)$

(13) $\nabla \phi = \sum_i \frac{\partial \phi}{\partial u^i} \boldsymbol{a}^i$,　　$\nabla \cdot \boldsymbol{F} = \frac{1}{g^{1/2}} \sum_i \frac{\partial}{\partial u^i}(g^{1/2} f^i)$

(14) $\nabla \times \boldsymbol{F} = \frac{1}{g^{1/2}} \left(\left(\frac{\partial f_3}{\partial u^2} - \frac{\partial f_2}{\partial u^3}\right) \boldsymbol{a}_1 + \left(\frac{\partial f_1}{\partial u^3} - \frac{\partial f_3}{\partial u^1}\right) \boldsymbol{a}_2 + \left(\frac{\partial f_2}{\partial u^1} - \frac{\partial f_1}{\partial u^2}\right) \boldsymbol{a}_3 \right)$

(15) $\nabla^2 \phi = \nabla \cdot (\nabla \phi) = \frac{1}{g^{1/2}} \sum_{ij} \frac{\partial}{\partial u^i}\left(g^{1/2} g^{ij} \frac{\partial \phi}{\partial u^j}\right)$

$\boldsymbol{b} = b^3 \boldsymbol{a}_3 = (\boldsymbol{a}_3 \cdot \boldsymbol{a}_3)^{-1/2} \boldsymbol{a}_3$ で表される．全エネルギー W，磁気モーメント μ_m の捕捉粒子の案内中心の軌道は縦の断熱不変量

$$J_\|(u^1, u^2, \mu_\mathrm{m}, W) = m \oint v_\| \mathrm{d}l = \text{const.} \tag{3.50}$$

で与えられる．ここで $v_\|$ は

$$v_\| = \pm \left((2/m)(W - \mu_\mathrm{m} B - q\phi)\right)^{1/2} \tag{3.51}$$

で与えられる．また荷電粒子の運動は

$$\boldsymbol{v}_\mathrm{G} = \left(v_\| - \frac{mv_\|^2}{qB}(\boldsymbol{b} \cdot \nabla \times \boldsymbol{b})\right) \boldsymbol{b} + \frac{v_\|}{qB} \nabla \times (mv_\| \boldsymbol{b}) \tag{3.48 再掲}$$

で表される. (3.48) の磁力線に垂直な成分は座標 (u^1, u^2, u^3) を用いて次のようになる (表 3.1 参照).

$$\frac{du^1}{dt} = \frac{v_\parallel}{qBg^{1/2}} \left(\frac{\partial}{\partial u^2}(mv_\parallel b_3) - \frac{\partial}{\partial u^3}(mv_\parallel b_2) \right)$$

$$\frac{du^2}{dt} = \frac{v_\parallel}{qBg^{1/2}} \left(\frac{\partial}{\partial u^3}(mv_\parallel b_1) - \frac{\partial}{\partial u^1}(mv_\parallel b_3) \right)$$

1 周期間における u^1 および u^2 の変化は

$$\Delta u^1 = \oint \frac{1}{qB} \left(\frac{g_{33}}{g} \right)^{1/2} \left(\frac{\partial}{\partial u^2}(mv_\parallel b_3) - \frac{\partial}{\partial u^3}(mv_\parallel b_2) \right) du^3$$

$$= \left(\frac{1}{qB} \left(\frac{g_{33}}{g} \right)^{1/2} \right)_{\mathrm{m}} \frac{\partial J_\parallel}{\partial u^2}$$

$$\Delta u^2 = - \left(\frac{1}{qB} \left(\frac{g_{33}}{g} \right)^{1/2} \right)_{\mathrm{m}} \frac{\partial J_\parallel}{\partial u^1}$$

である. ここで $J_\parallel = \oint (mv_\parallel b_3) du^3 = \oint (mv_\parallel) dl$ ($dl = (\boldsymbol{v} \cdot \boldsymbol{b})dt = du^3(\boldsymbol{a}_3 \cdot \boldsymbol{b})$ $= du^3 g_{33}^{1/2}$ であり, g および g_{ij} の定義は表 3.1 を参照されたい). 記号 $(f)_\mathrm{m}$ は f の軌道内のある点における値である (平均値定理). 1 周期の値 τ は

$$\tau = \oint \frac{dl}{v_\parallel} = m \frac{\partial}{\partial W} \oint v_\parallel dl = \frac{\partial J_\parallel}{\partial W} \tag{3.52}$$

である. したがって捕捉粒子の歳差運動のドリフト速度は次のように与えられる.

$$\frac{du^1}{dt} = \frac{\Delta u^1}{\tau} = \left(\frac{1}{qB} \left(\frac{g_{33}}{g} \right)^{1/2} \right)_{\mathrm{m}} \frac{\partial J_\parallel / \partial u^2}{\partial J_\parallel / \partial W}$$

$$\frac{du^2}{dt} = \frac{\Delta u^2}{\tau} = - \left(\frac{1}{qB} \left(\frac{g_{33}}{g} \right)^{1/2} \right)_{\mathrm{m}} \frac{\partial J_\parallel / \partial u^1}{\partial J_\parallel / \partial W}$$

この場合周期 τ はドリフト運動の時間スケールより十分短いことを前提としている.

トカマクのバナナの歳差運動を解析してみよう. トカマクの磁場強度は

$$B = B_0(1 - \epsilon \cos \theta)$$

である. ここで ϵ は逆アスペクト比 $\epsilon = r/R$ である. 一般座標系として

$$u^1 = r, \qquad u^2 = \theta - \frac{1}{q_\mathrm{s}} \varphi, \qquad u^3 = R\varphi$$

を選ぶ. 縦の断熱不変量 $J_\parallel$ は

$$J_\parallel = m \oint \frac{2}{m}(W - q\phi - \mu_\mathrm{m} B(1 - \epsilon \cos \theta))^{1/2} dl$$

$$\approx (2m\mu_\mathrm{m} B\epsilon)^{1/2}(Rq_\mathrm{s}) \oint (2\kappa^2 + \cos\theta - 1)^{1/2} d\theta$$

$$= 4 \cdot 4(m\mu_m B\epsilon)^{1/2}(Rq_s) \int_0^{\theta_0/2} \left(\kappa^2 - \sin^2 \frac{\theta}{2}\right)^{1/2} d\frac{\theta}{2}$$

$$= 16(m\mu_m B\epsilon)^{1/2}(Rq_s) H(\kappa) \tag{3.53}$$

である. ここで $\sin^2(\theta_0/2) = \kappa^2$, そして

$$\kappa^2 \equiv \frac{W - \mu_m B(1-\epsilon) - q\phi}{2\epsilon\mu_m B} < 1, \qquad H(\kappa) \equiv \int_0^{\theta_0} (\kappa^2 - \sin^2(\alpha))^{1/2} d\alpha$$

であり, $rd\theta/dl = B_\theta/B = r/Rq_s$, $dl = Rq_s d\theta$ である. また $\kappa^2 < 1$ のとき捕捉粒子になる.

注：非捕捉粒子の場合は $\kappa^2 > 1$ であり, $H(\kappa) = \int_0^\pi \kappa(1 - (1/\kappa^2)\sin^2(\alpha))^{1/2} d\alpha = 2\kappa E(1/\kappa)$ になる. $K(\bar{\kappa})$ および $E(\bar{\kappa})$ はそれぞれ第 1 種および第 2 種の完全楕円積分で次のような関数である (表 3.2 参照).

$$K(\bar{\kappa}) = \int_0^{\pi/2} \frac{d\phi}{(1-\bar{\kappa}^2\sin^2\phi)^{1/2}} = \int_0^1 \frac{dx}{((1-x^2)(1-\bar{\kappa}^2 x^2))^{-1/2}}$$

$$E(\bar{\kappa}) = \int_0^{\pi/2} (1-\bar{\kappa}^2\sin^2\phi)^{1/2} d\phi = \int_0^1 \left(\frac{1-\bar{\kappa}^2 x^2}{1-x^2}\right)^{1/2} dx$$

$$\frac{dK}{d\bar{\kappa}} = \frac{1}{\bar{\kappa}} \left(\frac{E}{1-\bar{\kappa}^2} - K\right), \qquad \frac{dE}{d\bar{\kappa}} = \frac{1}{\bar{\kappa}}(E-K)$$

表 3.2 　$K(\kappa)$ および $E(\kappa)$ の値

κ	0.0	0.2	0.4	0.5	0.6	0.7	0.8	0.9	1.0
$K(\kappa)$	$\pi/2$	1.660	1.778	1.854	1.950	2.075	2.257	2.578	∞
$E(\kappa)$	$\pi/2$	1.489	1.339	1.351	1.298	1.242	1.178	1.105	1

捕捉粒子について解析を続ける.

$$\frac{\partial \kappa^2}{\partial r} = \frac{1}{2r}(1-\kappa^2) - \frac{q\partial\phi/\partial r}{2\epsilon\mu_m B}$$

であるので

$$\frac{\partial J_\parallel}{\partial r} = 16(m\mu_m B\epsilon)^{1/2} Rq_s \left(H(\kappa)\frac{1}{2r} + \frac{dH(\kappa)}{d\kappa^2}\frac{\partial \kappa^2}{\partial r}\right)$$

$$= 16(m\mu_m B\epsilon)^{1/2} Rq_s \left(\frac{1}{2r}\left(H + \frac{dH}{d\kappa^2}(1-\kappa^2)\right) + \frac{dH}{d\kappa^2}\left(-\frac{q\partial\phi/\partial r}{2\epsilon\mu_m B}\right)\right)$$

$$\frac{\partial J_\parallel}{\partial u^2} = 0$$

$$\frac{\partial J_\parallel}{\partial W} = 16(m\mu_m B\epsilon)^{1/2} Rq_s \frac{dH}{d\kappa^2}\frac{1}{2\mu_m B\epsilon}$$

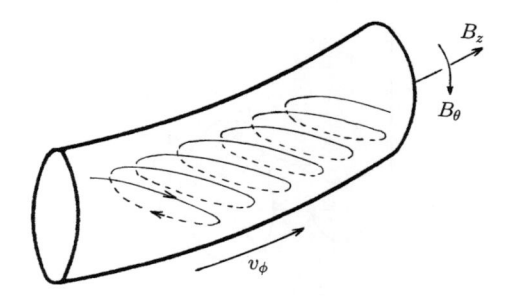

図 3.11 歳差運動するイオンのバナナ軌道がトロイダル方向に移動する様子

である．バナナの歳差運動の軌道は

$$\frac{\mathrm{d}u^2}{\mathrm{d}t} = \frac{\mathrm{d}(\theta - \varphi/q_\mathrm{s})}{\mathrm{d}t} = -\frac{2\mu_m B\epsilon}{qBr^2}\left(\frac{H + (\mathrm{d}H/\mathrm{d}\kappa^2)(1-\kappa^2)}{\mathrm{d}H/\mathrm{d}\kappa^2}\right) + \frac{q\partial\phi/\partial r}{rqB}$$

$$= -\frac{\mu_m B}{qBrR}\left(1 - \kappa^2 + \frac{H}{\mathrm{d}H/\mathrm{d}\kappa^2}\right) - \frac{E_r}{rB}$$

$$\frac{\mathrm{d}u^1}{\mathrm{d}t} = \frac{\mathrm{d}r}{\mathrm{d}t} = 0$$

である．トカマクのバナナの歳差運動は $\theta = 0$ 付近に捕捉される．そして

$$R\frac{\mathrm{d}\varphi}{\mathrm{d}t} = \frac{mv_\perp^2}{qBr}q_\mathrm{s}\left(1 - \kappa^2 + \frac{H}{\mathrm{d}H/\mathrm{d}\kappa^2}\right) + \frac{E_r}{(\epsilon/q_\mathrm{s})B} \tag{3.54}$$

となる (図 3.11 参照)[3]．

イオン・バナナのトーラス方向の歳差運動の速度は，高エネルギー・イオンになると大きくなる．そしてモード数 $m = 1, n = 1$ の MHD 揺動のトロイダル方向の伝播速度と同じ程度になる．高エネルギー・イオンの歳差運動が MHD 揺動をランダウ増幅する．観測される揺動の磁気信号があたかも魚の骨のような形をしているのでフィッシュボーン不安定性と呼ばれている[4]．

3.8 バナナ粒子の軌道に対する縦電場の影響

トカマク型の磁場配位においてはプラズマ中に電流を流すため，トーラス方向に電場を加える．粒子の案内中心は $\boldsymbol{E} \times \boldsymbol{B}/B^2$ のドリフトを受けるがバナナ中心のドリフトは異なる運動をする．軸対称系トーラスにおいて，トーラス方向の電場は (R, φ, z) 座標を用いて

$$E_\varphi = -\frac{\partial A_\varphi}{\partial t}$$

である．粒子の角運動量は保存されるので

$$R(mR\dot{\varphi} + qA_\varphi) = \mathrm{const}.$$

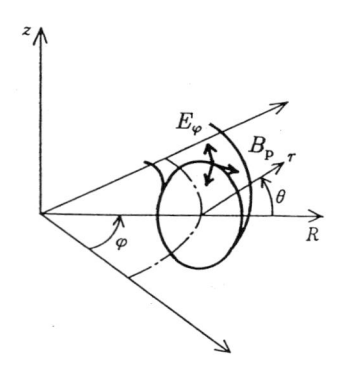

図 3.12 Ware ピンチの説明図

である．ラーマー周期で平均すると，案内中心は 0 次の近似では磁力線に沿って $v_\parallel$ の速度で移動するから

$$\langle R\dot\varphi \rangle = \frac{B_\varphi}{B} v_\parallel$$

となるから

$$R\left(mv_\parallel \frac{B_\varphi}{B} + qA_\varphi\right) = \text{const.} \tag{3.55}$$

である．$v_\parallel \ll v_\perp$ で粒子がバナナ運動しているとし，同じ点の位置がバナナを 1 周してきた時間 Δt 間にどのくらいずれるかを考察する．折り返し点では $v_\parallel = 0$ であるから折り返し点 (R, Z) は

$$0 = \Delta(RA_\varphi(R,Z)) = \Delta r \frac{\partial}{\partial r} RA_\varphi + \Delta t \frac{\partial}{\partial t} RA_\varphi$$

である．ただし r は磁気面の径方向の座標である．φ および θ 方向についての微分は，$RA_\varphi = \text{const.}$ が磁気面であるから 0 である．また

$$\frac{1}{R}\frac{\partial}{\partial r}(RA_\varphi) = \frac{1}{R}\left(\frac{\partial R}{\partial r}\frac{\partial(RA_\varphi)}{\partial R} + \frac{\partial Z}{\partial r}\frac{\partial(RA_\varphi)}{\partial Z}\right) = \cos\theta B_Z - \sin\theta B_R = B_\mathrm{p}$$

であるから

$$\frac{\Delta r}{\Delta t} = \frac{E_\theta}{B_\mathrm{p}} \tag{3.56}$$

をえる．E_φ によって流れる電流がつくる B_p の符号を図 3.12 について考えると $\Delta r/\Delta t$ の符号は負で内側に向かう．$|B_\mathrm{p}| \ll |B_\varphi| \simeq B$ であるからその速度は速い．粒子の案内中心のドリフトは $E_\varphi B_\mathrm{p}/B^2$ であるから $(B/B_\mathrm{p})^2$ の比で速く内側に向かう．これを **Ware** のピンチ効果と呼んでいる[5]．

3.9 分極ドリフト

z 方向に一様定常な磁場 $\boldsymbol{B}$ があり，x 方向に時間とともに変化する電場 $\boldsymbol{E} =$

$E_0 \exp(-i\omega t)\hat{\boldsymbol{x}}$ がある場合を考える．荷電粒子の運動方程式は

$$\ddot{v}_x = \frac{q}{m}\dot{E}_x + \frac{q}{m}\dot{v}_y B = i\omega\Omega\frac{E_x}{B} - \Omega^2 v_x$$

$$\ddot{v}_y = -\frac{q}{m}\dot{v}_x B = -\Omega^2\frac{E_x}{B} - \Omega^2 v_y$$

となる．ここで

$$v_{\rm E} \equiv -\frac{E_x}{B}, \qquad v_{\rm p} = i\frac{\omega}{\Omega}\frac{E_x}{B}$$

を定義すると，運動方程式は次のように還元される．

$$\ddot{v}_x = -\Omega^2(v_x - v_{\rm p}), \qquad \ddot{v}_y = -\Omega^2(v_y - v_{\rm E})$$

$\Omega^2 \gg \omega^2$ の場合，その解は

$$v_x = -iv_\perp \exp(-i\Omega t) + v_{\rm p}, \qquad v_y = v_\perp \exp(-i\Omega t) + v_{\rm E}$$

である．この解は，案内中心の運動が通常の $\boldsymbol{E}\times\boldsymbol{B}$ ドリフト（ただし時間的にゆっくり振動する）と電場 $\boldsymbol{E}$ と同じ方向にドリフトする新しい項からなっていることを示している．この新しい項を分極ドリフトといい，より一般的に表すと次のようになる．

$$\boldsymbol{v}_{\rm p} = -\frac{1}{\Omega B}\frac{{\rm d}\boldsymbol{E}}{{\rm d}t} \tag{3.57}$$

この $\boldsymbol{v}_{\rm p}$ はイオンと電子とは向きが反対であるので，**分極電流**

$$\boldsymbol{j}_{\rm p} = en_{\rm e}(\boldsymbol{v}_{\rm pi} - \boldsymbol{v}_{\rm pe}) = \frac{n_{\rm e}(m_{\rm i}+m_{\rm e})}{B^2}\frac{{\rm d}\boldsymbol{E}}{{\rm d}t} = \frac{\rho_{\rm m}}{B^2}\frac{{\rm d}\boldsymbol{E}}{{\rm d}t}$$

が流れることになる．ここで $\rho_{\rm m}$ は質量密度である．

3.10 電磁波の電子に働くポンデラモーティブ力

電磁波 $\boldsymbol{E}(\boldsymbol{r},t) = \widehat{\boldsymbol{E}}(\boldsymbol{r})\cos(\boldsymbol{k}\cdot\boldsymbol{r}-\omega t)$ の中の電子の運動方程式は

$$m\frac{{\rm d}\boldsymbol{v}}{{\rm d}t} = -e(\boldsymbol{E}+\boldsymbol{v}\times\boldsymbol{B})$$

で与えられる．ここで振幅 $\widehat{\boldsymbol{E}}(\boldsymbol{r})$ は波長の尺度ではゆっくり変化すると仮定する．また記号 $\alpha \equiv \boldsymbol{k}\cdot\boldsymbol{r} - \omega t$ を用いる．電磁波の磁場 $\boldsymbol{B}$ は電場 $\boldsymbol{E}$ を用いて次のように与えられる．

$$\frac{\partial \boldsymbol{B}}{\partial t} = -\nabla\times\boldsymbol{E} = \nabla\times\widehat{\boldsymbol{E}}\cos\alpha + \boldsymbol{k}\times\widehat{\boldsymbol{E}}\sin\alpha$$

$$\boldsymbol{B} = \frac{\nabla\times\widehat{\boldsymbol{E}}}{\omega}\sin\alpha + \frac{\boldsymbol{k}\times\widehat{\boldsymbol{E}}}{\omega}\cos\alpha$$

1次のオーダーの近似においては，2次の項 $\boldsymbol{v}\times\boldsymbol{B}$ は無視できる．そして

$$m\frac{d\boldsymbol{v}_1}{dt} = -e\boldsymbol{E}(\boldsymbol{r}_0, t) = -e\widehat{\boldsymbol{E}}(\boldsymbol{r}_0)\cos(\boldsymbol{k}\cdot\boldsymbol{r}_0 - \omega t)$$

$$\boldsymbol{v}_1 = \frac{e\widehat{\boldsymbol{E}}(\boldsymbol{r}_0)}{m\omega}\sin(\boldsymbol{k}\cdot\boldsymbol{r}_0 - \omega t)$$

$$\boldsymbol{r}_1 = \frac{e\widehat{\boldsymbol{E}}(\boldsymbol{r}_0)}{m\omega^2}\cos(\boldsymbol{k}\cdot\boldsymbol{r}_0 - \omega t)$$

ここで $\boldsymbol{r}_0$ は初期における電子の位置を表す．$\boldsymbol{E}(\boldsymbol{r},t)$ を $\boldsymbol{r}_0$ 付近で展開すると

$$\begin{aligned}\boldsymbol{E}(\boldsymbol{r},t) &= \boldsymbol{E}(\boldsymbol{r}_0,t) + (\boldsymbol{r}_1\cdot\nabla)\boldsymbol{E}(\boldsymbol{r},t)|_{\boldsymbol{r}_0}\\ &= \boldsymbol{E}(\boldsymbol{r}_0,t) + (\boldsymbol{r}_1\cdot\nabla)\widehat{\boldsymbol{E}}\cos\alpha_0 - \widehat{\boldsymbol{E}}(\boldsymbol{r}_1\cdot\boldsymbol{k})\sin\alpha_0\end{aligned}$$

となる．ただし $\alpha_0 \equiv \boldsymbol{k}\cdot\boldsymbol{r}_0 - \omega t$.

2 次のオーダーでは $\boldsymbol{v}_1\times\boldsymbol{B}$ の項を考慮しなければならない．

$$\begin{aligned}m\frac{d\boldsymbol{v}_2}{dt} &= -e\bigl((\boldsymbol{r}_1\cdot\nabla)\widehat{\boldsymbol{E}}\cos\alpha_0 - \widehat{\boldsymbol{E}}(\boldsymbol{r}_1\cdot\boldsymbol{k})\sin\alpha_0\bigr)\\ &\quad - e\boldsymbol{v}_1\times\left(\nabla\times\widehat{\boldsymbol{E}}\sin\alpha_0 + \frac{\boldsymbol{k}\times\widehat{\boldsymbol{E}}}{\omega}\cos\alpha_0\right)\\ &= -\frac{e^2}{m\omega^2}\bigl((\widehat{\boldsymbol{E}}\cdot\nabla)\widehat{\boldsymbol{E}}\cos^2\alpha_0 + \widehat{\boldsymbol{E}}\times\nabla\times\widehat{\boldsymbol{E}}\sin^2\alpha_0\bigr)\\ &\quad - \frac{e^2}{m\omega^2}\bigl(-(\widehat{\boldsymbol{E}}\cdot\boldsymbol{k})\widehat{\boldsymbol{E}} + \widehat{\boldsymbol{E}}\times\boldsymbol{k}\times\widehat{\boldsymbol{E}}\bigr)\sin\alpha_0\cos\alpha_0\\ &= -\frac{e^2}{2m\omega^2}\Bigl(\nabla\frac{\widehat{\boldsymbol{E}}^2}{2}(1 - \cos 2(\boldsymbol{k}\cdot\boldsymbol{r}_0-\omega t)) + 2(\widehat{\boldsymbol{E}}\cdot\nabla)\widehat{\boldsymbol{E}}\cos 2(\boldsymbol{k}\cdot\boldsymbol{r}_0-\omega t)\\ &\quad + \boldsymbol{k}\widehat{\boldsymbol{E}}^2\sin 2(\boldsymbol{k}\cdot\boldsymbol{r}_0 - \omega t) - 2(\boldsymbol{k}\cdot\widehat{\boldsymbol{E}})\widehat{\boldsymbol{E}}\sin 2(\boldsymbol{k}\cdot\boldsymbol{r}_0-\omega t)\Bigr)\quad (3.58)\end{aligned}$$

ここで公式 $\widehat{\boldsymbol{E}}\times(\nabla\times\widehat{\boldsymbol{E}}) = \nabla(\widehat{\boldsymbol{E}}\cdot\widehat{\boldsymbol{E}})/2 - (\widehat{\boldsymbol{E}}\cdot\nabla)\widehat{\boldsymbol{E}}$, $\widehat{\boldsymbol{E}}\times(\boldsymbol{k}\times\widehat{\boldsymbol{E}}) = \boldsymbol{k}\widehat{\boldsymbol{E}}^2 - (\boldsymbol{k}\cdot\widehat{\boldsymbol{E}})\widehat{\boldsymbol{E}}$ を用いた．横波の電磁波の場合 $(\widehat{\boldsymbol{E}}\cdot\nabla)\widehat{\boldsymbol{E}}$ および $(\boldsymbol{k}\cdot\widehat{\boldsymbol{E}})\widehat{\boldsymbol{E}}$ は無視でき，ローレンツ力による項が主になる．$md\boldsymbol{v}_2/dt$ の時間平均は

$$m\left\langle\frac{d\boldsymbol{v}_2}{dt}\right\rangle = -\frac{e^2}{4m\omega^2}\nabla\widehat{\boldsymbol{E}}^2$$

に還元される．この項は 1 個の電子に対する実効的非線形力である．単位体積あたりのプラズマに対する非線形力は

$$nm\left\langle\frac{d\boldsymbol{v}_2}{dt}\right\rangle = -\frac{\omega_\mathrm{p}^2}{\omega^2}\nabla\frac{\epsilon_0\widehat{\boldsymbol{E}}^2}{4} = -\frac{\omega_\mathrm{p}^2}{\omega^2}\nabla\frac{\epsilon_0\langle\boldsymbol{E}^2\rangle}{2} \quad (3.59)$$

である．ω_p は電子プラズマ周波数である．この力をポンデラモーティブ力という．この力は電磁波 (レーザー) のビームの外へプラズマを押し出す．電子密度は減り，電子プラズマ周波数 $\varPi_\mathrm{e}$ が小さくなり，誘電率 $\epsilon/\epsilon_0 = 1 - \varPi_\mathrm{e}^2/\omega^2$ (10.1 節参照) はビームの内部では外部より大きくなる．すなわち屈折率 $N = (\epsilon/\epsilon_0)^{1/2}$ がビームの内部で外より

大きくなる．したがってプラズマは光ファイバーと同じ役割をして，ビームを小さい径に絞る．慣性閉じ込め実験においては，ペタワット (Peta Watt, 10^{15} W) 級の非常に強力なレーザーのポンデラモーティブ力によって，超高密度の燃料ペレットに孔をくりぬき，(10.58) の振動項により中心部の電子を加熱することが観測されている．このような概念を高速点火 (fast ignition) という[6]．

文　　献

1) R. G. Littlejohn: *Phys. Fluids* **24**, 1730 (1981).
   R. G. Littlejohn: *J. Plasma Phys.* **29**, 111 (1983).
2) A. I. Morozov and L. S. Solovev: *Reviews of Plasma Physics* **2**, 201 (ed. by M. A. Leontovich), Consultant Bureau, New York 1966.
3) 宮本健郎：核融合のためのプラズマ物理，岩波書店　1976.
   K. Miyamoto: *Plasma Physics for Nuclear Fusion*, MIT Press, Cambridge, Massachusetts 1980.
4) Liu Chen and R. B. White and M. N. Rosenbluth: *Phys. Rev. Lett.* **52**, 1122 (1984).
5) A. A. Ware: *Phys. Rev. Lett.* **25**, 15 (1970).
6) M. Tabak, J. Hammer, M. E. Glinsky, W. L. Kruer, S. C. Wilks, J. Woodworth, E. M. Campbell and M. D. Perry: *Phys. Plasmas* **1**, 1626 (1994).

4

分布関数とプラズマの基礎方程式

　プラズマは数多くのイオンと電子の集まりから成り立っている．したがってプラズマの個々の粒子を観測することはできず，我々はその平均的な量を観測している．プラズマの性質を記述するためにはある空間座標および速度座標からなる位相空間座標におけるプラズマの粒子密度を表す分布関数を定義する．そしてその分布関数が位相空間においてどのように変化するかを記述する基礎方程式が必要となる．4.1 節ではリューヴィユ (Liouville) の定理より分布関数 $f(q_i, p_i, t)$ に対する方程式を導く．4.2 節においては分布関数 $f(\boldsymbol{x}, \boldsymbol{v}, t)$ のボルツマン方程式について述べる．衝突項を無視したボルツマン方程式はブラゾフ方程式とも呼ばれている．

4.1 位相空間と分布関数

　粒子はその座標 (x, y, z)，速度 (v_x, v_y, v_z)，および時間 t によって指定される．そしてさらにもっと一般的に正準変数 (canonical variables) $q_1, q_2, q_3, p_1, p_2, p_3$ および t で指定し記述する．位相空間における粒子の運動はハミルトン方程式によって与えられる．

$$\frac{dq_i}{dt} = \frac{\partial H(q_j, p_j, t)}{\partial p_i}, \qquad \frac{dp_i}{dt} = -\frac{\partial H(q_j, p_j, t)}{\partial q_i} \qquad (4.1)$$

正準変数の位相空間においてはその微小体積 $\Delta = \delta q_1 \delta q_2 \delta q_3 \delta p_1 \delta p_2 \delta p_3$ はリューヴィユの定理により保存される．すなわち (図 4.1 参照)，

$$\frac{d\Delta}{dt} = 0 \qquad (4.2)$$

位相空間の微小体積中の粒子の数 δN を

$$\delta N = f(q_i, p_i, t) \delta \boldsymbol{q} \delta \boldsymbol{p} \qquad (4.3)$$

で表し，$f(q_i, p_i, t)$ を位相空間における**分布関数** (distribution function) と定義する（ただし $\delta \boldsymbol{q} = \delta q_1 \delta q_2 \delta q_3$，$\delta \boldsymbol{p} = \delta p_1 \delta p_2 \delta p_3$）．もし衝突による粒子の散乱がなく運動方程式に従って粒子群が移動するとすれば，微小体積 Δ 中に存在する粒子の数 δN は保

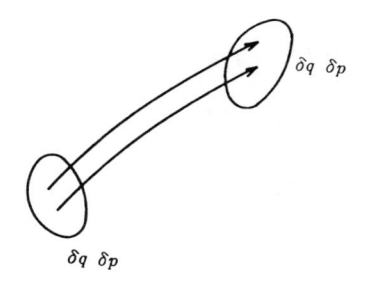

図 4.1 位相空間における粒子の移動

存する．Δ も保存するから $\delta N/\Delta = f(q_i, p_i, t)$ の分布関数も保存する．すなわち

$$\frac{\partial f}{\partial t} + \sum_{i=1}^{3}\left(\frac{\partial f}{\partial q_i}\frac{\mathrm{d}q_i}{\mathrm{d}t} + \frac{\partial f}{\partial p_i}\frac{\mathrm{d}p_i}{\mathrm{d}t}\right) = 0, \qquad \frac{\partial f}{\partial t} + \sum_{i=1}^{3}\left(\frac{\partial H}{\partial p_i}\frac{\partial f}{\partial q_i} - \frac{\partial H}{\partial q_i}\frac{\partial f}{\partial p_i}\right) = 0 \tag{4.4}$$

以上の考察では衝突による f の変化を無視したが，この変化を $(\delta f/\delta t)_{\mathrm{coll}}$ と記述すれば (4.4) 式は

$$\frac{\partial f}{\partial t} + \sum_{i=1}^{3}\left(\frac{\partial H}{\partial p_i}\frac{\partial f}{\partial q_i} - \frac{\partial H}{\partial q_i}\frac{\partial f}{\partial p_i}\right) = \left(\frac{\delta f}{\delta t}\right)_{\mathrm{coll}} \tag{4.5}$$

となる．

4.2 ボルツマン方程式，ブラゾフ方程式

分布関数を空間座標および速度空間座標 $x_1, x_2, x_3, v_1, v_2, v_3$ で表してみよう．ハミルトン関数 H は

$$H = \frac{1}{2m}(\boldsymbol{p} - q\boldsymbol{A})^2 + q\phi \tag{4.6}$$

$$p_i = mv_i + qA_i \tag{4.7}$$

$$q_i = x_i \tag{4.8}$$

で与えられる．そして

$$\frac{\mathrm{d}x_i}{\mathrm{d}t} = \frac{\partial H}{\partial p_i} = v_i \tag{4.9}$$

$$\frac{\mathrm{d}p_i}{\mathrm{d}t} = -\frac{\partial H}{\partial x_i} = \sum_k \frac{(p_k - qA_k)}{m}q\frac{\partial A_k}{\partial x_i} - q\frac{\partial \phi}{\partial x_i} \tag{4.10}$$

したがって (4.5) は

$$\frac{\partial f}{\partial t} + \sum_{i=1}^{3} v_i \frac{\partial f}{\partial x_i} + q\sum_{i=1}^{3}\left(\sum_{k=1}^{3} v_k \frac{\partial A_k}{\partial x_i} - \frac{\partial \phi}{\partial x_i}\right)\frac{\partial f}{\partial p_i} = \left(\frac{\delta f}{\delta t}\right)_{\mathrm{coll}} \tag{4.11}$$

となる.また
$$\sum_k v_k \frac{\partial A_k}{\partial x_i} = (\boldsymbol{v}\cdot\nabla)A_i + (\boldsymbol{v}\times(\nabla\times\boldsymbol{A}))_i$$
と書ける. (4.7) (4.8) を用いて独立変数を (q_j, p_j, t) から (x_j, v_j, t) に変換する.

$$\frac{\partial v_k(p_j, x_j, t)}{\partial p_i} = \frac{1}{m}\delta_{ik}$$

$$\frac{\partial v_k(p_j, x_j, t)}{\partial x_i} = -\frac{q}{m}\frac{\partial A_k}{\partial x_i}$$

$$\frac{\partial v_k(p_j, x_j, t)}{\partial t} = -\frac{q}{m}\frac{\partial A_k}{\partial t}$$

$$\frac{\partial}{\partial p_i}f(v_k(p_j,x_j,t),x_k,t) = \sum_k \frac{\partial f}{\partial v_k}\frac{\partial v_k}{\partial p_i} = \sum_k \frac{\partial f}{\partial v_k}\frac{1}{m}$$

$$\frac{\partial}{\partial x_i}f(v_k(p_j,x_j,t),x_k,t) = \sum_k \frac{\partial f}{\partial v_k}\frac{\partial v_k}{\partial x_i} + \frac{\partial f}{\partial x_i}$$

$$= \sum_k \frac{\partial f}{\partial v_k}\left(\frac{-q}{m}\right)\frac{\partial A_k}{\partial x_i} + \frac{\partial f}{\partial x_i}$$

$$\frac{\partial}{\partial t}f(v_k(p_j,x_j,t),x_k,t) = \sum_k \frac{\partial f}{\partial v_k}\left(\frac{-q}{m}\right)\frac{\partial A_k}{\partial t} + \frac{\partial f}{\partial t}$$

したがって (4.11) は

$$\frac{\partial f}{\partial t} + \sum_k \frac{\partial f}{\partial v_k}\left(\frac{-q}{m}\right)\frac{\partial A_k}{\partial t} + \sum_i v_i\left(\sum_k \frac{\partial f}{\partial v_k}\left(\frac{-q}{m}\right)\frac{\partial A_k}{\partial x_i} + \sum_i v_i \frac{\partial f}{\partial x_i}\right)$$
$$+ \sum_k \left((\boldsymbol{v}\cdot\nabla)A_k + (\boldsymbol{v}\times\boldsymbol{B})_k - \frac{\partial \phi}{\partial x_k}\right)\frac{q}{m}\frac{\partial f}{\partial v_k} = \left(\frac{\delta f}{\delta t}\right)_{\text{coll}}$$

$$\frac{\partial f}{\partial t} + \sum_i v_i \frac{\partial f}{\partial x_i} + \sum_i \frac{q}{m}(\boldsymbol{E}+\boldsymbol{v}\times\boldsymbol{B})_i\frac{\partial f}{\partial v_i} = \left(\frac{\delta f}{\delta t}\right)_{\text{coll}} \qquad (4.12)$$

となる.この式をボルツマン方程式 (Boltzmann equation) という.電子およびイオンの分布関数が与えられていると電荷密度 ρ, 電流密度 $\boldsymbol{j}$ は

$$\rho = \sum_{\text{i,e}} q \int f \mathrm{d}v_1 \mathrm{d}v_2 \mathrm{d}v_3$$

$$\boldsymbol{j} = \sum_{\text{i,e}} q \int \boldsymbol{v} f \mathrm{d}v_1 \mathrm{d}v_2 \mathrm{d}v_3$$

となる.したがってマックスウェル方程式は,

$$\nabla\cdot\boldsymbol{E} = \frac{1}{\epsilon_0}\sum q \int f \mathrm{d}\boldsymbol{v} \qquad (4.13)$$

$$\frac{1}{\mu_0}\nabla\times\boldsymbol{B} = \epsilon_0 \frac{\partial \boldsymbol{E}}{\partial t} + \sum q \int \boldsymbol{v} f \mathrm{d}\boldsymbol{v} \qquad (4.14)$$

$$\nabla \times \boldsymbol{E} = -\frac{\partial \boldsymbol{B}}{\partial t} \tag{4.15}$$

$$\nabla \cdot \boldsymbol{B} = 0 \tag{4.16}$$

となる.

プラズマが十分希薄で粒子間の衝突を無視することができる場合 $(\delta f/\delta t)_{\text{coll}}$ を無視できる.しかしイオンおよび電子の分布関数の変化によって電荷および電流分布が変化し,マックスウェルの電磁方程式を通して $\boldsymbol{E}$, $\boldsymbol{B}$ が変化し,ボルツマン方程式を通して分布関数に影響が及ぶ.したがって $(\delta f/\delta t)_{\text{coll}}$ の項を無視しても粒子間の長距離相互作用を組み込んでいる.このような方程式を無衝突ボルツマン方程式あるいはブラゾフ方程式 (Vlasov equation) と呼んでいる.

4.3　フォッカー–プランクの衝突項

クーロン力は長距離相互作用であり ($\propto 1/r^2$), デバイ長内にある「場の粒子」の数は多いので,「テスト粒子」は同時に多くの「場の粒子」と相互作用する.したがってクーロン衝突を統計的に扱うのが適切である.ある一つの粒子の速度 $\boldsymbol{v}$ がクーロン衝突により,Δt 後に $\boldsymbol{v} + \Delta \boldsymbol{v}$ に変化したとする.この過程の確率を $W(\boldsymbol{v}, \Delta \boldsymbol{v})$ とする.分布関数 $f(\boldsymbol{r}, \boldsymbol{v}, t)$ は

$$f(\boldsymbol{r}, \boldsymbol{v}, t + \Delta t) = \int f(\boldsymbol{r}, \boldsymbol{v} - \Delta \boldsymbol{v}, t) W(\boldsymbol{v} - \Delta \boldsymbol{v}, \Delta \boldsymbol{v}) \mathrm{d}(\Delta \boldsymbol{v}) \tag{4.17}$$

の形式になる.$t+\Delta t$ における状態が t の状態のみに依存するのでマーコフ過程 (Markoff process) である.そうすると分布関数のクーロン衝突による変化は

$$\left(\frac{\delta f}{\delta t}\right)_{\text{coll}} \Delta t = f(\boldsymbol{r}, \boldsymbol{v}, t + \Delta t) - f(\boldsymbol{r}, \boldsymbol{v}, t)$$

となる.(4.17) の被積分項をテイラー展開すると以下の式に還元される.

$$f(\boldsymbol{r}, \boldsymbol{v} - \Delta \boldsymbol{v}, t) W(\boldsymbol{v} - \Delta \boldsymbol{v}, \Delta \boldsymbol{v})$$
$$= f(\boldsymbol{r}, \boldsymbol{v}, t) W(\boldsymbol{v}, \Delta \boldsymbol{v}) - \sum_r \frac{\partial (fW)}{\partial v_r} \Delta v_r + \sum_{rs} \frac{1}{2} \frac{\partial^2 (fW)}{\partial v_r \partial v_s} \Delta v_r \Delta v_s + \cdots$$

$W(\boldsymbol{v}, \Delta \boldsymbol{v})$ の定義により,W の積分は

$$\int W \mathrm{d}(\Delta \boldsymbol{v}) = 1$$

である.以下の量を導入すると

$$\int W \Delta \boldsymbol{v} \mathrm{d}(\Delta \boldsymbol{v}) = \langle \Delta \boldsymbol{v} \rangle_t \Delta t, \qquad \int W \Delta v_r \Delta v_s \mathrm{d}(\Delta \boldsymbol{v}) = \langle \Delta v_r \Delta v_s \rangle_t \Delta t$$

衝突項は

$$\left(\frac{\delta f}{\delta t}\right)_{\text{coll}} = -\nabla_v(\langle\Delta\bm{v}\rangle_t f) + \sum \frac{1}{2}\frac{\partial^2}{\partial v_r \partial v_s}(\langle\Delta v_r \Delta v_s\rangle_t f) \tag{4.18}$$

で与えられる．これをフォッカー–プランクの衝突項 (Fokker–Planck collision term) という．$\langle\Delta\bm{v}\rangle_t$, $\langle\Delta v_r \Delta v_s\rangle_t$ はフォッカー–プランク係数という．

$\int W \Delta v_r \Delta v_s \mathrm{d}(\Delta\bm{v})$ は Δt に比例する．Δv_r は Δt 間の i 番目の衝突による v_r の変化 Δv_r^i の和 $\Delta v_r = \sum_i \Delta v_r^i$ で表され，$\Delta v_r \Delta v_s = \sum_i \sum_j \Delta v_r^i \Delta v_s^j$ となる．衝突は統計的に独立であるので，統計的平均 $\langle\Delta v_r^i \Delta v_s^j\rangle_t$ $(i \neq j)$ は 0 である．すなわち

$$\langle\Delta v_r \Delta v_s\rangle_t \Delta t = \sum_i \langle\Delta v_r^i \Delta v_s^i\rangle_t$$

この右辺は Δt に比例する．

フォッカー–プランクの方程式は下記のようになる[1]．

$$\frac{\partial f}{\partial t} + \bm{v}\cdot\nabla_r f + \frac{\bm{F}}{m}\nabla_v f + \nabla_v \cdot \bm{J} = 0 \tag{4.19}$$

ここで

$$J_i = A_i f - \sum_j D_{ij}\frac{\partial f}{\partial v_j}$$

$$A_i = \langle\Delta v_i\rangle_t - \frac{1}{2}\sum_j \frac{\partial}{\partial v_j}\langle\Delta v_i \Delta v_j\rangle_t$$

$$D_{ij} = \frac{1}{2}\langle\Delta v_i \Delta v_j\rangle_t$$

テンソル D を速度空間における拡散テンソルといい，$\bm{A}$ を動的摩擦係数という．$\bm{J}$ テンソルをテスト粒子の速度 $\bm{v}$ に平行および垂直の成分を考える．場の粒子の分布関数は等方的であるとすると，次のように表される．

$$\left.\begin{array}{l} \bm{J}_\parallel = -D_\parallel \nabla_\parallel f + \bm{A}f \\ \bm{J}_\perp = -D_\perp \nabla_\perp f \end{array}\right\} \tag{4.20}$$

$\bm{A}$ は $\bm{v}$ に平行で，拡散テンソルはダイアゴナル・テンソルである[1]．場の粒子の分布関数がマックスウェル分布である場合は

$$mvD_\parallel = -T^* A \tag{4.21}$$

$$D_\parallel = \frac{(qq^*)^2 n^* \ln\Lambda}{8\pi\varepsilon_0^2 vm^2}\frac{\Phi_1(b^*v)}{b^{*2}v^2} \tag{4.22}$$

$$D_\perp = \frac{(qq^*)^2 n^* \ln\Lambda}{8\pi\varepsilon_0^2 vm^2}\left(\Phi(b^*v) - \frac{\Phi_1(b^*v)}{2b^{*2}v^2}\right) \tag{4.23}$$

となる．q^*, n^*, b^*, T^* は場の粒子の量であり，q, m, v はテスト粒子の量である ($b^{*2} = m^*/2T^*$)．$\Phi(x)$ および $\Phi_1(x)$ は次のような関数である．

$$\Phi(x) = \frac{2}{\pi^{1/2}} \int_0^x \exp(-\xi^2) \mathrm{d}\xi$$

$$\Phi_1(x) = \Phi(x) - \frac{2x}{\pi^{1/2}} \exp(-x^2)$$

$x > 2$ のとき，$\Phi(x) \approx \Phi_1(x) \approx 1$ である．

場の粒子の分布関数が一般的に $f^*(\boldsymbol{v}^*)$ で与えられているとき，フォッカー–プランク係数 $\langle \Delta v_i \rangle_t, \langle \Delta v_i \Delta v_j \rangle_t$ は

$$\langle \Delta v_i \rangle_t = -L\left(1 + \frac{m}{m^*}\right) \int \frac{u_i}{u^3} f^*(\boldsymbol{v}^*) \mathrm{d}\boldsymbol{v}^* \tag{4.24}$$

$$\langle \Delta v_i \Delta v_j \rangle_t = L \int \left(\frac{\delta_{ij}}{u} - \frac{u_i u_j}{u^3}\right) f^*(\boldsymbol{v}^*) \mathrm{d}\boldsymbol{v}^* \tag{4.25}$$

で与えられる[2]．そして

$$\boldsymbol{u} = \boldsymbol{v} - \boldsymbol{v}*, \qquad u \equiv |\boldsymbol{u}|, \qquad L \equiv \frac{(eZ^*e)^2 \ln \Lambda}{4\pi\epsilon_0^2 m^2} \tag{4.26}$$

ここで $\boldsymbol{v}$, m はそれぞれテスト粒子の速度と質量であり，$\boldsymbol{v}^*$, m^* はそれぞれ場の粒子の速度と質量である．u に関しては次の関係式がある．

$$u_{ij} \equiv \frac{\partial^2 u}{\partial v_i \partial v_j} = \frac{\delta_{ij}}{u} - \frac{u_i u_j}{u^3}$$

$$\sum_j \frac{\partial u_{ij}}{\partial v_j} = \sum_j \frac{\partial}{\partial v_j}\left(\frac{\delta_{ij}}{u} - \frac{u_i u_j}{u^3}\right) = -2\frac{u_i}{u^3}$$

$$\sum_j \frac{\partial u_{ij}}{\partial v_j^*} = -\sum_j \frac{\partial u_{ij}}{\partial v_j} = 2\frac{u_i}{u^3}$$

動的摩擦係数 $\boldsymbol{A}$ および拡散テンサー D_{ij} は次のようになる[1]．

$$A_i = \langle \Delta v_i \rangle_t - \frac{1}{2} \sum_j \frac{\partial}{\partial v_j} \langle \Delta v_i \Delta v_j \rangle_t$$

$$= -L\left(1 + \frac{m}{m^*}\right) \int \frac{u_i}{u^3} f^*(\boldsymbol{v}^*) \mathrm{d}\boldsymbol{v}^* - \frac{L}{2}\frac{\partial}{\partial v} \int \left(\frac{\delta_{ij}}{u} - \frac{u_i u_j}{u^3}\right) f^*(\boldsymbol{v}^*) \mathrm{d}\boldsymbol{v}^*$$

$$= -L\frac{m}{m^*} \int \frac{u_i}{u^3} f^*(\boldsymbol{v}^*) \mathrm{d}\boldsymbol{v}^* \tag{4.27}$$

$$D_{ij} = \frac{1}{2}\langle \Delta v_i \Delta v_j \rangle_t = \frac{L}{2} \int \left(\frac{\delta_{ij}}{u} - \frac{u_i u_j}{u^3}\right) f^*(\boldsymbol{v}^*) \mathrm{d}\boldsymbol{v}^*$$

$$= \frac{L}{2} \int u_{ij} f^*(\boldsymbol{v}^*) \mathrm{d}\boldsymbol{v}^* = \frac{L}{2} \frac{\partial^2}{\partial v_i \partial v_j} \int u f^*(\boldsymbol{v}^*) \mathrm{d}\boldsymbol{v}^* \tag{4.28}$$

そして次のような $\boldsymbol{E}_v(\boldsymbol{v})$ および $G(\boldsymbol{v})$ を定義する．

$$\boldsymbol{E}^v(\boldsymbol{v}) \equiv \int \frac{u_i}{u} f^*(\boldsymbol{v}^*) \mathrm{d}\boldsymbol{v}^* \tag{4.29}$$

$$G(\boldsymbol{v}) \equiv \int u f^*(\boldsymbol{v}^*) \mathrm{d}\boldsymbol{v}^* \tag{4.30}$$

そうすると

$$A_i = -L\frac{m}{m*}E_i^v \tag{4.31}$$

$$D_{ij} = \frac{L}{2}\frac{\partial^2}{\partial v_i \partial v_j}G(\boldsymbol{v}) \tag{4.32}$$

$$J_i(\boldsymbol{v}) = \left(A_i f(\boldsymbol{v}) - D_{ij}\frac{\partial f(\boldsymbol{v})}{\partial v_j}\right) \tag{4.33}$$

$$\left(\frac{\delta f}{\delta t}\right)_{\mathrm{coll}} = -\nabla_v \cdot \boldsymbol{j} = L\sum_{*i}\frac{\partial}{\partial v_i}\left(\frac{m}{m^*}E_i^v(\boldsymbol{v})f(\boldsymbol{v}) + \frac{1}{2}\sum_j \frac{\partial^2 G(\boldsymbol{v})}{\partial v_i \partial v_j}\frac{\partial f(\boldsymbol{v})}{\partial v_j}\right) \tag{4.34}$$

が導かれる．部分積分の公式を用いると

$$E_j^v = \frac{1}{2}\int \frac{\partial u_{ij}}{\partial v_j^*}f^*(\boldsymbol{v}^*)\mathrm{d}\boldsymbol{v}^* = -\frac{1}{2}\int u_{ij}\frac{\partial f^*(\boldsymbol{v})}{\partial v_j^*}\mathrm{d}\boldsymbol{v}^*$$

であるので，テスト粒子の分布関数を $f(\boldsymbol{v})$ とすると，衝突項は

$$\left(\frac{\delta f}{\delta t}\right)_{\mathrm{coll}} = \frac{Lm}{2}\sum_{*ij}\frac{\partial}{\partial v_i}\left(-\frac{f(\boldsymbol{v})}{m^*}\frac{\partial f^*(\boldsymbol{v}^*)}{\partial v_j^*} + \frac{f^*(\boldsymbol{v}^*)}{m}\frac{\partial f(\boldsymbol{v})}{\partial v_j}\right)u_{ij}\mathrm{d}\boldsymbol{v}^* \tag{4.35}$$

になる．これをランダウの衝突積分という[1)2)]．

次に

$$\overline{H}(\boldsymbol{v}) = \int \frac{f^*(\boldsymbol{v}^*)}{u}\mathrm{d}\boldsymbol{v}^* \tag{4.36}$$

を定義する．そうすると

$$\boldsymbol{E}^v(\boldsymbol{v}) = \nabla_u \overline{H}(\boldsymbol{v}) \tag{4.37}$$

である．(4.34) は次のようになる．

$$\left(\frac{\delta f}{\delta t}\right)_{\mathrm{coll}}$$
$$= L\sum_{*i}\frac{\partial}{\partial v_i}\left[-\left(\frac{m}{m^*}\right)\frac{\partial \overline{H}}{\partial v_i}f(\boldsymbol{v}) + \sum_j \frac{1}{2}\left(\frac{\partial^2 G}{\partial v_i \partial v_j}\right)\frac{\partial f(\boldsymbol{v})}{\partial v_j}\right]$$
$$= L\sum_{*i}\frac{\partial}{\partial v_i}\left(-\left(\frac{m}{m^*}\right)\frac{\partial \overline{H}}{\partial v_i} + \sum_j \frac{1}{2}\frac{\partial}{\partial v_j}\left(\frac{\partial^2 G}{\partial v_i \partial v_j}f(\boldsymbol{v})\right) - \frac{1}{2}\sum_j \frac{\partial^2 G}{\partial v_i \partial v_j}f(\boldsymbol{v})\right)$$
$$= L\sum_{*i}\frac{\partial}{\partial v_i}\left(-\left(1 + \frac{m}{m^*}\right)\frac{\partial \overline{H}}{\partial v_i} + \sum_j \frac{1}{2}\frac{\partial}{\partial v_j}\left(\frac{\partial^2 G}{\partial v_i \partial v_j}f(\boldsymbol{v})\right)\right) \tag{4.38}$$

ここで
$$-\frac{1}{2}\sum_j \frac{\partial^2 G}{\partial v_i \partial v_j} = -\frac{\partial \overline{H}}{\partial v_i}$$
の関係を用いた. $(1+m/m^*)\overline{H}(\boldsymbol{v})$, $G(\boldsymbol{v})$ を Rosenbluth ポテンシャルという[3].

文　献

1) D. V. Sivukhin: *Reviews of Plasma Physics* **4**, 93 (ed. by M. A. Leontovich) Consultant Bureau, New York 1966.
2) B. A. Trubnikov: *Reviews of Plasma Physics* **1**, 105 (ed. by M. A. Leontovich) Consultant Bureau, New York 1965.
3) M. N. Rosenbluth, W. M. MacDonald and D. L. Judd: *Phys. Rev.* **107**, 1 (1957).

5

電磁流体としてのプラズマ

5.1 電磁2流体プラズマの運動方程式

プラズマはイオンおよび電子の電磁2流体としてそれぞれの質量密度 ρ_{mi}, ρ_{me}, 電荷密度 ρ, 電流密度 j, それぞれの流体速度 $\boldsymbol{V}_{\mathrm{i}}$, $\boldsymbol{V}_{\mathrm{e}}$, 圧力 p_{i}, p_{e} などで記述することができる. これらの物理量は第4章で導入した速度分布関数 $f(\boldsymbol{r}, \boldsymbol{v}, t)$ を用いて表すことができる. すなわちイオン数密度 n_{i}, イオン質量密度 ρ_{mi}, イオン流体速度 $\boldsymbol{V}_{\mathrm{i}}(\boldsymbol{r}, t)$ は次のように表すことができる.

$$n_{\mathrm{i}}(\boldsymbol{r}, t) = \int f_{\mathrm{i}}(\boldsymbol{r}, \boldsymbol{v}, t) \mathrm{d}\boldsymbol{v} \tag{5.1}$$

$$\rho_{\mathrm{mi}}(\boldsymbol{r}, t) = m_{\mathrm{i}} n_{\mathrm{i}}(\boldsymbol{r}, t) \tag{5.2}$$

$$\boldsymbol{V}(\boldsymbol{r}, t) = \frac{\int \boldsymbol{v} f_{\mathrm{i}}(\boldsymbol{r}, \boldsymbol{v}, t) \mathrm{d}\boldsymbol{v}}{\int f_{\mathrm{i}}(\boldsymbol{r}, \boldsymbol{v}, t) \mathrm{d}\boldsymbol{v}} = \frac{1}{n_{\mathrm{i}}(\boldsymbol{r}, t)} \int \boldsymbol{v} f_{\mathrm{i}}(\boldsymbol{r}, \boldsymbol{v}, t) \mathrm{d}\boldsymbol{v} \tag{5.3}$$

電子についても全く同じように表すことができる. 電磁流体力学は速度空間の平均量を取り扱っているので, 速度分布関数の形 (マックスウェル分布からのずれ) によって起こりうる波動と粒子の相互作用などは無視されてしまう. しかし独立変数が $(\boldsymbol{r}, t)$ のみなので, 複雑な系についても比較的簡単に解析できる有力な特徴を持っている.

電磁2流体力学の方程式は

$$\frac{\partial n_{\mathrm{e}}}{\partial t} + \nabla \cdot (n_{\mathrm{e}} \boldsymbol{V}_{\mathrm{e}}) = 0 \tag{5.4}$$

$$\frac{\partial n_{\mathrm{i}}}{\partial t} + \nabla \cdot (n_{\mathrm{i}} \boldsymbol{V}_{\mathrm{i}}) = 0 \tag{5.5}$$

$$n_{\mathrm{e}} m_{\mathrm{e}} \frac{\mathrm{d} \boldsymbol{V}_{\mathrm{e}}}{\mathrm{d} t} = -\nabla p_{\mathrm{e}} - e n_{\mathrm{e}} (\boldsymbol{E} + \boldsymbol{V}_{\mathrm{e}} \times \boldsymbol{B}) + \boldsymbol{R} \tag{5.6}$$

$$n_{\mathrm{i}} m_{\mathrm{i}} \frac{\mathrm{d} \boldsymbol{V}_{\mathrm{i}}}{\mathrm{d} t} = -\nabla p_{\mathrm{i}} + Z e n_{\mathrm{i}} (\boldsymbol{E} + \boldsymbol{V}_{\mathrm{i}} \times \boldsymbol{B}) - \boldsymbol{R} \tag{5.7}$$

で与えられる. ただし $\boldsymbol{R}$ は電子がイオンと衝突して受ける運動量 (密度) の変化を表す衝突項である. イオンが電子と衝突して受ける運動量 (密度) の変化は $-\boldsymbol{R}$ である.

$\Delta x \Delta y \Delta z$ の中の領域の粒子数 $n(x,y,z,t)\Delta x\Delta y\Delta z$ の変化は図 5.1 の A 面から入る粒子束 $n(x,y,z,t)V_x(x,y,z,t)\Delta y\Delta z$ と A′ 面から出る粒子束 $n(x+\Delta x,y,z,t)V_x(x+\Delta x,y,z,t)\Delta y\Delta z$ との差である.すなわち

$$(n(x,y,z,t)V_x(x,y,z,t) - n(x+\Delta x,y,z,t)V_x(x+\Delta x,y,z,t))\Delta y\Delta z$$
$$= -\frac{\partial(nV_x)}{\partial x}\Delta x\Delta y\Delta z$$

ほかの面からの粒子束も考慮すると

$$\frac{\partial n}{\partial t}\Delta x\Delta y\Delta z = -\left(\frac{\partial(nV_x)}{\partial x} + \frac{\partial(nV_y)}{\partial y} + \frac{\partial(nV_z)}{\partial z}\right)\Delta x\Delta y\Delta z$$

である.

運動方程式 (5.6)(5.7) における $-\nabla p$ の項は圧力による単位体積あたりの力である.図 5.1 の A 面に加わる力は $p(x,y,z,t)\Delta y\Delta z$ であり A′ 面に加わる力は $-p(x+\Delta x,y,z,t)\Delta y\Delta z$ である.したがって A 面 A′ 面に加わる力の和は x 方向に

$$(-p(x+\Delta x,y,z,t) + p(x,y,z,t))\Delta y\Delta z = -\frac{\partial p}{\partial x}\Delta x\Delta y\Delta z$$

となる.同様にほかの面からの圧力の効果を考慮すると単位体積あたりの圧力による力は

$$-\left(\frac{\partial p}{\partial x}\hat{\boldsymbol{x}} + \frac{\partial p}{\partial y}\hat{\boldsymbol{y}} + \frac{\partial p}{\partial z}\hat{\boldsymbol{z}}\right) = -\nabla p$$

である ($\hat{\boldsymbol{x}}, \hat{\boldsymbol{y}}, \hat{\boldsymbol{z}}$ はそれぞれ x, y, z 方向の単位ベクトル).(5.6)(5.7) の右辺第 2 項はローレンツ力による項である.第 3 項はすでに述べたようにイオン・電子間の衝突による項であり,

$$\boldsymbol{R} = -n_e m_e (\boldsymbol{V}_e - \boldsymbol{V}_i)\nu_{ei} \tag{5.8}$$

である.ただし ν_{ei} は電子がイオンとクーロン衝突する周波数である.

次に運動方程式の左辺の時間全微分について考察しよう.流体速度は座標 $\boldsymbol{r}$,時間 t の関数である.そして流体のある小体積は時間とともに移動する.したがって,この小体積の流体の加速度は

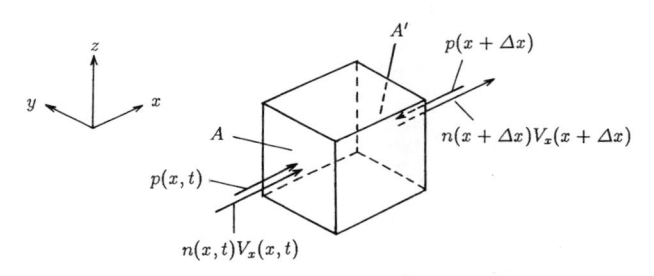

図 **5.1** 粒子の流れおよび圧力による力

$$\frac{\mathrm{d}\boldsymbol{V}(\boldsymbol{r},t)}{\mathrm{d}t} = \frac{\partial \boldsymbol{V}(\boldsymbol{r},t)}{\partial t} + \left(\frac{\mathrm{d}\boldsymbol{r}}{\mathrm{d}t}\cdot\nabla\right)\boldsymbol{V}(\boldsymbol{r},t) = \frac{\partial \boldsymbol{V}(\boldsymbol{r},t)}{\partial t} + (\boldsymbol{V}(\boldsymbol{r},t)\cdot\nabla)\boldsymbol{V}(\boldsymbol{r},t)$$

となる．したがって運動方程式 (5.6)(5.7) は

$$n_\mathrm{e} m_\mathrm{e} \left(\frac{\partial \boldsymbol{V}_\mathrm{e}}{\partial t} + (\boldsymbol{V}_\mathrm{e}\cdot\nabla)\boldsymbol{V}_\mathrm{e}\right) = -\nabla p_\mathrm{e} - en_\mathrm{e}(\boldsymbol{E} + \boldsymbol{V}_\mathrm{e}\times\boldsymbol{B}) + \boldsymbol{R} \quad (5.9)$$

$$n_\mathrm{i} m_\mathrm{i} \left(\frac{\partial \boldsymbol{V}_\mathrm{i}}{\partial t} + (\boldsymbol{V}_\mathrm{i}\cdot\nabla)\boldsymbol{V}_\mathrm{i}\right) = -\nabla p_\mathrm{i} + Zen_\mathrm{i}(\boldsymbol{E} + \boldsymbol{V}_\mathrm{i}\times\boldsymbol{B}) - \boldsymbol{R} \quad (5.10)$$

となる．粒子保存則 (5.4)(5.5)，運動方程式 (5.9)(5.10) は前章で述べたボルツマン方程式 (4.12) からも導くことができる．ボルツマン方程式の速度空間における積分をとると (5.4)(5.5) がえられ，ボルツマン方程式に $m\boldsymbol{v}$ をかけて速度空間における積分をとると，(5.9)(5.10) を導くことができる．その数学的導入過程は参考書[1]に記述してある．

5.2　電磁1流体運動方程式

イオンと電子の質量比は $m_\mathrm{i}/m_\mathrm{e} = 1836A$ (A は原子量) であるからプラズマの質量密度はイオンからの寄与が主である．したがって2流体運動方程式を1流体運動方程式とオームの法則とに再編成した方が都合のよい場合もある．

全質量密度 ρ_m，プラズマの平均速度 $\boldsymbol{V}$，電荷分布密度 ρ，電流密度 $\boldsymbol{j}$ を次のように定義する．

$$\rho_\mathrm{m} = n_\mathrm{e} m_\mathrm{e} + n_\mathrm{i} m_\mathrm{i} \quad (5.11)$$

$$\boldsymbol{V} = \frac{n_\mathrm{e} m_\mathrm{e}\boldsymbol{V}_\mathrm{e} + n_\mathrm{i} m_\mathrm{i}\boldsymbol{V}_\mathrm{i}}{\rho_\mathrm{m}} \quad (5.12)$$

$$\rho = -en_\mathrm{e} + Zen_\mathrm{i} \quad (5.13)$$

$$\boldsymbol{j} = -en_\mathrm{e}\boldsymbol{V}_\mathrm{e} + Zen_\mathrm{i}\boldsymbol{V}_\mathrm{i} \quad (5.14)$$

(5.4)(5.5) より

$$\frac{\partial \rho_\mathrm{m}}{\partial t} + \nabla\cdot(\rho_\mathrm{m}\boldsymbol{V}) = 0 \quad (5.15)$$

$$\frac{\partial \rho}{\partial t} + \nabla\cdot\boldsymbol{j} = 0 \quad (5.16)$$

(5.9)(5.10) より

$$\rho_\mathrm{m}\frac{\partial \boldsymbol{V}}{\partial t} + n_\mathrm{e} m_\mathrm{e}(\boldsymbol{V}_\mathrm{e}\cdot\nabla)\boldsymbol{V}_\mathrm{e} + n_\mathrm{i} m_\mathrm{i}(\boldsymbol{V}_\mathrm{i}\cdot\nabla)\boldsymbol{V}_\mathrm{i}$$
$$= -\nabla(p_\mathrm{e} + p_\mathrm{i}) + \rho\boldsymbol{E} + \boldsymbol{j}\times\boldsymbol{B} \quad (5.17)$$

である．プラズマの準中性より $n_\mathrm{e} \simeq Zn_\mathrm{i}$ である．$\Delta n_\mathrm{e} = n_\mathrm{e} - Zn_\mathrm{i}$ として

5.2 電磁 1 流体運動方程式

$$\rho_{\mathrm{m}} = n_{\mathrm{i}} m_{\mathrm{i}} \left(1 + \frac{m_{\mathrm{e}}}{m_{\mathrm{i}}} Z\right)$$

$$p = p_{\mathrm{i}} + p_{\mathrm{e}}$$

$$\boldsymbol{V} = \boldsymbol{V}_{\mathrm{i}} + \frac{m_{\mathrm{e}} Z}{m_{\mathrm{i}}} (\boldsymbol{V}_{\mathrm{e}} - \boldsymbol{V}_{\mathrm{i}})$$

$$\rho = -e \Delta n_{\mathrm{e}}$$

$$\boldsymbol{j} = -e n_{\mathrm{e}} (\boldsymbol{V}_{\mathrm{e}} - \boldsymbol{V}_{\mathrm{i}})$$

である. $m_{\mathrm{e}}/m_{\mathrm{i}} \ll 1$ であるので (5.17) 左辺第 2 項は $(\boldsymbol{V} \cdot \Delta)\boldsymbol{V}$ としてよい. $\boldsymbol{V}_{\mathrm{e}} = \boldsymbol{V}_{\mathrm{i}} - \boldsymbol{j}/en_{\mathrm{e}} \simeq \boldsymbol{V} - \boldsymbol{j}/en_{\mathrm{e}}$ であるから, (5.9) は

$$\boldsymbol{E} + \left(\boldsymbol{V} - \frac{\boldsymbol{j}}{en_{\mathrm{e}}}\right) \times \boldsymbol{B} + \frac{1}{en_{\mathrm{e}}} \nabla p_{\mathrm{e}} - \frac{\boldsymbol{R}}{en_{\mathrm{e}}} = \frac{m_{\mathrm{e}}}{e^2 n_{\mathrm{e}}} \frac{\partial \boldsymbol{j}}{\partial t} - \frac{m_{\mathrm{e}}}{e} \frac{\partial \boldsymbol{V}}{\partial t} \tag{5.18}$$

となる. 衝突項 $\boldsymbol{R}$ は 2.8 節で導いた比抵抗率 η の表式を用いると

$$\boldsymbol{R} = n_{\mathrm{e}} \left(\frac{m_{\mathrm{e}} \nu_{\mathrm{ei}}}{n_{\mathrm{e}} e^2}\right)(-en_{\mathrm{e}})(\boldsymbol{V}_{\mathrm{e}} - \boldsymbol{V}_{\mathrm{i}}) = n_{\mathrm{e}} e \eta \boldsymbol{j} \tag{5.19}$$

に還元される. したがって (5.18) は一般化されたオームの法則である. 電磁 1 流体運動方程式, オームの法則は,

$$\rho_{\mathrm{m}} \left(\frac{\partial \boldsymbol{V}}{\partial t} + (\boldsymbol{V} \cdot \nabla)\boldsymbol{V}\right) = -\nabla p + \rho \boldsymbol{E} + \boldsymbol{j} \times \boldsymbol{B} \tag{5.20}$$

$$\boldsymbol{E} + \left(\boldsymbol{V} - \frac{\boldsymbol{j}}{en_{\mathrm{e}}}\right) \times \boldsymbol{B} + \frac{1}{en_{\mathrm{e}}} \nabla p_{\mathrm{e}} - \eta \boldsymbol{j} = \frac{m_{\mathrm{e}}}{e^2 n_{\mathrm{e}}} \frac{\partial \boldsymbol{j}}{\partial t} - \frac{m_{\mathrm{e}}}{e} \frac{\partial \boldsymbol{V}}{\partial t} \simeq 0 \tag{5.21}$$

となる. 連続の式およびマックスウェルの方程式を加えると次のようになる.

$$\frac{\partial \rho_{\mathrm{m}}}{\partial t} + \nabla \cdot (\rho_{\mathrm{m}} \boldsymbol{V}) = 0 \tag{5.22}$$

$$\frac{\partial \rho}{\partial t} + \nabla \cdot \boldsymbol{j} = 0 \tag{5.23}$$

$$\nabla \times \boldsymbol{E} = -\frac{\partial \boldsymbol{B}}{\partial t} \tag{5.24}$$

$$\frac{1}{\mu_0} \nabla \times \boldsymbol{B} = \boldsymbol{j} + \frac{\partial \boldsymbol{D}}{\partial t} \tag{5.25}$$

$$\nabla \cdot \boldsymbol{D} = \rho \tag{5.26}$$

$$\nabla \cdot \boldsymbol{B} = 0 \tag{5.27}$$

(5.25) と (5.24) より $\nabla \times \nabla \times \boldsymbol{E} = -\mu_0 \partial \boldsymbol{j}/\partial t - \mu_0 \partial^2 \boldsymbol{D}/\partial t^2$ となる. 電磁流体力学における波あるいは擾乱の伝播速度は 5.4 節に出てくるアルフベン速度 $v_{\mathrm{A}} = B/(\mu_0 \rho_{\mathrm{m}})^{1/2}$ 程度であり, 光速 c に比べて小さい. したがって $\omega^2/k^2 \sim v_{\mathrm{A}}^2 \ll c^2$ であり, $|\nabla \times \nabla \times \boldsymbol{E}| \sim k^2 |\boldsymbol{E}|$, $\mu_0 \partial^2 \boldsymbol{D}/\partial t^2 \sim \omega^2 |\boldsymbol{E}|/c^2$ であるから, (5.25) 右辺第 2 項

の変位電流 $\partial\boldsymbol{D}/\partial t$ は無視できる．(5.21) の右辺 $(m_\mathrm{e}/e)\partial\boldsymbol{j}/\partial t$ と左辺の $(\boldsymbol{j}\times\boldsymbol{B})$ の大きさの比は ω/Ω_e であるから $|\omega/\Omega_\mathrm{e}|\ll 1$ ならば右辺の第 1 項は無視できる．同様に (5.21) の右辺 $(m_\mathrm{e}/e)\partial\boldsymbol{V}/\partial t$ と左辺の $\boldsymbol{V}\times\boldsymbol{B}$ の大きさの比は ω/Ω_e である．したがって $|\omega/\Omega_\mathrm{e}|\ll 1$ のとき (5.21) の右辺を 0 としてよい．(5.21) の $\boldsymbol{j}\times\boldsymbol{B}$ の項を (5.20) を用いて消去すると

$$\boldsymbol{E}+\boldsymbol{V}\times\boldsymbol{B}-\frac{1}{en}\nabla p_\mathrm{i}-\eta\boldsymbol{j}=\frac{\Delta n_\mathrm{e}}{n_\mathrm{e}}\boldsymbol{E}+\frac{m_\mathrm{i}}{e}\frac{\mathrm{d}\boldsymbol{V}}{\mathrm{d}t}$$

となる．$\Delta n_\mathrm{e}/n_\mathrm{e}\ll 1$ であるし，$(m_\mathrm{i}/e)\mathrm{d}\boldsymbol{V}/\mathrm{d}t$ と $\boldsymbol{V}\times\boldsymbol{B}$ の大きさの比は $|\omega/\Omega_\mathrm{i}|$ である．

$$\boldsymbol{E}+\boldsymbol{V}\times\boldsymbol{B}-\frac{1}{en}\nabla p_\mathrm{i}=\eta\boldsymbol{j}\quad(\;|\omega/\Omega_\mathrm{i}|\ll 1) \tag{5.28}$$

となる．

5.3　簡単化された電磁流体運動方程式

$|\omega/\Omega_\mathrm{i}|\ll 1$, $|\omega/k|\ll c$ で，かつオームの式で ∇p_i の項が無視できる場合は

$$\boldsymbol{E}+\boldsymbol{V}\times\boldsymbol{B}=\eta\boldsymbol{j} \tag{5.29}$$

$$\rho_\mathrm{m}\left(\frac{\partial\boldsymbol{V}}{\partial t}+(\boldsymbol{V}\cdot\nabla)\boldsymbol{V}\right)=-\nabla p+\boldsymbol{j}\times\boldsymbol{B} \tag{5.30}$$

$$\nabla\times\boldsymbol{B}=\mu_0\boldsymbol{j} \tag{5.31}$$

$$\nabla\times\boldsymbol{E}=-\frac{\partial\boldsymbol{B}}{\partial t} \tag{5.32}$$

$$\nabla\cdot\boldsymbol{B}=0 \tag{5.33}$$

$$\frac{\partial\rho_\mathrm{m}}{\partial t}+(\boldsymbol{V}\cdot\nabla)\boldsymbol{V}+\rho_\mathrm{m}\nabla\cdot\boldsymbol{V}=0 \tag{5.34}$$

さらに状態方程式として断熱変化の式

$$\frac{\mathrm{d}}{\mathrm{d}t}(p\rho_\mathrm{m}^{-\gamma})=0$$

を用いる．γ は比熱比で自由度 3 のとき $\gamma=5/3$ である．(5.34) と組み合わせると

$$\frac{\partial p}{\partial t}+(\boldsymbol{V}\cdot\nabla)\boldsymbol{V}+\gamma p\nabla\cdot\boldsymbol{V}=0 \tag{5.35}$$

となる．また非圧縮性 ($\gamma\to\infty$ の場合に相当)

$$\nabla\cdot\boldsymbol{V}=0 \tag{5.36}$$

を用いることもある．

　エネルギー保存則は (5.31) (5.32) より

$$\frac{1}{\mu_0}\nabla\cdot(\boldsymbol{E}\times\boldsymbol{B})+\frac{\partial}{\partial t}\left(\frac{B^2}{2\mu_0}\right)+\boldsymbol{E}\cdot\boldsymbol{j}=0 \tag{5.37}$$

となる. (5.37) 左辺第 3 項は (5.29) より

$$\boldsymbol{E}\cdot\boldsymbol{j}=\eta j^2+(\boldsymbol{j}\times\boldsymbol{B})\cdot\boldsymbol{V} \tag{5.38}$$

である. (5.30) (5.34) を用いると (5.38) 第 2 項のローレンツ項は

$$(\boldsymbol{j}\times\boldsymbol{B})\cdot\boldsymbol{V}=\frac{\partial}{\partial t}\left(\frac{\rho_{\mathrm{m}}V^2}{2}\right)+\nabla\cdot\left(\frac{\rho_{\mathrm{m}}V^2}{2}\boldsymbol{V}\right)+\boldsymbol{V}\cdot\nabla p$$

となる. (5.35) より

$$-\nabla\cdot(p\boldsymbol{V})=\frac{\partial p}{\partial t}+(\gamma-1)p\nabla\cdot\boldsymbol{V}$$

となるから

$$\boldsymbol{V}\cdot\nabla p=\frac{\partial}{\partial t}\left(\frac{p}{\gamma-1}\right)+\nabla\cdot\left(\frac{p}{\gamma-1}+p\right)\boldsymbol{V}$$

である. したがってエネルギー保存則 (5.37) は

$$\nabla\cdot(\boldsymbol{E}\times\boldsymbol{H})+\frac{\partial}{\partial t}\left(\frac{\rho_{\mathrm{m}}V^2}{2}+\frac{p}{\gamma-1}+\frac{B^2}{2\mu_0}\right)+\eta j^2$$
$$+\nabla\cdot\left(\frac{\rho_{\mathrm{m}}V^2}{2}+\frac{p}{\gamma-1}+p\right)\boldsymbol{V}=0 \tag{5.39}$$

に還元される.

(5.32) に (5.29) を代入すると

$$\frac{\partial \boldsymbol{B}}{\partial t}=\nabla\times(\boldsymbol{V}\times\boldsymbol{B})-\eta\nabla\times\boldsymbol{j}$$
$$=\nabla\times(\boldsymbol{V}\times\boldsymbol{B})+\frac{\eta}{\mu_0}\Delta\boldsymbol{B} \tag{5.40}$$
$$=-(\boldsymbol{V}\cdot\nabla)\boldsymbol{B}-\boldsymbol{B}(\nabla\cdot\boldsymbol{V})+(\boldsymbol{B}\cdot\nabla)\boldsymbol{V}+\frac{\eta}{\mu_0}\Delta\boldsymbol{B} \tag{5.41}$$

となる. ここで $\nabla\times(\boldsymbol{V}\times\boldsymbol{B})$ のベクトル公式および $\nabla\times(\nabla\times\boldsymbol{B})=-\Delta\boldsymbol{B}$(直交座標系のとき成り立つ) の関係式を用いた. $\eta/\mu_0=\nu_{\mathrm{m}}$ を**磁気粘性率** (magnetic viscosity) という. (5.30) に (5.31) を代入すると

$$\rho_{\mathrm{m}}\frac{\mathrm{d}\boldsymbol{V}}{\mathrm{d}t}=-\nabla\left(p+\frac{B^2}{2\mu_0}\right)+\frac{1}{\mu_0}(\boldsymbol{B}\cdot\nabla)\boldsymbol{B} \tag{5.42}$$

となる. したがって運動方程式 (5.42) および磁場拡散方程式 (5.41) が電磁流体力学の基礎的方程式になる. そして $\nabla\cdot\boldsymbol{B}=0$ の (5.33), 連続の式 (5.34), 状態方程式 (5.35) または (5.36) がつけ加わる.

(5.40) の第 1 項と第 2 項の比 S_{R}

$$\frac{|\nabla\times(\boldsymbol{V}\times\boldsymbol{B})|}{|\Delta\boldsymbol{B}(\eta/\mu_0)|}\approx\frac{VB/a}{(B/a^2)(\eta/\mu_0)}=\frac{\mu_0 Va}{\eta}\equiv S_{\mathrm{R}} \tag{5.43}$$

を磁気レイノルズ数 (magnetic Reynolds number) という.ただし a はプラズマの典型的な大きさを表す.この値は磁場拡散時間 $\tau_R = \mu_0 a^2/\eta$ とアルフベン通過時間 $\tau_H = a/v_A$ の比に等しい ($v \approx v_A$ として).すなわち

$$S_R = \tau_R/\tau_H, \qquad \tau_R = \frac{\mu_0 a^2}{\eta}, \qquad \tau_H = \frac{a}{v_A}$$

$S_R \ll 1$ のときは磁場は拡散方程式にしたがって変化する.$S_R \gg 1$ のときは磁力線がプラズマに凍り付いて (frozen in) 動くことが示される.いまプラズマ中の微小面積 ΔS を通る磁束を $\Delta\Phi$ とし,$\boldsymbol{B}$ 方向に z 軸をとると

$$\Delta\Phi = \boldsymbol{B} \cdot \boldsymbol{n}\Delta S = B\Delta x\Delta y$$

である.ΔS の境界は移動するから

$$\frac{d}{dt}(\Delta x) = \frac{d}{dt}(x + \Delta x - x) = V_x(x + \Delta x) - V_x(x) = \frac{\partial V_x}{\partial x}\Delta x$$

$$\frac{d}{dt}(\Delta S) = \left(\frac{\partial V_x}{\partial x} + \frac{\partial V_y}{\partial y}\right)\Delta x\Delta y$$

となる.$\Delta\Phi$ の変化は

$$\frac{d}{dt}(\Delta\Phi) = \frac{dB}{dt}\Delta S + B\frac{d}{dt}(\Delta S)$$

$$= \left(\frac{d\boldsymbol{B}}{dt} + \boldsymbol{B}(\nabla \cdot \boldsymbol{V}) - (\boldsymbol{B} \cdot \nabla)\boldsymbol{V}\right)_z \Delta S = \frac{\eta}{\mu_0}\Delta B_z(\Delta S) \qquad (5.44)$$

である ((5.41) 参照).$S_R \to \infty$,$\eta \to 0$ とすると $d(\Delta\Phi)/dt \to 0$ となり磁束はプラズマに凍り付いて動くことが示された.

5.4 磁気音波

0 次の平衡量を添え字 0 で表し,1 次の微小摂動項を添え字 1 で表す.すなわち $\rho_m = \rho_{m0} + \rho_{m1}$,$p = p_0 + p_1$,$\boldsymbol{V} = 0 + \boldsymbol{V}$,$\boldsymbol{B} = \boldsymbol{B}_0 + \boldsymbol{B}_1$.さらに $\eta = 0$ とすると摂動項に関して次の諸式をえる.

$$\frac{\partial \rho_{m1}}{\partial t} + \nabla \cdot (\rho_{m0}\boldsymbol{V}) = 0 \qquad (5.45)$$

$$\rho_{m0}\frac{\partial \boldsymbol{V}}{\partial t} + \nabla p_1 = \boldsymbol{j}_0 \times \boldsymbol{B}_1 + \boldsymbol{j}_1 \times \boldsymbol{B}_0 \qquad (5.46)$$

$$\frac{\partial p_1}{\partial t} + (\boldsymbol{V} \cdot \nabla)p_0 + \gamma p_0 \nabla \cdot \boldsymbol{V} = 0 \qquad (5.47)$$

$$\frac{\partial \boldsymbol{B}_1}{\partial t} = \nabla \times (\boldsymbol{V} \times \boldsymbol{B}_0) \qquad (5.48)$$

プラズマが平衡なときの位置 $\boldsymbol{r}_0$ からの変位を $\boldsymbol{\xi}(\boldsymbol{r}_0, t)$ とすると

$$\boldsymbol{\xi}(\boldsymbol{r}_0, t) = \boldsymbol{r} - \boldsymbol{r}_0$$

5.4 磁気音波

$$V = \frac{d\boldsymbol{\xi}}{dt} \approx \frac{\partial \boldsymbol{\xi}}{\partial t} \tag{5.49}$$

である. (5.49) を (5.45)(5.47)(5.48) に代入すると

$$\boldsymbol{B}_1 = \nabla \times (\boldsymbol{\xi} \times \boldsymbol{B}_0) \tag{5.50}$$

$$\mu_0 \boldsymbol{j}_1 = \nabla \times \boldsymbol{B}_1 \tag{5.51}$$

$$\rho_{m1} = -\nabla \cdot (\rho_{m0}\boldsymbol{\xi}) \tag{5.52}$$

$$p_1 = -\boldsymbol{\xi} \cdot \nabla p_0 - \gamma p_0 \nabla \cdot \boldsymbol{\xi} \tag{5.53}$$

となる. したがって (5.46) の運動方程式は

$$\rho_{m0}\frac{\partial^2 \boldsymbol{\xi}}{\partial t^2} = \nabla(\boldsymbol{\xi} \cdot \nabla p_0 + \gamma p_0 \nabla \cdot \boldsymbol{\xi}) + \frac{1}{\mu_0}(\nabla \times \boldsymbol{B}_0) \times \boldsymbol{B}_1 + \frac{1}{\mu_0}(\nabla \times \boldsymbol{B}_1) \times \boldsymbol{B}_0 \tag{5.54}$$

となる. $\boldsymbol{B}_0 = \text{const.}$, $p_0 = \text{const.}$ とし, $\boldsymbol{\xi}(\boldsymbol{r},t) = \boldsymbol{\xi}_1 \exp i(\boldsymbol{k} \cdot \boldsymbol{r} - \omega t)$ とすると

$$-\rho_{m0}\omega^2 \boldsymbol{\xi}_1 = -\gamma p_0(\boldsymbol{k} \cdot \boldsymbol{\xi}_1)\boldsymbol{k} - \mu_0^{-1}\left(\boldsymbol{k} \times (\boldsymbol{k} \times (\boldsymbol{\xi}_1 \times \boldsymbol{B}_0))\right) \times \boldsymbol{B}_0 \tag{5.55}$$

に還元される. $\boldsymbol{A} \times (\boldsymbol{B} \times \boldsymbol{C}) = \boldsymbol{B}(\boldsymbol{A} \cdot \boldsymbol{C}) - \boldsymbol{C}(\boldsymbol{A} \cdot \boldsymbol{B})$ の公式を用いると

$$\left((\boldsymbol{k} \cdot \boldsymbol{B}_0)^2 - \mu_0 \omega^2 \rho_{m0}\right)\boldsymbol{\xi}_1 + \left((B_0^2 + \mu_0 \gamma p_0)\boldsymbol{k} - (\boldsymbol{k} \cdot \boldsymbol{B}_0)\boldsymbol{B}_0\right)(\boldsymbol{k} \cdot \boldsymbol{\xi}_1)$$
$$- (\boldsymbol{k} \cdot \boldsymbol{B}_0)(\boldsymbol{B}_0 \cdot \boldsymbol{\xi}_1)\boldsymbol{k} = 0$$

となる. $\widehat{\boldsymbol{k}} \equiv \boldsymbol{k}/k$, $\boldsymbol{b} \equiv \boldsymbol{B}_0/B_0$, $V \equiv \omega/k$, $v_A^2 \equiv B_0^2/(\mu_0 \rho_{m0})$, $\beta \equiv p_0/(B_0^2/2\mu_0)$, $\cos\theta \equiv (\widehat{\boldsymbol{k}} \cdot \widehat{\boldsymbol{b}})$ とすると次のように還元される.

$$(\cos^2\theta - \frac{V^2}{v_A^2})\boldsymbol{\xi}_1 + \left((1 + \frac{\gamma\beta}{2})\widehat{\boldsymbol{k}} - \cos\theta\, \boldsymbol{b}\right)(\widehat{\boldsymbol{k}} \cdot \boldsymbol{\xi}_1) - \cos\theta(\boldsymbol{b} \cdot \boldsymbol{\xi}_1)\widehat{\boldsymbol{k}} = 0 \tag{5.56}$$

(5.56) と $\widehat{\boldsymbol{k}}$ および $\boldsymbol{b}$ とのスカラー積, および $\widehat{\boldsymbol{k}}$ とのベクトル積をとると

$$(1 + \frac{\gamma\beta}{2} - \frac{V^2}{v_A^2})(\widehat{\boldsymbol{k}} \cdot \boldsymbol{\xi}_1) - \cos\theta(\boldsymbol{b} \cdot \boldsymbol{\xi}_1) = 0$$

$$\frac{\gamma\beta}{2}\cos\theta(\widehat{\boldsymbol{k}} \cdot \boldsymbol{\xi}_1) - \frac{V^2}{v_A^2}(\boldsymbol{b} \cdot \boldsymbol{\xi}_1) = 0$$

$$(\cos^2\theta - \frac{V^2}{v_A^2})\boldsymbol{b} \cdot (\widehat{\boldsymbol{k}} \times \boldsymbol{\xi}_1) = 0$$

をえる. この方程式の解が**磁気音波** (magntoacoustic wave) である. その一つの解は

$$V^2 = v_A^2 \cos^2\theta, \qquad (\boldsymbol{\xi}_1 \cdot \boldsymbol{k}) = 0, \qquad (\boldsymbol{\xi}_1 \cdot \boldsymbol{B}_0) = 0 \tag{5.57}$$

であり $\boldsymbol{\xi}_1$ が $\boldsymbol{k}$ と $\boldsymbol{B}_0$ とに対して直交しているのでシア・アルフベン波 (shear Alfven wave) という (10.4 節参照). もう一つの解は

$$\left(\frac{V}{v_A}\right)^4 - (1 + \frac{\gamma\beta}{2})\left(\frac{V}{v_A}\right)^2 + \frac{\gamma\beta}{2}\cos^2\theta = 0 \tag{5.58}$$

である.$\boldsymbol{\xi}_1$と$\boldsymbol{k}$と$\boldsymbol{B}_0$とが同一平面にあるので圧縮モードである.音速を$c_s^2 = \gamma p_0/\rho_{m0}$とすると(5.58)は

$$B_0 \cdot (k \times \xi_1) = 0$$

$$V^4 - (v_A^2 + c_s^2)V^2 + v_A^2 c_s^2 \cos^2\theta = 0$$

となり解が二つある.

$$V_f^2 = \frac{1}{2}\left((v_A^2 + c_s^2) + ((v_A^2 + c_s^2)^2 - 4v_A^2 c_s^2 \cos^2\theta)^{1/2}\right) \tag{5.59}$$

$$V_s^2 = \frac{1}{2}\left((v_A^2 + c_s^2) - ((v_A^2 + c_s^2)^2 - 4v_A^2 c_s^2 \cos^2\theta)^{1/2}\right) \tag{5.60}$$

(5.59)の解を圧縮アルフベン波 (compressional Alfven wave)(10.4節参照) といい,(5.60)を磁気音波の遅進波 (magnetoacoustic slow wave) という.アルフベン波の特徴的な速度

$$v_A^2 = \frac{B^2}{\mu_0 \rho_{m0}}$$

をアルフベン速度 (Alfven velocity) という.磁力線の糸(張力$B^2/2\mu_0$,質量ρ_{m0})を伝わる波と考えることができる(10.4節参照).温度が0になると(5.60)の磁気音波は消える.

文　　献

1) 宮本健郎:プラズマ物理入門,岩波書店　1991.

6

平　　衡

　高温プラズマを保持するためにはプラズマを真空容器の壁から離して磁場中に閉じ込めなければならない．そのためにはプラズマの平衡状態が存在し，かつその平衡状態が安定であることが必要である．

6.1　圧　力　平　衡

　平衡の式は運動方程式 (5.30) において $d\bm{v}/dt = 0$ としてえられる．すなわち

$$\nabla p = \bm{j} \times \bm{B} \tag{6.1}$$

定常状態であるので

$$\nabla \times \bm{B} = \mu_0 \bm{j} \tag{6.2}$$

$$\nabla \cdot \bm{B} = 0 \tag{6.3}$$

$$\nabla \cdot \bm{j} = 0 \tag{6.4}$$

である．(6.1) より

$$\bm{B} \cdot \nabla p = 0 \tag{6.5}$$

$$\bm{j} \cdot \nabla p = 0 \tag{6.6}$$

となる．(6.5) は $\bm{B}$ と ∇p とが直交していることを示し，圧力が一定の等圧面は磁気面と一致することになる．また (6.6) は $\bm{j}$ が等圧面に沿っていることを意味する．(6.2) を (6.1) に代入すると次のようになる．

$$\nabla \left(p + \frac{B^2}{2\mu_0} \right) = (\bm{B} \cdot \nabla) \frac{\bm{B}}{\mu_0} \tag{6.7}$$

ここで $\bm{B} \times (\nabla \times \bm{B}) + (\bm{B} \cdot \nabla)\bm{B} = \nabla(B^2/2)$ を用いた．$(\bm{B} \cdot \nabla)\bm{B} = B^2[(\bm{b} \cdot \nabla)\bm{b} + \bm{b}((\bm{b} \cdot \nabla)B)/B] = B^2[-\bm{n}/R + \bm{b}(\partial B/\partial l)/B]$ であるから磁力線の曲率半径 R や磁力線に沿う B の変化の特徴的長さが，プラズマ小半径 a に比べて大きい場合は (6.7) の

右辺は 0 としてよい. そして

$$p + \frac{B^2}{2\mu_0} \sim \frac{B_0^2}{2\mu_0}$$

がえられる.

軸対称系 $\partial/\partial\theta = 0$ でかつ $\partial/\partial z = 0$ のとき (6.7) の r 成分は

$$\frac{\partial}{\partial r}\left(p + \frac{B_z^2 + B_\theta^2}{2\mu_0}\right) = -\frac{B_\theta^2}{r\mu_0} \tag{6.8}$$

となり, (6.8) に r^2 を掛けて部分積分をすると

$$\left(p + \frac{B_z^2 + B_\theta^2}{2\mu_0}\right)_{r=a} = \frac{1}{\pi a^2}\int_0^a \left(p + \frac{B_z^2}{2\mu_0}\right)2\pi r \mathrm{d}r$$

すなわち

$$\langle p \rangle + \frac{\langle B_z^2 \rangle}{2\mu_0} = p_a + \frac{B_z^2(a) + B_\theta^2(a)}{2\mu_0} \tag{6.9}$$

をえる. ただし $\langle\ \rangle$ は体積平均である. $B^2/2\mu_0$ は磁場の圧力であるから圧力平衡を表す. プラズマの外部の磁場を B_0 としたときプラズマの圧力と外部磁場の圧力の比

$$\beta \equiv \frac{p}{B_0^2/2\mu_0} = \frac{n(T_\mathrm{e} + T_\mathrm{i})}{B_0^2/2\mu_0} \tag{6.10}$$

をベータ比 (beta ratio) という. $\beta \leq 1$ となるが β の大きい方が同じプラズマ圧力を平衡に保つのに必要な磁場の大きさは小さくてすむので, ベータ比はプラズマ閉じ込めの一つの効率を示すパラメーターということができる. またプラズマ中の磁場が外部磁場より小さいということはプラズマの反磁性 (diamagnetism) を示している.

6.2 軸対称系および移動対称系における平衡の式

円筒座標系 (r, φ, z) を用いると軸対称系の場合, 磁束面 $\psi = \mathrm{const.}$ は

$$\psi = rA_\varphi(r, z) \tag{6.11}$$

で与えられる. そして

$$rB_r = -\frac{\partial \psi}{\partial z}, \qquad rB_z = \frac{\partial \psi}{\partial r} \tag{6.12}$$

である. $\psi = \int rB_z \mathrm{d}r$ と表されるので, ψ を磁束関数 (flux function) という. $\boldsymbol{B}\cdot\nabla p = 0$ より

$$-\frac{\partial \psi}{\partial z}\frac{\partial p}{\partial r} + \frac{\partial \psi}{\partial r}\frac{\partial p}{\partial z} = 0$$

であるから

$$p = p(\psi) \tag{6.13}$$

となる. 同様に $\boldsymbol{j}\cdot\nabla p = 0$, $\nabla \times \boldsymbol{B} = \mu_0 \boldsymbol{j}$ より

6.2 軸対称系および移動対称系における平衡の式

$$-\frac{\partial p}{\partial r}\frac{\partial(rB_\varphi)}{\partial z} + \frac{\partial p}{\partial z}\frac{\partial(rB_\varphi)}{\partial r} = 0$$

であるから rB_φ は $p = p(\psi)$ のみの関数であり，次のような ψ のみの関数となる．

$$rB_\varphi = \frac{\mu_0 I(\psi)}{2\pi} \tag{6.14}$$

したがって $I(\psi)$ は $\psi = rA_\varphi$ で囲まれる円断面内をポロイダル方向に流れる電流値を示す (図 6.1 参照)．$\boldsymbol{j} \times \boldsymbol{B} = \nabla p$ の r 成分より磁束関数 ψ は

$$L(\psi) + \mu_0 r^2 \frac{\partial p(\psi)}{\partial \psi} + \frac{\mu_0^2}{8\pi^2}\frac{\partial I^2(\psi)}{\partial \psi} = 0 \tag{6.15}$$

$$L(\psi) \equiv \left(r\frac{\partial}{\partial r}\frac{1}{r}\frac{\partial}{\partial r} + \frac{\partial^2}{\partial z^2}\right)\psi$$

を満たす必要がある．この式を **Grad–Shafranov** の式という．電流密度 $\boldsymbol{j}$ は

$$j_r = \frac{-1}{2\pi r}\frac{\partial I(\psi)}{\partial z}, \qquad j_z = \frac{1}{2\pi r}\frac{\partial I(\psi)}{\partial r}$$

$$j_\varphi = \frac{-1}{\mu_0}\left(\frac{\partial}{\partial r}\frac{1}{r}\frac{\partial \psi}{\partial r} + \frac{1}{r}\frac{\partial^2 \psi}{\partial z^2}\right) = -\frac{L(\psi)}{\mu_0 r}$$

$$= \frac{1}{\mu_0 r}\left(\mu_0 r^2 p' + \frac{\mu_0^2}{8\pi^2}(I^2)'\right)$$

で与えられる．(6.12) (6.14) を用いると

$$\boldsymbol{j} = \frac{I'}{2\pi}\boldsymbol{B} + p'r\boldsymbol{e}_\varphi \tag{6.16}$$

$$L(\psi) + \mu_0 r j_\varphi = 0$$

となる．$p(\psi)$, $I^2(\psi)$ は ψ の任意の関数であるが，ψ の 2 次式である場合は ψ についての線形微分方程式となる．プラズマの境界で $\psi = 0$ としてもその解は一般性を失わない．境界において $p = p_\mathrm{s}$, $I^2 = I_\mathrm{s}^2$ とする．磁気軸上で $\psi = \psi_0$, $p = p_0$, $I^2 = I_0^2$ とすると

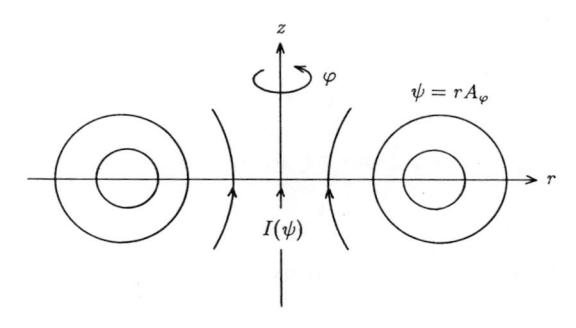

図 6.1 $\psi = rA_\varphi$ および $I(\psi)$

$$p(\psi) = p_{\rm s} + (p_0 - p_{\rm s})\frac{\psi^2}{\psi_0^2}$$

$$I^2(\psi) = I_{\rm s}^2 + (I_0^2 - I_{\rm s}^2)\frac{\psi^2}{\psi_0^2}$$

である．(6.15) は

$$L(\psi) + (\alpha r^2 + \beta)\psi = 0$$

$$\alpha = \frac{2\mu_0(p_0 - p_{\rm s})}{\psi_0^2}, \qquad \beta = \frac{\mu_0^2}{4\pi^2}\frac{(I_0^2 - I_{\rm s}^2)}{\psi_0^2}$$

となる．そして

$$\int_V \frac{\psi}{r^2}(\alpha r^2 + \beta)\psi {\rm d}V = 2\mu_0 \int_V (p - p_{\rm s}){\rm d}V + \frac{\mu_0^2}{4\pi^2}\int_V \frac{(I^2 - I_{\rm s}^2)}{r^2}{\rm d}V$$

$$\int_V \frac{1}{r^2}\psi L(\psi){\rm d}V = 2\pi \oint \frac{1}{r}\psi\left((\nabla\psi)_r{\rm d}z - (\nabla\psi)_z{\rm d}r\right) - \int_V \frac{1}{r^2}(\nabla\psi)^2{\rm d}V$$

$$= -\int_V (B_r^2 + B_z^2){\rm d}V$$

なお，プラズマの境界では $\psi = 0$ である．したがって次の式が導かれる．

$$\int (p - p_{\rm s}){\rm d}V = \int \frac{1}{2\mu_0}\left(B_{\varphi{\rm v}}^2 - B_\varphi^2 + (B_r^2 + B_z^2)\right){\rm d}V$$

これは圧力平衡の関係を示している．

移動対称系 $(\partial/\partial z = 0)$ における磁気面 ψ，磁場 $\boldsymbol{B}$ および圧力 p は

$$\psi = A_z(r,\theta)$$

$$B_r = \frac{1}{r}\frac{\partial \psi}{\partial \theta}, \qquad B_\theta = -\frac{\partial \psi}{\partial r}, \qquad B_z = \frac{\mu_0}{2\pi}I(\psi)$$

$$p = p(\psi)$$

と書ける．そして平衡の式は

$$\frac{1}{r}\frac{\partial}{\partial r}\left(r\frac{\partial \psi}{\partial r}\right) + \frac{1}{r^2}\frac{\partial^2 \psi}{\partial \theta^2} + \mu_0 \frac{\partial p(\psi)}{\partial \psi} + \frac{\mu_0^2}{8\pi^2}\frac{\partial I^2(\psi)}{\partial \psi} = 0$$

$$\boldsymbol{j} = \frac{1}{2\pi}I'\boldsymbol{B} + p'\boldsymbol{e}_z$$

$$\Delta\psi + \mu_0 j_z = 0$$

となる．ヘリカル対称系の場合についても (6.15) に相当する平衡の式を導くことができる．

6.3　Grad–Shafranov 平衡方程式の厳密解

r, φ, z 方向の単位ベクトルをそれぞれ $\boldsymbol{e}_r, \boldsymbol{e}_\varphi, \boldsymbol{e}_z$ とする．そうすると $\nabla\varphi = \boldsymbol{e}_\varphi/R$,

6.3 Grad–Shafranov 平衡方程式の厳密解

$e_r \times e_\varphi = e_z$, $e_z \times e_\varphi = -e_r$ である.したがって B は (6.12) および (6.14) より

$$B = \frac{\mu_0 I(\psi)}{2\pi}\nabla\varphi + \nabla\psi \times \nabla\varphi$$

となる.$p(\psi)$, $I^2(\psi)$ は ψ の関数であるが,ψ の 1 次式の場合,

$$p(\psi) = p_{\rm b} - \frac{a}{\mu_0 R^2}(\psi - \psi_{\rm b})$$

$$I^2(\psi) = I_{\rm b}^2 - \frac{8\pi^2}{\mu_0^2}b(\psi - \psi_{\rm b})$$

(6.14) は

$$L(\psi) = a\frac{r^2}{R^2} + b = -\mu_0 r j_\varphi \tag{6.17}$$

となる.磁気軸の位置を $(R,0)$ とすると,

$$\psi - \psi_0 = \frac{b+a}{1+\epsilon}\left[\frac{1}{2}\left(1 + c\frac{r^2-R^2}{R^2}\right)z^2 + \frac{\epsilon}{8R^2}(r^2-R^2)^2\right.$$

$$\left. + \frac{(1+\epsilon)b - (1-c)(b+a)}{24(b+a)R^4}(r^2-R^2)^3\right] \tag{6.18}$$

は $(r-R)$, z の 3 次の項まで正確な解になっている.ただし ϵ, c は常数で $\psi_0 = \psi(R,0)$ である.(6.18) の右辺第 3 項の係数が 0 の場合,すなわち

$$(1+\epsilon)b - (1-c)(b+a) = 0 \quad \rightarrow \quad \epsilon = -(c-1)(a/b) - c$$

のとき,(6.18) は Grad–Shafranov 平衡方程式 (6.17) の厳密解となる.$c = R^2/(R^2-R_{\rm x}^2)$ とすると ϵ は $\epsilon = -(a/b + R^2/R_{\rm x}^2)R_{\rm x}^2/(R^2-R_{\rm x}^2)$ となり,

$$\psi = \frac{b}{2}\left(1 - \frac{r^2}{R_{\rm x}^2}\right)z^2 + \frac{a + (R^2/R_{\rm x}^2)b}{8R^2}\left((r^2-R^2)^2 - (R^2-R_{\rm x}^2)^2\right) \tag{6.19}$$

に還元される[1].(6.19) はプラズマの境界 $\psi(r,z) = \psi_{\rm b}$ を導体壁にしたときのプラズマ内部の平衡解である.$\psi(r,z) = 0$ はセパラトリックス面になる(図 6.2 参照).セパラトリック点 X の位置 $(R_{\rm x}, \pm Z_{\rm x})$ の $Z_{\rm x}$ は $Z_{\rm x} = [-(a/b + R^2/R_{\rm x}^2)(1-R_{\rm x}^2/R^2)/2]^{1/2}R_{\rm x}^2$ である.またセパラトリックス面上 r の最大値 $R_{\max}$ は $R_{\max} = (2-R_{\rm x}^2/R^2)^{1/2}R$ である.

このセパラトリックス面をプラズマ境界に選んだ場合($\psi_{\rm b} = 0$)のアスペクト比 A,非円形度 $\kappa_{\rm s}$,中心ポロイダル・ベータ β_{p0} はそれぞれ

$$\frac{1}{A} = \frac{R_{\max} - R_{\rm x}}{2R} = \frac{(2-R_{\rm x}^2/R^2)^{1/2} - R_{\rm x}/R}{2}$$

$$\kappa_{\rm s} = \frac{2Z_{\rm x}}{R_{\max} - R_{\rm x}} = \frac{AZ_{\rm x}}{R}$$

$$\beta_{p0} \equiv \frac{p(R,0) - p_{\rm b}}{B_z^2(R_{\rm x},0)/2\mu_0} = \frac{a}{a + (R^2/R_{\rm x}^2)b}$$

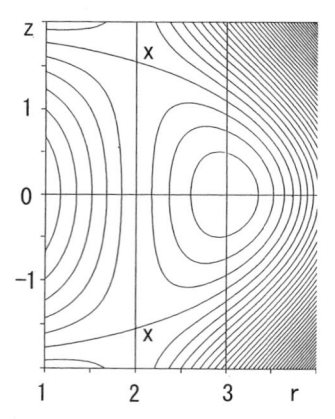

図 **6.2** 磁束関数 ψ (6.19) の等高線 (磁気面) ($a/b = 4.4$, $R = 3$, $R_x = 2$ の場合)
  X はセパラトリックス点．X 点を通る磁気面はセパラトリックス面である．

となる．A，と κ_s を与えると，β_{p0} が決まってしまう．この欠点を補うため Weening は Solovev の解 (6.19) に $r^2 \ln(r^2/R_\alpha^2) - r^2$ の特解を加えた[2]．すなわち

$$\psi = \frac{b+d}{2}\left(1 - \frac{r^2}{R_x^2}\right)z^2 + \frac{a + (R^2/R_x^2)(b+d)}{8R^2}\left((r^2 - R^2)^2 - (R^2 - R_x^2)^2\right)$$
$$- \frac{d}{4}\left(r^2 \ln \frac{r^2}{R_x^2} - (r^2 - R_x^2)\right) \tag{6.20}$$

この場合セパラトリックス $\psi(r,z) = 0$ をプラズマの境界としたとき，アスペクト比 A，縦横比 κ_s，中央ポロイダル比は

$$\frac{Z_x^2}{R_x^2} = -\frac{1}{2}\left(\frac{a}{b+d} + \frac{R^2}{R_x^2}\right)\left(1 - \frac{R_x^2}{R^2}\right)$$

$$\frac{R_{\max}^2}{R^2} = \left(2 - \frac{R_x^2}{R^2}\right) + \frac{2d[x \ln x/(x-1) - 1]}{a + (R^2/R_x^2)(b+d)}, \qquad x \equiv \frac{R_{\max}^2}{R_x^2}$$

$$\frac{1}{A} = \frac{R_{\max}/R - R_x/R}{2}, \qquad \kappa_s = \frac{AZ_x}{R}$$

$$\beta_{p0} = \frac{a}{a + (R^2/R_x^2)(b+d)}\left[1 + \frac{2d\left(\ln(R^2/R_x^2) - (1 - R^2/R_x^2)\right)}{\left(a + (R^2/R_x^2)(b+d)\right)\left(1 - R_x^2/R^2\right)}\right]$$

となる．

6.4 トカマクの平衡[3]

軸対称系における平衡の式は (6.15) で与えられる．プラズマの外側では右辺は 0 である．用いる座標としてトロイダル座標 (toroidal coordinates) (b, ω, φ) を選ぶ (図 6.3)．

6.4 トカマクの平衡

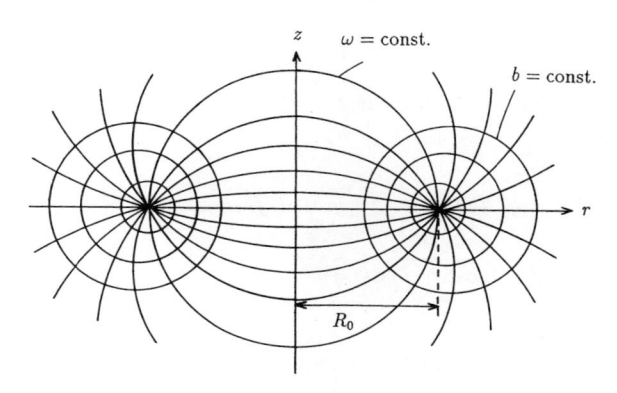

図 6.3 トロイダル座標

この座標系は円筒座標系 (r,φ,z) とは次の関係にある．

$$r = \frac{R_0 \sinh b}{\cosh b - \cos \omega}$$

$$z = \frac{R_0 \sin \omega}{\cosh b - \cos \omega}$$

$b = b_0$ の軌跡は $r = R_0 \coth b_0$, $z = 0$ を中心とし $a = R_0 \sinh b_0$ の半径を持つ円である．また $\omega = \omega_0$ の軌跡は $r = 0$, $z = R_0 \cot \omega_0$ を中心とし $a = R_0 (\sin \omega_0)^{-1}$ の半径を持つ円である．磁束関数 ψ を

$$\psi = \frac{F(b,\omega)}{2^{1/2}(\cosh b - \cos \omega)^{1/2}}$$

とおくと，プラズマの外側では

$$\frac{\partial^2 F}{\partial b^2} - \coth b \frac{\partial F}{\partial b} + \frac{\partial^2 F}{\partial \omega^2} + \frac{1}{4} F = 0$$

を満たす．

$$F = g_n(b) \cos n\omega$$

とおけば

$$\frac{\mathrm{d}^2 g_n}{\mathrm{d} b^2} - \coth b \frac{\mathrm{d} g_n}{\mathrm{d} b} - \left(n^2 - \frac{1}{4}\right) g_n = 0$$

となる．二つの独立な解があって

$$\left(n^2 - \frac{1}{4}\right) g_n = \sinh b \frac{\mathrm{d}}{\mathrm{d} b} Q_{n-1/2}(\cosh b)$$

$$\left(n^2 - \frac{1}{4}\right) f_n = \sinh b \frac{\mathrm{d}}{\mathrm{d} b} P_{n-1/2}(\cosh b)$$

をえる．$P_\nu(x)$, $Q_\nu(x)$ はルジャンドル関数である．プラズマの小半径と大半径の比 a/R_0 が小さいとき，すなわち $e^{b_0} \gg 1$ のとき

$$g_0 = e^{b/2}, \qquad g_1 = -\frac{1}{2}e^{-b/2}$$
$$f_0 = \frac{2}{\pi}e^{b/2}(b + \ln 4 - 2), \qquad f_1 = \frac{2}{3\pi}e^{3b/2}$$

である. $\cos\omega$ まで展開すると

$$F = c_0 g_0 + d_0 f_0 + 2(c_1 g_1 + d_1 f_1)\cos\omega$$
$$\psi = \frac{F}{2^{1/2}(\cosh b - \cos\omega)^{1/2}} \approx e^{-b/2}(1 + e^{-b}\cos\omega)F$$

である.

$$r = R_0 + \rho\cos\omega' = \frac{R_0 \sinh b}{\cosh b - \cos\omega}$$
$$z = \rho\sin\omega' = \frac{R_0 \sin\omega}{\cosh b - \cos\omega}$$

として b が大きいところでは

$$\omega' = \omega, \qquad \frac{\rho}{2R_0} \approx e^{-b}$$

の関係にある (図 6.4). したがって磁束関数 ψ は

$$\psi = c_0 + \frac{2}{\pi}d_0(b + \ln 4 - 2)$$
$$+ \left[\left(c_0 + \frac{2}{\pi}d_0(b + \ln 4 - 2)\right)e^{-b} + \left(\frac{4}{3\pi}d_1 e^b - c_1 e^{-b}\right)\right]\cos\omega$$
$$= d_0'\left(\ln\frac{8R}{\rho} - 2\right) + \left(\frac{d_0'}{2R}\left(\ln\frac{8R}{\rho} - 1\right)\rho + \frac{h_1}{\rho} + h_2\rho\right)\cos\omega$$

である. ψ を用いると磁場は

$$rB_r = -\frac{\partial\psi}{\partial z}, \qquad rB_z = \frac{\partial\psi}{\partial r}$$
$$rB_\rho = -\frac{\partial\psi}{\rho\partial\omega'}, \qquad rB_{\omega'} = \frac{\partial\psi}{\partial\rho}$$

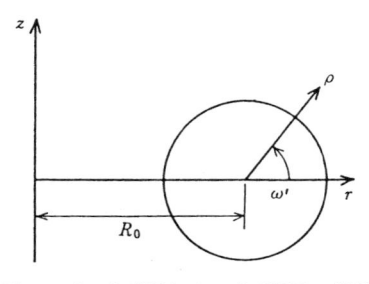

図 6.4　(r, z) 座標と (ρ, ω') 座標との関係

で表される．ここで $I_{\rm p}$ を磁気軸に沿った φ 方向のプラズマ中の全電流とすると

$$-\frac{d_0'}{\rho} = r\overline{B}_{\omega'} \approx R\frac{-\mu_0 I_{\rm p}}{2\pi\rho}$$

より $d_0' = \mu_0 I_{\rm p} R/2\pi$ となる（φ 方向の電流値 $I_{\rm p}$ は円柱座標 $\rho, \omega'\zeta$ の ζ 成分では $-I_{\rm p}$ になる）．磁束関数 ψ は，$\rho \geq a$ において

$$\psi = \frac{\mu_0 I_{\rm p} R}{2\pi}\left(\ln\frac{8R}{\rho} - 2\right) + \frac{\mu_0 I_{\rm p}}{4\pi}\left(\left(\ln\frac{8R}{\rho} - 1\right)\rho + \frac{h_1'}{\rho} + h_2'\rho\right)\cos\omega' \quad (6.21)$$

で表される．ここで R_0 を R に置き換えた．また平衡の式は $a/R \ll 1$ として (6.9) を適用して

$$\langle p \rangle - p_a = \frac{1}{2\mu_0}((B_{\varphi v}^2)_a + (B_r^2 + B_z^2)_a - \langle B_\varphi^2 \rangle) \quad (6.22)$$

で表される．ここで $\langle \ \rangle$ は体積平均を示す．また p_a はプラズマの境界における p の値である．$B_r^2 + B_z^2$ はこの場合 $B_{\omega'}^2$ に等しいと考えてよい．$\langle p \rangle$ と $\langle B_{\omega'}^2 \rangle/2\mu_0$ の比をポロイダル・ベータ比 $\beta_{\rm p}$ と書くと $p_a = 0$ として

$$\beta_{\rm p} = 1 + \frac{B_{\varphi v}^2 - \langle B_\varphi^2 \rangle}{B_{\omega'}^2} \approx 1 + \frac{2B_{\varphi v}}{B_{\omega'}^2}\langle B_{\varphi v} - B_\varphi \rangle$$

をえる．B_φ および $B_{\varphi v}$ は φ 方向（トーラス方向）のプラズマがあるときの磁場の大きさおよびプラズマがないときの磁場の大きさである．B_φ が真空磁場 $B_{\varphi v}$ より小さければプラズマは**反磁性** (diamagnetism) を示して $\beta_{\rm p} > 1$ となり，B_φ が $B_{\varphi v}$ より大きいときはプラズマは**常磁性** (paramagnetism) を示して $\beta_{\rm p} < 1$ となる（図 6.5）．プラズマ中を磁力線に沿って電流を流すと電流自身によってつくられる磁場で電流に ω' 方向の成分が生じ，これがもともとのトーラス磁場を強める方向になる．これが常磁性を示す原因と考えられる．

さて (6.21) で与えられた ψ より磁場を導くと

$$B_{\omega'} = \frac{1}{r}\frac{\partial \psi}{\partial \rho} = \frac{-\mu_0 I_{\rm p}}{2\pi\rho} + \left(\frac{\mu_0 I_{\rm p}}{4\pi R}\left(\ln\frac{8R}{\rho} - 2\right) + \left(h_2' - \frac{h_1'}{\rho^2}\right)\right)\cos\omega' \quad (6.23)$$

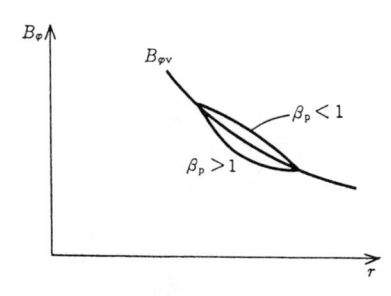

図 **6.5** プラズマの反磁性 ($\beta_{\rm p} > 1$) と常磁性 ($\beta_{\rm p} < 1$)

$$B_\rho = -\frac{1}{r\rho}\frac{\partial \psi}{\partial \omega'} = \frac{\mu_0 I_{\rm p}}{4\pi R}\left(\left(\ln\frac{8R}{\rho}-1\right) + \left(h'_2 + \frac{h'_1}{\rho^2}\right)\right)\sin\omega' \qquad (6.24)$$

をえる．磁束面の断面は

$$\psi(\rho,\omega') = \psi_0(\rho) + \psi_1 \cos\omega'$$

の形をしているから ($\Delta = -\psi_1/\psi'_0 \ll \rho$ として)

$$\Delta(\rho) = \frac{\rho^2}{2R}\left(\ln\frac{8R}{\rho}-1\right) + \frac{2\pi}{\mu_0 I_{\rm p} R}(h_1 + h_2 \rho^2)$$

だけ r 方向にずれている円である (図 6.6)．さて (6.21) の ψ における h_1 と h_2 について考察する．(6.21) における $h'_2 \rho \cos\omega'$ の項は，z 方向の一様垂直磁場

$$B_\perp = \frac{\mu_0 I_{\rm p}}{4\pi}\frac{h'_2}{R} \qquad (6.25)$$

を表しているのでプラズマ外部から加えられた磁場である．これを $\psi_{\rm ext}$ とし，これ以外の項を $\psi_{\rm pl}$ とすると

$$\psi_{\rm ext} = \frac{\mu_0 I_{\rm p}}{4\pi}h'_2 \rho \cos\omega'$$
$$\psi_{\rm pl} = \frac{\mu_0 I_{\rm p} R}{2\pi}\left(\ln\frac{8R}{\rho}-2\right) + \frac{\mu_0 I_{\rm p}}{4\pi}\left(\left(\ln\frac{8R}{\rho}-1\right)\rho + \frac{h'_1}{\rho}\right)\cos\omega'$$

になる．

プラズマ境界 $\rho = a$ では，(6.24) の B_ρ は $B_\rho = 0$ であるから

$$h'_1 = -\left(h'_2 + (\ln 8R/a - 1)\right)a^2$$

でなければならない．

ここでプラズマの平衡を保つため必要な垂直磁場 $B_\perp$ を求めてみよう．

プラズマ電流環が広がろうとするフープ力 (hoop force) $F_{\rm h}$ は

$$F_{\rm h} = -\frac{\partial}{\partial R}\frac{L_{\rm p} I_{\rm p}^2}{2}\bigg|_{L_{\rm p} I_{\rm p}={\rm const.}} = \frac{1}{2}I_{\rm p}^2 \frac{\partial L_{\rm p}}{\partial R}$$

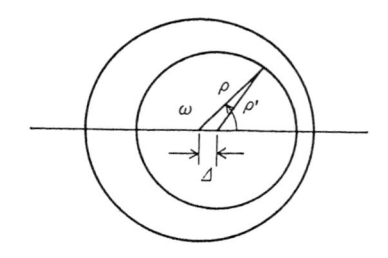

図 **6.6** プラズマ柱の変位
$\psi_0(\rho') = \psi_0(\rho) - \psi'_0(\rho)\Delta\cos\omega,\ \rho' = \rho - \Delta\cos\omega$

で与えられる．ただし $L_{\rm p}$ はプラズマ電流環の自己インダクタンスで

$$L_{\rm p} = \mu_0 R \left(\ln \frac{8R}{a} + \frac{l_{\rm i}}{2} - 2 \right)$$

であり，$l_{\rm i}$ は正規化されたプラズマの内部インダクタンス

$$l_{\rm i} = \frac{\int B_{\omega'}^2 \rho \mathrm{d}\rho \mathrm{d}\omega'}{\pi a^2 B_a^2}, \qquad B_a = \frac{\mu_0 I_{\rm p}}{2\pi a}$$

である．B_a は $\rho = a$ におけるポロイダル磁場の大きさである．したがって

$$F_{\rm h} = \frac{\mu_0 I_{\rm p}^2}{2} \left(\ln \frac{8R}{a} + \frac{l_{\rm i}}{2} - 1 \right)$$

である．

次にプラズマの圧力によって広がる力 $F_{\rm p}$ は

$$F_{\rm p} = \langle p \rangle \pi a^2 2\pi$$

で与えられる (図 6.7)．

プラズマ中の磁場によるトーラス方向の張力によって縮まる力 $F_{\rm B1}$(負の符号) は

$$F_{\rm B1} = -\frac{\langle B_\varphi^2 \rangle}{2\mu_0} \pi a^2 2\pi$$

であり，またプラズマ外部の磁場による圧力により広がる力 $F_{\rm B2}$ は

$$F_{\rm B2} = \frac{B_{\varphi \rm v}^2}{2\mu_0} \pi a^2 2\pi$$

である (プラズマがない場合には，$F_{\rm B2}$ はトーラス方向の張力によって縮まる力と釣り合う)．

垂直磁場 $B_\perp$ がプラズマ電流に及ぼす力 $F_{\rm I}$ は

$$F_{\rm I} = I_{\rm p} B_\perp 2\pi R$$

である．したがってこれらの力が釣り合う平衡条件は

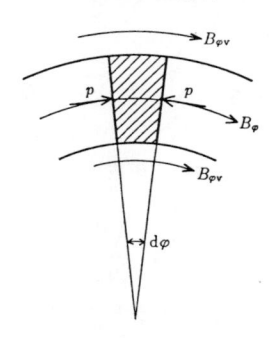

図 **6.7** トーラス・プラズマに加わる力の平衡

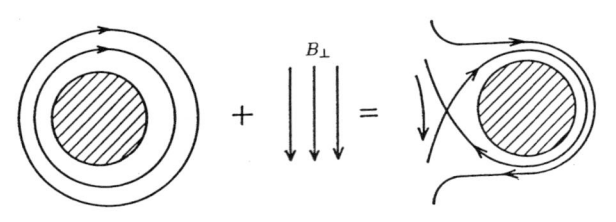

図 6.8 プラズマ電流によるポロイダル磁場と垂直磁場との組合せ

$$\frac{\mu_0 I_{\rm p}^2}{2}\left(\ln\frac{8R}{a}+\frac{l_{\rm i}}{2}-1\right)+2\pi^2 a^2\left(\langle p\rangle+\frac{B_{\varphi{\rm v}}^2}{2\mu_0}-\frac{\langle B_\varphi^2\rangle}{2\mu_0}\right)+2\pi R I_{\rm p}B_\perp = 0$$

すなわち

$$B_\perp = \frac{-\mu_0 I_{\rm p}}{4\pi R}\left(\ln\frac{8R}{a}+\frac{l_{\rm i}}{2}-1+\beta_{\rm p}-\frac{1}{2}\right)=\frac{-\mu_0 I_{\rm p}}{4\pi R}\left(\ln\frac{8R}{a}+\Lambda-\frac{1}{2}\right) \quad (6.26)$$

をえる．ただし

$$\Lambda = \beta_{\rm p}+l_{\rm i}/2-1$$

図 6.8 に示すような構成の場合，垂直磁場 $B_\perp$ は下向きである．トーラス外側の弱いポロイダル磁場を補い，トーラス内側の強いポロイダル磁場を弱めて平衡を保っていると考えることができる．(6.25) より

$$\frac{\mu_0 I_{\rm p}}{4\pi}h_2' = B_\perp R = \frac{-\mu_0 I_{\rm p}}{4\pi}\left(\ln\frac{8R}{a}+\Lambda-\frac{1}{2}\right),\qquad h_2' = -\left(\ln\frac{8R}{a}+\Lambda-\frac{1}{2}\right)$$

したがって

$$h_1' = \left(\Lambda+\frac{1}{2}\right)a^2$$

をえる．磁束関数 (6.21) は

$$\psi = \frac{\mu_0 I_{\rm p} R}{2\pi}\left(\ln\frac{8R}{\rho}-2\right)-\frac{\mu_0 I_{\rm p}}{4\pi}\left(\ln\frac{\rho}{a}+\left(\Lambda+\frac{1}{2}\right)\left(1-\frac{a^2}{\rho^2}\right)\right)\rho\cos\omega' \quad (6.27)$$

となる．

6.5 ベータ比の上限

前節では平衡を保つために必要な $B_\perp$ の磁場の大きさは

$$B_\perp = B_a\frac{a}{2R}\left(\ln\frac{8R}{a}+\left(\beta_{\rm p}+\frac{l_{\rm i}}{2}-1\right)-\frac{1}{2}\right)$$

であることを導いた．この $B_\perp$ はトーラスの内側では B_ω と反対方向になるので，全体のポロイダル磁場は内側で 0 となり，セパラトリックスが生じる．ここでもしプラズマの圧力が増えて $\beta_{\rm p}$ が大きくなると，必要とする $B_\perp$ は大きくなり，セパラトリックス

の点がプラズマに近づく．いま簡単のためプラズマの圧力 p がプラズマの境界まで一定であり，かつプラズマ電流 I_p はプラズマの表面にしか流れないというモデルを考える．この特殊なモデルにおいてプラズマの表面における圧力平衡の関係を求めてみると

$$\frac{B_\omega^2}{2\mu_0} + \frac{B_{\varphi\mathrm{v}}^2}{2\mu_0} \approx p + \frac{B_{\varphi\mathrm{i}}^2}{2\mu_0}$$

となる．プラズマ境界の外側および内側の φ 方向の磁場 $B_{\varphi\mathrm{v}}$, $B_{\varphi\mathrm{i}}$ は (6.14) より $1/r$ に比例する．$r = R$ における $B_{\varphi\mathrm{v}}$, $B_{\varphi\mathrm{i}}$ の値をそれぞれ $B_{\varphi\mathrm{v}}^0$, $B_{\varphi\mathrm{i}}^0$ とすると (6.22) は

$$B_\omega^2 = 2\mu_0 p - ((B_{\varphi\mathrm{v}}^0)^2 - (B_{\varphi\mathrm{i}}^0)^2)\left(\frac{R}{r}\right)^2$$

である．許容されるプラズマ圧力の上限はトーラスの内側 $r = r_\mathrm{min}$ におけるポロイダル磁場が 0 となる条件で押えられる．すなわち

$$2\mu_0 p_\mathrm{max} \frac{r_\mathrm{min}^2}{R^2} = (B_{\varphi\mathrm{v}}^0)^2 - (B_{\varphi\mathrm{i}}^0)^2 \tag{6.28}$$

$r = R + a\cos\omega$ で与えられるから (6.28) は p_max を用いて ($r_\mathrm{min} = R - a$)

$$B_\omega^2 = 2\mu_0 p_\mathrm{max}\left(1 - \frac{r_\mathrm{min}^2}{r^2}\right) = 8\mu_0 p_\mathrm{max} \frac{a}{R}\cos^2\frac{\omega}{2}$$

で与えられる．ここで $a/R \ll 1$ とした．$\oint B_\omega a\,d\omega = \mu_0 I_\mathrm{p}$ の関係よりポロイダル・ベータ比 β_p の上限 $\beta_\mathrm{p}^\mathrm{c}$ は

$$\beta_\mathrm{p}^\mathrm{c} = \frac{\pi^2}{16}\frac{R}{a} \approx 0.5\frac{R}{a} \tag{6.29}$$

となる．このように簡単化されたモデルによるポロイダル・ベータ比の上限はアスペクト比 R/a 程度である．回転角 ι および安全係数 $q_\mathrm{s} = 2\pi/\iota$ を用いると

$$\frac{B_\omega}{B_\varphi} = \frac{a}{R}\left(\frac{\iota}{2\pi}\right) = \frac{a}{Rq_\mathrm{s}}$$

の関係があるので，ベータ比 β は

$$\beta = \frac{p}{B^2/2\mu_0} \approx \frac{p}{B_\omega^2/2\mu_0}\left(\frac{B_\omega}{B_\varphi}\right)^2 = \left(\frac{a}{Rq_\mathrm{s}}\right)^2 \beta_\mathrm{p}$$

である．したがってベータ比の上限は

$$\beta^\mathrm{c} = \frac{0.5}{q_\mathrm{s}^2}\frac{a}{R} \tag{6.30}$$

となる．

6.6 Pfirsch–Schlüter 電流[4]

圧力が等方的なときプラズマ中の電流 $\boldsymbol{j}$ は (6.1) および (6.4) より

$$\boldsymbol{j}_\perp = \frac{\boldsymbol{b}}{B} \times \nabla p$$

$$\nabla \boldsymbol{j}_\| = -\nabla \boldsymbol{j}_\perp = -\nabla \cdot \left(\frac{\boldsymbol{B}}{B^2} \times \nabla p\right) = -\nabla p \cdot \nabla \times \left(\frac{\boldsymbol{B}}{B^2}\right)$$

で与えられる．そして

$$\nabla \boldsymbol{j}_\| = -\nabla p \cdot \left(\left(\nabla \frac{1}{B^2} \times \boldsymbol{B}\right) + \frac{\mu_0 \boldsymbol{j}}{B^2}\right) = 2\nabla p \cdot \frac{\nabla B \times \boldsymbol{B}}{B^3} \quad (6.31)$$

$$\frac{\partial j_\|}{\partial s} = 2\nabla p \cdot \frac{(\nabla B \times \boldsymbol{b})}{B^2} \quad (6.32)$$

となる．ここで s は磁力線に沿った長さである．0 次近似で $B \propto 1/R$, $p = p(r)$, $\partial/\partial s = (\partial\theta/\partial s)\partial/\partial\theta = (\iota/(2\pi R))\partial/\partial\theta$ としてよい．ι は回転角で，図 6.9 において磁力線がトーラスを 1 周して s が $2\pi R$ ふえると，θ は ι だけ増加する．すると (6.43) は

$$\frac{\iota}{2\pi R}\frac{\partial j_\|}{\partial \theta} = -\frac{\partial p}{\partial r}\frac{2}{RB}\sin\theta$$

となる．すなわち

$$\frac{\partial j_\|}{\partial \theta} = -\frac{4\pi}{\iota B}\frac{\partial p}{\partial r}\sin\theta$$

$$j_\| = \frac{4\pi}{\iota B}\frac{\partial p}{\partial r}\cos\theta \quad (6.33)$$

をえる．この電流を **Pfirsch–Schlüter** 電流という．この表式は第 7 章に述べるプラズマの拡散を求めるにあたって重要な関係式である．このプラズマ電流はトロイダル・ドリフトによる荷電分離による磁力線に沿って短絡するために流れ，回転変換角に反比例している．

いまプラズマの圧力分布 $p(r)$ および回転変換角 ι を

$$p(r) = p_0\left(1 - \left(\frac{r}{a}\right)^m\right)$$

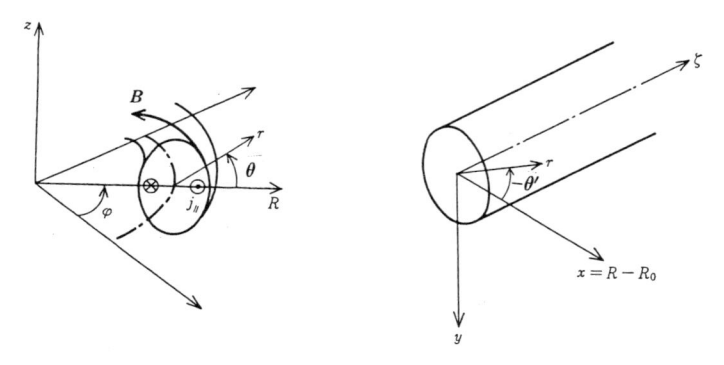

図 **6.9** トーラス・プラズマ中の Pfirsch–Schlüter 電流 $j_\|$ の向き

6.6 Pfirsch–Schlüter 電流

$$\iota(r) = \iota_0 \left(\frac{r}{a}\right)^{2l-4}$$

とおけば

$$j_\parallel = -\frac{4\pi m p_0}{B\iota_0 a} \left(\frac{r}{a}\right)^{m-2l+3} \cos\theta$$

となる．そこで $j_\parallel$ による磁場 $\boldsymbol{B}^\beta$ を算定してみよう．簡単化するために a/R が小さいとして直線近似を用い，さらに図 6.9 の座標 (r, θ', ζ) を用い $\theta = -\theta'$，$j_\parallel \approx j_\zeta$ とする（ι はあまり大きくないとする）．いま $\boldsymbol{B}^\beta$ のベクトル・ポテンシャルを $\boldsymbol{A}^\beta = (0, 0, A_\zeta^\beta)$ とすると

$$\frac{1}{r}\frac{\partial}{\partial r}\left(r\frac{\partial A_\zeta^\beta}{\partial r}\right) + \frac{1}{r^2}\frac{\partial^2 A_\zeta^\beta}{\partial \theta'^2} = -\mu_0 j_\zeta$$

で $A_\zeta^\beta(r, \theta') = A^\beta(r)\cos\theta'$, $s = m - 2l + 3$, $\alpha = 4\pi m p_0 \mu_0 / B\iota_0 = m\beta B/(\iota_0/2\pi)$ とすると（β はベータ比である），

$$\frac{1}{r}\frac{\partial}{\partial r}\left(r\frac{\partial A^\beta}{\partial r}\right) - \frac{A^\beta}{r^2} = \frac{\alpha}{a}\left(\frac{r}{a}\right)^s$$

をえる．プラズマの中 $(r < a)$ では

$$A_{\text{in}}^\beta = \left(\frac{\alpha r^{s+2}}{((s+2)^2 - 1)a^{s+1}} + \delta r\right)\cos\theta'$$

であり，プラズマの外 $(r > a)$ では

$$A_{\text{out}}^\beta = \frac{\gamma}{r}\cos\theta'$$

である．境界 $r = a$ では B_r^β, $B_{\theta'}^\beta$ は連続であるから，求める磁場 $\boldsymbol{B}^\beta$ は次のようになる．

$r \leq a$ のとき

$$\left.\begin{array}{l} B_r^\beta = -\dfrac{\alpha}{(s+2)^2 - 1}\left(\left(\dfrac{r}{a}\right)^{s+1} - \dfrac{s+3}{2}\right)\sin\theta' \\[2mm] B_{\theta'}^\beta = -\dfrac{\alpha}{(s+2)^2 - 1}\left((s+2)\left(\dfrac{r}{a}\right)^{s+1} - \dfrac{s+3}{2}\right)\cos\theta' \end{array}\right\} \quad (6.34)$$

$r > a$ のとき

$$B_r^\beta = \frac{\alpha}{(s+2)^2 - 1}\frac{s+1}{2}\left(\frac{a}{r}\right)^2 \sin\theta'$$

$$B_\theta^\beta = \frac{-\alpha}{(s+2)^2 - 1}\frac{s+1}{2}\left(\frac{a}{R}\right)^2 \cos\theta'$$

ただし $B_r = r^{-1}\partial A_\zeta/\partial \theta'$, $B_{\theta'} = -\partial A_\zeta/\partial r$ である．(6.34) より明らかなようにプラズマ内では

$$B_z = \frac{-(s+3)\alpha}{2((s+2)^2 - 1)} = \frac{-(m-2l+6)m}{2((m-2l+5)^2 - 1)}\frac{\beta}{(\iota_0/2\pi)}B$$

$$= -f(m,l)\frac{\beta}{(\iota_0/2\pi)}B$$

の垂直磁場の成分が現れる.したがって磁気面の中心の変位 Δ は (3.42) を導いた過程と同様な方法で

$$\frac{\Delta}{R} = \frac{-2\pi B_z}{\iota(\Delta)B} = f(m,l)\frac{(2\pi)^2\beta}{\iota(\Delta)\iota_0} \approx f(m,l)\frac{\beta}{(\iota_0/2\pi)^2}$$

となる.$f(m,l) \approx O(1)$ であり,$\Delta < a/2$ の条件よりベータ比の上限が与えられる.すなわち

$$\beta_c < \frac{1}{2}\frac{a}{R}\left(\frac{\iota}{2\pi}\right)^2$$

である.この値は (6.30) と同じ値を与える.

文　献

1) L. S. Solovev: *Sov. Phys., JETP* **26**, 400 (1968).
   N. M. Zueva and L. S. Solovev: *Atomnaya Energia* **24**, 453 (1968).
2) R. H. Weening: *Phys. Plasmas* **7**, 3654 (2000).
3) V. S. Mukhovatov and V. D. Shafranov: *Nucl. Fusion* **11**, 605 (1971).
4) D. Pfirsch and A. Schlüter: *MPI/PA/7/62*, Max-Planck Institut für Physik und Astrophysik, München (1962).

7

プラズマの閉じ込め (理想的な場合)

　プラズマの拡散および閉じ込めに関する研究は核融合の研究において最も重要な課題の一つであり，理論的および実験的な研究が相互に関連しながら続けられている．プラズマの閉じ込めに関しては後で述べる不安定性の考慮なしには議論できないが，この章で考察するのはプラズマが平衡状態にありかつ安定な理想的な場合についてである．電子・イオン間の衝突頻度が大きい場合の古典拡散 (7.1 節)，衝突頻度が小さい場合のトカマクのトーラス系における新古典拡散 (7.2 節) について説明する．そして，衝突頻度が小さい場合プラズマの径方向圧力勾配がトロイダル方向にブートストラップ電流を誘起する現象を 7.3 節で説明する．

　プラズマの粒子拡散係数 D と粒子閉じ込め時間 (particle confinement time) τ_p とはプラズマ密度 n の拡散方程式

$$\nabla \cdot (D\nabla n) = \frac{\partial n}{\partial t} \tag{7.1}$$

で関係づけられている．$n(\boldsymbol{r},t) = n(\boldsymbol{r})\exp(-t/\tau_\mathrm{p})$ として

$$\nabla \cdot (D\nabla n(\boldsymbol{r})) = -\frac{1}{\tau_\mathrm{p}} n(\boldsymbol{r})$$

の方程式の固有値問題を解けばよい．D が一定でプラズマの境界が半径 a の円筒である場合には

$$\frac{1}{r}\frac{\partial}{\partial r}\left(r\frac{\partial n}{\partial r}\right) + \frac{1}{D\tau_\mathrm{p}}n = 0$$

となり，$r=a$ で密度 $n(a)=0$ である場合は

$$n = n_0 J_0\left(\frac{2.4r}{a}\right)\exp\left(-\frac{t}{\tau_\mathrm{p}}\right)$$

となり，粒子閉じ込め時間は

$$\tau_\mathrm{p} = \frac{a^2}{2.4^2 D} = \frac{a^2}{5.8 D} \tag{7.2}$$

で与えられる．ただし J_0 は 0 次のベッセル関数である．一般にプラズマの特徴的な大きさを a とすると，プラズマの閉じ込め時間と拡散係数との関係は，1 程度の大きさの

数値係数を除いて (7.2) が成り立つ．したがってプラズマの大きさと閉じ込め時間からプラズマの拡散係数を求めることができる．この関係は実験でよく用いられる．

エネルギー・バランスの式は

$$\frac{\partial}{\partial t}\left(\frac{3}{2}nT\right) + \nabla \cdot \left(\frac{3}{2}Tn\boldsymbol{v}\right) + \nabla \cdot \boldsymbol{q} = Q - p\nabla \cdot \boldsymbol{v} - \sum_{ij} \Pi_{ij}\frac{\partial v_i}{\partial x_j} \tag{7.3}$$

で表される[1]．右辺の第 1 項は単位体積，単位時間あたりの粒子衝突による熱の発生，第 2 項は圧縮による仕事，第 3 項は粘性加熱項であり，Π_{ij} は圧力テンサーの非等方成分，粘性成分を表す．左辺の第 1 項は単位体積，単位時間あたりの熱エネルギーの時間変化，第 2 項は**対流エネルギー損失** (convective energy loss)，第 3 項は**熱伝導エネルギー損失** (conductive energy loss) を表し，q は熱エネルギー束密度 (熱流束) を表す．**熱伝導係数**を κ_T とすると熱流束は

$$\boldsymbol{q} = -\kappa_\mathrm{T}\nabla T$$

で与えられる．対流エネルギー損失が無視でき，(7.3) の右辺が 0 の場合は

$$\frac{\partial}{\partial t}\left(\frac{3}{2}nT\right) - \nabla \cdot \kappa_\mathrm{T}\nabla T = 0$$

となる．$n = \mathrm{const.}$ のとき

$$\frac{\partial}{\partial t}\left(\frac{3}{2}T\right) = \nabla \cdot \left(\frac{\kappa_\mathrm{T}}{n}\nabla T\right)$$

となるから**熱拡散係数** χ_T を

$$\chi_\mathrm{T} = \frac{\kappa_\mathrm{T}}{n}$$

と定義すると T に関して (7.1) と同じ式になる．$\chi_\mathrm{T} = \mathrm{const.}$ のとき

$$T = T_0 J_0\left(\frac{2.4}{a}r\right)\exp\left(-\frac{t}{\tau_\mathrm{E}}\right)$$

$$\tau_\mathrm{E} = \frac{a^2}{5.8(2/3)\chi_\mathrm{T}} \tag{7.4}$$

をえる．τ_E を**エネルギー閉じ込め時間** (energy confinement time) という．

7.1 衝突頻度が大きい場合の拡散 (古典拡散)

7.1.1 電磁流体力学的取り扱い

電子イオン間の衝突頻度が大きく，したがって平均自由行路長がトーラスの内側にあるよい曲率部と外側にある悪い曲率部とをつなぐ**連結距離** (connection length) より短いとき，すなわち

$$\frac{v_\mathrm{Te}}{\nu_\mathrm{ei}} \lesssim \frac{2\pi R}{\iota}$$

7.1 衝突頻度が大きい場合の拡散 (古典拡散)

$$\nu_{\rm ei} \gtrsim \nu_{\rm p} \equiv \frac{1}{R}\frac{\iota}{2\pi}v_{\rm Te} = \frac{1}{R}\frac{\iota}{2\pi}\left(\frac{T_{\rm e}}{m_{\rm e}}\right)^{1/2}$$

のとき，プラズマの拡散について電磁流体力学的取り扱いが適用できる．ここで $v_{\rm Te}$ は電子の熱速度，$\nu_{\rm ei}$ は電子・イオン間の衝突周波数である．

(5.28) のオームの法則

$$\boldsymbol{E} + \boldsymbol{v}\times\boldsymbol{B} - \frac{1}{en}\nabla p_{\rm i} = \eta\boldsymbol{j}$$

より磁力線を横切るプラズマの運動は

$$n\boldsymbol{v}_\perp = \frac{1}{B}\left(\left(n\boldsymbol{E} - \frac{T_{\rm i}}{e}\nabla n\right)\times\boldsymbol{b}\right) - \frac{m_{\rm e}\nu_{\rm ei}}{e^2}\frac{\nabla p}{B^2}$$

$$= \frac{1}{B}\left(\left(n\boldsymbol{E} - \frac{T_{\rm i}}{e}\nabla n\right)\times\boldsymbol{b}\right) - (\rho_{\Omega{\rm e}})^2\nu_{\rm ei}\left(1 + \frac{T_{\rm i}}{T_{\rm e}}\right)\nabla n \quad (7.5)$$

で与えられる．ただし $\rho_{\Omega{\rm e}} = v_{\rm Te}/\Omega_{\rm e}$, $v_{\rm Te} = (T_{\rm e}/m_{\rm e})^{1/2}$ である．

ここでもし (7.5) の右辺第 1 項が無視できる場合はプラズマの拡散係数 D は

$$D = (\rho_{\Omega{\rm e}})^2\nu_{\rm ei}\left(1 + \frac{T_{\rm i}}{T_{\rm e}}\right) \quad (7.6)$$

で与えられる．ここで**古典拡散係数** (classical diffusion coefficient) $D_{\rm ei}$ を

$$D_{\rm ei} \equiv (\rho_{\Omega{\rm e}})^2\nu_{\rm ei} = \frac{nT_{\rm e}}{\sigma_\perp B^2} = \frac{\beta_{\rm e}\eta_\parallel}{\mu_0} \quad (7.7)$$

によって定義する．ただし $\sigma_\perp = n_{\rm e}e^2/(m_{\rm e}\nu_{\rm ei})$, $\eta_\parallel = 1/2\sigma_\perp$ である．

しかし，一般に (7.5) の右辺の第 1 項は無視できない．トーラス・プラズマの場合はトロイダル・ドリフトによって生ずる荷電分離が磁力線に沿って十分に短絡されずに残っており，電場 $\boldsymbol{E}$ を生ずる (図 7.1)．したがって，(7.5) の $\boldsymbol{E}\times\boldsymbol{b}$ の項がプラズマの拡散に寄与する．この項について考察してみよう．

圧力平衡の式よりプラズマ中には

$$\boldsymbol{j}_\perp = \frac{\boldsymbol{b}}{B}\times\nabla p, \qquad j_\perp = \left|\frac{1}{B}\frac{\partial p}{\partial r}\right|$$

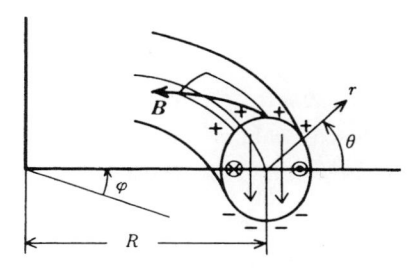

図 7.1 トーラス・プラズマにおける電場
$\otimes$ と $\odot$ の符号は Pfirsch–Schlüter 電流の向きを示す．

の反磁性電流 (diamagnetic current) が生じる．$\nabla j = 0$ より $\nabla j_\| = -\nabla j_\perp$ がえられ，また $B = B_0(1 - (r/R)\cos\theta)$ より

$$j_\| = 2\frac{2\pi}{\iota}\frac{1}{B_0}\frac{\partial p}{\partial r}\cos\theta \tag{7.8}$$

をえる ((6.43) 参照)．磁力線に沿うプラズマの伝導率を $\sigma_\|$ とすると，磁力線に沿って $E_\| = j_\|/\sigma_\|$ の電場を生ずる．図 7.1 より明らかなように

$$\frac{E_\theta}{E_\|} \approx \frac{B_0}{B_\theta}$$

であるから，$B_\theta/B_0 \approx (r/R)(\iota/2\pi)$ より

$$E_\theta = \frac{B_0}{B_\theta}E_\| = \frac{R}{r}\frac{2\pi}{\iota}\frac{1}{\sigma_\|}j_\| = \frac{2}{\sigma_\|}\frac{R}{r}\left(\frac{2\pi}{\iota}\right)^2\frac{1}{B_0}\frac{\partial p}{\partial r}\cos\theta \tag{7.9}$$

をえる．すなわち (7.5) は

$$\begin{aligned}
nV_r &= -n\frac{E_\theta}{B} - (\rho_{\Omega e})^2\nu_{ei}\left(1 + \frac{T_i}{T_e}\right)\frac{\partial n}{\partial r} \\
&= -\left(\frac{R}{r}\cdot 2\left(\frac{2\pi}{\iota}\right)^2\frac{nT_e}{\sigma_\| B_0^2}\cos\theta\left(1 + \frac{r}{R}\cos\theta\right) + \frac{nT_e}{\sigma_\perp B_0^2}\left(1 + \frac{r}{R}\cos\theta\right)^2\right) \\
&\quad \times \left(1 + \frac{T_i}{T_e}\right)\frac{\partial n}{\partial r}
\end{aligned}$$

となる．トーラス系の磁気面の面積要素が θ によって変化することを考慮し，θ について平均すると

$$\begin{aligned}
\langle nV_r\rangle &= \frac{1}{2\pi}\int_0^{2\pi} nV_r\left(1 + \frac{r}{R}\cos\theta\right)\mathrm{d}\theta \\
&= -\frac{nT_e}{\sigma_\perp B_0^2}\left(1 + \frac{T_i}{T_e}\right)\left(1 + \frac{2\sigma_\perp}{\sigma_\|}\left(\frac{2\pi}{\iota}\right)^2\right)\frac{\partial n}{\partial r} \tag{7.10}
\end{aligned}$$

となる．$\sigma_\perp = \sigma_\|/2$ であるから拡散係数として

$$D_{\text{P.S.}} = \frac{nT_e}{\sigma_\perp B_0^2}\left(1 + \frac{T_i}{T_e}\right)\left(1 + \left(\frac{2\pi}{\iota}\right)^2\right) \tag{7.11}$$

をえる．したがってトーラス系の場合，(7.2) の拡散係数に比べて $(1 + (2\pi/\iota)^2)$ 倍大きくなる．この係数は Pfirsch–Schlüter[2]) によって最初に導かれたので **Pfirsch–Schlüter 係数**と呼ばれる．回転変換角 $\iota/2\pi$ が 0.3 とすると Pfirsch–Schlüter 係数は 10 の値になる．

7.1.2　粒子的取り扱い

古典拡散の表式

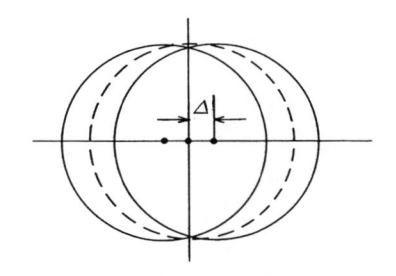

図 7.2 磁気面 (点線) とドリフト面 (実線) とのずれ

$$D_{\text{ei}} = (\rho_{\Omega\text{e}})^2 \nu_{\text{ei}}$$

は電子が各衝突において電子のラーマー半径だけランダムに移動する場合の拡散係数の表式そのものである (電子は磁力線に巻きついてラーマー運動をしているので衝突によってラーマー半径の大きさしか移動できない). この考え方をトーラス系の場合に適用してみよう. 回転変換角を ι とするとき, 磁気面と電子のドリフト面とのずれ Δ は (図 7.2 参照)

$$\Delta \approx \pm \rho_{\Omega\text{e}} \frac{2\pi}{\iota} \tag{7.12}$$

である. ± の符号は, 電子の運動する向きが磁力線の向きと同方向かあるいは反対方向かによって変わる (3.5 節参照). 電子は衝突によって別のドリフト面に移りうるので

$$\Delta = \left(\frac{2\pi}{\iota}\right) \rho_{\Omega\text{e}} \tag{7.13}$$

だけ磁気面を横切って移動する. したがってこの場合の拡散係数は

$$D_{\text{P.S.}} = \Delta^2 \nu_{\text{ei}} = \left(\frac{2\pi}{\iota}\right)^2 (\rho_{\Omega\text{e}})^2 \nu_{\text{ei}} \tag{7.14}$$

となり Pfirsch–Schlüter 係数が導かれる (この場合 $|2\pi/\iota| \gg 1$ と仮定).

7.2 トカマクにおける衝突頻度が小さい場合の電子の新古典拡散

トカマク型のトーラス系においては磁場の大きさ B は

$$B = \frac{RB_0}{R(1 + \epsilon_{\text{t}} \cos\theta)} = B_0(1 - \epsilon_{\text{t}} \cos\theta) \tag{7.15}$$

で与えられる. ただし

$$\epsilon_{\text{t}} = \frac{r}{R} \tag{7.16}$$

である. したがって電子の磁場は垂直方向の速度 $v_\perp$ が平行成分 $v_\parallel$ に比べて大きい場合, すなわち

$$\frac{v_\perp}{v_\parallel} > \frac{1}{\epsilon_t^{1/2}} \tag{7.17}$$

のときはその電子はトーラスの外側の弱い磁場の領域に捕捉され，バナナ軌道を描く (図 3.9 参照)．しかしバナナ軌道を描けるためには捕捉電子の有効衝突時間 $\tau_{\text{eff}} = 1/\nu_{\text{eff}}$ がバナナ軌道を 1 周する時間 τ_b

$$\tau_b \approx \frac{R}{v_\parallel}\left(\frac{2\pi}{\iota}\right) = \frac{R}{v_\perp \epsilon_t^{1/2}}\left(\frac{2\pi}{\iota}\right) \tag{7.18}$$

より長くなくてはならない．捕捉電子の有効衝突周波数 ν_{eff} は捕捉電子の条件 (7.17) が衝突によって破れればよい．電子・イオンの衝突周波数 ν_{ei} は粒子の向きを 1 ラディアン程度変える時間の逆数であるから，**有効衝突周波数** (effective collision frequency) ν_{eff} は

$$\nu_{\text{eff}} = \frac{1}{\epsilon_t}\nu_{ei} \tag{7.19}$$

で与えられる．したがって $\nu_{\text{eff}} < 1/\tau_b$ すなわち

$$\nu_{ei} < \nu_b \equiv \frac{v_\perp \epsilon_t^{3/2}}{R}\left(\frac{\iota}{2\pi}\right) = \epsilon_t^{3/2}\frac{1}{R}\left(\frac{\iota}{2\pi}\right)\left(\frac{T_e}{m_e}\right)^{1/2} \tag{7.20}$$

のとき，電子はバナナ軌道を描く．このとき捕捉電子は衝突によってバナナ軌道の幅

$$\Delta_b = \frac{mv_\parallel}{eB_p} \approx \frac{mv_\perp}{eB}\frac{v_\parallel}{v_\perp}\frac{B}{B_p} \approx \rho_{\Omega e}\epsilon_t^{1/2}\frac{R}{r}\frac{2\pi}{\iota} = \left(\frac{2\pi}{\iota}\right)\epsilon_t^{-1/2}\rho_{\Omega e} \tag{7.21}$$

だけ移動しうる (3.5.2 項)．捕捉電子は電子全体の $\epsilon_t^{1/2}$ だけ存在するから，捕捉電子によって引き起こされる拡散への寄与は

$$D_{\text{G.S.}} = \epsilon_t^{1/2}\Delta_b^2\nu_{\text{eff}} = \epsilon_t^{1/2}\left(\frac{2\pi}{\iota}\right)^2\epsilon_t^{-1}(\rho_{\Omega e})^2\frac{1}{\epsilon_t}\nu_{ei}$$
$$= \epsilon_t^{-3/2}\left(\frac{2\pi}{\iota}\right)^2(\rho_{\Omega e})^2\nu_{ei} \tag{7.22}$$

となり，衝突頻度の大きい場合の拡散に比べて $\epsilon_t^{-3/2} = (R/r)^{3/2}$ だけ大きくなる．この因子は Galeev–Sagdeev[3)] によって導かれた．上記の議論は半定量的なものであるが，より厳密な取り扱いは[3)-5)] を参照されたい．

いま電磁流体力学的取り扱いの可能な領域を決める衝突周波数を ν_p とすると，7.1 節より

$$\nu_p = \frac{1}{R}\frac{\iota}{2\pi}v_{Te} = \frac{1}{R}\left(\frac{\iota}{2\pi}\right)\left(\frac{T_e}{m_e}\right)^{1/2} \tag{7.23}$$

で与えられる．電子がバナナ軌道を描きうる，いわゆるバナナ領域を決める電子・イオン間の衝突周波数 ν_b は

$$\nu_b = \epsilon_t^{3/2}\nu_p \tag{7.24}$$

となる．したがって拡散係数は

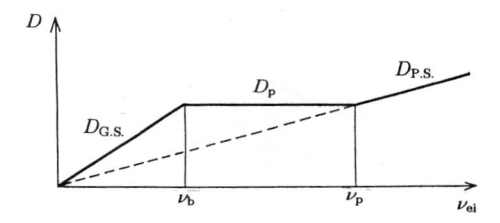

図 7.3 トカマク磁場における拡散係数の衝突周波数 ν_{ei} に対する依存性

$$D_{P.S.} = \left(\frac{2\pi}{\iota}\right)^2 (\rho_{\Omega e})^2 \nu_{ei}, \qquad \nu_{ei} > \nu_p \tag{7.25}$$

$$D_{G.S.} = \epsilon_t^{-3/2} \left(\frac{2\pi}{\iota}\right)^2 (\rho_{\Omega e})^2 \nu_{ei}, \qquad \nu_{ei} < \nu_b = \epsilon_t^{3/2} \nu_p \tag{7.26}$$

で与えられる.

もし衝突周波数 ν_{ei} が $\nu_b < \nu_{ei} < \nu_p$ のときは電子はバナナ軌道を描けなくなり上記のような簡単な取り扱いはできない. また電磁流体力学的取り扱いもできない. したがってドリフト近似によるブラゾフの方程式を出発点として取り扱う. この結果, この衝突周波数領域では拡散係数はあまり変わらず, したがって拡散係数は

$$D_p = \left(\frac{2\pi}{\iota}\right)^2 (\rho_{\Omega e})^2 \nu_p, \qquad \nu_p > \nu_{ei} > \nu_b = \epsilon_t^{3/2} \nu_p \tag{7.27}$$

となる. (7.25)~(7.27) より拡散係数の衝突周波数に対する依存を図 7.3 に示す. $\nu_{ei} > \nu_p$ の領域を **MHD 領域**あるいは**衝突領域** (collisional region), $\nu_p > \nu_{ei} > \nu_b$ の領域を**プラトー領域** (plateau region) あるいは**中間領域** (intermediate region), $\nu_{ei} < \nu_b$ の領域を**バナナ領域** (banana region) あるいは**無衝突領域** (collisionless region) と呼んでいる. これらの拡散を**新古典拡散** (neoclassical diffusion) という.

電子の粒子拡散に対して電子・電子の衝突が影響しないのはそのクーロン衝突によってその 2 電子の重心速度が変わらないからである.

電子の新古典熱拡散係数 χ_{Te} は粒子拡散係数と同じ程度の値である ($\chi_{Te} \sim D_e$). イオン・イオン衝突過程はイオンの粒子拡散過程には利かないけれども, 温度勾配がある場合は熱拡散過程に利く. すなわち同種のイオンでも温度の高いイオンと低いイオンとで見分けがつくためである. したがってたとえばバナナ領域においては $\chi_{Ti} \sim \epsilon_t^{-3/2}(2\pi/\iota)^2 \rho_{\Omega i}^2 \nu_{ii}$ で与えられ, $\chi_{Ti} \sim (m_i/m_e)^{1/2} D_i$ ($D_i \sim D_e$) となり, イオンの熱拡散係数は粒子拡散係数の $(m_i/m_e)^{1/2}$ 倍程度大きくなる.

7.3 ブートストラップ電流

プラズマがバナナ領域にあるとき, 圧力勾配による径方向の拡散がトロイダル方向に

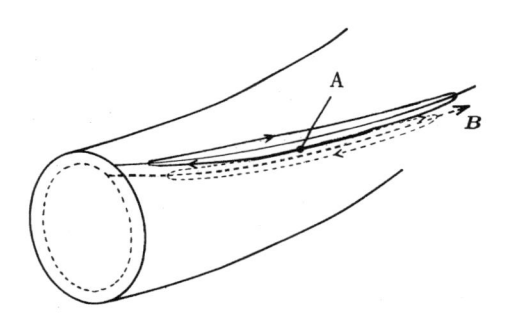

図 7.4 ブートストラップ電流を誘起する捕捉電子のバナナ軌道

電流を誘起することが理論的に予測された[6]．ブートストラップ電流と呼ばれるようになったこの電流は後に実験によって確かめられた．この過程はトカマクの電流を定常に効率的に維持する手段を提供した重要な現象である．7.2 節で述べたように，$\nu_{\rm ei} < \nu_{\rm b}$ を満たすバナナ領域の電子はバナナ軌道を描くことができる．密度勾配があると，図 7.4 に示すような A 点を通る近接するバナナ粒子の数に差ができる．その差は $({\rm d}n_{\rm t}/{\rm d}r)\Delta_{\rm b}$ であり，$\Delta_{\rm b}$ はバナナ軌道の幅である．捕捉電子の磁力線に平行な速度は $v_{\parallel} = \epsilon^{1/2} v_{\rm T}$ であるので，密度 $n_{\rm t}$ の捕捉電子による電流密度は

$$j_{\rm banana} = -(ev_{\parallel})\left(\frac{{\rm d}n_{\rm t}}{{\rm d}r}\Delta_{\rm b}\right) = -\epsilon^{3/2}\frac{1}{B_{\rm p}}\frac{{\rm d}p}{{\rm d}r}$$

となる．非捕捉電子は捕捉電子との衝突により同じ方向にドリフトする．そしてイオンとの衝突で定常になる．定常状態における非捕捉電子のドリフト速度 $V_{\rm untrap}$ は

$$m_{\rm e} V_{\rm untrap} \nu_{\rm ei} = \frac{\nu_{\rm ee}}{\epsilon} m_{\rm e} \left(\frac{j_{\rm banana}}{-en_{\rm e}}\right)$$

になる．$\nu_{\rm ee}/\epsilon$ は非捕捉電子と捕捉電子との有効衝突周波数である．$V_{\rm untrap}$ の平均速度を持つ非捕捉電子 (周回電子) による電流密度は

$$j_{\rm boot} \sim -\left(\frac{r}{R}\right)^{1/2}\frac{1}{B_{\rm p}(r)}\frac{{\rm d}p(r)}{{\rm d}r} \tag{7.28}$$

となる．この電流をブートストラップ電流と呼ぶ．平均ポロイダル・ベータ $\beta_{\rm p} = \langle p \rangle/(B_{\rm p}^2/2\mu_0)$ を用いると，全ブートストラップ電流 $I_{\rm b}$ のプラズマ電流 $I_{\rm p}$ に対する比は

$$\frac{I_{\rm b}}{I_{\rm p}} = c_{\rm b}\left(\frac{a}{R}\right)^{1/2}\beta_{\rm p}, \qquad c_{\rm b} \sim -0.5\int_0^a \frac{1}{b_{\rm p}(r)}\frac{\partial(p/\langle p \rangle)}{\partial r}\left(\frac{r}{a}\right)^{1.5}{\rm d}r \tag{7.29}$$

で与えられる．ここで $b(r) \equiv B_{\rm p}(r)/B_{\rm p}(a)$ であり，$\langle p \rangle$ は p の体積平均である．$I_{\rm b}/I_{\rm p}$ の値は，もし $\beta_{\rm p}$ が大きく ($\beta_{\rm p} \sim R/a$) 圧力分布が急峻な場合は，1 に近い値になりうる．ブートストラップ電流のより厳密な解析については文献[7]を参照されたい．

7.3 ブートストラップ電流

ブートストラップ電流の実験は TFTR, JT60U, JET などで行われた. 高ポロイダル・ベータ・プラズマの運転で, プラズマ電流 $I_\mathrm{p}=1\,\mathrm{MA}$ の $70\sim 80\%$ のブートストラップ電流が観測された (15.8 節参照).

ブートストラップ電流分布は凹形の (中心部でくぼんだ) 分布をしているので, 負の磁気シアを持つ q 分布をしていてバルーニングに対して安定である (8.5 節参照).

文　　献

1) 宮本健郎：プラズマ物理入門, 岩波書店　1991.
2) D. Pfirsch and A. Schlüter: *MPI/PA/7/62*, Max-Planck Institut für Physik und Astrophysik, München (1962).
3) A. A. Galeev and R. Z. Sagdeev: *Sov. Phys., JETP* **26**, 233 (1968).
4) F. L. Hinton and R. D. Hazeltine: *Rev. Mod. Phys.* **48**, 239 (1976).
5) J. Wesson: *Tokamaks, 2nd ed.*, Ch.4, Oxford University Press, Oxford 1997.
6) R. J. Bickerton, J. W. Connor and J. B. Taylor: *Nat. Phys. Sci.* **229**, 110 (1971).
   A. A. Galeev and R. Z. Sagdeev: *Nucl. Fusion Suppl.* **12**, 45 (1972).
   B. B. Kodomtsev and V. D. Shafranov: *Nucl. Fusion Suppl.* **12**, 209 (1972).
   M. N. Rosenbluth, R. D. Hazeltine and F. L. Hinton: *Phys. Fluids* **15**, 116 (1972).
7) M. Kikuchi and M. Azumi: *Rev. Mod. Phys.* **84**, 1807 (2012).

8

電磁流体力学的不安定性

　磁場中におけるプラズマの安定性は制御熱核融合の研究の中心課題であり，理論的および実験的に研究が進められてきた．もしプラズマが不安定性に悩まされることなく，第7章で述べたような理想的な拡散によってエネルギー閉じ込め時間が決まるとすると，新古典理論のバナナ領域ではその閉じ込め時間は

$$\tau_\mathrm{E} \approx \frac{(3/2)a^2}{5.8\chi_\mathrm{G.S.}} \approx \frac{(3/2)}{5.8}\left(\frac{\iota}{2\pi}\right)^2 \epsilon^{3/2}\left(\frac{a}{\rho_{\Omega\mathrm{i}}}\right)^2 \frac{1}{\nu_\mathrm{ii}}$$

で与えられる (ただし a はプラズマ半径，$\rho_{\Omega\mathrm{i}}$ はイオンのラーマー半径，ν_ii はイオン・イオンの衝突周波数)．炉心プラズマの条件は適当な大きさの磁場，装置の規模で充分に満たすことができる (たとえば磁場 $B = 5\,\mathrm{W/m^2}, a = 1\,\mathrm{m}, T_\mathrm{i} = 20\,\mathrm{keV}, \iota/2\pi \approx 1/3, \epsilon = 0.2$ のとき，$n\tau_\mathrm{E} \sim 3.5\times 10^{20}\,\mathrm{m^{-3}\cdot s}$ となる)．

　しかしプラズマは多くの電磁流体力学的自由度や速度空間的自由度を持っており，プラズマ中に振動が成長すればそれによってプラズマ損失が急増する．またプラズマを加熱する場合，プラズマの粒子の運動エネルギーを増加するとともに，電場，磁場の振動をも誘起し，これがまたプラズマのエネルギー損失を増やす役割を果たす．

　したがってプラズマにあるモードの擾乱を加えたとき，それが安定 (減衰) か不安定 (成長) かを調べることは重要課題である．この解析手段としては，擾乱が小さく平衡状態からのずれが1次の微小量であるとして線形化近似を用いる．この場合電磁流体力学の方程式を線形化する場合とブラゾフの方程式を線形化する場合があるが，この章では電磁流体力学で取り扱える不安定性について記述する．これを**電磁流体力学的不安定性** (magnetohydrodynamic instability) または **MHD 不安定性**という．また**巨視的不安定性** (macro-instability) とも呼ぶ．

　1次の摂動項は多くの場合，時間的および空間的にフーリエ展開され，各フーリエ成分は線形近似の範囲で独立に取り扱われる．したがって摂動項を

$$\boldsymbol{F}(\boldsymbol{r},t) = \boldsymbol{F}(\boldsymbol{r})\exp(-i\omega t), \qquad \omega = \omega_\mathrm{r} + i\omega_\mathrm{i}$$

として ω に関する分散式を解き，ω_i の正負によって不安定か安定かを調べることがで

きる．$\omega_r \neq 0$ のときは摂動項は振動しながら成長あるいは減衰するが，$\omega_r = 0$ のときは単調に成長あるいは減衰することになる．

これから各節ごとに典型的な電磁流体的不安定性について説明していく．8.1 節においては交換不安定性，ソーセージ不安定性，キンク不安定性を直観的な方法で述べる．8.2 節においては電磁流体力学方程式を線形化しその境界条件を導く．そしてエネルギー原理による不安定性の判定条件のためのエネルギー積分を記述する．8.3 節では重要な例として円柱プラズマの安定性を取り上げ，そのエネルギー積分を導く．そして安定性の条件として Kruskal–Shafranov 条件，Suydam 条件について述べる．円柱プラズマの具体的モデルとしてトカマク配位を選び，その安定性を調べる．ここに述べたものはいずれも代表的な電磁流体力学的不安定性であるが，このほかにも多くの不安定性がある．詳しくは教科書[1]を参照されたい．

8.1 交換不安定性およびソーセージ不安定性，キンク不安定性

安定性理論の一般論に入る前に，この節で簡単な例について直観的な解析を行ってみよう．

8.1.1 交換不安定性

プラズマと真空との境界を $x = 0$ に選び，磁場 $\boldsymbol{B}$ の方向に z 軸を選ぶ．$x < 0$ がプラズマの領域であり $x > 0$ が真空領域とする．また x 軸方向に加速度 $\boldsymbol{g}$ が加わっているとする (図 8.1 参照)．加速度 $\boldsymbol{g}$ のためイオンおよび電子はそれぞれ反対方向に

$$\boldsymbol{v}_{\mathrm{Gi}} = \frac{M}{e} \frac{\boldsymbol{g} \times \boldsymbol{B}}{B^2}$$

$$\boldsymbol{v}_{\mathrm{Ge}} = -\frac{m}{e} \frac{\boldsymbol{g} \times \boldsymbol{B}}{B^2}$$

の速度でドリフトする．このときプラズマの境界が $x = 0$ の面から，擾乱のため

$$\delta x = a(t) \sin(k_y y)$$

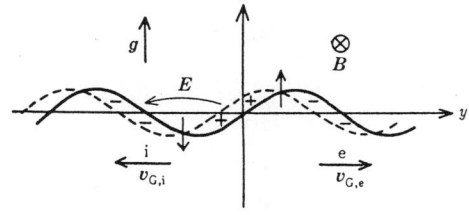

図 8.1 交換不安定性における電場および粒子のドリフト

にずれたとする．加速度 g によるイオンおよび電子の互いに反対方向のドリフトのためにプラズマは荷電分離を起こし，電場を生じる．この電場による $\boldsymbol{E} \times \boldsymbol{B}$ ドリフトは，加速度 g がプラズマの外側に向かうときは擾乱をますます増大させる方向に働く．プラズマのある部分がへこみ，ほかのある部分がふくらむ擾乱は，プラズマのある領域がプラズマ外部の真空磁場の領域と入れ替わるというふうに考えることができるので，このような不安定性を**交換不安定性** (interchange instability) という．また**レイリー–テイラー不安定性** (Rayleigh–Taylor instability) ともいう．この擾乱は磁力線に沿ってたてみぞ (flute) の形をしているので，**フルート不安定性** (flute instability) ともいう．

さて加速度による荷電粒子のドリフトのためプラズマ表面に

$$\sigma_s = \sigma(t) \cos(k_y y) \delta(x) \tag{8.1}$$

の表面電荷密度が生ずる (図 8.1 参照)．そのため電場 $\boldsymbol{E} = -\nabla\phi$ が生じ，ポテンシャル ϕ は

$$\epsilon_\perp \frac{\partial^2 \phi}{\partial y^2} + \frac{\partial}{\partial x}\left(\epsilon_\perp \frac{\partial \phi}{\partial x}\right) = -\sigma_s \tag{8.2}$$

で与えられる．境界条件は

$$\epsilon_0 \left(\frac{\partial \phi}{\partial x}\right)_{+0} - \left(\epsilon_\perp \frac{\partial \phi}{\partial x}\right)_{-0} = -\sigma_s$$

$$\phi_{+0} = \phi_{-0}$$

である．したがって，$k_y > 0$ として

$$\phi = \frac{\sigma(t)}{k_y(\epsilon_0 + \epsilon_\perp)} \cos(k_y y) \exp(-k_y |x|) \tag{8.3}$$

をえる．これより電場を求めることができて，$x=0$ における $\boldsymbol{E} \times \boldsymbol{B}/B^2$ は $\mathrm{d}(\delta x)/\mathrm{d}t$ に等しいから

$$\frac{\mathrm{d}a(t)}{\mathrm{d}t} \sin(k_y y) = \frac{\sigma(t)}{(\epsilon_0 + \epsilon_\perp)B} \sin(k_y y) \tag{8.4}$$

をえる．ここで y 方向に単位時間内に移動する電荷の流束は

$$ne|\boldsymbol{v}_{\mathrm{Gi}}| = \frac{\rho_\mathrm{m} g}{B}$$

である ($\rho_\mathrm{m} = nM$)．したがって電荷の変化は

$$\frac{\mathrm{d}\sigma(t)}{\mathrm{d}t} \cos(k_y y) = \frac{\rho_\mathrm{m} g}{B} a(t) \frac{\mathrm{d}}{\mathrm{d}y} \sin(k_y y) \tag{8.5}$$

である．ゆえに

$$\frac{\mathrm{d}^2 a}{\mathrm{d}t^2} = \frac{\rho_\mathrm{m} g k_y}{(\epsilon_0 + \epsilon_\perp) B^2} a \tag{8.6}$$

となり，$a \propto \exp \gamma t$ として成長率 γ は

8.1 交換不安定性およびソーセージ不安定性,キンク不安定性

$$\gamma = \left(\frac{\rho_\mathrm{m}}{(\epsilon_0 + \epsilon_\perp)B^2}\right)^{1/2} (gk_y)^{1/2} \tag{8.7}$$

である.波の周波数が小さいときには

$$\epsilon_\perp = \epsilon_0 \left(1 + \frac{\rho_\mathrm{m}}{B^2 \epsilon_0}\right) \gg \epsilon_0 \tag{8.8}$$

であるから (第 10 章参照)

$$\gamma = (gk_y)^{1/2} \tag{8.9}$$

となる[2]).図 8.1 に示すようにプラズマから真空の方向に向かう加速度に対して,磁場 B に垂直な伝播ベクトル k,すなわち

$$(\boldsymbol{k} \cdot \boldsymbol{B}) = 0 \tag{8.10}$$

を持つ擾乱は不安定になる.もし加速度の向きが逆であれば ($g < 0$),(8.9) の γ は虚数となり振動項となり安定である.

この不安定性の本質的な機構は加速度によって生ずる荷電分離である.図 8.2 のように磁力線が曲がっているとき,荷電粒子は遠心力によって加速度を受ける.磁力線が図 8.2a のように真空に向かって凸のように曲がっている場合,この加速度は不安定に作用し,真空に向かって凹のように磁力線が曲がっている場合 (図 8.2b) は安定である.したがってプラズマの存在する領域で磁場が最小であるとき安定である.これがいわゆる**最小磁場** (min. B) の安定化条件である.

荷電粒子のドリフト運動は第 3 章より

$$\boldsymbol{v}_\mathrm{g} = \frac{\boldsymbol{F} \times \boldsymbol{b}}{B} + \frac{\boldsymbol{b}}{\Omega} \times \left(\boldsymbol{g} + \frac{(v_\perp^2/2) + v_\parallel^2}{R}\boldsymbol{n}\right) + v_\parallel \boldsymbol{b}$$

で与えられる.ただし n は曲率中心から磁力線上の点に向かう単位ベクトルであり,R は磁力線の曲率半径である.したがって図 8.2 の場合には

$$\boldsymbol{g} = \frac{(v_\perp^2/2) + v_\parallel^2}{R}\boldsymbol{n} \tag{8.11}$$

の加速度を受けたことと同等である.この場合は $\gamma \approx (a/R)^{1/2}(v_\mathrm{T}/a)$ となる.

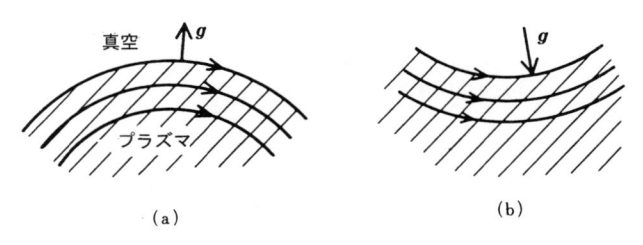

図 **8.2** 磁力線の曲率による遠心力

成長率 γ が $\gamma \sim (gk_y)^{1/2}$ で生ずる交換不安定性も，もし成長率があまり大きくなく，イオンのラーマー半径 $\rho_{\Omega i}$ が大きく

$$(k_y \rho_{\Omega i})^2 > \frac{\gamma}{|\Omega_i|}$$

条件を満たすときは安定化される[3]．イオンのラーマー半径が大きくなるとイオンの感じる平均的な電場が電子のそれと異なり，加速度 g による荷電分離によって生じた電場による両者のドリフト速度が異なる．このため生じた荷電分離は，加速度 g によって生じた荷電分離と位相がずれ，安定化される．

8.1.2 交換不安定性の安定条件，磁気井戸

ある1本の磁力線のある部分Bで安定な曲率を持ち，またある部分Aで不安定な曲率を持つとする．するとAの部分とBの部分とで遠心力による加速度が逆となり荷電分離が逆方向になる．AとBとに生じた電荷は磁力線に沿って短絡されるため，このような場合の安定性は8.1.1項よりやや複雑になる．いまプラズマ圧力 p はスカラーで図8.3に示すように領域1と領域2とでプラズマと磁束とが入れ替わる（領域1の磁束が領域2へ移り，領域2のプラズマが領域1に移る）ような擾乱を考える．またプラズマのベータ比は小さいと仮定する．したがって磁場は真空磁場とほとんど変わらない．また真空磁場からのどんなずれも，磁場のエネルギーを増やす方向になる．この場合危険な擾乱は磁束を保存するようなものであることを示そう．

ある磁束管内にある磁場のエネルギーは

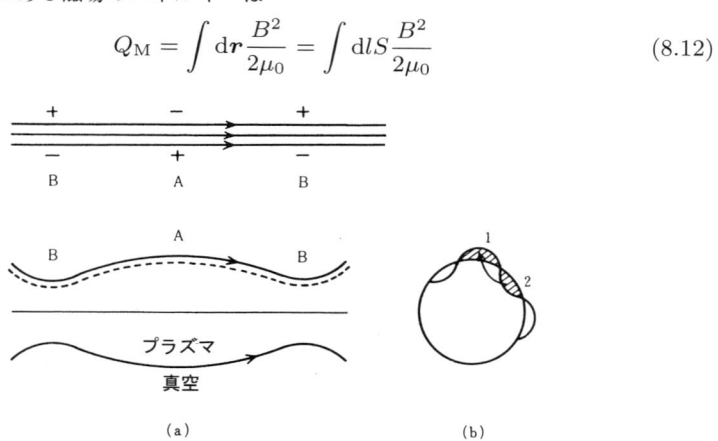

$$Q_M = \int d\mathbf{r} \frac{B^2}{2\mu_0} = \int dl S \frac{B^2}{2\mu_0} \tag{8.12}$$

図 8.3 交換不安定における荷電分離
(a) の下の図は1本の磁力線において不安定な部分Aと安定な部分Bを示す．(b) はプラズマの擾乱の様子をプラズマ断面で示したものである．(a) の上の図は磁力線に沿うたてみぞの擾乱によって生ずる荷電分離の様子．

8.1 交換不安定性およびソーセージ不安定性，キンク不安定性

となる．ここで l は磁力線に沿う長さ，S は磁束管の断面積である．磁束 $\varPhi = B \cdot S$ は磁束管で一定であるから

$$Q_{\mathrm{M}} = \frac{\varPhi^2}{2\mu_0} \int \frac{\mathrm{d}l}{S}$$

となる．領域 1 の磁束が領域 2 に移り，領域 2 の磁束が領域 1 に移ることによって変化する磁場のエネルギーの変化 δQ_{M} は

$$\delta Q_{\mathrm{M}} = \frac{1}{2\mu_0} \left(\left(\varPhi_1^2 \int_2 \frac{\mathrm{d}l}{S} + \varPhi_2^2 \int_1 \frac{\mathrm{d}l}{S} \right) - \left(\varPhi_1^2 \int_1 \frac{\mathrm{d}l}{S} + \varPhi_2^2 \int_2 \frac{\mathrm{d}l}{S} \right) \right) \tag{8.13}$$

となる．したがって交換される $\varPhi_1$ と $\varPhi_2$ が同じなら $\delta Q_{\mathrm{M}} = 0\,(\varPhi_1 = \varPhi_2)$ であり，最も危険である．

一方ある小体積 $\mathcal{V}$ 内のプラズマの持つエネルギー Q_{p} は

$$Q_{\mathrm{p}} = \frac{nT\mathcal{V}}{\gamma - 1} = \frac{p\mathcal{V}}{\gamma - 1} \tag{8.14}$$

である．ただし γ は比熱の比である．

断熱変化に対して

$$p\mathcal{V}^\gamma = \mathrm{const.}$$

であるが，領域 1 と 2 との交換によって生ずる Q_{p} の変化 δQ_{p} は

$$\delta Q_{\mathrm{p}} = \frac{1}{\gamma - 1} \left(p_1 \left(\frac{\mathcal{V}_1}{\mathcal{V}_2} \right)^\gamma \mathcal{V}_2 - p_1 \mathcal{V}_1 + p_2 \left(\frac{\mathcal{V}_2}{\mathcal{V}_1} \right)^\gamma \mathcal{V}_1 - p_2 \mathcal{V}_2 \right) \tag{8.15}$$

である．

$$p_2 = p_1 + \delta p$$
$$\mathcal{V}_2 = \mathcal{V}_1 + \delta \mathcal{V}$$

とすると

$$\delta Q_{\mathrm{p}} = \delta p \delta \mathcal{V} + \gamma p \frac{(\delta \mathcal{V})^2}{\mathcal{V}} \tag{8.16}$$

をえる．安定化条件は $\delta Q_{\mathrm{p}} > 0$ であるから

$$\delta p \delta \mathcal{V} > 0$$

が充分条件となる．境界付近では p は外側に向かって減少し，また境界では $p \to 0$ となる．体積 $\mathcal{V}$ は

$$\mathcal{V} = \int \mathrm{d}l S = \varPhi \int \frac{\mathrm{d}l}{B}$$

となるので交換不安定性の安定化条件は

$$\delta p \delta \int \frac{\mathrm{d}l}{B} > 0$$

すなわちプラズマの外側に向かって

$$\delta \int \frac{\mathrm{d}l}{B} < 0 \tag{8.17}$$

となる[4]. ただし積分範囲はプラズマのある領域である.

次に磁気井戸の概念について述べる. ある磁気面 ψ 内の領域の体積を V とし, また φ 方向の縦磁場の磁束を Φ とする. そして磁気面の**比体積** (specific volume) U を

$$U = \frac{\mathrm{d}V}{\mathrm{d}\Phi} \tag{8.18}$$

で定義する.

図 8.4 によりわかるとおり磁場 $\boldsymbol{B}$ の単位ベクトルを $\boldsymbol{b}$, 断面積 $\mathrm{d}S$ の単位ベクトルを $\boldsymbol{n}$ とすると

$$\mathrm{d}V = \int \sum_i (\boldsymbol{b}\cdot\boldsymbol{n})_i S_i \mathrm{d}l, \qquad \mathrm{d}\Phi = \sum_i (\boldsymbol{b}\cdot\boldsymbol{n})_i B_i \mathrm{d}S_i$$

となる.

磁力線が 1 周してもとの点に戻ってきて閉じる簡単な場合は

$$U = \frac{\oint (\sum_i (\boldsymbol{b}\cdot\boldsymbol{n})_i \mathrm{d}S_i)\mathrm{d}l}{\sum_i (\boldsymbol{b}\cdot\boldsymbol{n})_i B_i \mathrm{d}S_i} = \frac{\sum_i (\boldsymbol{b}\cdot\boldsymbol{n})_i B_i \mathrm{d}S_i \oint \mathrm{d}l/B_i}{\sum_i (\boldsymbol{b}\cdot\boldsymbol{n})_i B_i \mathrm{d}S_i}$$

となる. l についての積分は微小磁力管に沿って行うが $\sum_i (\boldsymbol{b}\cdot\boldsymbol{n})_i \mathrm{d}S_i B_i$ は l に依存しないからである (磁束管内の磁束一定). $\oint \mathrm{d}l/B_i$ は, 同じ磁気面に属する場合は一定であるので

$$U = \oint \frac{\mathrm{d}l}{B}$$

となる. 磁力線が N 周して閉じる場合は同様の考察により

$$U = \frac{1}{N} \int_N \frac{\mathrm{d}l}{B} \tag{8.19}$$

となる. 閉じない場合は次の形をとる.

$$U = \lim_{N\to\infty} \frac{1}{N} \int_N \frac{\mathrm{d}l}{B}$$

したがって U は $1/B$ の平均という意味を持ち, U が外側に向かって減る場合は平均的な意味で B が外側に向かって増加することを意味し, プラズマ領域で平均最小磁場

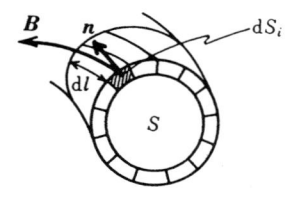

図 8.4 トーラス磁場の比体積

(average min.B) となっていることを示す．すなわち交換不安定性の安定化条件は平均最小磁場

$$\frac{dU}{d\Phi} = \frac{d^2V}{d\Phi^2} < 0 \tag{8.20}$$

と表すこともできる．磁気軸上の U の値を U_0，外側の磁気面における U の値を U_a とするとき

$$-\frac{\Delta U}{U} = \frac{U_0 - U_a}{U_0} \tag{8.21}$$

を磁気井戸の深さ (magnetic well depth) と定義する．

8.2 電磁流体力学的不安定性の公式化

8.2.1 電磁流体力学方程式の線形化

安定性の問題は平衡状態からの微少擾乱がどのようになるかを調べることに還元できる．そこで運動方程式の線形化近似を行う．質量密度を ρ_m，圧力を p，流速を $\boldsymbol{V}$，磁場を $\boldsymbol{B}$ とするとき運動方程式，質量保存の式，オームの式，断熱の式は

$$\left.\begin{array}{l} \rho_m \dfrac{\partial \boldsymbol{V}}{\partial t} = -\nabla p + \boldsymbol{j} \times \boldsymbol{B} \\[2pt] \dfrac{\partial \rho_m}{\partial t} + \nabla \cdot (\rho_m \boldsymbol{V}) = 0 \\[2pt] \boldsymbol{E} + \boldsymbol{V} \times \boldsymbol{B} = 0 \\[2pt] \left(\dfrac{\partial}{\partial t} + \boldsymbol{V} \cdot \nabla\right)(p\rho_m^{-\gamma}) \end{array}\right\} \tag{8.22}$$

であり (γ は比熱の比)，マックスウェルの式は

$$\left.\begin{array}{l} \nabla \times \boldsymbol{E} = -\dfrac{\partial \boldsymbol{B}}{\partial t} \\[2pt] \nabla \times \boldsymbol{B} = \mu_0 \boldsymbol{j} \\[2pt] \nabla \cdot \boldsymbol{B} = 0 \end{array}\right\} \tag{8.23}$$

で表される．これはプラズマの比抵抗を 0 とした簡単化された電磁流体力学の方程式である (5.2 節参照)．ρ_m, p, $\boldsymbol{V}$, $\boldsymbol{B}$ の 0 次の平衡量を ρ_{m0}, p_0, $\boldsymbol{V}_0 = 0$, $\boldsymbol{B}_0$ とし，1 次の摂動項を ρ_{m1}, p_1, $\boldsymbol{V}_1 = \boldsymbol{V}$, $\boldsymbol{B}_0$ とすると 0 次の項については

$$\nabla p_0 = \boldsymbol{j}_0 \times \boldsymbol{B}_0$$

$$\nabla \times \boldsymbol{B}_0 = \mu_0 \boldsymbol{j}_0$$

$$\nabla \cdot \boldsymbol{B}_0 = 0$$

である．1 次の摂動項について線形化された方程式は

$$\frac{\partial \rho_{m1}}{\partial t} + \nabla \cdot (\rho_{m0} \boldsymbol{V}) = 0 \tag{8.24}$$

$$\rho_{m0} \frac{\partial \boldsymbol{V}}{\partial t} + \nabla p_1 = \boldsymbol{j}_0 \times \boldsymbol{B}_1 + \boldsymbol{j}_1 \times \boldsymbol{B}_0 \tag{8.25}$$

$$\frac{\partial p_1}{\partial t} + (\boldsymbol{V} \cdot \nabla) p_0 + \gamma p_0 \nabla \cdot \boldsymbol{V} = 0 \tag{8.26}$$

$$\frac{\partial \boldsymbol{B}_1}{\partial t} = \nabla \times (\boldsymbol{V} \times \boldsymbol{B}_0) \tag{8.27}$$

となる.プラズマが平衡なときの位置 $\boldsymbol{r}_0$ からの変位を $\boldsymbol{\xi}(\boldsymbol{r}_0, t)$ とすると

$$\boldsymbol{\xi}(\boldsymbol{r}_0, t) = \boldsymbol{r} - \boldsymbol{r}_0$$

$$\boldsymbol{V} = \frac{\mathrm{d}\boldsymbol{\xi}}{\mathrm{d}t} \approx \frac{\partial \boldsymbol{\xi}}{\partial t}$$

である. $\boldsymbol{\xi}$ を用いて上の式を書き表してみよう. (8.27) は

$$\frac{\partial \boldsymbol{B}_1}{\partial t} = \nabla \times \left(\frac{\partial \boldsymbol{\xi}}{\partial t} \times \boldsymbol{B}_0 \right)$$

となるから

$$\boldsymbol{B}_1 = \nabla \times (\boldsymbol{\xi} \times \boldsymbol{B}_0) \tag{8.28}$$

をえる.また $\mu_0 \boldsymbol{j} = \nabla \times \boldsymbol{B}$ より

$$\mu_0 \boldsymbol{j}_1 = \nabla \times \boldsymbol{B}_1 \tag{8.29}$$

となる. (8.24)(8.26) より

$$\rho_{m1} = -\nabla(\rho_{m0} \boldsymbol{\xi}) \tag{8.30}$$

$$p_1 = -\boldsymbol{\xi} \cdot \nabla p_0 - \gamma p_0 \nabla \cdot \boldsymbol{\xi} \tag{8.31}$$

が導かれる.これらの式を (8.25) に代入すると

$$\begin{aligned}\rho_{m0} \frac{\partial^2 \boldsymbol{\xi}}{\partial t^2} &= \nabla(\boldsymbol{\xi} \cdot \nabla p_0 + \gamma p_0 \nabla \cdot \boldsymbol{\xi}) + \frac{1}{\mu_0}(\nabla \times \boldsymbol{B}_0) \times \boldsymbol{B}_1 + \frac{1}{\mu_0}(\nabla \times \boldsymbol{B}_1) \times \boldsymbol{B}_0 \\ &= -\nabla \left(p_1 + \frac{\boldsymbol{B}_0 \cdot \boldsymbol{B}_1}{\mu_0} \right) + \frac{1}{\mu_0}((\boldsymbol{B}_0 \cdot \nabla) \boldsymbol{B}_1 + (\boldsymbol{B}_1 \cdot \nabla) \boldsymbol{B}_0) \end{aligned} \tag{8.32}$$

のような $\boldsymbol{\xi}$ に関する線形化された運動方程式がえられる.

次に境界条件について考察してみよう.プラズマが理想的な導体に境界を接しているときは $\boldsymbol{n} \times \boldsymbol{E} = 0$, したがって $\boldsymbol{n} \times (\boldsymbol{\xi} \times \boldsymbol{B}_0) = 0$ である.ここで $\boldsymbol{n}$ は境界面上の法線方向の単位ベクトルでプラズマの外側方向を向く.また $\boldsymbol{\xi} \cdot \boldsymbol{n} = 0$ および $\boldsymbol{B}_1 \cdot \boldsymbol{n} = 0$ である.

プラズマと真空磁場が境界を接しているとき全圧力は連続であるから,境界面で

$$p - p_0 + \frac{B_{\mathrm{in}}^2 - B_{0,\mathrm{in}}^2}{2\mu_0} = \frac{B_{\mathrm{ex}}^2 - B_{0,\mathrm{ex}}^2}{2\mu_0}$$

8.2 電磁流体力学的不安定性の公式化

となる. ただし $B_{\text{in}}, B_{0,\text{in}}$ はプラズマ内部の磁場, $B_{\text{ex}}, B_{0,\text{ex}}$ はプラズマ外部の磁場である. したがって境界条件を $\boldsymbol{\xi} = \boldsymbol{r} - \boldsymbol{r}_0$ で展開すると

$$-\gamma p_0 \nabla \cdot \boldsymbol{\xi} + \frac{\boldsymbol{B}_{0,\text{in}} \cdot (\boldsymbol{B}_{1,\text{in}} + (\boldsymbol{\xi} \cdot \nabla)\boldsymbol{B}_{0,\text{in}})}{\mu_0} = \frac{\boldsymbol{B}_{0,\text{ex}} \cdot (\boldsymbol{B}_{1,\text{ex}} + (\boldsymbol{\xi} \cdot \nabla)\boldsymbol{B}_{0,\text{ex}})}{\mu_0} \tag{8.33}$$

となる $(f(\boldsymbol{r}) = f_0(\boldsymbol{r}_0) + (\boldsymbol{\xi} \cdot \nabla)f_0(\boldsymbol{r}) + f_1)$.

マックスウェルの式より

$$\boldsymbol{n}_0 \cdot (\boldsymbol{B}_{0,\text{in}} - \boldsymbol{B}_{0,\text{ex}}) = 0 \tag{8.34}$$

$$\boldsymbol{n}_0 \times (\boldsymbol{B}_{0,\text{in}} - \boldsymbol{B}_{0,\text{ex}}) = \mu_0 \boldsymbol{K} \tag{8.35}$$

となる. ただし $\boldsymbol{K}$ は表面電流密度である. オームの式および (8.34) より

$$\boldsymbol{n}_0 \times (\boldsymbol{E}_{\text{in}} - \boldsymbol{E}_{\text{ex}}) = (\boldsymbol{n}_0 \cdot \boldsymbol{V})(\boldsymbol{B}_{0,\text{in}} - \boldsymbol{B}_{0,\text{ex}}) \tag{8.36}$$

となる. この境界条件は次のようにも変形できる. プラズマの比抵抗は 0 であるからプラズマに固定した座標系からみた電場 $\boldsymbol{E}^* = \boldsymbol{E} + \boldsymbol{V} \times \boldsymbol{B}_{0,\text{in}}$ は 0 であり, 電場の接線方向 (t) は境界面で連続であるから

$$\boldsymbol{E}_t + (\boldsymbol{V} \times \boldsymbol{B}_{0,\text{ex}})_t = 0 \tag{8.37}$$

である. この式は 1 次の微小量であるから擾乱前の境界でも成立すると考えてよい. $\nabla \times \boldsymbol{E} = -\partial \boldsymbol{B}/\partial t$ より $\boldsymbol{B}$ の垂直成分は $\boldsymbol{E}$ 接線成分で書くことができ, この境界条件は次のようになる.

$$(\boldsymbol{n}_0 \cdot \boldsymbol{B}_{1,\text{ex}}) = \boldsymbol{n}_0 \cdot \nabla \times (\boldsymbol{\xi} \times \boldsymbol{B}_{0,\text{ex}}) \tag{8.38}$$

プラズマ外部の真空領域では電場 $\boldsymbol{E}_{\text{ex}}$ および磁場 $\boldsymbol{B}_{\text{ex}}$ はベクトル・ポテンシャル $\boldsymbol{A}$ で表すことができる. すなわち

$$\boldsymbol{E}_{\text{ex}} = -\frac{\partial \boldsymbol{A}}{\partial t}$$

$$\boldsymbol{B}_{1,\text{ex}} = \nabla \times \boldsymbol{A}$$

$$\nabla \cdot \boldsymbol{A} = 0$$

である. 真空領域で電流がないときは

$$\nabla \times \nabla \times \boldsymbol{A} = 0 \tag{8.39}$$

である. ベクトル・ポテンシャルを用いると (8.37) は

$$\boldsymbol{n}_0 \times \left(-\frac{\partial \boldsymbol{A}}{\partial t} + \boldsymbol{V} \times \boldsymbol{B}_{0,\text{ex}} \right) = 0$$

となる. $\boldsymbol{n}_0 \cdot \boldsymbol{B}_{0,\text{in}} = \boldsymbol{n} \cdot \boldsymbol{B}_{0,\text{ex}} = 0$ とすると

$$\boldsymbol{n}_0 \times \boldsymbol{A} = -\xi_n \boldsymbol{B}_{0,\text{ex}} \tag{8.40}$$

となる．理想導体の壁においては

$$\boldsymbol{n} \times \boldsymbol{A} = 0 \tag{8.41}$$

となる．したがって摂動項を求めるためには方程式 (8.32)(8.39) を境界条件 (8.33)(8.40)(8.41) のもとに解けばよい．$\boldsymbol{\xi}(\boldsymbol{r},t) = \boldsymbol{\xi}(\boldsymbol{r})\exp(-i\omega t)$ とすればこの問題は固有値問題 $\rho_0 \omega^2 \boldsymbol{\xi} = \boldsymbol{F}(\boldsymbol{\xi})$ に還元される．固有値より ω がえられ，これによって安定・不安定が判定できる．

8.2.2　エネルギー原理[5]

8.2.1 項において述べた固有値問題を解くことにより擾乱の様子を詳しく調べることができるが，この方法による安定・不安定の判定は一般に複雑で困難な問題である．

一方摂動項に関連してポテンシャル・エネルギーを考え，その安定性を調べるエネルギー原理の方法がある．微小変位に関する運動方程式は

$$\rho_{m0} \frac{\partial^2 \boldsymbol{\xi}}{\partial t^2} = \boldsymbol{F}(\boldsymbol{\xi}) = -\widehat{\boldsymbol{K}} \cdot \boldsymbol{\xi} \tag{8.42}$$

の形をしているので

$$\frac{1}{2} \int \rho_{m0} \left(\frac{\partial \boldsymbol{\xi}}{\partial t} \right)^2 d\boldsymbol{r} + \frac{1}{2} \int \boldsymbol{\xi} \cdot \widehat{\boldsymbol{K}} \boldsymbol{\xi} d\boldsymbol{r} = \text{const.}$$

となる．運動エネルギー T およびポテンシャル・エネルギー W は

$$T \equiv \frac{1}{2} \int \rho_{m0} \left(\frac{\partial \boldsymbol{\xi}}{\partial t} \right)^2 d\boldsymbol{r}$$

$$W \equiv \frac{1}{2} \int \boldsymbol{\xi} \cdot \widehat{\boldsymbol{K}} \boldsymbol{\xi} d\boldsymbol{r} = -\frac{1}{2} \int \boldsymbol{\xi} \cdot F(\boldsymbol{\xi}) d\boldsymbol{r}$$

と与えられる．したがってあらゆる可能な変位について $W > 0$ ならば系は安定となる．これがエネルギー原理による不安定性の判定条件である．W をエネルギー積分と呼ぶ．

ここで，$\widehat{\boldsymbol{K}}$ 演算子がエルミート演算子 (Hermite operator，あるいは self-adjoint operator) であることを証明できる[6][7]．変位 $\boldsymbol{\eta}$ およびベクトル・ポテンシャル $\boldsymbol{Q}$ を考え，$\boldsymbol{\xi}$ や $\boldsymbol{A}$ の境界条件と同じ条件を満たすものとする．プラズマ境界では

$$\boldsymbol{n}_0 \times \boldsymbol{Q} = -\eta_n \boldsymbol{B}_{0\text{ex}}$$

導体壁では

$$\boldsymbol{n}_0 \times \boldsymbol{Q} = 0$$

を満たす．プラズマの存在する内部領域 V_{in} における積分は，(8.32) を用いると

$$\int_{V_{\text{in}}} \boldsymbol{\eta} \cdot \widehat{\boldsymbol{K}} \boldsymbol{\xi} d\boldsymbol{r}$$

$$
\begin{aligned}
&= \int_{V_{\text{in}}} \bigg(\gamma p_0 (\nabla \cdot \boldsymbol{\eta})(\nabla \cdot \boldsymbol{\xi}) + (\nabla \cdot \boldsymbol{\eta})(\boldsymbol{\xi} \cdot \nabla p_0) \\
&\quad + \frac{1}{\mu_0} (\nabla \times (\boldsymbol{\eta} \times \boldsymbol{B}_0)) \cdot \nabla \times (\boldsymbol{\xi} \times \boldsymbol{B}_0) \\
&\quad - \frac{1}{\mu_0} (\boldsymbol{\eta} \times (\nabla \times \boldsymbol{B}_0)) \cdot \nabla \times (\boldsymbol{\xi} \times \boldsymbol{B}_0) \bigg) \mathrm{d}\boldsymbol{r} \\
&\quad + \int_S \boldsymbol{n}_0 \cdot \boldsymbol{\eta} \left(\frac{\boldsymbol{B}_{0,\text{in}} \cdot \nabla \times (\boldsymbol{\xi} \times \boldsymbol{B}_{0,\text{in}})}{\mu_0} - \gamma p_0 (\nabla \cdot \boldsymbol{\xi}) - (\boldsymbol{\xi} \cdot \nabla p_0) \right) \mathrm{d}S \quad (8.43)
\end{aligned}
$$

となる.

次に (8.43) の面積分について計算する. 境界においては $\boldsymbol{n}_0 \times \boldsymbol{Q} = -\eta_n \boldsymbol{B}_{0\text{ex}}$ の関係があるので以下の関係式をえる.

$$
\begin{aligned}
\int_S \eta_n \boldsymbol{B}_{0\text{ex}} \cdot \boldsymbol{B}_{1\text{ex}} \mathrm{d}S &= \int_S \eta_n \boldsymbol{B}_{0\text{ex}} (\nabla \times \boldsymbol{A}) \mathrm{d}S \\
&= -\int_S (\boldsymbol{n}_0 \times \boldsymbol{Q}) \cdot (\nabla \times \boldsymbol{A}) \mathrm{d}S \\
&= -\int_S \boldsymbol{n}_0 \cdot (\boldsymbol{Q} \times (\nabla \times \boldsymbol{A})) \mathrm{d}S \\
&= \int_{V_{\text{ex}}} \nabla \cdot (\boldsymbol{Q} \times (\nabla \times \boldsymbol{A})) \mathrm{d}\boldsymbol{r} \\
&= \int_{V_{\text{ex}}} ((\nabla \times \boldsymbol{Q}) \cdot (\nabla \times \boldsymbol{A}) - \boldsymbol{Q} \cdot \nabla \times (\nabla \times \boldsymbol{A})) \mathrm{d}\boldsymbol{r} \\
&= \int_{V_{\text{ex}}} (\nabla \times \boldsymbol{Q}) \cdot (\nabla \times \boldsymbol{A}) \mathrm{d}\boldsymbol{r}
\end{aligned}
$$

(8.43) における面積分の項と上記面積分の項との差は, 境界条件 (8.33) を用いて

$$
\begin{aligned}
&\int \eta_n \left(\frac{\boldsymbol{B}_{0\text{in}} \cdot \boldsymbol{B}_{1\text{in}} - \boldsymbol{B}_{0\text{ex}} \cdot \boldsymbol{B}_{1\text{ex}}}{\mu_0} - \gamma p_0 (\nabla \cdot \boldsymbol{\xi}) - (\boldsymbol{\xi} \cdot \nabla) p_0 \right) \mathrm{d}S \\
&= \int_S \eta_n (\boldsymbol{\xi} \cdot \nabla) \left(\frac{B_{0\text{ex}}^2}{2\mu_0} - \frac{B_{0\text{in}}^2}{2\mu_0} - p_0 \right) \mathrm{d}S \\
&= \int_S \eta_n \xi_n \frac{\partial}{\partial n} \left(\frac{B_{0\text{ex}}^2}{2\mu_0} - \frac{B_{0\text{in}}^2}{2\mu_0} - p_0 \right) \mathrm{d}S
\end{aligned}
$$

となる ($\boldsymbol{n}_0 \times \nabla (p_0 + B_{0,\text{in}}^2/2\mu_0 - B_{0,\text{ex}}^2/2\mu_0) = 0$ であるからである). ここで積分領域 V_{ex} はプラズマ外部の領域を表す. したがって

$$
\begin{aligned}
\int_{V_{\text{in}}} \boldsymbol{\eta} \cdot \widehat{\boldsymbol{K}} \boldsymbol{\xi} \mathrm{d}\boldsymbol{r} &= \int_{V_{\text{in}}} \bigg(\gamma p_0 (\nabla \cdot \boldsymbol{\eta})(\nabla \cdot \boldsymbol{\xi}) + \frac{1}{\mu_0} (\nabla \times (\boldsymbol{\eta} \times \boldsymbol{B}_0)) \cdot \nabla \times (\boldsymbol{\xi} \times \boldsymbol{B}_0) \\
&\quad + (\nabla \cdot \boldsymbol{\eta})(\boldsymbol{\xi} \cdot \nabla p_0) - \frac{1}{\mu_0} (\boldsymbol{\eta} \times (\nabla \times \boldsymbol{B}_0)) \cdot \nabla \times (\boldsymbol{\xi} \times \boldsymbol{B}_0) \bigg) \mathrm{d}\boldsymbol{r} \\
&\quad + \frac{1}{\mu_0} \int_{V_{\text{ex}}} (\nabla \times \boldsymbol{Q}) \cdot (\nabla \times \boldsymbol{A}) \mathrm{d}\boldsymbol{r}
\end{aligned}
$$

$$+ \int_S \eta_n \xi_n \frac{\partial}{\partial n}\left(\frac{B_{0\mathrm{ex}}^2}{2\mu_0} - \frac{B_{0\mathrm{in}}^2}{2\mu_0} - p_0\right) \mathrm{d}S \tag{8.44}$$

をえる.

ポテンシャル・エネルギー積分 W は,プラズマ内部の領域 V_{in},プラズマ境界面 S,プラズマ外部の真空磁場 V_{ex} での積分項 W_{p}, W_{S}, W_{V} の和で表される.すなわち

$$W = \frac{1}{2}\int_{V_{\mathrm{in}}} \boldsymbol{\xi}\cdot \widehat{\boldsymbol{K}}\boldsymbol{\xi}\,\mathrm{d}\boldsymbol{r} = W_{\mathrm{p}} + W_{\mathrm{S}} + W_{\mathrm{V}} \tag{8.45}$$

$$\begin{aligned}W_{\mathrm{p}} &= \frac{1}{2}\int_{V_{\mathrm{in}}}\bigg(\gamma p_0(\nabla\cdot\boldsymbol{\xi})^2 + \frac{1}{\mu_0}(\nabla\times(\boldsymbol{\xi}\times\boldsymbol{B}_0))^2 + (\nabla\cdot\boldsymbol{\xi})(\boldsymbol{\xi}\cdot\nabla p_0)\\ &\quad - \frac{1}{\mu_0}(\boldsymbol{\xi}\times(\nabla\times\boldsymbol{B}_0))\cdot\nabla\times(\boldsymbol{\xi}\times\boldsymbol{B}_0)\bigg)\mathrm{d}\boldsymbol{r}\\ &= \frac{1}{2}\int_{V_{\mathrm{in}}}\left(\frac{\boldsymbol{B}_1^2}{\mu_0} - p_1(\nabla\cdot\boldsymbol{\xi}) - \boldsymbol{\xi}\cdot(\boldsymbol{j}_0\times\boldsymbol{B}_1)\right)\mathrm{d}\boldsymbol{r}\end{aligned} \tag{8.46}$$

$$W_{\mathrm{S}} = \frac{1}{2}\int_S \xi_n^2 \frac{\partial}{\partial n}\left(\frac{B_{0\mathrm{ex}}^2}{2\mu_0} - \frac{B_{0\mathrm{in}}^2}{2\mu_0} - p_0\right)\mathrm{d}S \tag{8.47}$$

$$W_{\mathrm{V}} = \frac{1}{2\mu_0}\int_{V_{\mathrm{ex}}}(\nabla\times\boldsymbol{A})^2\mathrm{d}\boldsymbol{r} = \int_{V_{\mathrm{ex}}}\frac{\boldsymbol{B}_1^2}{2\mu_0}\mathrm{d}\boldsymbol{r} \tag{8.48}$$

で与えられる.安定条件はあらゆる $\boldsymbol{\xi}$ に対して $W > 0$ である.またこのエネルギー原理によって摂動の振動数を求めることもできる.摂動の時間変化を $\exp(-i\omega t)$ とすると

$$\omega^2 \rho_{\mathrm{m}0}\boldsymbol{\xi} = \widehat{\boldsymbol{K}}\boldsymbol{\xi} \tag{8.49}$$

となる.この固有値問題は

$$\omega^2 = \frac{\int \boldsymbol{\xi}\cdot\widehat{\boldsymbol{K}}\boldsymbol{\xi}\,\mathrm{d}\boldsymbol{r}}{\int \rho_{\mathrm{m}0}\boldsymbol{\xi}^2\,\mathrm{d}\boldsymbol{r}} \tag{8.50}$$

の変分原理 $\delta W = 0$ と同等である.$\widehat{\boldsymbol{K}}$ は共役演算子であるから ω^2 は実数であり,したがって比抵抗 0 の電磁流体力学の取り扱いにおいては,単調増大,減少または純振動の摂動のみが表れることになる.

8.3 円柱プラズマの不安定性

8.3.1 表面電流構成における不安定性 (Kruskal–Shafranov 条件)

図 8.5 左に示すように半径 a のプラズマ中に縦磁場 B_{0z},外部に縦磁場 B_{ez} および θ 方向の $B_\theta = \mu_0 I/(2\pi r)$ 磁場があり B_{0z}, B_{ez} は一定であるような表面電流構成を考える.変位 $\boldsymbol{\xi}$ は

$$\boldsymbol{\xi}(r)\exp(im\theta + ikz) \tag{8.51}$$

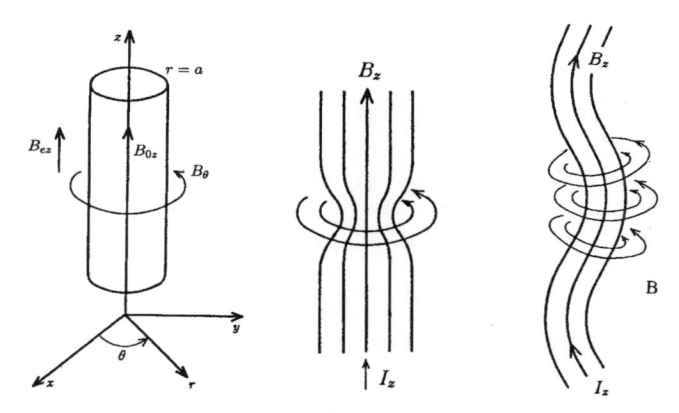

図 8.5 左：表面電流構成のプラズマの座標，中央：ソーセージ不安定性，右：キンク不安定性

で表されるとしてよい．$\nabla \cdot \boldsymbol{\xi}$ の項はポテンシャル・エネルギーに対して正の寄与をし安定化に働くので，危険な変位として非圧縮性のものを考える．

$$\nabla \cdot \boldsymbol{\xi} = 0 \tag{8.52}$$

このとき $\boldsymbol{B}_1 = \nabla \times (\boldsymbol{\xi} \times \boldsymbol{B}_0)$ はプラズマ内部では

$$\boldsymbol{B}_1 = ikB_{0z}\boldsymbol{\xi} \tag{8.53}$$

となる．運動方程式 (8.32) は次の形に還元される．

$$\left(-\omega^2 \rho_{m0} + \frac{k^2 B_{0z}^2}{\mu_0}\right)\boldsymbol{\xi} = -\nabla\left(p_1 + \frac{\boldsymbol{B}_0 \cdot \boldsymbol{B}_1}{\mu_0}\right) \equiv -\nabla p^* \tag{8.54}$$

$\nabla \cdot \boldsymbol{\xi} = 0$ より $\Delta p^* = 0$ となる．すなわち

$$\left(\frac{d^2}{dr^2} + \frac{1}{r}\frac{d}{dr} - \left(k^2 + \frac{m^2}{r^2}\right)\right)p^*(r) = 0 \tag{8.55}$$

$r = 0$ で特異点を持たない解は変形ベッセル関数 $I_m(kr)$ で表されるから

$$p^*(r) = p^*(a)\frac{I_m(kr)}{I_m(ka)}$$

となる．したがって

$$\xi_r(a) = \frac{kp^*(a)/I_m(ka)}{\omega^2 \rho_{m0} - k^2 B_0^2/\mu_0} I'_m(ka) \tag{8.56}$$

をえる．真空磁場の摂動 $\boldsymbol{B}_{1e}$ は $\nabla \times \boldsymbol{B} = 0$，$\nabla \cdot \boldsymbol{B} = 0$ であるから，$\boldsymbol{B}_{1e} = \nabla \psi$，$\Delta \psi = 0$，$r \to \infty$ のとき $\psi \to 0$ の境界条件より

$$\psi = C\frac{K_m(kr)}{K_m(ka)}\exp(im\theta + ikz) \tag{8.57}$$

をえる.

境界条件 (8.33) は
$$p_1 + \frac{1}{\mu_0}\boldsymbol{B}_0 \cdot \boldsymbol{B}_1 = \frac{1}{\mu_0}\boldsymbol{B}_e \cdot \boldsymbol{B}_{1e} + (\boldsymbol{\xi}\cdot\nabla)\left(\frac{B_e^2}{2\mu_0} - \frac{B_0^2}{2\mu_0} - p_0\right)$$
$$= \frac{1}{\mu_0}\boldsymbol{B}_e \cdot \boldsymbol{B}_{1e} + (\boldsymbol{\xi}\cdot\nabla)\left(\frac{B_\theta^2}{2\mu_0}\right)$$

である. $B_\theta \propto 1/r$ であるから $r=a$ において
$$p^*(a) = \frac{i}{\mu_0}(kB_{ez} + \frac{m}{a}B_\theta)C - \frac{B_\theta^2}{\mu_0 a}\xi_r(a) \tag{8.58}$$

また境界条件 (8.38) は $B_{1r} = i(\boldsymbol{k}\cdot\boldsymbol{B})\xi_r$ より
$$Ck\frac{K'_m(ka)}{K_m(ka)} = i(kB_{ez} + \frac{m}{a}B_\theta)\xi_r(a) \tag{8.59}$$

である. (8.56) (8.58) (8.59) より分散式は
$$\frac{\omega^2}{k^2} = \frac{B_{0z}^2}{\mu_0\rho_{m0}} - \frac{(kB_{ez}+(m/a)B_\theta)^2}{\mu_0\rho_{m0}k^2}\frac{I'_m(ka)}{I_m(ka)}\frac{K_m(ka)}{K'_m(ka)}$$
$$- \frac{B_\theta^2}{\mu_0\rho_{m0}}\frac{1}{(ka)}\frac{I'_m(ka)}{I_m(ka)} \tag{8.60}$$

となる. 第1項, 第2項は B_{0z}, B_{ez} による安定化の寄与を表す ($K_m/K'_m < 0$). ただし
$$(\boldsymbol{k}\cdot\boldsymbol{B}_e) = kB_{ez} + \frac{m}{a}B_\theta = 0$$
のような摂動については第2項の安定化寄与が0になる. すなわち磁力線に沿って摂動が一定になるような摂動は危険である. 第3項は不安定に寄与する項で $B_\theta \propto 1/r$ はプラズマから外側に向かって磁場の大きさが減少していることに起因している.

(i) $\boldsymbol{B_{ez} = 0, m = 0}$ モード $B_{ez}=0$ の場合において $m=0$ を考えてみよう. これはソーセージ不安定性の摂動に対応する (図 8.5 中央参照). (8.60) は次のようになる.
$$\omega^2 = \frac{B_{0z}^2 k^2}{\mu_0\rho_{m0}}\left(1 - \frac{B_\theta^2}{B_{0z}^2}\frac{I'_0(ka)}{(ka)I_0(ka)}\right) \tag{8.61}$$

この場合 $I'_0(x)/xI_0(x) < 1/2$ であるから
$$B_{0z}^2 > B_\theta^2/2$$
のとき安定となる.

(ii) $\boldsymbol{B_{ez} = 0, m = 1}$ のモード (8.60) において $B_{ez}=0$, $m=1$ とすると
$$\omega^2 = \frac{B_{0z}^2 k^2}{\mu_0\rho_{m0}}\left(1 + \frac{B_\theta^2}{B_{0z}^2}\frac{1}{(ka)}\frac{I'_1(ka)}{I_1(ka)}\frac{K_0(ka)}{K'_1(ka)}\right) \tag{8.62}$$

である $(-K'_1(z) = K_0(z) + K_1(z)/z)$. 長波長のとき $ka \to 0$ となり

$$\omega^2 = \frac{B_{0z}^2 k^2}{\mu_0 \rho_{\mathrm{m}0}} \left(1 - \left(\frac{B_\theta}{B_{0z}}\right)^2 \ln \frac{1}{ka}\right) \tag{8.63}$$

をえる．これはキンク (折れ曲がり) 不安定性に対応する (図 8.5 右参照)．長波長の摂動に対しては不安定になる．

(iii) $|B_{ez}| > |B_\theta|$ の場合の不安定性　$|B_{ez}| \gg |B_\theta|$ のとき $|ka| \ll 1$ の項が危険な項になる．変形ベッセル関数を展開して ($m > 0$ とする)

$$\mu_0 \rho_{\mathrm{m}0} \omega^2 = k^2 B_{0z}^2 + \left(kB_{ez} + \frac{m}{a}B_\theta\right)^2 - \frac{m}{a^2}B_\theta^2 \tag{8.64}$$

をえる．$\partial\omega/\partial k = 0$ より $k(B_{0z}^2 + B_{ez}^2) + (m/a)B_\theta B_{ez} = 0$ の条件で ω^2 は最小になる．このとき

$$\omega_{\min}^2 = \frac{B_\theta^2}{\mu_0 \rho_{\mathrm{m}0} a^2} \left(\frac{m^2 B_{0z}^2}{B_{ez}^2 + B_{0z}^2} - m\right) = \frac{B_\theta^2}{\mu_0 \rho_{\mathrm{m}0} a^2} m \left(m\frac{1-\beta}{2-\beta} - 1\right) \tag{8.65}$$

である．プラズマのベータ比を β とした．したがって $0 < m < (2-\beta)/(1-\beta)$ のとき不安定となる．ベータ比が小さいときは $m = 1$ のモードだけ不安定になりうる．$m = 1$ モードのときでも

$$\left(\frac{B_\theta}{B_z}\right)^2 < (ka)^2 \tag{8.66}$$

ならば $\omega^2 > 0$ で安定である．一般に系の長さ L は有限であり k は $2\pi/L$ より小さくはなれない．したがって

$$\left|\frac{B_\theta}{B_z}\right| < \frac{2\pi a}{L}$$

ならば安定である．この条件を **Kruskal–Shafranov の条件**という[8)9)]．

半径 b の導体壁がある場合は (8.57) の代わりに

$$\psi = \left(c_1 \frac{K_m(kr)}{K_m(ka)} + c_2 \frac{I_m(kr)}{I_m(ka)}\right) \exp(im\theta + ikz)$$

とおき $B_{1er} = 0\ (r = b)$ より

$$\frac{c_1}{c_2} = -\frac{I_m'(kb)K_m(ka)}{K_m'(kb)I_m(ka)}$$

となる．分散式は全く同様にして

$$\frac{\omega^2}{k^2} = \frac{B_{0z}^2}{\mu_0 \rho_{\mathrm{m}0}} - \frac{(kB_{ez} + (m/a)B_\theta)^2}{\mu_0 \rho_{\mathrm{m}0} k^2} \frac{I_m'(ka)}{I_m(ka)}$$

$$\times \left(\frac{K_m(ka)I_m'(kb) - I_m(ka)K_m'(kb)}{K_m'(ka)I_m'(kb) - I_m'(ka)K_m'(kb)}\right) - \frac{B_\theta^2}{\mu_0 \rho_{\mathrm{m}0}} \frac{1}{(ka)} \frac{I_m'(ka)}{I_m(ka)}$$

をえる．$ka \ll 1, kb \ll 1$ として変形ベッセル関数の項を展開すると

$$\mu_0 \rho_{\mathrm{m}0} \omega^2 = k^2 B_{0z}^2 + \frac{1+(a/b)^{2m}}{1-(a/b)^{2m}}\left(kB_{ez} + \frac{m}{a}B_\theta\right)^2 - \frac{m}{a^2}B_\theta^2$$

をえる．したがって壁とプラズマ境界とが近い程安定化の寄与が大きい．

トーラス系においては，トーラスの主半径を R とすれば $k = n/R (n$ は整数) である．ここで**安全係数あるいは安定係数** (safety factor)q_a

$$q_a = \frac{aB_{ez}}{RB_\theta} \tag{8.67}$$

を導入すると

$$(\boldsymbol{k} \cdot \boldsymbol{B}) = \left(kB_{ez} + \frac{m}{a}B_\theta\right) = \frac{nB_\theta}{a}\left(q_a + \frac{m}{n}\right)$$

となる．Kruskal–Shafranov の条件 (8.66) は安全係数を用いて

$$q_a > 1 \tag{8.68}$$

と書き表すことができる．これが安全係数と名付けられた理由である．

8.3.2　分布電流構成における不安定性

8.3.1 項で取り扱った円柱プラズマの鋭い境界の構成は極端な例であり，一般にはプラズマ電流は分布している．平衡状態として

$$p_0(r), \qquad \boldsymbol{B}_0(r) = (0, B_\theta(r), B_z(r))$$

を考える．この場合は 8.3.1 項で行ったような運動方程式を解析的に解く方法は難しく，変分法を適用して解析する．変位 $\boldsymbol{\xi}$ は

$$\boldsymbol{\xi} = \boldsymbol{\xi}(r)\exp(im\theta + ikz)$$

とする．$\boldsymbol{B}_1 = \nabla \times (\boldsymbol{\xi} \times \boldsymbol{B}_0)$ は

$$B_{1r} = i(\boldsymbol{k} \cdot \boldsymbol{B}_0)\xi_r \tag{8.69}$$

$$B_{1\theta} = ikA - \frac{\mathrm{d}}{\mathrm{d}r}(\xi_r B_\theta) \tag{8.70}$$

$$B_{1z} = -\left(\frac{imA}{r} + \frac{1}{r}\frac{\mathrm{d}}{\mathrm{d}r}(r\xi_r B_z)\right) \tag{8.71}$$

ただし

$$(\boldsymbol{k} \cdot \boldsymbol{B}_0) = kB_z + \frac{m}{r}B_\theta \tag{8.72}$$

$$A = \xi_\theta B_z - \xi_z B_\theta = (\boldsymbol{\xi} \times \boldsymbol{B}_0)_r \tag{8.73}$$

である．ポテンシャル・エネルギー W の圧力項 $\gamma p_0 (\nabla \cdot \boldsymbol{\xi})^2 + (\nabla \cdot \boldsymbol{\xi})(\boldsymbol{\xi} \cdot \nabla p_0) = (\gamma - 1)p_0(\nabla \cdot \boldsymbol{\xi})^2 + (\nabla \cdot \boldsymbol{\xi})(\nabla \cdot p_0 \boldsymbol{\xi})$ は負でない寄与をするので危険な非圧縮性の変位を考えればよい．$\nabla \cdot \boldsymbol{\xi} = 0$ すなわち

$$\frac{1}{r}\frac{\mathrm{d}}{\mathrm{d}r}(r\xi_r) + \frac{im}{r}\xi_\theta + ik\xi_z = 0 \tag{8.74}$$

の場合を考える．A の式 (8.73) と組み合わせて

$$i(\boldsymbol{k}\cdot\boldsymbol{B})\xi_\theta = ikA - \frac{B_\theta}{r}\frac{\mathrm{d}}{\mathrm{d}r}(r\xi_r) \tag{8.75}$$

$$-ik(\boldsymbol{k}\cdot\boldsymbol{B})\xi_z = \frac{imA}{r} + \frac{B_z}{r}\frac{\mathrm{d}}{\mathrm{d}r}(r\xi_r) \tag{8.76}$$

と表すことができる．また

$$\mu_0 j_{0\theta} = -\frac{\mathrm{d}B_z}{\mathrm{d}r} \tag{8.77}$$

$$\mu_0 j_{0z} = \frac{\mathrm{d}B_\theta}{\mathrm{d}r} + \frac{B_\theta}{r} = \frac{1}{r}\frac{\mathrm{d}}{\mathrm{d}r}(rB_\theta) \tag{8.78}$$

である．$\boldsymbol{\xi}$ が複素数のときは $\boldsymbol{\xi}^*$ を共役複素数として

$$\begin{aligned}W_\mathrm{p} &= \frac{1}{4}\int_{V_\mathrm{in}}\bigg(\gamma p_0|\nabla\cdot\boldsymbol{\xi}|^2 + (\nabla\cdot\boldsymbol{\xi}^*)(\boldsymbol{\xi}\cdot\nabla p_0) \\ &\quad + \frac{1}{\mu_0}|\boldsymbol{B}_1|^2 - \boldsymbol{\xi}^*\cdot(\boldsymbol{j}_0\times\boldsymbol{B}_1)\bigg)\mathrm{d}\boldsymbol{r} \\ &= \frac{1}{4}\int\bigg(-p_1(\nabla\cdot\boldsymbol{\xi}) + \frac{1}{\mu_0}|\boldsymbol{B}_1|^2 - \boldsymbol{j}_0(\boldsymbol{B}_1\times\boldsymbol{\xi}^*)\bigg)\mathrm{d}\boldsymbol{r}\end{aligned} \tag{8.79}$$

$$W_\mathrm{S} = \frac{1}{4}\int_S |\xi_n|^2 \frac{\partial}{\partial n}\bigg(\frac{B_{0,\mathrm{ex}}^2}{2\mu_0} - \frac{B_{0,\mathrm{in}}^2}{2\mu_0} - p_0\bigg)\mathrm{d}S \tag{8.80}$$

$$W_\mathrm{V} = \frac{1}{4\mu_0}\int_{V_\mathrm{ex}}|\boldsymbol{B}_1|^2\mathrm{d}\boldsymbol{r} \tag{8.81}$$

となる．W_p の表式 (8.79) において (8.75) (8.76) を用いて ξ_θ, ξ_z を消去し (8.77) (8.78) を用いて $\mathrm{d}B_z/\mathrm{d}r$, $\mathrm{d}B_\theta/\mathrm{d}r$ を消去すると

$$\begin{aligned}W_\mathrm{p} = \frac{1}{4}\int_{V_\mathrm{in}} & \frac{(\boldsymbol{k}\cdot\boldsymbol{B})^2}{\mu_0}|\xi_r|^2 + \bigg(k^2 + \frac{m^2}{r^2}\bigg)\frac{|A|^2}{\mu_0} \\ & + \frac{1}{\mu_0}\bigg|B_\theta\frac{\mathrm{d}\xi_r}{\mathrm{d}r} + \xi_r\bigg(\mu_0 j_z - \frac{B_\theta}{r}\bigg)\bigg|^2 + \frac{1}{\mu_0}\bigg|\frac{\xi_r B_z}{r} + B_z\frac{\mathrm{d}\xi_r}{\mathrm{d}r}\bigg|^2 \\ & + \frac{2}{\mu_0}\mathrm{Re}\bigg(ikA^*\bigg(B_\theta\frac{\mathrm{d}\xi_r}{\mathrm{d}r} + \bigg(\mu_0 j_z - \frac{B_\theta}{r}\bigg)\xi_r\bigg) \\ & - \frac{imA^*}{r^2}\bigg(\xi_r B_z + rB_z\frac{\mathrm{d}\xi_r}{\mathrm{d}r}\bigg)\bigg) \\ & + 2\mathrm{Re}\bigg(\xi_r^* j_{0z}\bigg(-B_\theta\frac{\mathrm{d}\xi_r}{\mathrm{d}r} - \frac{\xi_r\mu_0 j_z}{2} + ikA\bigg)\bigg)\mathrm{d}\boldsymbol{r}\end{aligned}$$

をえる．W_p の被積分項は

$$\frac{1}{\mu_0}\bigg(k^2 + \frac{m^2}{r^2}\bigg)\bigg|A + \frac{ikB_\theta(\mathrm{d}\xi_r/\mathrm{d}r - \xi_r/r) - im(B_z/r)(\mathrm{d}\xi_r/\mathrm{d}r + \xi_r/r)}{k^2 + (m^2/r^2)}\bigg|^2$$

$$+ \bigg(\frac{(\boldsymbol{k}\cdot\boldsymbol{B})^2}{\mu_0} - \frac{2j_z B_\theta}{r}\bigg)|\xi_r|^2 + \frac{B_z^2}{\mu_0}\bigg|\frac{\mathrm{d}\xi_r}{\mathrm{d}r} + \frac{\xi_r}{r}\bigg|^2 + \frac{B_\theta^2}{\mu_0}\bigg|\frac{\mathrm{d}\xi_r}{\mathrm{d}r} - \frac{\xi_r}{r}\bigg|^2$$

$$-\frac{|ikB_\theta(\mathrm{d}\xi_r/\mathrm{d}r - \xi_r/r) - im(B_z/r)(\mathrm{d}\xi_r/\mathrm{d}r + \xi_r/r)|^2}{\mu_0(k^2 + m^2/r^2)}$$

となる．したがって

$$A \equiv \xi_\theta B_z - \xi_z B_\theta$$
$$= -\frac{i}{k^2 + (m^2/r^2)}\left(\left(kB_\theta - \frac{m}{r}B_z\right)\frac{\mathrm{d}\xi_r}{\mathrm{d}r} - \left(kB_\theta + \frac{m}{r}B_z\right)\frac{\xi_r}{r}\right)$$

のとき被積分項は最小になる．このとき W_p は

$$W_\mathrm{p} = \frac{\pi}{2\mu_0}\int_0^a \left(\frac{|(\boldsymbol{k}\cdot\boldsymbol{B}_0)(\mathrm{d}\xi_r/\mathrm{d}r) + h(\xi_r/r)|^2}{k^2 + (m/r)^2}\right.$$
$$\left. + \left((\boldsymbol{k}\cdot\boldsymbol{B}_0)^2 - \frac{2\mu_0 j_z B_\theta}{r}\right)|\xi_r|^2\right)r\mathrm{d}r \tag{8.82}$$

となる．ただし

$$h \equiv kB_z - \frac{m}{r}B_\theta$$

である．

次に W_S の項を求めよう．(6.8) より $(\mathrm{d}/\mathrm{d}r)(p_0 + (B_z^2 + B_\theta^2)/2\mu_0) = -B_\theta^2/(r\mu_0)$ であり，B_θ^2 は境界 $r = a$ で連続であるから

$$\frac{\mathrm{d}}{\mathrm{d}r}\left(p_0 + \frac{B_z^2 + B_\theta^2}{2\mu_0}\right) = \frac{\mathrm{d}}{\mathrm{d}r}\left(\frac{B_{\mathrm{e}z}^2 + B_{\mathrm{e}\theta}^2}{2\mu_0}\right)$$

となり (8.80) よりただちに

$$W_\mathrm{S} = 0 \tag{8.83}$$

がえられる．

W_V に関しては W_p の表式 (8.82) において $\boldsymbol{j}\to 0$, $B_z \to B_{\mathrm{e}z} = B_\mathrm{s}(=\mathrm{const.})$, $B_\theta \to B_{\mathrm{e}\theta} = B_a a/r$, $B_{1r} = i(\boldsymbol{k}\cdot\boldsymbol{B}_0)\xi_r \to B_{\mathrm{e}1r} = i(\boldsymbol{k}\cdot\boldsymbol{B}_{\mathrm{e}0})\eta_r$ とすればえられる．すなわち

$$W_\mathrm{V} = \frac{\pi}{2\mu_0}\int_a^b \left(\left(kB_\mathrm{s} + \frac{m}{r}\frac{B_a a}{r}\right)^2 |\eta_r|^2 \right.$$
$$\left. + \frac{|[kB_\mathrm{s} + (m/r)(B_a a/r)](\mathrm{d}\eta_r/\mathrm{d}r) + [kB_\mathrm{s} - (m/r)(B_a a/r)]\eta_r/r|^2}{k^2 + (m/r)^2}\right)r\mathrm{d}r \tag{8.84}$$

W_p を部分積分すると

$$W_\mathrm{p} = \frac{\pi}{2\mu_0}\int_0^a \left(\frac{r(\boldsymbol{k}\cdot\boldsymbol{B}_0)^2}{k^2 + (m/r)^2}\left|\frac{\mathrm{d}\xi_r}{\mathrm{d}r}\right|^2 + g|\xi_r|^2\right)\mathrm{d}r$$
$$+ \frac{\pi}{2\mu_0}\frac{k^2 B_\mathrm{s}^2 - (m/a)^2 B_a^2}{k^2 + (m/a)^2}|\xi_r(a)|^2 \tag{8.85}$$

8.3 円柱プラズマの不安定性

$$g = \frac{1}{r}\frac{(kB_z - (m/r)B_\theta)^2}{k^2 + (m/r)^2} + r(\boldsymbol{k}\cdot\boldsymbol{B}_0)^2 - \frac{2B_\theta}{r}\frac{\mathrm{d}(rB_\theta)}{\mathrm{d}r}$$
$$- \frac{\mathrm{d}}{\mathrm{d}r}\left(\frac{k^2 B_z^2 - (m/r)^2 B_\theta^2}{k^2 + (m/r)^2}\right) \tag{8.86}$$

に変換される.また $\zeta \equiv rB_{\mathrm{e}1r} = ir(\boldsymbol{k}\cdot\boldsymbol{B}_{\mathrm{e}0})\eta_r$ とすると W_V は

$$W_\mathrm{V} = \frac{\pi}{2\mu_0}\int_a^b \left(\frac{1}{r(k^2+(m/r)^2)}\left|\frac{\mathrm{d}\zeta}{\mathrm{d}r}\right|^2 + \frac{1}{r}|\zeta|^2\right)\mathrm{d}r \tag{8.87}$$

となる.

W_p および W_V を極小化する ξ_r あるいは ζ は次のオイラー方程式から求められる.

$$\frac{\mathrm{d}}{\mathrm{d}r}\left(\frac{r(\boldsymbol{k}\cdot\boldsymbol{B}_0)^2}{k^2+(m/r)^2}\frac{\mathrm{d}\xi_r}{\mathrm{d}r}\right) - g\xi_r = 0, \qquad r\le a \tag{8.88}$$

$$\frac{\mathrm{d}}{\mathrm{d}r}\left(\frac{1}{r(k^2+(m/r)^2)}\frac{\mathrm{d}\zeta}{\mathrm{d}r}\right) - \frac{1}{r}\zeta = 0, \qquad r > a \tag{8.89}$$

$r \to 0$ のとき $\xi_r \propto r^{m-1},\ r^{-m-1}$ の独立解があるが,ξ_r は $r=0$ で有限であるから

$$r \to 0, \qquad \xi_r \propto r^{m-1}$$
$$r = a, \qquad \zeta(a) = ia\left(kB_\mathrm{s} + \frac{m}{a}B_a\right)\xi_r(a)$$
$$r = b, \qquad \zeta(b) = 0$$

の境界条件を満たす.(8.89) の解を用いると

$$W_\mathrm{V} = \frac{\pi}{2\mu_0}\frac{1}{r(k^2+(m/r)^2)}\left|\frac{\mathrm{d}\zeta}{\mathrm{d}r}\zeta^*\right|_a^b \tag{8.90}$$

となる.また (8.89) の解は

$$\zeta = i\frac{I_m'(kr)K_m'(kb) - K_m'(kr)I_m'(kb)}{I_m'(ka)K_m'(kb) - K_m'(ka)I_m'(kb)} r\left(kB_\mathrm{s} + \frac{m}{a}B_a\right)\xi_r(a) \tag{8.91}$$

である.したがって安定性の問題は次に示される $W_\mathrm{p} + W_\mathrm{V}$ の和

$$\left.\begin{aligned}W_\mathrm{p} &= \frac{\pi}{2\mu_0}\int_0^a\left(f\left|\frac{\mathrm{d}\xi_r}{\mathrm{d}r}\right|^2 + g|\xi_r|^2\right)\mathrm{d}r + W_a \\ W_a &= \frac{\pi}{2\mu_0}\frac{k^2 B_\mathrm{s}^2 - (m/a)^2 B_a^2}{k^2+(m/a)^2}|\xi_r(a)|^2 \\ W_\mathrm{V} &= \frac{\pi}{2\mu_0}\frac{-1}{r(k^2+(m/a)^2)}\left|\frac{\mathrm{d}\zeta}{\mathrm{d}r}\zeta^*\right|_{r=a}\end{aligned}\right\} \tag{8.92}$$

の符号の判定問題に還元される.ただし

$$f = \frac{r(kB_z + (m/r)B_\theta)^2}{k^2+(m/r)^2} \tag{8.93}$$

$$g = \frac{1}{r}\frac{(kB_z - (m/r)B_\theta)^2}{k^2 + (m/r)^2} + r\left(kB_z + \frac{m}{r}B_\theta\right)^2$$
$$- \frac{2B_\theta}{r}\frac{\mathrm{d}(rB_\theta)}{\mathrm{d}r} - \frac{\mathrm{d}}{\mathrm{d}r}\left(\frac{k^2 B_z^2 - (m/r)^2 B_\theta^2}{k^2 + (m/r)^2}\right) \tag{8.94}$$

$\frac{\mathrm{d}}{\mathrm{d}r}(\mu_0 p + B^2/2) = -B_\theta^2/r$ の平衡の式を用いると

$$g = \frac{2k^2}{k^2 + (m/r)^2}\mu_0 \frac{\mathrm{d}p_0}{\mathrm{d}r} + r(kB_z + \frac{m}{r}B_\theta)^2 \frac{k^2 + (m/r)^2 - (1/r)^2}{k^2 + (m/r)^2}$$
$$+ \frac{(2k^2/r)(k^2 B_z^2 - (m/r)^2 B_\theta^2)}{(k^2 + (m/r)^2)^2} \tag{8.95}$$

と書ける.

トカマク配位においては縦磁場 B_s が θ 方向の成分 B_θ に比べて大きい ($B_a \ll B_\mathrm{s}$). このような配位における安定性について調べてみよう. $r \leq a$ の領域にプラズマがあり $a \leq r \leq b$ は真空, $r = b$ に理想導体があるとする. また $ka \ll 1$, $kb \ll 1$ とする. W_V の表式 (8.90) における ζ は (8.91) より

$$\zeta = i\frac{(mB_a + kaB_\mathrm{s})}{1 - (a/b)^{2m}}\xi_r(a)\frac{a^m}{b^m}\left(\frac{b^m}{r^m} - \frac{r^m}{b^m}\right)$$

したがって

$$W_\mathrm{V} = \frac{\pi}{2\mu_0}\frac{(mB_a + kaB_\mathrm{s})^2}{m}\xi_r^2(a)\lambda$$
$$\lambda \equiv \frac{1 + (a/b)^{2m}}{1 - (a/b)^{2m}}$$

となる. トーラスの周期条件より $k = -n/R$ (n は整数) であるから安全係数 q_a を用いて

$$a(\boldsymbol{k} \cdot \boldsymbol{B}) = mB_a + kaB_\mathrm{s} = mB_a\left(1 - \frac{nq_a}{m}\right)$$

と書ける. W_a の表式 (8.92) において

$$k^2 B_\mathrm{s}^2 - \left(\frac{m}{a}\right)^2 B_a^2 = \left(kB_\mathrm{s} + \frac{m}{a}B_a\right)^2 - 2\frac{m}{a}B_a\left(kB_\mathrm{s} + \frac{m}{a}B_a\right)$$
$$= \left(\frac{nB_a}{a}\right)^2\left(\left(1 - \frac{nq_a}{m}\right)^2 - 2\left(1 - \frac{nq_a}{m}\right)\right)$$

であるから

$$W_\mathrm{p} + W_\mathrm{V} = \frac{\pi}{2\mu_0}B_a^2\xi_r^2(a)\left(\left(1 - \frac{nq_a}{m}\right)^2(1 + m\lambda) - 2\left(1 - \frac{nq_a}{m}\right)\right)$$
$$+ \frac{\pi}{2\mu_0}\int\left(f\left(\frac{\mathrm{d}\xi_r}{\mathrm{d}r}\right)^2 + g\xi_r^2\right)\mathrm{d}r \tag{8.96}$$

をえる. (8.96) の右辺第 1 項の ( ) の項は

$$1 > \frac{nq_a}{m} > 1 - \frac{2}{1+m\lambda} \tag{8.97}$$

で負になる．理想導体とプラズマ境界が近接している場合は $((b-a)/b \ll 1)$

$$1 - \frac{2}{1+m\lambda} \approx 1 - \frac{1-(a/b)^{2m}}{m}$$

となる．$nq_a/m \sim 1$, $q_a \sim m/n$ のとき $ka \sim mB_a/B_s$ であり，$B_a/B_s \ll 1$ であるから $ka \ll 1$ となる．さらに $m=1$ のとき g の表式 (8.95) の第 2 項の $(m^2-1)/m^2$ の寄与が 0 になるので g は k^2r^2 のオーダーになり $kr \ll 1$ であるから小さい．$f(\mathrm{d}\xi_r/\mathrm{d}r)^2$ の項は $\xi_r \sim \mathrm{const.}$ とすれば十分小さくできる．したがって $m=1$ の場合，$a^2/b^2 < nq_a < 1$ のときは，被積分項の寄与は無視でき，$W<0$ になる．$m=1$ モードは電流分布の形にほとんど依らず (8.97) の範囲で不安定になる．Kruskal–Shafranov の条件を表面電流構成において導いたが，これが分布電流の構成でも同様の形が導かれるゆえんである．成長率 $\gamma^2 = -\omega^2$ は

$$\gamma^2 \simeq \frac{-W}{\int (\rho_{\mathrm{m}0}|\boldsymbol{\xi}|^2/2)\mathrm{d}\boldsymbol{r}} = \frac{1}{\langle\rho_{\mathrm{m}0}\rangle}\frac{B_a^2}{\mu_0 a^2}\left(2(1-nq_a) - \frac{2(1-nq_a)^2}{1-a^2/b^2}\right) \tag{8.98}$$

$$\langle\rho_{\mathrm{m}0}\rangle = \frac{\int \rho_{\mathrm{m}0}|\boldsymbol{\xi}|^2 2\pi r \mathrm{d}r}{\pi a^2 \xi_r^2(a)}$$

となる．また $\gamma_{\max}^2 \sim (1-a^2/b^2)B_a^2/(\mu_0\langle\rho\rangle a^2)$ である[9]．

$m \neq 1$ の場合は g の表式 (8.95) の第 2 項 $(m^2-1)/m^2$ の寄与が大きく $g \sim 1$ となる．したがって W_p の被積分項の寄与も考慮しなければならない．この場合の解析については文献[10]を参照されたい．

8.3.3 Suydam 条件

8.3.2 項の W_p の表式の積分項において f は常に $f \geq 0$ であるので f の項は常に安定化に作用し，g の表式 (8.94) において第 1 項，第 2 項は安定化に寄与するが第 3 項，第 4 項は不安定に寄与する可能性がある．W_p に対するオイラーの方程式 (8.88) で

$$f \propto (\boldsymbol{k} \cdot \boldsymbol{B}_0)^2 = 0$$

を満たす点 (特異点) がプラズマの内部 $r=r_0$ にあるとき安定化項 $f(\mathrm{d}\xi_r/\mathrm{d}r)^2$ の寄与が小さくなるので，この付近の局所モードは危険である．ここで

$$r - r_0 = x$$
$$f = \alpha x^2$$
$$g = \beta$$
$$\alpha = \frac{r_0}{k^2 r_0^2 + m^2}\left(kr\frac{\mathrm{d}B_z}{\mathrm{d}r} + kB_z + m\frac{\mathrm{d}B_\theta}{\mathrm{d}r}\right)^2_{r=r_0}$$

$$= \frac{rB_\theta^2 B_z^2}{B^2}\left(\frac{\tilde{\mu}'}{\tilde{\mu}}\right)^2_{r=r_0}$$

$$\tilde{\mu} \equiv \frac{B_\theta}{rB_z}$$

$$\beta = \frac{2B_\theta^2}{B_0^2}\mu_0 \frac{dp_0}{dr}\bigg|_{r=r_0}$$

として

$$\alpha \frac{d}{dr}(x^2 \frac{d\xi_r}{dx}) - \beta \xi_r = 0$$

をえる. この解は

$$\xi_r = c_1 x^{-n_1} + c_2 x^{-n_2}$$

として n_1, n_2 は

$$n^2 - n - \frac{\beta}{\alpha} = 0$$

$$n_i = \frac{1 \pm (1 + 4\beta/\alpha)^{1/2}}{2}$$

の根である. $\alpha + 4\beta > 0$ のとき n_1, n_2 は実数であり，このとき $n_1 < n_2$ として x^{-n_1} を小解 (small solution) と呼ぶ. n が複素数 $\gamma \pm i\delta$ のときは ξ_r は x に対して $\exp((-\gamma \mp i\delta)\ln x)$ で増大または減衰振動の形となる.

ξ_r として r_0 の近傍 ε の範囲で 0 でないものを考える.

$$r - r_0 = \varepsilon t, \qquad \xi_r(r) = \xi(t), \qquad \xi(1) = \xi(-1) = 0$$

とする. すると W_p として

$$W_\mathrm{p} = \frac{\pi}{2\mu_0}\varepsilon \int_{-1}^{1}\left(\alpha t^2 \left|\frac{d\xi}{dt}\right|^2 + \beta|\xi|^2\right)dt + O(\varepsilon^2)$$

となる. Schwartz の不等式より

$$\int_{-1}^{1} t^2|\xi'|^2 dt \int_{-1}^{1}|\xi|^2 dt \geq \left|\int_{-1}^{1} t\xi'\xi^* dt\right|^2 = \left(\frac{1}{2}\int_{-1}^{1}|\xi|^2 dt\right)^2$$

であるから

$$W_\mathrm{p} > \frac{\pi}{2\mu_0}\frac{1}{4}(\alpha + 4\beta)\int_{-1}^{1}|\xi|^2 dt$$

となり $\alpha + 4\beta > 0$ が安定条件となる. すなわち

$$\frac{r}{4}\left(\frac{\tilde{\mu}'}{\tilde{\mu}}\right)^2 + \frac{2\mu_0}{B_z^2}\frac{dp_0}{dr} > 0 \tag{8.99}$$

をえる. $r(\tilde{\mu}'/\tilde{\mu})$ は磁力線の捩れの程度を表しシア・パラメーター (shear parameter) という. 普通 $dp_0/dr < 0$ であるが $(\tilde{\mu}'/\tilde{\mu})^2$ は磁力線のシア (捩れ) による安定化効果

を示す．これを **Suydam** 条件という[11]．Suydam 条件は安定性の必要条件である．しかしそれが必ずしも十分条件とはいえない．またそれは局所的なモードに関する安定条件である．Newcomb は円柱プラズマの安定性について必要十分条件を求めた．論文[12]には Newcomb の 14 の定理が述べられている．

8.4　Hain–Lüst の電磁流体運動方程式

変位 $\boldsymbol{\xi}$ を
$$\boldsymbol{\xi}(r,\theta,z,t) = \boldsymbol{\xi}(r)\exp i(m\theta + kz - \omega t)$$
とし，平衡磁場 $\boldsymbol{B}_0$ が
$$\boldsymbol{B}(r) = (0,\ B_\theta(r),\ B_z(r))$$
で与えられているとき，電磁流体運動方程式 (8.32) の (r,θ,z) 成分は

$$-\mu_0\rho_m\omega^2\xi_r = \frac{\mathrm{d}}{\mathrm{d}r}\left(\mu_0\gamma p(\nabla\cdot\boldsymbol{\xi}) + B^2\frac{1}{r}\frac{\mathrm{d}}{\mathrm{d}r}(r\xi_r) + iD(\xi_\theta B_z - \xi_z B_\theta)\right)$$
$$- \left(F^2 + r\frac{\mathrm{d}}{\mathrm{d}r}\left(\frac{B_\theta}{r}\right)^2\right)\xi_r - 2ik\frac{B_\theta}{r}(\xi_\theta B_z - \xi_z B_\theta) \tag{8.100}$$

$$-\mu_0\rho_m\omega^2\xi_\theta = i\frac{m}{r}\gamma\mu_0 p(\nabla\cdot\boldsymbol{\xi}) + iDB_z\frac{1}{r}\frac{\mathrm{d}}{\mathrm{d}r}(r\xi_r) + 2ik\frac{B_\theta B_z}{r}\xi_r$$
$$- H^2 B_z(\xi_\theta B_z - \xi_z B_\theta) \tag{8.101}$$

$$-\mu_0\rho_m\omega^2\xi_z = ik\gamma\mu_0 p(\nabla\cdot\boldsymbol{\xi}) - iDB_\theta\frac{1}{r}\frac{\mathrm{d}}{\mathrm{d}r}(r\xi_r) - 2ik\frac{B_\theta^2}{r}\xi_r$$
$$+ H^2 B_\theta(\xi_\theta B_z - \xi_z B_\theta) \tag{8.102}$$

ただし
$$F = \frac{m}{r}B_\theta + kB_z = (\boldsymbol{k}\cdot\boldsymbol{B})$$
$$D = \frac{m}{r}B_z - kB_\theta$$
$$H^2 = \left(\frac{m}{r}\right)^2 + k^2$$
$$\nabla\cdot\boldsymbol{\xi} = \frac{1}{r}\frac{\mathrm{d}}{\mathrm{d}r}(r\xi_r) + \frac{im}{r}\xi_\theta + ik\xi_z$$

となる．(8.101)(8.102) によって ξ_θ, ξ_z を消去すると

$$\frac{\mathrm{d}}{\mathrm{d}r}\left(\frac{(\mu_0\rho_m\omega^2 - F^2)}{\varDelta}(\mu_0\rho_m\omega^2(\gamma\mu_0 p + B^2) - \gamma\mu_0 pF^2)\frac{1}{r}\frac{\mathrm{d}}{\mathrm{d}r}(r\xi_r)\right)$$
$$+ \left[\mu_0\rho_m\omega^2 - F^2 - 2B_\theta\frac{\mathrm{d}}{\mathrm{d}r}\left(\frac{B_\theta}{r}\right) - \frac{4k^2}{\varDelta}\frac{B_\theta^2}{r^2}(\mu_0\rho_m\omega^2 B^2 - \gamma\mu_0 pF^2)\right.$$

$$+r\frac{\mathrm{d}}{\mathrm{d}r}\left(\frac{2kB_\theta}{\Delta r^2}\left(\frac{m}{r}B_z - kB_\theta\right)(\mu_0\rho_\mathrm{m}\omega^2(\gamma\mu_0 p + B^2) - \gamma\mu_0 pF^2)\right)\right]\xi_r = 0 \tag{8.103}$$

ただし

$$\Delta = \mu_0^2\rho_\mathrm{m}^2\omega^4 - \mu_0\rho_\mathrm{m}\omega^2 H^2(\gamma\mu_0 p + B^2) + \gamma\mu_0 pH^2 F^2$$

となる．この方程式は Hain–Lüst によって導かれた[13]．この解はプラズマ領域 $0 < r < a$ における $\xi_r(r)$ を与える．真空領域 $a < r < a_w$ (導体壁の半径を a_w とする) における解は

$$\nabla \times \boldsymbol{B}_1 = 0, \qquad \nabla \cdot \boldsymbol{B}_1 = 0$$

となるから

$$\boldsymbol{B}_1 = \nabla\psi, \qquad \triangle\psi = 0$$

となり

$$\left.\begin{aligned}\psi &= (bI_m(kr) + cK_m(kr))\exp(im\theta + ikz) \\ B_{1r} &= \frac{\partial\psi}{\partial r} = (bI'_m(kr) + cK'_m(kr))\exp(im\theta + ikz)\end{aligned}\right\} \tag{8.104}$$

となる．プラズマ領域では B_{1r} は

$$B_{1r} = i(\boldsymbol{k}\cdot\boldsymbol{B})\xi_r = iF\xi_r$$

である．したがって境界 $r = a$ は

$$B_{1r}(a) = iF\xi_r(a) \tag{8.105}$$
$$B'_{1r}(a) = i(F'\xi_r(a) + F\xi'_r(a)) \tag{8.106}$$

となり，係数 b, c を決めることができる．適当な ω^2 の値を選び $r = 0$ から出発して (8.103) の $\xi_r(r)$ を解き，導体壁 $r = a_w$ において $B_{1r}(a_w) = 0$ となるように操作を繰り返す．そして成長率 $\gamma^2 \equiv -\omega^2$ を求めることができる[14]．

非圧縮性プラズマの場合 $(\gamma \to \infty)$，(6.103) は次のようになる．

$$\frac{\mathrm{d}}{\mathrm{d}r}\left(\frac{F^2 - \mu_0\rho_\mathrm{m}\omega^2}{\mathrm{m}^2/r^2 + k^2}\right)\frac{1}{r}\frac{\mathrm{d}}{\mathrm{d}r}(r\xi_r) + \left(-(F^2 - \mu_0\rho_\mathrm{m}\omega^2) - 2B_\theta\frac{\mathrm{d}}{\mathrm{d}r}\left(\frac{B_\theta}{r}\right)\right.$$
$$\left.+\frac{4k^2B_\theta^2 F^2}{r^2(\mathrm{m}^2/r^2 + k^2)(F^2 - \mu_0\rho_\mathrm{m}\omega^2)} - 2r\frac{\mathrm{d}}{\mathrm{d}r}\left(\frac{kDB_\theta}{r^2(\mathrm{m}^2/r^2 + k^2)}\right)\right)\xi_r = 0$$

$F^2 - \mu_0\rho_\mathrm{m}\omega^2 = 0$ を満たす半径は特異点である．この式はアルフベン速度 (5.4 節，10.4 節参照) $v_\mathrm{A}^2 \equiv B^2/\mu_0\rho_\mathrm{m}$ を用いると $\omega^2 = \boldsymbol{k}_\parallel^2 v_\mathrm{A}^2$ となり，シア・アルフベン波の分散式である．この特異点 (共鳴層, resonant layer) でシア・アルフベン波は運動論的アルフベン波 (kinetic Alfvén wave) にモード変換され，ランダウ減衰により吸収されること

が指摘されている[15]．したがってアルフベン波は円柱プラズマでは安定化される．

しかしトロイダル・プラズマでは高エネルギー・イオンのベータ比があるしきい値より大きくなると，高エネルギー・イオンの歳差周波数あるいは通過周波数 (3.7 節参照) を持つ高エネルギー粒子モード (energetic particle mode, EPM) が励起される可能性が指摘されている[16]．

トロイダル・プラズマでは $k_\parallel$ は ($m' \equiv -m$)

$$k_\parallel = \frac{(\boldsymbol{k} \cdot \boldsymbol{B})}{B} = \frac{1}{B}\left(\frac{-m'}{r}B_\theta(r) + \frac{n}{R}B_z(r)\right) \approx \frac{1}{R}\left(n - \frac{m'}{q(r)}\right), \qquad q(r) = \frac{R}{r}\frac{B_z}{B_\theta}$$

で表される．m' モードと $m'+1$ モードが結合すると，共鳴条件を満たすことのできないアルフベン周波数ギャップが生じ，この周波数領域では安定化作用がなくなる．そしてもし高エネルギー粒子が存在すると，トロイダル・アルフベン固有モード (TAE) が励起されやすくなる[17]．

8.5 バルーニング不安定性

ある擾乱の伝播ベクトル $\boldsymbol{k}$ の磁場に平行な成分を $k_\parallel = (\boldsymbol{k} \cdot \boldsymbol{B})/B$ とするとき，フルート不安定性は $k_\parallel = 0$ であり，前に述べた Suydam 条件は $k_\parallel = 0$ 付近の局所モードに関するものであった．平均最小磁場系においては，磁力線の曲率の良い領域と悪い領域とがある．$k_\parallel \neq 0$, $|k_\parallel/k_\perp| \ll 1$ の性質を持ち，磁力線の曲率の悪い領域において局所的に成長するモードがある (図 8.6 参照)．このような不安定性をバルーニング・モード (ballooning mode) という．このバルーニング・モードが起こらないためにはこれから述べるようにプラズマのベータ比 β に対して上限 β_c がある．

電磁流体力学的安定性のためのエネルギー積分 δW は

$$\delta W = \frac{1}{2\mu_0}\int((\nabla \times (\boldsymbol{\xi} \times \boldsymbol{B}_0))^2 - (\boldsymbol{\xi} \times (\nabla \times \boldsymbol{B}_0)) \cdot \nabla \times (\boldsymbol{\xi} \times \boldsymbol{B}_0) \\ + \gamma\mu_0 p_0(\nabla \cdot \boldsymbol{\xi})^2 + \mu_0(\nabla \cdot \boldsymbol{\xi})(\boldsymbol{\xi} \cdot \nabla p_0))\mathrm{d}\boldsymbol{r}$$

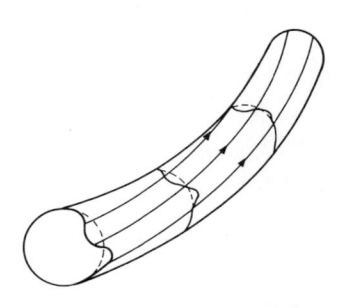

図 8.6 バルーニング・モード

で与えられる．ここでは $\boldsymbol{\xi}$ として

$$\boldsymbol{\xi} = \frac{\boldsymbol{B}_0 \times \nabla \phi}{B_0^2} \tag{8.107}$$

と表される場合を考える．ϕ は擾乱電場のスカラー・ポテンシャルの時間積分に対応する．これより

$$\boldsymbol{\xi} \times \boldsymbol{B}_0 = \nabla_\perp \phi$$

となるので

$$\delta W = \frac{1}{2\mu_0} \int \left((\nabla \times \nabla_\perp \phi)^2 - \left(\frac{(\boldsymbol{B}_0 \times \nabla_\perp \phi) \times \mu_0 \boldsymbol{j}_0}{B_0^2} \right) \nabla \times \nabla_\perp \phi \right. \\ \left. + \gamma \mu_0 p_0 (\nabla \cdot \boldsymbol{\xi})^2 + \mu_0 (\nabla \cdot \boldsymbol{\xi})(\boldsymbol{\xi} \cdot \nabla p_0) \right) \mathrm{d}\boldsymbol{r}$$

となる．ここで

$$\nabla \cdot \boldsymbol{\xi} = \nabla \cdot \left(\frac{\boldsymbol{B}_0 \times \nabla \phi}{B_0^2} \right) = \nabla \phi \cdot \nabla \times \left(\frac{\boldsymbol{B}_0}{B_0^2} \right) = \nabla \phi \cdot \left(\left(\nabla \frac{1}{B^2} \right) \times \boldsymbol{B} + \frac{1}{B^2} \nabla \times \boldsymbol{B} \right)$$

となる．$\nabla \cdot \boldsymbol{\xi}$ の第2項は，低ベータ比の場合は第1項に比べて無視できる．$\nabla p_0 = \boldsymbol{j}_0 \times \boldsymbol{B}_0$ を用いると δW は

$$\delta W = \frac{1}{2\mu_0} \int \left[(\nabla \times \nabla_\perp \phi)^2 + \frac{\mu_0 \nabla p_0 \cdot (\nabla_\perp \phi \times \boldsymbol{B}_0)}{B_0^2} \frac{\boldsymbol{B}_0 \cdot \nabla \times \nabla_\perp \phi}{B_0^2} \right. \\ \left. - \frac{\mu_0 (\boldsymbol{j}_0 \cdot \boldsymbol{B}_0)}{B_0^2} \nabla_\perp \phi \cdot \nabla \times \nabla_\perp \phi + \gamma \mu_0 p_0 \left(\nabla \left(\frac{1}{B_0^2} \right) \cdot (\boldsymbol{B}_0 \times \nabla_\perp \phi) \right)^2 \right. \\ \left. + \frac{\mu_0 \nabla p_0 \cdot (\boldsymbol{B}_0 \times \nabla_\perp \phi)}{B_0^2} \left(\nabla \left(\frac{1}{B_0^2} \right) \cdot (\boldsymbol{B}_0 \times \nabla_\perp \phi) \right) \right] \mathrm{d}\boldsymbol{r}$$

に還元される．ここで円筒座標系を用い，各々のベクトル量の r, θ, z 成分を

$$\nabla p_0 = (p_0', 0, 0), \qquad \boldsymbol{B} = (0, B_\theta(r), B_0(1 - rR_c^{-1}(z)))$$
$$\nabla \phi = (\partial \phi/\partial r, \partial \phi/r\partial \theta, \partial \phi/\partial z), \qquad \phi(r, \theta, z) = \phi(r, z) \mathrm{Re}(\exp im\theta)$$

とする．Re は実数部を表す．ここで $R_c(z)$ は磁力線の曲率半径を表し，

$$\frac{1}{R_c(z)} = \frac{1}{R_0} \left(-w + \cos 2\pi \frac{z}{L} \right)$$

とする．$R_c(z) < 0$ が負の良い曲率であるから平均最小磁場であるために $w > 0$ ($R_0 > 0$) とする．また悪い曲率の領域も存在するためには $w < 1$ でなくてはならない．$B_\theta/B_0 \approx r/R_0 \approx r/L$ は小さい量であるとすると

$$\nabla_\perp \phi = \nabla \phi - \nabla_\parallel \phi \approx \mathrm{Re} \left(\frac{\partial \phi}{\partial r}, \frac{im}{r} \phi, 0 \right)$$
$$\nabla \times (\nabla_\perp \phi) \approx \mathrm{Re} \left(\frac{-im}{r} \frac{\partial \phi}{\partial z}, \frac{\partial^2 \phi}{\partial z \partial r}, 0 \right)$$

8.5 バルーニング不安定性

$$\boldsymbol{B}_0 \times \nabla_\perp \phi \approx \mathrm{Re}\left(\frac{-im}{r}B_0\phi, B_0\frac{\partial \phi}{\partial r}, 0\right)$$

となるので，δW として

$$\delta W = \frac{1}{2\mu_0}\int \frac{m^2}{r^2}\left(\left(\frac{\partial \phi(r,z)}{\partial z}\right)^2 - \frac{\beta}{r_p R_c(z)}(\phi(r,z))^2\right)2\pi r dr dz$$

をえる．ただし $-p_0/p_0' = r_\mathrm{p}$, $\beta = p_0/(B_0^2/2\mu_0)$ とした．第 1 項はエネルギー積分の被積分項の $(\nabla \times \nabla_\perp \phi)^2$ に由来し，磁力線を曲げるエネルギーである．これは安定化に寄与する項 $|\partial \phi/\partial z|^2 \approx |ik_\parallel \phi|^2 \approx (q_\mathrm{s} R)^{-2}|\phi|^2$ である．第 2 項は $\xi\cdot\nabla p_0$ に由来し，圧力による動きに費やされるエネルギーであり，曲率の悪い領域で不安定に寄与する項である．したがってバルーニング・モードによるベータ上限は $\beta < r/Rq_\mathrm{s}^2$ で与えられることが予測される．

この変分に対応するオイラーの式は

$$\frac{\mathrm{d}^2\phi}{\mathrm{d}z^2} + \frac{\beta}{r_\mathrm{p}R_\mathrm{c}(z)}\phi = 0 \tag{8.108}$$

で与えられる．また $R_\mathrm{c} \approx B/|\nabla B|$ と書くことができる．(8.108) は Mathieu の微分方程式の形をしており固有値は

$$w = F(x), \qquad x \equiv \frac{\beta L^2}{2\pi^2 r_\mathrm{p}R_\mathrm{c}}$$

である．ただし

$$w = F(x) = \frac{x}{4} \qquad (x \ll 1)$$
$$w = F(x) = 1 - x^{-1/2} \quad (x \gg 1)$$

と書くことができる．すなわち，$x \approx 4w/[(1-w)^2(1+3w)]$ と近似してよい．したがって

$$\beta_\mathrm{c} \equiv \frac{4w}{(1+3w)(1-w)^2}\frac{2\pi^2 r_\mathrm{p}R_0}{L^2}$$

とすることができる．もし β が β_c より小さいときは安定である．バルーニング・モードに対して安定な条件として

$$\beta < \beta_\mathrm{c}$$

を導くことができる[18]．w は $O(1)$ のオーダーで連結距離 L は

$$L \approx 2\pi R_0 \frac{2\pi}{\iota}$$

であると考えられる．ここで ι は回転変換角である．したがって β_c は次式で与えられる．

$$\beta_\mathrm{c} \sim \left(\frac{\iota}{2\pi}\right)^2 \frac{r_\mathrm{p}}{R} \tag{8.109}$$

シアがある配位においては，より精度のよい解析が必要になる．トロイダル・モード数 n が大きく $|m - nq| \ll n$ (q は安全係数) のバルーニング・モードの，より一般的な解析[19)-21)] によれば，シア・パラメーター S および圧力勾配の尺度 α の領域におけるバルーニング・モードの安定領域は図 8.7 のようになる．ここでシア・パラメーター S は

$$S = \frac{r}{q}\frac{dq}{dr}$$

で与えられる．q は安全係数 ($q \equiv 2\pi/\iota$, ι は回転変換角) である．圧力勾配の尺度 α は

$$\alpha = -\frac{q^2 R}{B^2/2\mu_0}\frac{dp}{dr}$$

である．図 8.7 に示されるように，大きな正のシア領域 ($S > 0.8$) においては，直線近似 $\alpha \sim 0.6S$ が成り立つ．

$$\beta = \frac{1}{B_0^2/2\mu_0}\frac{1}{\pi a^2}\int_0^a p 2\pi r dr = -\frac{1}{B_0^2/2\mu_0}\frac{1}{a^2}\int_0^a \frac{dp}{dr}r^2 dr$$

より，バルーニング・モードに安定な最大平均ベータ値は

$$\beta = 0.6\frac{a}{R}\left(\frac{1}{a^3}\int_0^a \frac{1}{q^3}\frac{dq}{dr}r^3 dr\right)$$

となる．最適な $q(r)$ 分布を用いると，最大ベータ値は

$$\beta_{\max} \sim 0.28\frac{a}{Rq_a} \quad (q_a > 2) \tag{8.110}$$

になる[21)]．ここで q_a はプラズマ境界における安全係数である．(8.110) を導くにあたって $q_a > 2$, $q_0 = 1$ を仮定している．

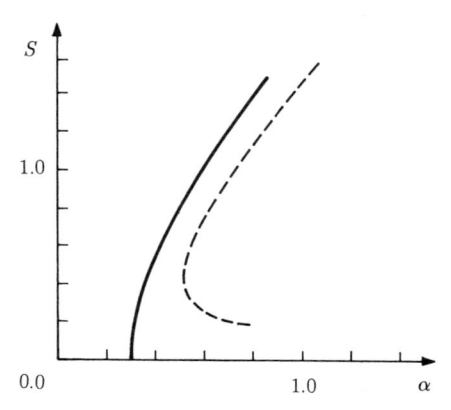

図 8.7 バルーニング・モード安定のための最大圧力勾配 α とシア・パラメーター S の関係[21)]

図中の点線は，擾乱に対して，より制限的な条件を加えたときの安定領域を示す．

図 8.7 に示されるように,シア・パラメーター S が負の領域においては,バルーニング・モードが安定であることは注目に値する.シア・パラメーター S が負の場合 ($q(r)$ が外側にいくにしたがって減少する場合),外側の磁力線は磁気軸の周りを内側の磁力線よりも速く回る.プラズマ圧力が増加すると,トカマク・プラズマは大半径方向に広がろうとする (Shafranov shift).そうするとトカマク・プラズマの大半径方向の外側のポロイダル磁場は増加する.圧力勾配の急な領域では,必要なポロイダル磁場は外側に向かって増加し,外側の磁気面における磁力線は,内側の磁力線より,磁気軸の周りを,より速く回り,シアはますます負の値になる[22].

実際には,通常の運転のトカマクにおいては,シア・パラメーターは正である.しかしながら,バルーニング・モードが負のシア・パラメーター領域において安定であるということは,バルーニング・モードに対して安定なトカマク配位を考えるために重要なことである.

$$\frac{r}{Rq} = \frac{B_\theta}{B_0} = \frac{1}{B_0}\frac{1}{2\pi r}\int_0^r j(r)2\pi r \mathrm{d}r$$

であるから,安全係数 $q(r)$ の分布は

$$\frac{1}{q(r)} = \frac{R}{2B_0}\left(\frac{1}{\pi r^2}\int_0^r j 2\pi r \mathrm{d}r\right) \equiv \frac{R}{2B_0}\langle j(r)\rangle_r$$

である.よって,負のシア配位は,ホローな電流密度分布 (電流密度が中心より外側に向かって増える分布) によって実現できる.ホロー電流密度分布を持つトカマクの MHD 安定性について詳しい解析が文献[23]においてなされている.

8.6 密度勾配と温度勾配がある場合の η_i モード

z 方向の磁場中に密度勾配 $\mathrm{d}n_0/\mathrm{d}r$,および温度勾配 $\mathrm{d}T_{\mathrm{e}0}/\mathrm{d}r$, $\mathrm{d}T_{\mathrm{i}0}/\mathrm{d}r$ を持つプラズマがあるとする.この系に擾乱がおきたとする.そしてイオン密度が $n_\mathrm{i} = n_{\mathrm{i}0} + \tilde{n}_\mathrm{i}$ になったとする.連続の式

$$\frac{\partial n_\mathrm{i}}{\partial t} + \boldsymbol{v}_\mathrm{i}\cdot\nabla n_\mathrm{i} + n_\mathrm{i}\nabla\cdot\boldsymbol{v}_\mathrm{i} = 0$$

を線形化すると

$$-i\omega\tilde{n}_\mathrm{i} + \tilde{v}_r\frac{\partial n_0}{\partial r} + n_0 ik_\parallel \tilde{v}_\parallel = 0 \tag{8.111}$$

がえられる.ただし揺動項は $\exp i(k_\theta r\theta + k_\parallel z - \omega t)$ で変化するものとし $k_\theta, k_\parallel$ は円筒座標系における θ および z 方向の伝搬ベクトル成分である.揺動静電ポテンシャルを $\tilde{\phi}$ とすると $\tilde{v}_r = E_\theta/B = ik_\theta\tilde{\phi}/B$ である.電子密度はボルツマン分布に従うと考えられるので

$$\frac{\tilde{n}_\mathrm{e}}{n_0} = \frac{e\tilde{\phi}}{kT_\mathrm{e}} \tag{8.112}$$

となる．イオンの運動方程式の磁力線平行成分は

$$n_i m_i \frac{dv_\parallel}{dt} = -\nabla_\parallel p_i - en\nabla_\parallel \phi$$

であり，線形化すると

$$-i\omega n_i m_i \tilde{v}_\parallel = -ik_\parallel (\tilde{p}_i + en_0 \tilde{\phi}) \tag{8.113}$$

となる．断熱状態方程式は

$$\frac{\partial}{\partial t}(p_i n_i^{-5/3}) + \boldsymbol{v} \cdot \nabla(p_i n_i^{-5/3}) = 0$$

であり，線形化すると

$$-i\omega\left(\frac{\tilde{p}_i}{p_i} - \frac{5}{3}\frac{\tilde{n}_i}{n_i}\right) - \frac{ik_\theta \tilde{\phi}}{B}\left(\frac{dT_{i0}/dr}{T_{i0}} - \frac{2}{3}\frac{dn_0/dr}{n_0}\right) = 0 \tag{8.114}$$

となる．電子ドリフト周波数 $\omega^*_{ne}, \omega^*_{Te}$ およびイオン・ドリフト周波数 $\omega^*_{ni}, \omega^*_{Ti}$ を次のように定義する．

$$\omega^*_{ne} \equiv -\frac{k_\theta T_e}{eBn_e}\frac{dn_e}{dr}, \qquad \omega^*_{ni} \equiv \frac{k_\theta T_i}{eBn_i}\frac{dn_i}{dr}$$

$$\omega^*_{Te} \equiv -\frac{k_\theta}{eB}\frac{dT_e}{dr}, \qquad \omega^*_{Ti} \equiv \frac{k_\theta}{eB}\frac{dT_i}{dr}$$

また温度勾配の密度勾配に対する比を次のように定義する．

$$\eta_e \equiv \frac{dT_e/dr}{T_e}\frac{n_e}{dn_e/dr} = \frac{d\ln T_e}{d\ln n_e}, \qquad \eta_i \equiv \frac{dT_i/dr}{T_i}\frac{n_i}{dn_i/dr} = \frac{d\ln T_i}{d\ln n_i}$$

これらの量の間には

$$\omega^*_{ni} = -\frac{T_i}{T_e}\omega^*_{ne}, \qquad \omega^*_{Te} = \eta_e \omega^*_{ne}, \qquad \omega^*_{Ti} = \eta_i \omega^*_{ni}$$

の関係がある．そして (8.111)〜(8.114) はそれぞれ

$$\frac{\tilde{n}_i}{n_0} = \frac{\tilde{v}_\parallel}{\omega/k_\parallel} + \frac{\omega^*_{ne}}{\omega}\frac{e\tilde{\phi}}{T_e}$$

$$\frac{\tilde{n}_e}{n_0} = \frac{e\tilde{\phi}}{T_e}$$

$$\frac{\tilde{v}_\parallel}{\omega/k_\parallel} = \frac{1}{m_i(\omega/k_\parallel)^2}\left(e\tilde{\phi} + \frac{\tilde{p}_i}{n_0}\right)$$

$$\left(\frac{\tilde{p}_i}{p_{i0}} - \frac{5}{3}\frac{\tilde{n}}{n_0}\right) = \frac{\omega^*_{ne}}{\omega}\left(\eta_i - \frac{2}{3}\right)\frac{e\tilde{\phi}}{T_e}$$

に還元される．電荷中性の関係 $\tilde{n}_i/n_0 = \tilde{n}_e/n_0$ を用いると分散式

$$1 - \frac{\omega^*_{ne}}{\omega} - \left(\frac{v_{Ti}}{\omega/k_\parallel}\right)^2\left(\frac{T_e}{T_i} + \frac{5}{3} + \frac{\omega^*_{ne}}{\omega}\left(\eta_i - \frac{2}{3}\right)\right) = 0$$

8.6 密度勾配と温度勾配がある場合の η_i モード

が導かれる $(v_{\text{Ti}}^2 = T_i/m_i)^{24)}$. $\omega \ll \omega_{n_e}^*$ の領域における解は

$$\omega^2 = -k_\parallel^2 v_{\text{Ti}}^2 \left(\eta_i - \frac{2}{3}\right) \tag{8.115}$$

となる. これから $\eta_i > 2/3$ になると不安定になることが導かれる. このモードを η_i モードという.

攪乱の磁力線方向の伝播速度 $|\omega/k_\parallel|$ がイオンの熱速度 v_{T_i} に近づくと, 第11章で述べる粒子と波動の相互作用 (ランダウ減衰) が効いてくるので電磁流体力学が適用できなくなる. したがって η_i が大きいことがこの取り扱いの適用条件である. η_i があまり大きくないときは運動論的取り扱いが必要となるが, これについては付録Aで若干ふれる. 運動論的取り扱いの結果では, 不安定になる η_i のしきい値は $\eta_{i,cr} \sim 1.5$ 程度となる.

文　献

1) G. Bateman: *MHD Instabilities*, MIT Press, Cambridge, Massachusetts 1978.
2) M. Kruskal and M. Schwarzschield: *Proc. Roy. Soc.* **A223**, 348 (1954).
3) M. N. Rosenbluth, N. A. Krall and N. Rostoker: *Nucl. Fusion Suppl.* pt.1 143 (1962).
4) M. N. Rosenbluth and C. L. Longmire: *Ann. Phys.* **1**, 120 (1957).
5) I. B. Berstein, E. A. Frieman, M. D. Kruskal and R. M. Kulsrud: *Proc. Roy. Soc.* **A244**, 17 (1958).
6) B. B. Kadmotsev: *Reviews of Plasma Physics*. **2**, 153 (ed. by M. A. Loentovich) Consultant Bureau, New York 1966.
7) 宮本健郎：核融合のためのプラズマ物理, 岩波書店　1976.
   K. Miyamoto: *Plasma Physics for Nuclear Fusion*, MIT Press, Cambridge, Massachusetts 1980.
8) M. D. Kruskal, J. L. Johnson, M. B. Gottlieb and L. M. Goldman: *Phys. Fluids* **1**, 421 (1958).
9) V. D. Shafranov: *Sov. Phys., JETP* **6**, 545 (1958).
10) V. D. Shafranov: *Sov. Phys. Tech. Phys.* **15**, 175 (1970).
11) B. R. Suydam: *Proc. 2nd U. N. International Conf. on Peaceful Uses of Atomic Energy*, Geneva, vol. **31**, 157 (1958).
12) W. A. Newcomb: *Ann. Phys.* **10**, 232 (1960).
13) K. Hain and R. Lüst: *Z. Naturforsch.* **A13**, 936 (1958).
14) K. Matsuoka and K. Miyamoto: *Jpn. J. Appl. Phys.* **18**, 817 (1979).
15) A. Hasegawa and L. Chen: *Phys. Fluids* **19**, 1924 (1976).
16) F. Zonca and L. Chen: *Phys. Plasmas* **3**, 323 (1996).
    F. Zonca and L. Chen: *Phys. Fluids* **B5**, 3668 (1993).
17) H. L. Berk, J. W. Van Dam, Z. Guo and D. M. Lindberg: *Phys. Fluids* **B4**, 1806 (1992).
18) R. M. Kulsrud: *Plasma Phys. Contr. Nucl. Fusion Res.* (Conf. Proceedings, Culham 1965) **1**, 127 (1966) IAEA Vienna.

H. P. Furth, J. Killeen, M. N. Rosenbluth: ibid., 103.
19) J. W. Connor, R. J. Hastie and J. B. Taylor: *Phys. Rev. Lett.* **40**, 393 (1978).
20) J. W. Connor, R. J. Hastie and J. B. Taylor: *Proc. Roy. Soc.* **A365**, 1 (1979).
21) J. A. Wesson and A. Sykes: *Nucl. Fusion* **25** 85 (1985).
22) J. M. Greene and M. S. Chance: *Nucl. Fusion* **21**, 453 (1981).
23) T. Ozeki, M. Azumi, S. Tokuda and S. Ishida: *Nucl. Fusion* **33**, 1025 (1993).
24) B. B. Kadomtsev and O. P. Pogutse: *Reviews of Plasma Physics* **5**, 304 (ed. by M. A. Leontovich) Consultant Bureau, New York 1970.

9

抵抗不安定性

これまで取り扱ってきたプラズマは抵抗が 0 の理想的な場合であり，プラズマは磁力線に凍りついている (frozen) 状態であった．しかし一般には荷電粒子間の衝突があるため抵抗は有限であり，そのためプラズマは磁力線からずれうる．したがって理想的な場合には安定であっても抵抗の有限性を導入すると不安定になりうる場合がある．

まずオームの法則を

$$\eta \boldsymbol{j} = \boldsymbol{E} + \boldsymbol{V} \times \boldsymbol{B} \tag{9.1}$$

とする．簡単のため $\boldsymbol{E} = 0$ の場合を考えると $\boldsymbol{j} = \boldsymbol{V} \times \boldsymbol{B}/\eta$ となり

$$\boldsymbol{F}_{\mathrm{s}} = \boldsymbol{j} \times \boldsymbol{B} = \frac{\boldsymbol{B}(\boldsymbol{V} \cdot \boldsymbol{B}) - \boldsymbol{V} B^2}{\eta} \tag{9.2}$$

の力がプラズマに作用する．$\eta \to 0$ とするとこの力は無限大となりプラズマが磁力線からずれるのを防ぐ．しかし磁場の大きさ B が小さいときはこの力は小さくなり，η が小さくてもプラズマは磁力線からずれることになる．$\boldsymbol{k}$ の伝播ベクトルを持つある摂動を考えたとき，問題の $\boldsymbol{B}$ の値は後で示すように $\boldsymbol{k}$ 方向の磁場の成分のみが関与するので，ある磁場があったとき，たとえシアがあっても，ある点で $\boldsymbol{B}$ に垂直な伝播ベクトルを選ぶことができる．すなわち

$$(\boldsymbol{k} \cdot \boldsymbol{B}) = 0 \tag{9.3}$$

したがって，このような条件でプラズマを攪乱するある力 $\boldsymbol{F}_{\mathrm{dr}}$ が働くとき，この $\boldsymbol{F}_{\mathrm{dr}}$ が $\boldsymbol{F}_{\mathrm{s}}$ より大きくなることがあり不安定になりうる．このような不安定性を抵抗不安定性 (resistive instability) という．

9.1 ティアリング不安定性

直交座標系 (x,y,z) において磁場 $\boldsymbol{B}_0$ が x のみに依存するような平面モデルを考える．そして $\boldsymbol{B}_0$ は

$$\boldsymbol{B}_0 = B_{0y}(x)\boldsymbol{e}_y + B_{0z}(x)\boldsymbol{e}_z \tag{9.4}$$

で与えられるとする．オームの法則 (9.1) より

$$\frac{\partial \boldsymbol{B}}{\partial t} = -\nabla \times \boldsymbol{E} = \nabla \times ((\boldsymbol{V} \times \boldsymbol{B}) - \eta \boldsymbol{j})$$
$$= \nabla \times (\boldsymbol{V} \times \boldsymbol{B}) + \frac{\eta}{\mu_0} \Delta \boldsymbol{B} \tag{9.5}$$

となる．ここで η は一定と考える．またプラズマは非圧縮性 (incompressibility) であるとする．抵抗不安定性の成長時間は MHD の特徴的時間に比べて遅いからあまり一般性をそこなわない．すなわち

$$\nabla \cdot \boldsymbol{V} = 0 \tag{9.6}$$

また

$$\nabla \cdot \boldsymbol{B} = 0 \tag{9.7}$$

である．運動方程式は

$$\rho_{\mathrm{m}} \frac{\mathrm{d} \boldsymbol{V}}{\mathrm{d} t} = \frac{1}{\mu_0} (\nabla \times \boldsymbol{B}) \times \boldsymbol{B} - \nabla p$$
$$= \frac{1}{\mu_0} \left((\boldsymbol{B}_0 \cdot \nabla) \boldsymbol{B}_1 + (\boldsymbol{B}_1 \cdot \nabla) \boldsymbol{B}_0 - \frac{\nabla B^2}{2} \right) - \nabla p \tag{9.8}$$

となる．

摂動項として $f_1(\boldsymbol{r},t) = f_1(x) \exp(i(k_y y + k_z z) + \gamma t)$ で表される場合を考える．(9.5) は

$$\gamma B_{1x} = i(\boldsymbol{k} \cdot \boldsymbol{B}) V_x + \frac{\eta}{\mu_0} \left(\frac{\partial^2}{\partial x^2} - k^2 \right) B_{1x} \tag{9.9}$$

となる．ここで $k^2 = k_y^2 + k_z^2$ である．(9.8) の中の右辺第 1 項は $(\boldsymbol{B}_0 \cdot \nabla) \boldsymbol{B}_1 = i(\boldsymbol{k} \cdot \boldsymbol{B}_0) \boldsymbol{B}_1$ となる．(9.8) の rotation をとると

$$\mu_0 \rho_{\mathrm{m}} \gamma \nabla \times \boldsymbol{V} = \nabla \times \left(i(\boldsymbol{k} \cdot \boldsymbol{B}_0) \boldsymbol{B}_1 + \left(B_{1x} \frac{\partial}{\partial x} \right) \boldsymbol{B}_0 \right) \tag{9.10}$$

となる．また (9.6)(9.7) は

$$\frac{\partial B_{1x}}{\partial x} + i k_y B_{1y} + i k_z B_{1z} = 0 \tag{9.11}$$

$$\frac{\partial V_x}{\partial x} + i k_y V_y + i k_z V_z = 0 \tag{9.12}$$

である．(9.10) の z 成分に k_y を掛け y 成分に k_z を掛けて，その差をとる．そして (9.11)(9.12) の関係を用いると

$$\mu_0 \rho_{\mathrm{m}} \gamma \left(\frac{\partial^2}{\partial x^2} - k^2 \right) V_x = i(\boldsymbol{k} \cdot \boldsymbol{B}_0) \left(\frac{\partial^2}{\partial x^2} - k^2 \right) B_{1x} - i(\boldsymbol{k} \cdot \boldsymbol{B}_0)'' B_{1x} \tag{9.13}$$

が導かれる．$''$ は x による 2 重微分を表す．オームの式と運動方程式は (9.9) および (9.13) に還元されたが，すでに述べたように 0 次の $\boldsymbol{B}_0$ は $(\boldsymbol{k} \cdot \boldsymbol{B}_0)$ の形式のみに現れ

9.1 ティアリング不安定性

てくる.

$$F(x) \equiv (\boldsymbol{k} \cdot \boldsymbol{B}_0) \tag{9.14}$$

としたとき $F(x) = (\boldsymbol{k} \cdot \boldsymbol{B}_0) = 0$ の位置が不安定性の起こりやすいところである.この位置を $x = 0$ に選ぶ (図 9.1). $x = 0$ の付近では $(\boldsymbol{k} \cdot \boldsymbol{B}_0) \simeq (\boldsymbol{k} \cdot \boldsymbol{B}_0)'x$ となる. (9.9) および (9.13) より $x = 0$ の付近では B_{1x} は偶関数, V_x は奇関数となる. $x = 0$ 付近 $|x| < \varepsilon$ においてのみ $\Delta B_{1x} \sim -i\mu_0 k_y j_{1z}$ の項が大きくなる ((9.5) 参照). 抵抗不安定性の成長率は MHD 不安定性の成長率より小さいので, $|x| > \varepsilon$ では運動方程式 (9.13) の左辺は無視できる. そして

$$\frac{\mathrm{d}^2 B_{1x}}{\mathrm{d}x^2} - k^2 B_{1x} = \frac{F''}{F} B_{1x}, \qquad |x| > \varepsilon \tag{9.15}$$

である. $x > 0$ では

$$B_{1x} = e^{-kx}\left(\int_{-\infty}^{x} e^{2k\xi}\,\mathrm{d}\xi \int_{\infty}^{\xi} \frac{F''}{F} B_{1x} e^{-k\eta}\,\mathrm{d}\eta + A\right)$$

$x < 0$ では

$$B_{1x} = e^{kx}\left(\int_{\infty}^{x} e^{-2k\xi}\,\mathrm{d}\xi \int_{\infty}^{\xi} \frac{F''}{F} B_{1x} e^{k\eta}\,\mathrm{d}\eta + B\right)$$

である. ここで $x = +\varepsilon$ における $B'_{1x}(+\varepsilon)$ と $x = -\varepsilon$ における $B'_{1x}(-\varepsilon)$ との差

$$\Delta' \equiv \frac{B'_{1x}(+\varepsilon) - B'_{1x}(-\varepsilon)}{B_{1x}(0)} \tag{9.16}$$

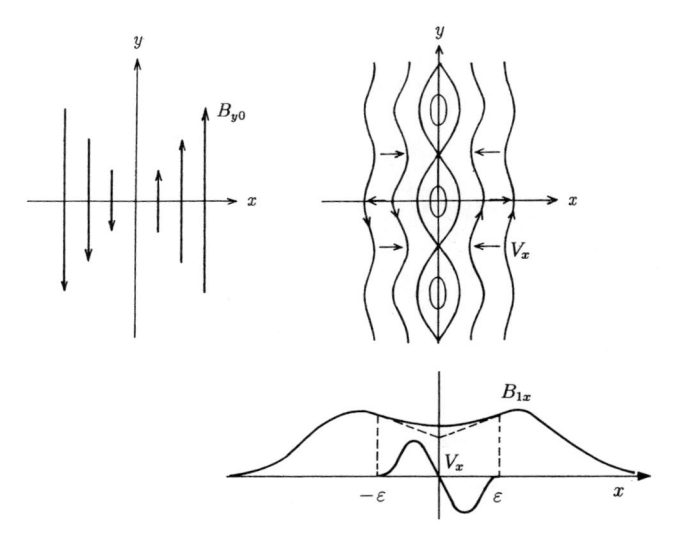

図 9.1 0 次の磁場配位とティアリング不安定性による磁気アイランド B_{1x} および V_x の x 依存性も示す.

を定義すると $|x| > \varepsilon$ の外部の解からえられる Δ' は

$$\Delta' = -2k - \frac{1}{B_{1x}(0)} \left(\int_{-\infty}^{-\varepsilon} + \int_{\varepsilon}^{\infty} \right) \exp(-k|x|) \frac{F''}{F} B_{1x} \, dx \tag{9.17}$$

となる.

$$F(x) = \frac{F_s x}{L_s} \quad (|x| < L_s), \qquad F(x) = \frac{F_s x}{|x|} \quad (x > |L_s|)$$

とした場合には, (9.15) を解くことができ, Δ' を求めると, $\alpha \equiv kL_s$ として

$$\Delta' = \left(\frac{2\alpha}{L_s} \right) \frac{e^{-2\alpha} + (1-2\alpha)}{e^{-2\alpha} - (1-2\alpha)} \approx \frac{2}{L_s} \left(\frac{1}{\alpha} - \alpha \right)$$

をえることができる. ここで L_s はシア長 $L_s = (F/F')_{x=0}$ である.

$|x| < \varepsilon$ の内部においては (9.9) および (9.13) は

$$\frac{\partial^2 B_{1x}}{\partial x^2} - \left(k^2 + \frac{\gamma \mu_0}{\eta} \right) B_{1x} = -i \frac{\mu_0}{\eta} F' x V_x \tag{9.18}$$

$$\frac{\partial^2 V_x}{\partial x^2} - \left(k^2 + \frac{(F')^2}{\rho_m \eta \gamma} x^2 \right) V_x = i \left(F' x \frac{1}{\rho_m \eta} - \frac{F''}{\mu_0 \rho_m \gamma} \right) B_{1x} \tag{9.19}$$

となり (9.18) より

$$\Delta' \times B_{1x}(0) = \frac{\partial B_{1x}(+\varepsilon)}{\partial x} - \frac{\partial B_{1x}(-\varepsilon)}{\partial x}$$

$$= \frac{\mu_0}{\eta} \int_{-\varepsilon}^{\varepsilon} \left(\left(\gamma + \frac{\eta}{\mu_0} k^2 \right) B_{1x} - iF'xV_x \right) dx \tag{9.20}$$

をえる. 外部の解と内部の解とが矛盾なく一致するためには (9.17) の Δ' と (9.20) の Δ' とが同じでなければならない. これより固有値 γ が求まり不安定性の成長率を求めることができる[1]. ここではやや定性的な取り扱いで成長率を求めてみよう. $|x| < \varepsilon$ では

$$\frac{\partial^2 B_{1x}}{\partial x^2} \sim \frac{\Delta' B_{1x}}{\varepsilon}$$

と書ける. (9.9) の誘導電場の項, $\bm{V} \times \bm{B}$ 項, オーム項の第 3 項はほぼ同程度であるとすると

$$\gamma B_{1x} \sim \frac{\eta}{\mu_0} \frac{\Delta' B_{1x}}{\varepsilon} \tag{9.21}$$

$$\gamma B_{1x} \sim iF' \varepsilon V_x \tag{9.22}$$

となる. (9.21) より

$$\gamma \sim \frac{\eta}{\mu_0} \frac{\Delta'}{\varepsilon} \tag{9.23}$$

をえる. したがって

$$\Delta' > 0 \tag{9.24}$$

ならば不安定となる. γ の値を求めるためには ε の大きさを評価しなければならない.

(9.13) より

$$\mu_0 \rho_{\mathrm{m}} \gamma \left(\frac{-V_x}{\varepsilon^2} \right) \sim i F' \varepsilon \frac{\Delta' B_{1x}}{\varepsilon} \tag{9.25}$$

となる. (9.21)(9.22)(9.25) より V_x, B_{1x}, γ を消去すると

$$\varepsilon^5 \sim \left(\frac{\eta}{\mu_0 a^2} \right)^2 (\Delta' a) \frac{\rho_{\mathrm{m}} \mu_0}{(F'a)^2} a^5$$

$$\frac{\varepsilon}{a} \sim \left(\left(\frac{\tau_{\mathrm{A}}}{\tau_{\mathrm{R}}} \right)^2 (\Delta' a) \left(\frac{B_0}{F'a^2} \right)^2 \right)^{1/5} \sim S^{-2/5} (\Delta' a)^{1/5} \left(\frac{B_0}{(\boldsymbol{k} \cdot \boldsymbol{B}_0)' a^2} \right)^{2/5} \tag{9.26}$$

となる. ただし

$$\tau_{\mathrm{R}} = \frac{\mu_0 a^2}{\eta}$$

$$\tau_{\mathrm{A}} = \frac{a}{B_0 / (\mu_0 \rho_{\mathrm{m}})^{1/2}}$$

であり

$$S = \tau_{\mathrm{R}} / \tau_{\mathrm{A}}$$

は磁気レイノルズ数である. また a は典型的なプラズマの大きさである. したがって成長率 γ は

$$\gamma = \frac{\eta}{\mu_0 a^2} \frac{a}{\varepsilon} (\Delta' a)$$

$$= \frac{(\Delta' a)^{4/5}}{\tau_{\mathrm{R}}^{3/5} \tau_{\mathrm{A}}^{2/5}} \left(\frac{(\boldsymbol{k} \cdot \boldsymbol{B}_0)' a^2}{B_0} \right)^{2/5}$$

$$= \frac{(\Delta' a)^{4/5}}{S^{3/5}} \left(\frac{(\boldsymbol{k} \cdot \boldsymbol{B}_0)' a^2}{B_0} \right)^{2/5} \frac{1}{\tau_{\mathrm{A}}} \tag{9.27}$$

となる. 図 9.1 に示すようにプラズマがいくつかの磁気アイランドにちぎられるようになるので, このような不安定性をティアリング不安定性 (tearing instability) という[1].

成長率 (9.21) は半定量的に求められた. もう少し厳密に取り扱うため (9.18) および (9.19) の内部領域の解を解くのに, $x < \varepsilon$ において $F'' \to 0, \partial^2/\partial y^2 = k^2 \ll \partial^2/\partial x^2$, B_{1x}=const. を仮定する. そうすると (9.19) は下記のようになる.

$$\frac{\partial^2 V_x}{\partial x^2} = i\alpha x B_{1x} + \beta x^2 V_x, \qquad \alpha = \frac{F'}{\rho_{\mathrm{m}} \eta}, \qquad \beta = \frac{F'^2}{\rho_{\mathrm{m}} \eta \gamma}$$

x, V_x を $x = \beta^{1/4} X, V_x = i\alpha B_{1x} \beta^{-3/4} U_x$ に変換すると, この方程式は $\partial^2 U_x/\partial x^2 = X(1 + XU_x)$ となり, 解は次のように与えられる[2].

$$U_x(X) = -\frac{X}{2} \int_0^{\pi/2} \exp\left(-\frac{X^2}{2} \cos\theta \right) \sin^{1/2}\theta \mathrm{d}\theta$$

(9.18) より $(\partial B_{1x}/\partial x) = (\gamma \mu_0/\eta) \int^x (B_{1x} - (i/\gamma) F' x V_x) \mathrm{d}x$ であるので, Δ' は下記

のようになる．
$$\Delta' = \frac{B'_{1x}(+\varepsilon) - B'_{1x}(-\varepsilon)}{B_{1x}(0)} = \frac{\mu_0 \gamma}{\eta B_{1x}} \int_{-\infty}^{\infty} (1 - \frac{iF'}{\gamma B_{1x}} x V_x) \mathrm{d}x$$
$$= \frac{\mu_0 \gamma}{\eta B_{1x}} \int_{-\infty}^{\infty} (1 + X U_x) \mathrm{d}X \left(\frac{F'^2}{\rho_m \eta \gamma} \right)^{-1/4} = \frac{\gamma^{5/4} \rho_m s^{1/4} \mu_0}{\eta^{3/4} F'^{1/2}} \int_{-\infty}^{\infty} \frac{1}{X} \frac{\partial^2 U_x}{\partial X^2} \mathrm{d}X$$

上の式の定積分の値は 2.12 である．成長率は
$$\gamma_{\text{Rutherford}} = 0.55(\Delta' a)^{4/5} \left(\frac{\eta}{\mu_0 a^2} \right)^{3/5} \left(\frac{B_0^2}{\rho_m \mu_0 a^2} \right)^{1/5} \left(\frac{(\boldsymbol{k} \cdot \boldsymbol{B}_0)' a^2}{B_0^2} \right)^{2/5}$$
$$= 0.55 \frac{(\Delta' a)^{4/5}}{\tau_{\text{R}}^{3/5} \tau_{\text{A}}^{2/5}} \left(\frac{(\boldsymbol{k} \cdot \boldsymbol{B}_0)' a^2}{B_0^2} \right)^{2/5}$$

で与えられる．この値は (9.27) の成長率の 0.55 倍である．

以上の議論は平面モデルで進めたが，トカマク配置との対応を考えてみよう．トーラスにおける擾乱の伝播ベクトルのポロイダル成分は m/r，トロイダル成分は $-n/R$ である．したがって $k_y \leftrightarrow m/r$, $k_z \leftrightarrow -n/R$ と対応させれば
$$(\boldsymbol{k} \cdot \boldsymbol{B}_0) = \frac{m}{r} B_\theta - \frac{n}{R} B_{\text{R}} = \frac{n}{r} B_\theta \left(\frac{m}{n} - q_{\text{s}} \right)$$
$$q_{\text{s}} \equiv \frac{r}{R} \frac{B_z}{B_\theta}$$

となる．したがって危険な位置 $(\boldsymbol{k} \cdot \boldsymbol{B}_0) = 0$ は有理面の位置 $q(r_{\text{s}}) = m/n$ に対応する．そして
$$(\boldsymbol{k} \cdot \boldsymbol{B}_0)' = \frac{-n}{r} B_\theta \frac{\mathrm{d} q_{\text{s}}}{\mathrm{d} r}$$
$$\frac{(\boldsymbol{k} \cdot \boldsymbol{B}_0)' r_{\text{s}}^2}{B_0} = -n \left(\frac{r_{\text{s}}}{R} \right) \frac{q'_{\text{s}}}{q_{\text{s}}} r_{\text{s}}$$

となる．これはトカマクにおける**内部破壊モード** (internal disruption mode) と関連した重要な不安定モードである (15.3 節参照)．

これまでは比抵抗 η および密度 ρ_m が一様で加速度 $\boldsymbol{g} = 0$ の場合について解析した．η が x に依存する場合はオームの式 (9.5) の抵抗項は $\nabla \times (\eta \nabla \times \boldsymbol{B})/\mu_0$ となるし，運動方程式 (9.8) の右辺は $\rho \boldsymbol{g}$ の項がつけ加わる．電子温度の勾配がある場合 $(\eta' \neq 0)$ は，波長の短い $(kL_{\text{s}} \gg 1)$ リップリング・モード (rippling mode) が $x = 0$ の位置より比抵抗の小さい側 (高温側) で起こりうる[1]．また重力場 $\boldsymbol{g}$ の向きが $\nabla \rho_m$ と反対方向の場合 ($\boldsymbol{g}$ が低密度側に向かうとき) 重力交換型モード (gravitational interchange mode) が生ずる[1]．

9.2 抵抗性ドリフト不安定性[3,4]

プラズマの境界においては密度勾配が存在する．このような領域ではある条件のもと

9.2 抵抗性ドリフト不安定性

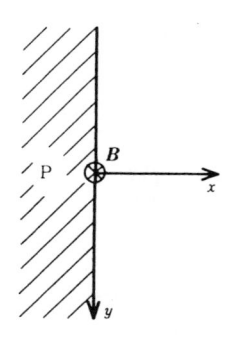

図 9.2 抵抗性ドリフト波の平面モデル

で不安定になる. ここで平面モデルを考え, z 方向に一様な磁場 $\boldsymbol{B}_0 = (0, 0, B_0)$ 中に低ベータ比のプラズマがあり, x 方向に密度勾配があるとする ($p_0 = p_0(x)$, 図 9.2 参照). したがって 0 次のプラズマ電流 $\boldsymbol{j}_0 = (0, p'_0/B_0, 0)$ およびプラズマの 0 次の流速および電場は $\boldsymbol{V}_0 = 0$, $\boldsymbol{E}_0 = 0$ とする (抵抗の有限性のため古典拡散による項があるが無視する). また温度の不均一性は密度の不均一性に比べて無視できるとする. 電子の慣性やイオンの磁場に沿う運動は無視できるとする. このような場合の関係式は

$$Mn\frac{\partial \boldsymbol{V}}{\partial t} = \boldsymbol{j} \times \boldsymbol{B} - \nabla p \tag{9.28}$$

$$\boldsymbol{E} + \boldsymbol{V} \times \boldsymbol{B} = \eta \boldsymbol{j} + \frac{1}{en}(\boldsymbol{j} \times \boldsymbol{B} - \nabla p_0) \tag{9.29}$$

$$\frac{\partial n}{\partial t} + \nabla \cdot (n\boldsymbol{V}) = 0 \tag{9.30}$$

$$\nabla \cdot \boldsymbol{j} = 0 \tag{9.31}$$

である. ただし M はイオンの質量である. 摂動項として静電的な場合を考える. 静電的波動の特徴は第 10 章で述べられるが, 電場の 1 次の摂動項が $\boldsymbol{E}_1 = -\nabla\phi_1$, 磁場の 1 次の摂動項は $\boldsymbol{B}_1 = 0$ となる. また簡単のため $T_\mathrm{i} = 0$ とする. 密度の摂動項を n_1 とし

$$n_1(x, y, z, t) = n_1 \exp i(ky + k_\parallel z - \omega t)$$
$$\phi_1(x, y, z, t) = \phi_1 \exp i(ky + k_\parallel z - \omega t)$$

とする. (9.28)(9.29) より

$$-i\omega Mn_0 \boldsymbol{V}_1 = \boldsymbol{j}_1 \times \boldsymbol{B}_0 - T_\mathrm{e}\nabla n_1 \tag{9.32}$$

$$\boldsymbol{j}_1 \times \boldsymbol{B}_0 - T_\mathrm{e}\nabla n_1 = en_0(-\nabla\phi_1 + \boldsymbol{V}_1 \times \boldsymbol{B}_0 - \eta \boldsymbol{j}_1) \tag{9.33}$$

$$i\omega\left(\frac{M}{e}\right)\boldsymbol{V}_1 = \nabla\phi_1 - \boldsymbol{V}_1 \times \boldsymbol{B}_0 + \eta \boldsymbol{j}_1 \tag{9.34}$$

をえる．η が十分小さい ($\nu_{ei} \ll \Omega_e$) とき，(9.34) において $\eta \boldsymbol{j}$ の寄与を無視できる．すなわち

$$V_x = -ik\frac{\phi_1}{B_0}$$

$$V_y = \left(\frac{\omega}{\Omega_i}\right)\frac{k\phi_1}{B_0}$$

$$V_z = \left(-\frac{\Omega_i}{\omega}\right)\frac{k_\parallel \phi_1}{B_0}$$

である．Ω_i はイオン・サイクロトロン周波数 ($\Omega_i = -eB/M$) である．ここで $(\omega/\Omega_i)^2 \ll 1$ の条件を満たす低周波の波を考えた．(9.32) の x, y 成分および (9.33) の z 成分より

$$j_x = -ik\frac{T_e n_1}{B_0}$$

$$j_y = kn_0\left(\frac{\omega}{\Omega_i}\right)\frac{e\phi_1}{B_0}$$

$$j_z = \frac{ik_\parallel}{e\eta}\left(T_e\frac{n_1}{n_0} - e\phi_1\right)$$

となる．(9.31) より $j'_x + ikj_y + ik_\parallel j_z = 0$，また (9.30) より $-i\omega n_1 + n'_0 V_x + n_0 ik V_y + n_0 ik_\parallel V_z = 0$ であるから

$$\frac{k_\parallel^2 T_e}{e\eta}\frac{n_1}{n_0} + \left(-\frac{k_\parallel^2 B}{\eta} - ik^2 en_0 \frac{\omega}{\Omega_i}\right)\frac{\phi_1}{B_0} = 0 \qquad (9.35)$$

$$\frac{n_1}{n_0} + \left(\frac{-k^2}{\Omega_i} + \frac{k_\parallel^2 \Omega_i}{\omega^2} + \frac{n'_0}{n_0}\frac{k}{\omega}\right)\frac{\phi_1}{B_0} = 0 \qquad (9.36)$$

をえる．分散式は (9.35)(9.36) のデターミナントからえられる．そして

$$\left(\frac{\omega}{\Omega_i}\right)^2 - i\frac{\omega}{\Omega_i}\left(\frac{k_\parallel}{k}\right)^2 \frac{B_0}{n_0 e\eta}\left(1 - \frac{T_e}{eB_0}\frac{k^2}{\Omega_i} - \frac{T_e}{M}\frac{k_\parallel^2}{\omega^2}\right)$$
$$- i\left(\frac{k_\parallel}{k}\right)^2 \frac{B_0}{n_0 e\eta}\frac{T_e}{eB_0}\frac{k}{\Omega_i}\frac{n'_0}{n_0} = 0 \qquad (9.37)$$

をえる．$\eta = m_e \nu_{ei}/ne^2$ より $B_0/(n_0 e\eta) = \Omega_e/\nu_{ei}$ である．また密度勾配 ∇n_0 によるイオンおよび電子のドリフト速度を $\boldsymbol{v}_{di}, \boldsymbol{v}_{de}$ とすると

$$\boldsymbol{v}_{di} = \frac{-(T_i \nabla n_0/n_0) \times \boldsymbol{b}}{eB_0} = \frac{-T_i}{eB_0}\left(\frac{-n'_0}{n_0}\right)\boldsymbol{e}_y$$

$$\boldsymbol{v}_{de} = \frac{(T_e \nabla n_0/n_0) \times \boldsymbol{b}}{eB_0} = \frac{T_e}{eB_0}\left(\frac{-n'_0}{n_0}\right)\boldsymbol{e}_y$$

となる．この座標系では $n'_0/n_0 < 0$ であるが，$\omega_e^* \equiv kv_{de} > 0$ および $\omega_i^* =$

9.2 抵抗性ドリフト不安定性

$kv_{\mathrm{di}} = -(T_{\mathrm{i}}/T_{\mathrm{e}})\omega_{\mathrm{e}}^* < 0$ をそれぞれ電子およびイオンのドリフト周波数と定義する. $\omega_{\mathrm{e}}^* = k(-n_0'/n_0)(T_{\mathrm{e}}/m\Omega_{\mathrm{e}})$ であるから, 分散式は

$$\frac{\omega}{\omega_{\mathrm{e}}^*} - i\left(1 + (k\rho_\Omega)^2 - \frac{T_{\mathrm{e}}}{M}\frac{k_\|^2}{\omega^2}\right)\frac{\Omega_{\mathrm{e}}\Omega_{\mathrm{i}}}{\nu_{\mathrm{ei}}\omega_{\mathrm{e}}^*}\left(\frac{k_\|}{k}\right)^2\frac{\omega}{\omega_{\mathrm{e}}^*}$$
$$+ i\frac{\Omega_{\mathrm{e}}\Omega_{\mathrm{i}}}{\nu_{\mathrm{ei}}\omega_{\mathrm{e}}^*}\left(\frac{k_\|}{k}\right)^2 = 0 \tag{9.38}$$

となる. ここで ρ_Ω は, イオンが T_{e} の温度を持ったとしたときのラーマー半径である. $\omega/\omega_{\mathrm{e}}^* = x + iz$, $-(\Omega_{\mathrm{e}}\Omega_{\mathrm{i}}/\nu_{\mathrm{ei}}\omega_{\mathrm{e}}^*)(k_\|/k)^2 = y^2$ として, $(k\rho_\Omega)^2 - (T_{\mathrm{e}}/M)(k_\|^2/\omega^2) \ll 1$ のとき

$$(x + iz)^2 + iy^2(x + iz) - iy^2 = 0 \tag{9.39}$$

となる. (9.39) の解 $x_1(y), z_1(y)$ および $x_2(y), z_2(y)$ の $y \propto (k_\|/k)$ に対する依存を図 9.3 に示す. $z_2(y) < 0$ であるので, $z_2 = \mathrm{Im}(\omega/\omega_{\mathrm{e}}^*) < 0$ で安定である. この解はイオンのドリフト方向に伝播する. $x_1, z_1 > 0$ の解は電子のドリフト方向に伝播し, 不安定である. この波の成長率は $k_\|/k$ を適当にとって $y \simeq 1.3$ になるようにすると $z_1 \approx 0.25$ となり $\mathrm{Im}\,\omega \approx 0.25\,\omega_{\mathrm{e}}^*$ の値がえられる. もし η が小さくなると一番不安定なモードの波長が長くなり, 不安定を起こすのに必要なだけ電子の運動を妨げるための衝突回数を保とうとする. したがって適当な方法で $k_\|$ に対して下限を設定することができれば $\eta \propto \nu_{\mathrm{ei}}$ が小さくなるにしたがって

$$\mathrm{Im}(\omega/\omega_{\mathrm{e}}^*) \approx y^{-2} = \frac{\nu_{\mathrm{ei}}\omega_{\mathrm{e}}^*}{\Omega_{\mathrm{e}}|\Omega_{\mathrm{i}}|}\left(\frac{k}{k_\|}\right)^2$$

となり, 成長率は $\eta \propto \nu_{\mathrm{ei}}$ に比例して小さくなる. このような不安定性を**抵抗性ドリフト不安定性** (resistive drift instability) あるいは**散逸性ドリフト不安定性** (dissipative

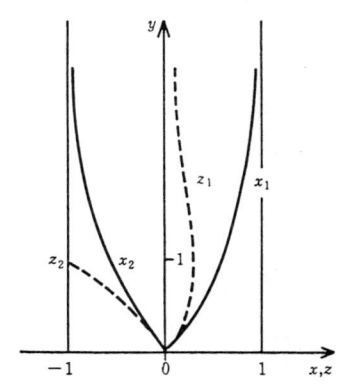

図 **9.3** 抵抗性ドリフト波の周波数 $\omega/\omega_{\mathrm{e}}^* = x + iz$ の $y \propto k_\|/k$ に対する依存性

drift instability) という.

(9.35) より明らかなように,もしイオンの慣性項を無視すると分散式は $\omega^2 - \omega k v_{\mathrm{de}} - k_{\|}^2 T_{\mathrm{e}}/M = 0$ となり不安定性は現れない.すなわち不安定性はイオンの慣性のために電子とイオンの間に荷電分離が起こることに起因している.その電荷を中性化するために磁力線に沿って電子が運動するが,衝突,すなわち抵抗によってその運動が妨げられると荷電分離が起こり,それによって生ずる電場が擾乱を成長させることになる[3].したがって衝突ドリフト不安定性 (collisional drift instability) とも呼ばれる.

無衝突の場合 (9.38) は

$$(1 + (k\rho_\Omega)^2)\omega^2 - \omega_{\mathrm{e}}^* \omega - c_{\mathrm{s}}^2 k_{\|}^2 = 0 \tag{9.40}$$

となる.電磁流体力学的近似においては無衝突の場合,不安定性が現れないが,ボルツマン方程式による運動論においては不安定性が現れる.これを無衝突ドリフト波という (付録 A.8.1 項参照).

文　　献

1) H. P. Furth, J. Killeen and M. N. Rosenbluth: *Phys. Fluids* **6**, 459 (1963).
2) R. J. Goldston and R. H. Rutherford: *Introduction to Plasma Physics*, Institute of Physics Publishing, London 1995.
3) S. S. Moiseev and R. Z. Sagdeev: *Sov. Phys., JETP* **17**, 515 (1963).
   S. S. Moiseev and R. Z. Sagdeev: *Sov. Phys. Tech. Phys.* **9**, 196 (1964).
4) F. F. Chen: *Phys. Fluids* **8**, 912 and 1323 (1965).

10

電磁波伝播媒質としてのプラズマ

　プラズマは数多くのイオンと電子の集まりから成り立っている．これらの系を記述するために第4章において分布関数を導入し，その分布関数に対してボルツマン方程式あるいはブラソフの方程式を導いた．これら数多くの粒子からなる系は非常に多くの自由度を持っており，簡単化されたモデルを用いてのみ，プラズマの運動を数学的に解析することができる．

　第5章においては質量密度，流体速度，圧力など，速度空間における平均量を導入し，これらの平均量に対して電磁流体力学の方程式を導いた．そしてこのモデルを用いて平衡やMHD不安定性などを第6章〜第9章で取り扱ってきた．しかし，このモデルにおいては速度空間における平均量を取り扱うので，分布関数の速度空間における形によって引き起される不安定性あるいは波の減衰などの現象を記述するには全く無力である．また電磁流体モデルで取り扱われる現象は多くの場合低周波で変化する ($\omega < |\Omega_\mathrm{i}|, \Omega_\mathrm{e}$) 現象であって，イオン・サイクロトロン周波数あるいは電子サイクロトロン周波数より高い周波数の振動現象は記述できない．

　この章ではプラズマ中の波を取り扱うのに適し，数学的解析が比較的簡単でしかもプラズマの力学的性質の基本的部分を保持するようなモデルを導入する．すなわち一様磁場中に空間的に均一に存在する温度0のプラズマ・モデルである．したがって無擾乱状態ではイオンも電子も静止している．1次の擾乱によって生ずる電場，磁場によってイオンや電子が運動し，その結果生ずる電場，磁場が自己矛盾なく取り扱われる．こうした冷たいプラズマ (cold plasma) の運動論的モデルによってプラズマ中の波の性質を表す分散式を導き，いろいろな場合における波の性質を記述する．したがってプラズマはある誘電率テンサー $\boldsymbol{K}$ を持つ電磁波伝播媒質と考えることができる．このモデルは一様な磁場，密度，温度0という場合を想定しているが，磁場や密度が変化する特徴的長さ（プラズマの大きさ）に比べて，取り扱う波の波長が短く，かつ粒子の熱速度に比べて波の位相速度が大きければよい近似で適用できる．この誘電率テンサー $\boldsymbol{K}$ は磁場，密度の関数となるから，磁場，密度が空間的に変化する場合のプラズマは不均一，非等方で，かつ強い分散性を示す媒質と見なすことができる．

プラズマの温度が0でなく有限な場合には，速度空間で広がりを持つときに現われてくる粒子と波動の相互作用が重要な役割をする．その代表的相互作用はランダウ減衰で，これについては第11章で述べる．

温度が有限なプラズマ中の波，非均一なプラズマ中における不安定性などの現象は冷たいプラズマ・モデルを拡張した数学的方法によって解析できる（第12章，付録A）．プラズマ中の波については文献[1)-3)]などにくわしく述べられている．

10.1 冷たい無衝突プラズマの分散式

0次の無擾乱状態のプラズマにおいて密度 n や磁場 $\boldsymbol{B}_0$ は空間的に一様で時間的にも一定であり，イオンおよび電子は静止しているとする．1次の擾乱項は $\exp i(\boldsymbol{k}\cdot\boldsymbol{r} - \omega t)$ の形で変化するものとする．プラズマ中のイオンや電子は，擾乱による電場 $\boldsymbol{E}$ や磁気誘導 $\boldsymbol{B}_1$ によって運動し，その速度を $\boldsymbol{v}_k$ とする（k は電子，イオン（多種類のこともある）の種類を表す）．プラズマ粒子の運動によって生ずる電流 $\boldsymbol{j}$ は

$$\boldsymbol{j} = \sum_k n_k q_k \boldsymbol{v}_k \tag{10.1}$$

で与えられる．n_k は k 種の粒子数密度，q_k は k 種の粒子の電荷を表す．プラズマ中の電気変位を $\boldsymbol{D}$ とすると

$$\boldsymbol{D} = \epsilon_0 \boldsymbol{E} + \boldsymbol{P} \tag{10.2}$$

$$\boldsymbol{j} = \frac{\partial \boldsymbol{P}}{\partial t} = -i\omega \boldsymbol{P} \tag{10.3}$$

となる．ここで $\boldsymbol{E}$ は電場，$\boldsymbol{P}$ は電気分極，ϵ_0 は真空中の誘電率を表す．したがって

$$\boldsymbol{D} = \epsilon_0 \boldsymbol{E} + \frac{i}{\omega}\boldsymbol{j} \equiv \epsilon_0 \boldsymbol{K}\cdot\boldsymbol{E} \tag{10.4}$$

となる．ここで $\boldsymbol{K}$ は冷たいプラズマの**誘電率テンサー**(dielectric tensor)である．k 種の単一荷電粒子の運動は

$$m_k \frac{d\boldsymbol{v}_k}{dt} = q_k(\boldsymbol{E} + \boldsymbol{v}_k \times \boldsymbol{B}) \tag{10.5}$$

である．ここで $\boldsymbol{B} = \boldsymbol{B}_0 + \boldsymbol{B}_1$ であり，$\boldsymbol{v}_k, \boldsymbol{E}, \boldsymbol{B}_1$ は1次の微小量である．したがって

$$-i\omega m_k \boldsymbol{v}_k = q_k(\boldsymbol{E} + \boldsymbol{v}_k \times \boldsymbol{B}_0) \tag{10.6}$$

である．$\boldsymbol{B}_0$ の方向に z 軸をとると運動方程式の解は

$$\left.\begin{aligned} v_{k,x} &= \frac{-iE_x}{B_0}\frac{\Omega_k\omega}{\omega^2-\Omega_k^2} - \frac{E_y}{B_0}\frac{\Omega_k^2}{\omega^2-\Omega_k^2} \\ v_{k,y} &= \frac{E_x}{B_0}\frac{\Omega_k^2}{\omega^2-\Omega_k^2} - \frac{iE_y}{B_0}\frac{\Omega_k\omega}{\omega^2-\Omega_k^2} \\ v_{k,z} &= \frac{-iE_z}{B_0}\frac{\Omega_k}{\omega} \end{aligned}\right\} \tag{10.7}$$

となる. ここで Ω_k は k 種の荷電粒子のサイクロトロン周波数で

$$\Omega_k = \frac{-q_k B_0}{m_k} \tag{10.8}$$

である (電子の場合 $\Omega_{\mathrm{e}} > 0$, イオンの場合 $\Omega_{\mathrm{i}} < 0$). (10.7) より $\boldsymbol{v}_k$ を $\boldsymbol{E}$ で表し, $\boldsymbol{j}$ の式 (10.1) に代入しさらに $\boldsymbol{D}$ の式 (10.4) を用いると誘電率テンサー $\boldsymbol{K}$ は

$$\boldsymbol{K} \cdot \boldsymbol{E} = \begin{bmatrix} K_\perp & -iK_\times & 0 \\ iK_\times & K_\perp & 0 \\ 0 & 0 & K_\parallel \end{bmatrix} \begin{bmatrix} E_x \\ E_y \\ E_z \end{bmatrix} \tag{10.9}$$

で表される. ただし

$$K_\perp \equiv 1 - \sum_k \frac{\Pi_k^2}{\omega^2 - \Omega_k^2} \tag{10.10}$$

$$K_\times \equiv -\sum_k \frac{\Pi_k^2}{\omega^2 - \Omega_k^2} \frac{\Omega_k}{\omega} \tag{10.11}$$

$$K_\parallel \equiv 1 - \sum_k \frac{\Pi_k^2}{\omega^2} \tag{10.12}$$

$$\Pi_k^2 \equiv \frac{n_k q_k^2}{\epsilon_0 m_k} \tag{10.13}$$

となる. また便宜のため次の量を定義する.

$$\left.\begin{aligned} R &\equiv 1 - \sum_k \frac{\Pi_k^2}{\omega^2} \frac{\omega}{\omega - \Omega_k} = K_\perp + K_\times \\ L &\equiv 1 - \sum_k \frac{\Pi_k^2}{\omega^2} \frac{\omega}{\omega + \Omega_k} = K_\perp - K_\times \end{aligned}\right\} \tag{10.14}$$

この量は後からいろいろ使われる.

マックスウェルの方程式

$$\nabla \times \boldsymbol{E} = -\frac{\partial \boldsymbol{B}}{\partial t} \tag{10.15}$$

$$\nabla \times \boldsymbol{H} = \boldsymbol{j} + \epsilon_0 \frac{\partial \boldsymbol{E}}{\partial t} = \frac{\partial \boldsymbol{D}}{\partial t} \tag{10.16}$$

より

$$\boldsymbol{k} \times \boldsymbol{E} = \omega \boldsymbol{B}_1$$
$$\boldsymbol{k} \times \boldsymbol{H}_1 = -\omega \epsilon_0 \boldsymbol{K} \cdot \boldsymbol{E}$$

となり

$$\boldsymbol{k} \times (\boldsymbol{k} \times \boldsymbol{E}) + \frac{\omega^2}{c^2} \boldsymbol{K} \cdot \boldsymbol{E} = 0 \tag{10.17}$$

をえる. 無次元ベクトルを

$$\boldsymbol{N} \equiv \frac{\boldsymbol{k}c}{\omega}$$

とすると (c は光速), $N = |\boldsymbol{N}|$ は光速と波の位相速度との比で屈折率を表す. $\boldsymbol{N}$ を用いると (10.17) は

$$\boldsymbol{N} \times (\boldsymbol{N} \times \boldsymbol{E}) + \boldsymbol{K} \cdot \boldsymbol{E} = 0 \tag{10.18}$$

となる. $\boldsymbol{N}$ と $\boldsymbol{B}_0$ とのなす角を θ とし(図 10.1), $\boldsymbol{N}$ ベクトルが zx 面にあるように x 軸をとると (10.18) は

$$\begin{bmatrix} K_\perp - N^2 \cos^2\theta & -iK_\times & N^2 \sin\theta\cos\theta \\ iK_\times & K_\perp - N^2 & 0 \\ N^2 \sin\theta\cos\theta & 0 & K_\parallel - N^2 \sin^2\theta \end{bmatrix} \begin{bmatrix} E_x \\ E_y \\ E_z \end{bmatrix} = 0 \tag{10.19}$$

で表される. $\boldsymbol{E} \neq 0$ の解が存在するためには行列のデターミナントが 0 でなくてはならない.

$$AN^4 - BN^2 + C = 0 \tag{10.20}$$
$$A = K_\perp \sin^2\theta + K_\parallel \cos^2\theta \tag{10.21}$$
$$B = (K_\perp^2 - K_\times^2)\sin^2\theta + K_\parallel K_\perp (1 + \cos^2\theta) \tag{10.22}$$
$$C = K_\parallel (K_\perp^2 - K_\times^2) = K_\parallel RL \tag{10.23}$$

この式が伝播ベクトル $\boldsymbol{k}$ と周波数 ω との関係を決める. このような $\boldsymbol{k}$ と ω との関係式を分散式 (dispersion equation) という. この解は

$$\begin{aligned} N^2 &= \frac{B \pm (B^2 - 4AC)^{1/2}}{2A} \\ &= \left((K_\perp^2 - K_\times^2)\sin^2\theta + K_\parallel K_\perp (1 + \cos^2\theta) \right. \\ &\quad \left. \pm [(K_\perp^2 - K_\times^2 - K_\parallel K_\perp)^2 \sin^4\theta + 4K_\parallel^2 K_\times^2 \cos^2\theta]^{1/2}\right) \\ &\quad \times \left(2(K_\perp \sin^2\theta + K_\parallel \cos^2\theta)\right)^{-1} \tag{10.24} \end{aligned}$$

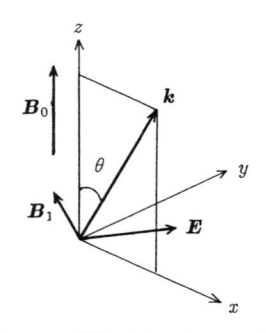

図 10.1 伝播ベクトルと xyz 座標

となる. $\theta = 0$ すなわち磁力線方向に伝播する波については分散式 (10.20) は

$$K_\parallel (N^4 - 2K_\perp N^2 + (K_\perp^2 - K_\times^2)) = 0 \tag{10.25}$$

となり, 解は

$$K_\parallel = 0, \qquad N^2 = K_\perp + K_\times = R, \qquad N^2 = K_\perp - K_\times = L \tag{10.26}$$

となる. また $\theta = \pi/2$ すなわち磁力線と直角方向に伝播する波については

$$K_\perp N^4 - (K_\perp^2 - K_\times^2 + K_\parallel K_\perp)N^2 + K_\parallel (K_\perp^2 - K_\times^2) = 0 \tag{10.27}$$

$$N^2 = \frac{K_\perp^2 - K_\times^2}{K_\perp} = \frac{RL}{K_\perp}, \qquad N^2 = K_\parallel \tag{10.28}$$

の分散式がえられる.

10.2 波の偏光性, カット・オフ, 共鳴

10.2.1 波の偏光性と粒子の運動

前節で分散式を導いたが, 波の電場やそれにともなう粒子の運動について述べる. (10.19) の y 成分をとると

$$iK_\times E_x + (K_\perp - N^2)E_y = 0$$

$$\frac{iE_x}{E_y} = \frac{N^2 - K_\perp}{K_\times} \tag{10.29}$$

となる. また速度成分に関しては

$$\begin{aligned}\frac{iv_{k,x}}{v_{k,y}} &= \frac{i((-iE_x/E_y)\omega/(\omega^2 - \Omega_k^2) - \Omega_k/(\omega^2 - \Omega_k^2))}{(E_x/E_y)\Omega_k/(\omega^2 - \Omega_k^2) - i\omega/(\omega^2 - \Omega_k^2)} \\ &= \frac{(\omega + \Omega_k)(N^2 - L) + (\omega - \Omega_k)(N^2 - R)}{(\omega + \Omega_k)(N^2 - L) - (\omega - \Omega_k)(N^2 - R)}\end{aligned} \tag{10.30}$$

をえる.

$\theta = 0$ で $N^2 = R$ を満たす波については $iE_x/E_y = 1$ であり, 電場は円偏光しており, 右向きすなわち電子のラーマー運動の方向に回転する. 同様に荷電粒子の運動も右向きの円運動となる. $\theta = 0$ で $N^2 = L$ を満たす波は $iE_x/E_y = -1$ であり, 左向きすなわちイオンのラーマー運動の方向に回転する円偏光をしており, 粒子の運動も左向きの円運動となる. 伝播方向を磁力線方向に向けたとき, すなわち $\theta \to 0$ としたとき $N^2 = R$ の分散式になる波を **R** 波 といい, $N^2 = L$ の分散式になる波を **L** 波 と呼ぶ. $\theta = 0$ の波の分散式の解は (10.24) より

$$N^2 = \frac{1}{2}\left(R + L \pm \frac{|K_\parallel|}{K_\parallel}|R - L|\right) \tag{10.31}$$

と書き表されるので，$K_\parallel$ が変化して $K_\parallel = 0$ を横切り符号を変えると R 波と L 波とが入れ替わる．また $K_\times = R - L$ が符号を変えるとき，すなわち $R = \infty$ あるいは $L = \infty$ のところでも R 波と L 波とが入れ替わる．

$\theta = \pi/2$ のとき，$N^2 = K_\parallel$ の分散式を満たす波においては $E_x = E_y = 0, E_z \neq 0$ となる．また $N^2 = RL/K_\perp$ を満たす波は $iE_x/E_y = -(R-L)/(R+L) = -K_\times/K_\perp$, $E_z = 0$ となる．θ を $\pi/2$ に近づけたとき $N^2 = K_\parallel$ になる波を**正常波** (ordinary wave) といい，$N^2 = RL/K_\perp$ になる波を**異常波** (extraordinary wave) という．$\theta = \pi/2$ のとき異常波の電場は磁力線に垂直であり正常波の電場は磁力線に平行であることを指摘しておく．$\theta = \pi/2$ のときの波の分散式は (10.24) より

$$\begin{aligned}
N^2 &= \frac{1}{2K_\perp}(K_\perp^2 - K_\times^2 + K_\parallel K_\perp + |K_\perp^2 - K_\times^2 - K_\parallel K_\perp|) \\
&= \frac{1}{2K_\perp}(RL + K_\parallel K_\perp \pm |RL - K_\parallel K_\perp|)
\end{aligned} \quad (10.32)$$

となるので $RL - K_\parallel K_\perp = 0$ のところを通過すると正常波と異常波とが入れ替わる．

R 波，L 波，正常波，異常波の分類のほかに $\theta = 0$ と $\theta = \pi/2$ の間の位相速度の大小によって**速進波**あるいは**速波** (fast wave) と**遅進波**あるいは**遅波** (slow wave) に区別する．$N^2 = (B \pm (B^2 - 4AC)^{1/2})/2A$ の平方根の中は (10.24) より正であるので $\theta = 0$ と $\theta = \pi/2$ の間で位相速度の大小関係が変わることはない．

10.2.2 カット・オフと共鳴

分散式の解 (10.24) においてある条件によって屈折率 N が 0 になったり無限大なったりする．$N^2 = 0$ のときを**カット・オフ** (cut off) といい，波の位相速度

$$v_{\rm ph} = \frac{\omega}{k} = \frac{c}{N} \quad (10.33)$$

は無限大になる．(10.20) (10.23) より明かなように

$$K_\parallel = 0, \qquad R = 0, \qquad L = 0 \quad (10.34)$$

の条件においてカット・オフが起こる．

$N^2 = \infty$ のときを**共鳴** (resonance) といい，波の位相速度は 0 に近づく．そこでは波の吸収が起こりうる（第 11 章で述べる）．共鳴条件は

$$\tan^2\theta = -\frac{K_\parallel}{K_\perp} \quad (10.35)$$

である．

$\theta = 0$ においては $K_\perp = (R+L)/2 \to \pm\infty$ が共鳴条件で，$R \to \pm\infty$ の条件は ω が正のときで $\omega = \Omega_e$ すなわち電子サイクロトロン周波数のとき満たされる．これを**電子サイクロトロン共鳴** (electron cyclotron resonance) という．$L \to \pm\infty$ の条件は ω が

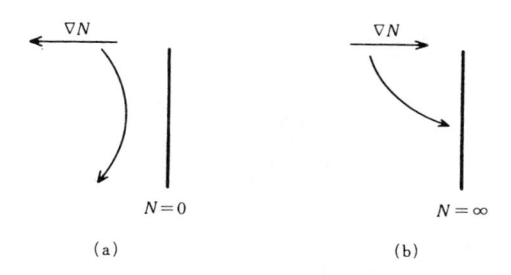

図 10.2 波の伝播
(a) カット・オフ領域付近, (b) 共鳴領域付近.

正で $\omega = |\Omega_\mathrm{i}|$ のとき満たされ,これを**イオン・サイクロトロン共鳴** (ion cyclotron resonance) という.

$\theta = \pi/2$ においては,$K_\perp = 0$ が共鳴条件となる.この共鳴条件を**混成共鳴** (hybrid resonance) という.またハイブリッド共鳴ともいう.

屈折率が減少してカット・オフの領域に波が近づくと,その波の光路は図 10.2a のように曲がり反射されてしまう.また屈折率が無限大になる共鳴領域に近づくと光路は共鳴領域に垂直に進行し,その位相速度は 0 に近づく.そしてプラズマによる吸収が起こる.

10.3　2 成分プラズマの波

1 種類のイオンと電子からなるプラズマを考えると,電荷の中性より

$$n_\mathrm{i} Z_\mathrm{i} = n_\mathrm{e} \tag{10.36}$$

である.便利のため次の無次元パラメーターを導入する.

$$\delta = \frac{\mu_0 (n_\mathrm{i} m_\mathrm{i} + n_\mathrm{e} m_\mathrm{e}) c^2}{B_0^2} \tag{10.37}$$

また電子について (10.13) で定義された量

$$\Pi_\mathrm{e}^2 = \frac{n_\mathrm{e} e^2}{\epsilon_0 m_\mathrm{e}} \tag{10.38}$$

を**電子プラズマ周波数** (electron plasma frequency) という.そうすると

$$\frac{\Pi_\mathrm{e}^2}{\Pi_\mathrm{i}^2} = \frac{m_\mathrm{i}}{m_\mathrm{e}} \gg 1$$

$$\frac{\Pi_\mathrm{i}^2 + \Pi_\mathrm{e}^2}{|\Omega_\mathrm{i}| \Omega_\mathrm{e}} = \delta \approx \frac{\Pi_\mathrm{i}^2}{\Omega_\mathrm{i}^2} \tag{10.39}$$

の関係がある.また $K_\perp$, $K_\times$, $K_\parallel$, R, L は

$$\left.\begin{aligned} K_\perp &= 1 - \frac{\Pi_i^2}{\omega^2 - \Omega_i^2} - \frac{\Pi_e^2}{\omega^2 - \Omega_e^2} \\ K_\times &= -\frac{\Pi_i^2}{\omega^2 - \Omega_i^2}\frac{\Omega_i}{\omega} - \frac{\Pi_e^2}{\omega^2 - \Omega_e^2}\frac{\Omega_e}{\omega} \\ K_\parallel &= 1 - \frac{\Pi_e^2 + \Pi_i^2}{\omega^2} \simeq 1 - \frac{\Pi_e^2}{\omega^2} \end{aligned}\right\} \quad (10.40)$$

$$R = 1 - \frac{\Pi_e^2 + \Pi_i^2}{(\omega - \Omega_i)(\omega - \Omega_e)} \simeq \frac{\omega^2 - (\Omega_i + \Omega_e)\omega + \Omega_i \Omega_e - \Pi_e^2}{(\omega - \Omega_i)(\omega - \Omega_e)} \quad (10.41)$$

$$L = 1 - \frac{\Pi_e^2 + \Pi_i^2}{(\omega + \Omega_i)(\omega + \Omega_e)} \simeq \frac{\omega^2 + (\Omega_i + \Omega_e)\omega + \Omega_i \Omega_e - \Pi_e^2}{(\omega + \Omega_i)(\omega + \Omega_e)} \quad (10.42)$$

で与えられる.

磁場 $\boldsymbol{B}_0$ に平行に伝播する波は分散式において $\theta = 0$ とし, $K_\parallel = 0$, $N^2 = R$, $N^2 = L$ に対応して次の式をえる.

$$\omega^2 = \Pi_e^2 \quad (10.43)$$

R 波:

$$\frac{\omega^2}{c^2 k_\parallel^2} = \frac{1}{R} = \frac{(\omega - \Omega_i)(\omega - \Omega_e)}{\omega^2 - \omega\Omega_e + \Omega_e\Omega_i - \Pi_e^2} = \frac{(\omega + |\Omega_i|)(\omega - \Omega_e)}{(\omega - \omega_R)(\omega + \omega_L)} \quad (10.44)$$

ただし ω_R, ω_L は次式で与えられる.

$$\omega_R = \frac{\Omega_e}{2} + \left(\left(\frac{\Omega_e}{2}\right)^2 + \Pi_e^2 + |\Omega_e \Omega_i|\right)^{1/2} > 0 \quad (10.45)$$

$$\omega_L = -\frac{\Omega_e}{2} + \left(\left(\frac{\Omega_e}{2}\right)^2 + \Pi_e^2 + |\Omega_e \Omega_i|\right)^{1/2} > 0 \quad (10.46)$$

L 波:

$$\frac{\omega^2}{c^2 k_\parallel^2} = \frac{1}{L} = \frac{(\omega + \Omega_i)(\omega + \Omega_e)}{\omega^2 + \omega\Omega_e + \Omega_e\Omega_i - \Pi_e^2} = \frac{(\omega - |\Omega_i|)(\omega + \Omega_e)}{(\omega - \omega_L)(\omega + \omega_R)} \quad (10.47)$$

ここで, $\Omega_e > 0$, $\Omega_i < 0$ であることに注意しておく. $\omega_R > \Omega_e > \omega_L > |\Omega_i|$ であるので, $\omega - ck_\parallel$ の分散関係を定性的にグラフに描くと図 10.3 のようになる. 磁場 $\boldsymbol{B}_0$ に垂直に伝播する波は $N^2 = K_\parallel$ の正常波 (O 波) と $N^2 = (K_\perp^2 - K_\times^2)/K_\perp$ の異常波 (X 波) に対応して

O 波:

$$\frac{\omega^2}{c^2 k_\perp^2} = \frac{1}{K_\parallel} = \left(1 - \frac{\Pi_e^2}{\omega^2}\right)^{-1} = 1 + \frac{\Pi_e^2}{c^2 k_\perp^2} \quad (10.48)$$

X 波:

$$\frac{\omega^2}{c^2 k_\perp^2} = \frac{K_\perp}{K_\perp^2 - K_\times^2} = \frac{K_\perp}{RL}$$

$$= \frac{2(\omega^2 - \Omega_\mathrm{i}^2)(\omega^2 - \Omega_\mathrm{e}^2) - \Pi_\mathrm{e}^2((\omega + \Omega_\mathrm{i})(\omega + \Omega_\mathrm{e}) + (\omega - \Omega_\mathrm{i})(\omega - \Omega_\mathrm{e}))}{2(\omega^2 - \omega_\mathrm{L}^2)(\omega^2 - \omega_\mathrm{R}^2)}$$

$$= \frac{\omega^4 - (\Omega_\mathrm{i}^2 + \Omega_\mathrm{e}^2 + \Pi_\mathrm{e}^2)\omega^2 + \Omega_\mathrm{i}^2 \Omega_\mathrm{e}^2 - \Pi_\mathrm{e}^2 \Omega_\mathrm{i} \Omega_\mathrm{e}}{(\omega^2 - \omega_\mathrm{L}^2)(\omega^2 - \omega_\mathrm{R}^2)} \quad (10.49)$$

の分散式がえられる．(10.48) は電子プラズマ波 (electron plasma wave) あるいはラングミュア波 (Langmuir wave) の分散式である．ここで

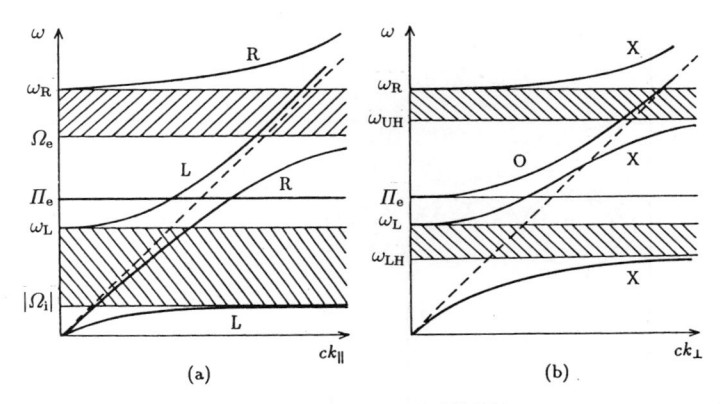

図 10.3 (a) $\theta = 0$ 方向に伝播する R 波，L 波の分散関係 (ω–$ck_\parallel$)．(b) $\theta = \pi/2$ 方向に伝播する正常波 (O 波) と異常波 (X 波) の分散関係 (ω–$ck_\parallel$)

図 10.4 $\theta = 0$ における R 波，L 波，$\theta = \pi/2$ における O 波 (正常波)，X 波 (異常波)，そして F 波 (速進波)，S 波 (遅進波) の存在する ω 領域 ($\omega_\mathrm{L} < \Pi_\mathrm{e} < \Omega_\mathrm{e}$ の場合)

右に示した番号 (1)～(13) は図 10.5 に示す領域の番号である

$$\omega_{\text{UH}}^2 \equiv \Omega_{\text{e}}^2 + \Pi_{\text{e}}^2 \tag{10.50}$$

$$\frac{1}{\omega_{\text{LH}}^2} \equiv \frac{1}{\Omega_{\text{i}}^2 + \Pi_{\text{i}}^2} + \frac{1}{|\Omega_{\text{i}}|\Omega_{\text{e}}} \tag{10.51}$$

を定義し, ω_{UH} を高域混成共鳴周波数または高ハイブリッド共鳴周波数 (upper hybrid resonant frequency), ω_{LH} を低域混成共鳴周波数または低ハイブリッド共鳴周波数

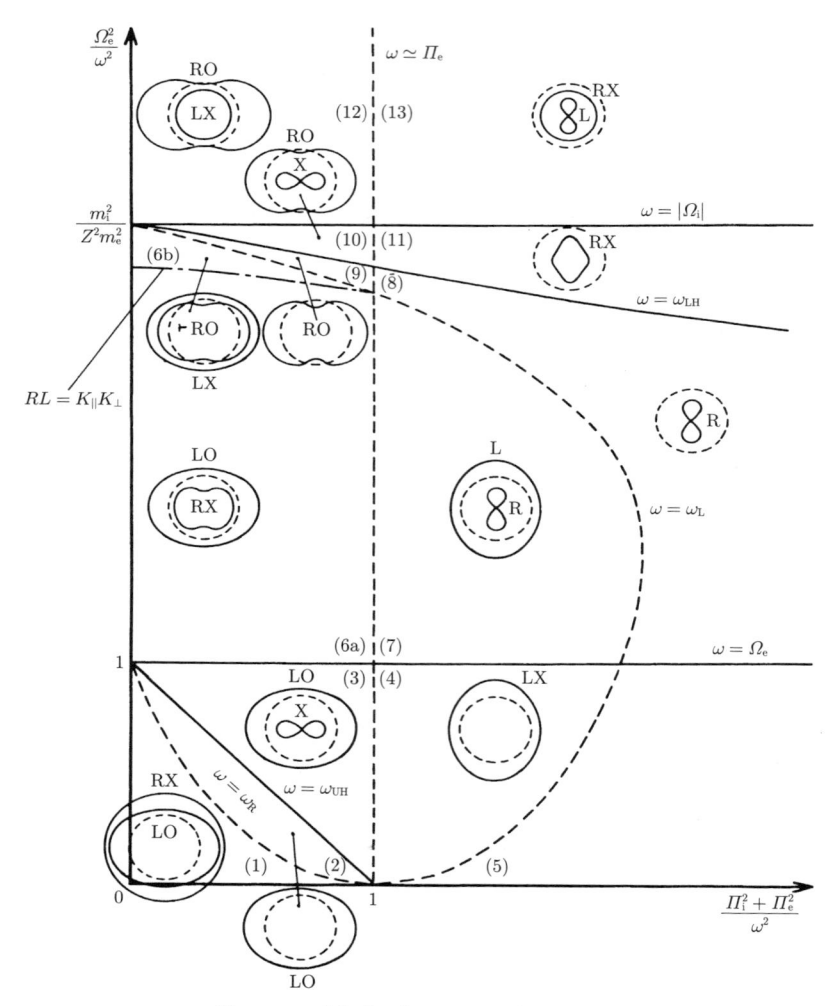

図 10.5 2成分プラズマの CMA ダイアグラム
この図で磁場の方向は垂直方向である. 各領域において波面が描かれており, 点線は真空中の波面である.

(lower hybrid resonant frequency) と呼ぶ．これらを用いて

$$\frac{\omega^2}{c^2 k_\perp^2} = \frac{(\omega^2 - \omega_{\mathrm{LH}}^2)(\omega^2 - \omega_{\mathrm{UH}}^2)}{(\omega^2 - \omega_{\mathrm{L}}^2)(\omega^2 - \omega_{\mathrm{R}}^2)} \tag{10.52}$$

をえる．$\omega_{\mathrm{R}} > \omega_{\mathrm{UH}} > \Omega_{\mathrm{e}} > \omega_{\mathrm{L}} > \omega_{\mathrm{LH}} > |\Omega_{\mathrm{i}}|$, $\omega_{\mathrm{UH}} > \Pi_{\mathrm{e}}$ であるので，ω–$ck_\perp$ の分散関係をグラフに定性的に描くと図 10.3 のようになる．また ω–ck のグラフの勾配 ω/ck は位相速度 v_{ph} と c との比を表し，勾配の急なほど位相速度が速い．図 10.4 に R 波，L 波，正常波 (O 波)，異常波 (X 波)，速進波 (F 波)，遅進波 (S 波) の領域を $\omega_{\mathrm{L}} < \Pi_{\mathrm{e}} < \Omega_{\mathrm{e}}$ の場合について示す．これは図 10.3 の条件に対応する．

冷たいプラズマの波の分類をわかりやすくするために P. C. Clemmow と R. F. Mullaly によって導入され，W. P. Allis によって改良されたいわゆる **CMA ダイアグラム** について述べる．縦軸に $\Omega_{\mathrm{e}}^2/\omega^2$，横軸に $(\Pi_{\mathrm{i}}^2 + \Pi_{\mathrm{e}}^2)/\omega^2$ をとり，カット・オフの条件 $R = 0\,(\omega = \omega_{\mathrm{R}})$, $L = 0\,(\omega = \omega_{\mathrm{L}})$, $K_\parallel = 0\,(\omega = \Omega_{\mathrm{e}})$ および共鳴条件 $R = \infty\,(\omega = \Omega_{\mathrm{e}})$, $L = \infty\,(\omega = \Omega_{\mathrm{i}})$, $K_\perp = 0\,(\omega = \Omega_{\mathrm{LH}}, \omega = \Omega_{\mathrm{UH}})$ の境界線を図 10.5 に引く．また O 波と X 波とが入れ替わる境界線 $RL = K_\parallel K_\perp$ を 1 点鎖線で描く．これらの境界線で区切られた領域において R 波，L 波，O 波，X 波の波面を描く．CMA ダイアグラムの縦軸および横軸はそれぞれ B_0 および n_{e} のパラメーターにも対応するので，周波数 ω の値によってどの領域に入るかがすぐにわかるようになっている．

10.4 いろいろな波

10.4.1 アルフベン波

周波数 ω がイオン・サイクロトロン周波数 $|\Omega_{\mathrm{i}}|$ より小さい ($\omega \ll |\Omega_{\mathrm{i}}|$) とき誘電率テンサー $\boldsymbol{K}$ は

$$\left.\begin{aligned} K_\perp &= 1 + \delta \\ K_\times &= 0 \\ K_\parallel &= 1 - \frac{\Pi_{\mathrm{e}}^2}{\omega^2} \end{aligned}\right\} \tag{10.53}$$

で与えられる．ここで $\delta = \mu_0 n_{\mathrm{i}} m_{\mathrm{i}} c^2 / B_0^2$ である．$\Pi_{\mathrm{e}}^2/\omega^2 = (m_{\mathrm{i}}/m_{\mathrm{e}})(\Omega_{\mathrm{i}}^2/\omega^2)\delta$ ゆえ $\Pi_{\mathrm{e}}^2/\omega^2 \gg \delta$ である．また $\Pi_{\mathrm{e}}^2/\omega^2 \gg 1$ とすると $|K_\parallel| \gg |K_\perp|$ となり (10.20) の A, B, C の値は

$$\left.\begin{aligned} A &\approx -\frac{\Pi_{\mathrm{e}}^2}{\omega^2} \cos^2\theta \\ B &\approx -\frac{\Pi_{\mathrm{e}}^2}{\omega^2}(1+\delta)(1+\cos^2\theta) \\ C &\approx -\frac{\Pi_{\mathrm{e}}^2}{\omega^2}(1+\delta)^2 \end{aligned}\right\} \tag{10.54}$$

となり

$$\frac{c^2}{N^2} = \frac{\omega^2}{k^2} = \frac{c^2}{1+\delta} = \frac{c^2}{1+\mu_0\rho_m c^2/B_0^2} \simeq \frac{B_0^2}{\mu_0\rho_m} \qquad (10.55)$$

$$\frac{c^2}{N^2} = \frac{\omega^2}{k^2} = \frac{c^2}{1+\delta}\cos^2\theta \qquad (10.56)$$

をえる (ρ_m は質量密度). これらの分散式を満たす波をアルフベン波 (Alfven wave) という.

$$v_A^2 = \frac{c^2}{1+\delta} = \frac{c^2}{1+\mu_0\rho_m c^2/B_0^2} \simeq \frac{B_0^2}{\mu_0\rho_m} \qquad (10.57)$$

をアルフベン速度 (Alfven velocity) という. (10.55) (10.56) は CMA ダイアグラムの (13) 領域に現れるモードである. (10.55) (10.56) を (10.19) に代入すると両者のモードとも $E_z = 0$, (10.55) のモード (R波, F波, X波) に対しては $E_x = 0$, (10.56) のモード (L波, S波) に対しては $E_y = 0$ となることがわかる. また (10.6) より $\omega \ll |\Omega_i|$ に対しては

$$\boldsymbol{E} + \boldsymbol{v}_i \times \boldsymbol{B}_0 = 0 \qquad (10.58)$$

であるので, $\boldsymbol{v}_i = (\mathrm{E} \times \boldsymbol{B}_0)/B_0^2$ より (10.55) のモードについては

$$\boldsymbol{v}_i \approx \hat{\boldsymbol{x}}\cos(k_x x + k_z z - \omega t) \qquad (10.59)$$

(10.56) のモードについては

$$\boldsymbol{v}_i \approx \hat{\boldsymbol{y}}\cos(k_x x + k_z z - \omega t) \qquad (10.60)$$

となる ($\hat{\boldsymbol{x}}$, $\hat{\boldsymbol{y}}$ は x軸, y軸方向の単位ベクトルを表す). したがって (10.55) (10.59) の速進波を圧縮モード (compressional mode) と呼び ($\boldsymbol{k}\cdot\boldsymbol{v} \neq 0$), また (10.56) (10.60) の遅進波をシア (捩れ)・モード (shear mode, torsional mode) と呼んでいる ($\boldsymbol{k}\cdot\boldsymbol{v} = 0$). アルフベン速度 v_A を用いると圧縮モードの分散式 (i), およびシア・モードの分散式 (ii) は

$$\text{(i)} \quad \frac{\omega^2}{v_A^2} = k^2, \qquad \text{(ii)} \quad \frac{\omega^2}{v_A^2} = k_\parallel^2$$

となる.

また (10.55) の R 波は CMA ダイアグラムの領域 (13) から領域 (11) (8) へと形を変えて存続するが, (10.56) の L 波は (13) で消えてしまう. これらの波は 5.4 節で述べた圧縮アルフベン波 (5.59) およびシア・アルフベン波 (5.57) に対応する波である. (5.60) の磁気音波の遅進波は温度が 0 のときにはなくなり, 冷たいプラズマ中では現れない.

(10.58) より明らかなようにプラズマは磁力線にくっついて運動する. 磁場により磁力線に沿って張力 $B^2/2\mu_0$, 磁力線に直角方向に $B^2/2\mu_0$ の圧力が加わっている. したがって一様な圧力 $B^2/2\mu_0$ の中で磁力線に沿って張力 B^2/μ_0 が働いていると考えてもよい. この磁力線に質量密度 ρ_m のプラズマがくっついているので磁力線の糸を伝わる波の速度は $B_0^2/(\mu_0\rho_m)$ で与えられるわけである.

10.4.2 イオン・サイクロトロン波

周波数 ω がイオン・サイクロトロン周波数に近く,かつ $\Pi_e^2/\omega^2 \gg 1$ の場合について考察する.これは CMA ダイアグラムの領域 (13)(11) を考慮することに相当する.また $\delta \gg 1$ とする.

$|\omega| \ll \Omega_e, \delta \gg 1, \Pi_e^2/\omega^2 \gg 1$ のとき,$K_\perp, K_\times$ および $K_\parallel$ の値は

$$K_\perp = \frac{-\delta \Omega_i^2}{\omega^2 - \Omega_i^2}, \qquad K_\times = \frac{-\delta \omega \Omega_i^2}{\omega^2 - \Omega_i^2}, \qquad K_\parallel = -\frac{\Pi_e^2}{\omega^2} \tag{10.61}$$

となる.係数 A, B, C は $\Pi_e^2/\omega^2 = (m_i/m_e)(\Omega_i^2/\omega^2)\delta \gg \delta$ ゆえ

$$\left.\begin{array}{l} A = -\dfrac{\Pi_e^2}{\omega^2}\cos^2\theta \\[6pt] B = \dfrac{\Pi_e^2}{\omega^2}\dfrac{\delta \Omega_i^2}{\omega^2 - \Omega_i^2}(1+\cos^2\theta) \\[6pt] C = \dfrac{\Pi_e^2}{\omega^2}\dfrac{\delta^2 \Omega_i^2}{\omega^2 - \Omega_i^2} \end{array}\right\} \tag{10.62}$$

となり分散式は

$$N^4 \cos^2\theta - N^2 \frac{\delta \Omega_i^2}{\Omega_i^2 - \omega^2}(1+\cos^2\theta) + \frac{\delta^2 \Omega_i^2}{\Omega_i^2 - \omega^2} = 0 \tag{10.63}$$

となる.$N^2 \cos^2\theta = c^2 k_\parallel^2/\omega^2, N^2 \sin^2\theta = c^2 k_\perp^2/\omega^2$ とすると

$$k_\perp^2 c^2 = \frac{\omega^4 \delta^2 \Omega_i^2 - \omega^2(2\delta \Omega_i^2 k_\parallel^2 c^2 + k_\parallel^4 c^4) + \Omega_i^2 k_\parallel^4 c^4}{\omega^2(\delta \Omega_i^2 + k_\parallel^2 c^2) - \Omega_i^2 k_\parallel^2 c^2} \tag{10.64}$$

に還元される.したがって共鳴は

$$\omega^2 = \Omega_i^2 \frac{k_\parallel^2 c^2}{k_\parallel^2 c^2 + \delta \Omega_i^2} = \Omega_i^2 \frac{k_\parallel^2 c^2}{k_\parallel^2 c^2 + \Pi_i^2} \tag{10.65}$$

の条件で起こる.

分散式 (10.63) は $|\omega|$ が $|\Omega_i|$ に近づくと

$$N^2 \approx \frac{\delta}{1+\cos^2\theta} \tag{10.66}$$

$$N^2 \cos^2\theta \approx \delta(1+\cos^2\theta)\frac{\Omega_i^2}{\Omega_i^2 - \omega^2} \tag{10.67}$$

となる.(10.66) は 10.4.1 項における圧縮モードにつながるものでイオン・サイクロトロン共鳴で影響を受けない.(10.67) はイオン・サイクロトロン波の分散式を表し,次のように書きなおすことができる.

$$\omega^2 = \Omega_i^2 \left(1 + \frac{\Pi_i^2}{k_\parallel^2 c^2} + \frac{\Pi_i^2}{k_\parallel^2 c^2 + k_\perp^2 c^2}\right)^{-1} \tag{10.68}$$

したがって ω^2 は Ω_i^2 より大きくなることがない．

$\omega \simeq |\Omega_i|$ におけるイオンの運動は左向き (イオンのラーマー運動の方向) の円運動である ((10.30) 参照)．また (10.66) の波においては $iE_x/E_y = 1$ で円偏光しており，イオンのラーマー運動と反対方向に回転する．イオン・サイクロトロン波においては

$$\frac{iE_x}{E_y} \approx -\frac{\omega}{|\Omega_i|}\frac{1}{(1+k_\perp^2/k_\parallel^2)} \tag{10.69}$$

となり，楕円偏光でイオンのラーマー運動と同じ向きに回転する．

10.4.3 低域混成共鳴

低域混成共鳴 (lower hybrid resonance) の周波数は $\theta = \pi/2$ において

$$\omega^2 = \omega_{\mathrm{LH}}^2$$
$$\frac{1}{\omega_{\mathrm{LH}}^2} = \frac{1}{\Omega_i^2+\Pi_i^2} + \frac{1}{|\Omega_i|\Omega_e}, \qquad \frac{\omega_{\mathrm{LH}}^2}{|\Omega_i|\Omega_e} = \frac{\Pi_i^2+\Omega_i^2}{\Pi_i^2+|\Omega_i|\Omega_e+\Omega_i^2} \tag{10.70}$$

で与えられる．密度が高く $\Pi_i^2 \gg |\Omega_i|\Omega_e$ のときは $\omega_{\mathrm{LH}} = (|\Omega_i|\Omega_e)^{1/2}$ となり，$\Pi_i^2 \ll |\Omega_i|\Omega_e$ のときは $\omega_{\mathrm{LH}}^2 = \Pi_i^2 + \Omega_i^2$ となる．低域混成共鳴では $E_y = E_z = 0$，$E_x \neq 0$ となる．

高密度の場合は $(\Pi_i^2 \gtrsim |\Omega_i|\Omega_e)$，$|\Omega_i| \ll \omega_{\mathrm{LH}} \ll \Omega_e$ となるのでイオンと電子の運動の取り扱いが容易になる．このときのイオンおよび電子の運動は (10.7) より

$$v_{kx} = \frac{i\epsilon_k E_x}{B_0}\frac{\omega|\Omega_k|}{\omega^2-\Omega_k^2} \tag{10.71}$$

である．$v_{kx} = \mathrm{d}x_k/\mathrm{d}t = -i\omega x_k$ より

$$x_k = \frac{-\epsilon_k E_x}{B_0}\frac{|\Omega_k|}{\omega^2-\Omega_k^2} \tag{10.72}$$

となる．$\omega^2 = |\Omega_i|\Omega_e$ のとき $x_i \approx -E_x/B_0\Omega_e$，$x_e \simeq -E_x/B_0\Omega_e$ で $x_i \approx x_e$ となる (図 10.6 参照)．したがって荷電分離が起こらず，ハイブリッドの振動が持続できる．

これまでの議論は $\theta = \pi/2$ の場合についてであるが，$\theta = \pi/2$ から若干ずれた場合について考えよう．この場合には (10.24) より

$$K_\perp \sin^2\theta + K_\parallel \cos^2\theta = 0 \tag{10.73}$$

が共鳴条件になる．(10.46) (10.50) (10.51) を用いて (10.73) を表すと

$$\frac{(\omega^2-\omega_{\mathrm{LH}}^2)(\omega^2-\omega_{\mathrm{UH}}^2)}{(\omega^2-\Omega_i^2)(\omega^2-\Omega_e^2)}\sin^2\theta + \left(1-\frac{\Pi_e^2}{\omega^2}\right)\cos^2\theta = 0 \tag{10.74}$$

をえる．θ が $\pi/2$ 付近で ω が ω_{LH} からわずかしかずれていない場合は

$$\omega^2 - \omega_{\mathrm{LH}}^2 = \frac{(\omega_{\mathrm{LH}}^2-\Omega_e^2)(\omega_{\mathrm{LH}}^2-\Omega_i^2)}{\omega_{\mathrm{LH}}^2-\omega_{\mathrm{UH}}^2}\frac{\Pi_e^2-\omega_{\mathrm{LH}}^2}{\omega_{\mathrm{LH}}^2}\cos^2\theta$$

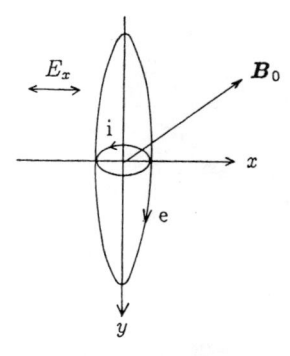

図 10.6 低域混成共鳴におけるイオンおよび電子の運動

$$\approx \frac{\Omega_e^2 \Pi_e^2}{\omega_{UH}^2} \left(1 - \left(\frac{\Omega_i}{\omega_{LH}}\right)^2\right) \left(1 - \left(\frac{\omega_{LH}}{\Pi_e}\right)^2\right) \cos^2\theta$$

となる. $\omega_{UH}^2 \omega_{LH}^2 = \Omega_i^2 \Omega_e^2 + \Pi_e^2 |\Omega_i|\Omega_e$ であるから

$$\omega^2 = \omega_{LH}^2 \left[1 + \frac{m_i}{Zm_e} \cos^2\theta \frac{(1-(\Omega_i/\omega_{LH})^2)(1-(\omega_{LH}/\Pi_e)^2)}{1+|\Omega_i|\Omega_e/\Pi_e^2}\right] \quad (10.75)$$

となる. $\Pi_e^2/|\Omega_i|\Omega_e \approx \delta = c^2/v_A^2 \gg 1$ の場合は (v_A はアルフベン速度)

$$\omega^2 = \omega_{LH}^2 \left(1 + \frac{m_i}{Zm_e} \cos^2\theta\right) \quad (10.76)$$

となる. θ が $\pi/2$ から $(Zm_e/m_i)^{1/2}$ だけずれても $\omega^2 \approx 2\omega_{LH}^2$ となる. (10.76) を導いたとき ω が ω_{LH} からわずかしかずれていないと仮定しているので, この関係式は θ が $\pi/2$ にごく近い領域でのみ成立する.

10.4.4 高域混成共鳴

高域混成共鳴 (upper hybrid resonance) の周波数 ω_{UH} は

$$\omega_{UH}^2 = \Pi_e^2 + \Omega_e^2 \quad (10.77)$$

で与えられる. この場合周波数が $|\Omega_i|$ より大きいのでイオン運動は無視できる.

10.4.5 電子サイクロトロン波など

ここでは周波数が高く, イオンの運動が無視できるような波について考慮する. $\omega \gg |\Omega_i|$ のとき

$$\left.\begin{array}{c} K_\perp \approx 1 - \dfrac{\Pi_e^2}{\omega^2 - \Omega_e^2} \\[2mm] K_\times \approx -\dfrac{\Pi_e^2}{\omega^2 - \Omega_e^2}\dfrac{\Omega_e}{\omega} \\[2mm] K_\parallel = 1 - \dfrac{\Pi_e^2}{\omega^2} \end{array}\right\} \tag{10.78}$$

となる．分散式 $AN^4 - BN^2 + C = 0$ の解

$$N^2 = \frac{B \pm (B^2 - 4AC)^{1/2}}{2A}$$

を変形して

$$\begin{aligned} N^2 - 1 &= \frac{-2(A - B + C)}{2A - B \pm (B^2 - 4AC)^{1/2}} \\ &= \frac{-2\Pi_e^2(1 - \Pi_e^2/\omega^2)}{2\omega^2(1 - \Pi_e^2/\omega^2) - \Omega_e^2 \sin^2\theta \pm \Omega_e \Delta} \end{aligned} \tag{10.79}$$

$$\Delta = \left(\Omega_e^2 \sin^4\theta + 4\omega^2\left(1 - \frac{\Pi_e^2}{\omega^2}\right)^2 \cos^2\theta\right)^{1/2} \tag{10.80}$$

となる．(10.79) における正，負の符号にしたがって正常波 (O 波) と異常波 (X 波) になる．

Δ の中の二つの項の大小によって近似を行う．

$$\Omega_e^2 \sin^4\theta \gg 4\omega^2\left(1 - \frac{\Pi_e^2}{\omega^2}\right)^2 \cos^2\theta \tag{10.81}$$

のとき

$$N^2 = \frac{1 - \Pi_e^2/\omega^2}{1 - (\Pi_e^2/\omega^2)\cos^2\theta} \tag{10.82}$$

$$N^2 = \frac{(1 - \Pi_e^2/\omega^2)^2 \omega^2 - \Omega_e^2 \sin^2\theta}{(1 - \Pi_e^2/\omega^2)\omega^2 - \Omega_e^2 \sin^2\theta} \tag{10.83}$$

となる．(10.82) の分散式において $\theta \sim \pi/2$ のときは $N^2 = K_\parallel = 1 - \Pi_e^2/\omega^2$ となり，磁場の大きさに依存しない．したがってこの波はマイクロ波による干渉法によって密度測定をする際に用いられる．

$$\Omega_e^2 \sin^4\theta \ll 4\omega^2\left(1 - \frac{\Pi_e^2}{\omega^2}\right)\cos^2\theta \tag{10.84}$$

のときさらに

$$\Omega_e^2 \sin^2\theta \ll \left| 2\omega^2\left(1 - \frac{\Pi_e^2}{\omega^2}\right) \right| \tag{10.85}$$

の条件を加えると

$$N^2 = 1 - \frac{\Pi_e^2}{(\omega + \Omega_e \cos\theta)\omega} \tag{10.86}$$

$$N^2 = 1 - \frac{\Pi_e^2}{(\omega - \Omega_e \cos\theta)\omega} \tag{10.87}$$

となる．(10.86) は L 波であり (10.87) は R 波で電子サイクロトロン周波数で共鳴現象を起こす．この波は CMA ダイアグラムの (7)(8) の領域においても伝播し，プラズマ周波数より低い周波数で伝播できる電子モードの波であるので重要である．この波を電子サイクロトロン波 (electron cyclotron wave) という．(10.84) および (10.85) の条件は $K_\parallel = 1 - \Pi_e^2/\omega^2 \simeq 0$ 付近では満足されないことに注意する必要がある．この波はまた **whistler** 波とも呼ばれる．地上の雷によって発生した電磁波が地球磁気圏のプラズマ中を磁力線に沿って伝播する波と同定 (identify) された．この自然現象では周波数は可聴領域にあり，この電磁波の群速度は高い周波数ほど速い．尻下がりの口笛を吹くような音として観測される．whistler (口笛) 波と呼ばれるゆえんである．

10.5 静電波の条件

プラズマ中の波の電場 $\boldsymbol{E}$ がポテンシャル ϕ を用いて

$$\boldsymbol{E} = -\nabla\phi = -i\boldsymbol{k}\phi \tag{10.88}$$

と書けるとき，この波を **静電波** (electrostatic wave) という．この場合には電場 $\boldsymbol{E}$ は伝播ベクトル $\boldsymbol{k}$ に平行であり縦波の性質を持っている．また $\boldsymbol{B}_1$ は

$$\boldsymbol{B}_1 = \boldsymbol{k} \times \boldsymbol{E}/\omega = 0 \tag{10.89}$$

となる．したがってアルフベン波は明らかに静電波ではない．この節では静電波の必要条件はどのようになるかを調べてみよう．分散関係は

$$\boldsymbol{N} \times (\boldsymbol{N} \times \boldsymbol{E}) + \boldsymbol{K} \cdot \boldsymbol{E} = 0$$

であるのでこれと $\boldsymbol{N}$ とのスカラー積をとると

$$\boldsymbol{N} \cdot \boldsymbol{K} \cdot (\boldsymbol{E}_\parallel + \boldsymbol{E}_\perp) = 0$$

となる．ただし $\boldsymbol{E}_\parallel, \boldsymbol{E}_\perp$ はそれぞれ $\boldsymbol{k}$ ベクトルに対して平行および垂直な電場の成分である．もし $|\boldsymbol{E}_\parallel| \gg |\boldsymbol{E}_\perp|$ なら

$$\boldsymbol{N} \cdot \boldsymbol{K} \cdot \boldsymbol{N} = 0 \tag{10.90}$$

をえる．分散式を書き直すと

$$(N^2 - \boldsymbol{K}) \cdot \boldsymbol{E}_\perp = \boldsymbol{K} \cdot \boldsymbol{E}_\parallel$$

となるからすべての K_{ij} について

$$|N^2| \gg |K_{ij}| \tag{10.91}$$

であるならば $|E_\parallel| \gg |E_\perp|$ が成立し，静電波の場合の分散式がえられる．すなわち

$$k_x^2 K_{xx} + 2k_x k_z K_{xz} + k_z^2 K_{zz} = 0 \tag{10.92}$$

静電波の条件 (10.91) より静電波の位相速度 $\omega/k = c/N$ は遅い場合が多い．K_{ij} は冷たいプラズマの場合，(10.9) 〜 (10.12) で与えられるが，一般の式は第 12 章，第 13 章で与えられる．静電波においては (10.89) より $B_1 = 0$ である．磁場の擾乱はアルフベン速度 $v_A \simeq B_0^2/(\mu_0 n_i m_i)$ で伝播するが，いま考えている波の位相速度が v_A より十分遅ければその波の特徴的な時間内に磁場の擾乱はおさまって $B_1 = 0$ になると考えてよい．波の位相速度として電子の熱速度 v_{Te} 程度あるいはそれ以下のものを考えると $v_A > v_{Te}$ の条件は

$$\frac{B_0^2}{\mu_0 n_i m_i v_{Te}^2} = \frac{2m_e}{\beta_e m_i} > 1$$

$$\beta_e < \frac{2m_e}{m_i}$$

となる．この条件は静電波近似が使えるかどうかの目安となる．

共鳴条件においては $N \to \infty$ となるが高域共鳴および低域共鳴では K_{ij} は有限であるので，これらの共鳴条件の近くでは静電波である．イオン・サイクロトロン共鳴あるいは電子サイクロトロン共鳴では無限大になる K_{ij} の項があるので必ずしも静電波にはならない．

文　　献

1) T. H. Stix: *The Theory of Plasma Waves*, McGraw-Hill, New York 1962.
2) R. J. Goldston and R. H. Rutherford: *Introduction to Plasma Physics*, Institute of Physics Publishing, London 1995.
3) W. P. Allis, S. J. Buchsbanm and A. Bers: *Waves in Anisotropic Plasmas*, The MIT Press, Cambrige, Massachusetts 1963.

11

ランダウ減衰，サイクロトロン減衰

　プラズマが冷たくなく，速度分布に広がりを持っているとき，無衝突プラズマでも波からエネルギーを吸収して減衰させる機構のあることをランダウが導いた．このように衝突のない場合でも，粒子と波との間のエネルギー交換が行われる機構があることはたいへん興味深いことである．したがって波を励起して，その波で粒子を加熱する場合や，波の不安定性を調べる場合にはこれらの機構は重要な役割を果たす．これらの機構は，速度分布に広がりを持つ熱いプラズマにおける波動現象を取り扱う体系的な解析 (第 12 章，付録 B) によって説明できる．それにもかかわらずその重要性のために，この章においてはこれらの機構の物理的概念を簡単化したモデルを用いて説明する．速度分布に広がりがある場合は，冷たいプラズマの場合と比較して誘電率テンソルにプラズマの圧力による項が現れるほか，これから述べる波と粒子の相互作用がつけ加わる．

11.1　ランダウ減衰 (増幅)

　磁力線に沿って多くの荷電粒子群がそれぞれ異なる速度 v_0 でドリフトしているとする．そこへ静電波 ($\boldsymbol{k} \parallel \boldsymbol{E}$ を満たす縦波) が磁力線に平行に伝播する．その波の伝播速度と同じくらいのドリフト速度を持つ粒子が多く存在すると粒子群と波との間に相互作用が現れる (図 11.1)．いま磁力線方向に z 軸をとり，その単位ベクトルを $\hat{\boldsymbol{z}}$ とすると $\boldsymbol{v} = v\hat{\boldsymbol{z}}$ として

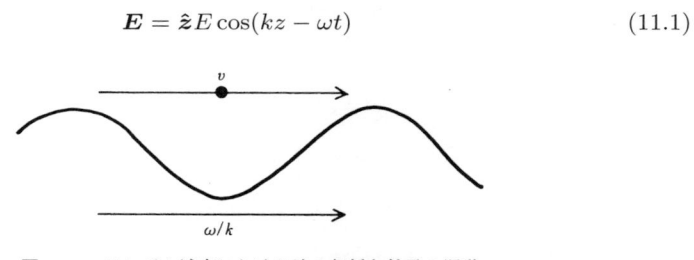

$$\boldsymbol{E} = \hat{\boldsymbol{z}} E \cos(kz - \omega t) \tag{11.1}$$

図 11.1　ランダウ減衰における波の伝播と粒子の運動

$$m\frac{\mathrm{d}v}{\mathrm{d}t} = qE\cos(kz - \omega t) \tag{11.2}$$

となる．電場 E を 1 次の微小量とすると (11.2) の 0 次の解は

$$z = v_0 t + z_0$$

であり，1 次の解は

$$m\frac{\mathrm{d}v_1}{\mathrm{d}t} = qE\cos(kz_0 + kv_0 t - \omega t) \tag{11.3}$$

となる．簡単のため $t = 0$ で $v_1 = 0$ の初期値をとり，(11.3) の解を求めると

$$v_1 = \frac{qE}{m}\frac{\sin(kz_0 + kv_0 t - \omega t) - \sin kz_0}{kv_0 - \omega} \tag{11.4}$$

となる．そこで粒子の運動エネルギーの変化を計算すると

$$\frac{\mathrm{d}}{\mathrm{d}t}\frac{mv^2}{2} = v\frac{\mathrm{d}}{\mathrm{d}t}mv = v_1\frac{\mathrm{d}}{\mathrm{d}t}mv_1 + v_0\frac{\mathrm{d}}{\mathrm{d}t}mv_2 + \cdots \tag{11.5}$$

となる．そして (11.2)(11.4) より

$$m\frac{\mathrm{d}(v_1 + v_2)}{\mathrm{d}t} = qE\cos(k(z_0 + v_0 t + z_1) - \omega t)$$

$$= qE\cos(kz_0 + \alpha t) - qE\sin(kz_0 + \alpha t)kz_1$$

$$z_1 = \int_0^t v_1 \, \mathrm{d}t = \frac{qE}{m}\left(\frac{-\cos(kz_0 + \alpha t) + \cos kz_0}{\alpha^2} - \frac{t\sin kz_0}{\alpha}\right)$$

をえる．ただし

$$\alpha \equiv kv_0 - \omega$$

この関係を用いると (11.5) は

$$\frac{\mathrm{d}}{\mathrm{d}t}\frac{mv^2}{2} = \frac{q^2 E^2}{m}\left(\frac{\sin(kz_0 + \alpha t) - \sin kz_0}{\alpha}\right)\cos(kz_0 + \alpha t)$$
$$- \frac{kv_0 q^2 E^2}{m}\left(\frac{-\cos(kz_0 + \alpha t) + \cos kz_0}{\alpha^2} - \frac{t\sin kz_0}{\alpha}\right)\sin(kz_0 + \alpha t)$$

をえる．この値を初期位置 z_0 に関して平均をとると

$$\left\langle\frac{\mathrm{d}}{\mathrm{d}t}\frac{mv^2}{2}\right\rangle_{z_0} = \frac{q^2 E^2}{2m}\left(\frac{-\omega\sin\alpha t}{\alpha^2} + t\cos\alpha t + \frac{\omega t\cos\alpha t}{\alpha}\right) \tag{11.6}$$

となる．

次に (11.6) を速度 v_0 の分布関数を用いて平均すれば，粒子が波からえるエネルギーの時間的割合を求めることができる．分布関数を $f(v_0)$ とし，$\alpha \equiv kv_0 - \omega$ より

$$f(v_0) = f\left(\frac{\alpha + \omega}{k}\right) = g(\alpha)$$

なる関数を考える．$f(v_0)$ を正規化して

とする. (11.6) の第 2 項の積分

$$\int_{-\infty}^{\infty} f(v_0)\,\mathrm{d}v_0 = \frac{1}{k}\int g(\alpha)\,\mathrm{d}\alpha = 1$$

$$\frac{1}{k}\int g(\alpha) t \cos\alpha t\,\mathrm{d}\alpha = \frac{1}{k}\int g\left(\frac{x}{t}\right)\cos x\,\mathrm{d}x \tag{11.7}$$

は $t \to \infty$ のとき 0 となる. (11.6) の第 3 項の積分は

$$\frac{\omega}{k}\int \frac{g(\alpha) t \cos\alpha t}{\alpha}\,\mathrm{d}\alpha = \frac{\omega}{k}\int \frac{t}{x} g\left(\frac{x}{t}\right)\cos x\,\mathrm{d}x \tag{11.8}$$

となる. $g(\alpha)$ の偶関数の部分は積分に寄与しない. $g(\alpha)$ の奇関数の部分から積分に寄与する項は $g(\alpha)$ が $\alpha = 0$ で滑らかであれば (11.7) と同様 $t \to \infty$ で 0 になる. したがって (11.6) における第 1 項からの寄与が残り

$$\left\langle \frac{\mathrm{d}}{\mathrm{d}t}\frac{mv^2}{2}\right\rangle_{z_0,v_0} = -\frac{\omega q^2 E^2}{2mk} P \int \frac{g(\alpha)\sin\alpha t}{\alpha^2}\,\mathrm{d}\alpha \tag{11.9}$$

をえる. 積分の主な寄与は $\alpha = 0$ の付近からくるので $g(\alpha)$ を展開する.

$$g(\alpha) = g(0) + \alpha g'(0) + \frac{\alpha^2}{2}g''(0) + \cdots$$

$\sin\alpha t/\alpha^2$ は奇関数であるから, 上の式の第 2 項が残り t の大きな値に対して

$$\begin{aligned}\left\langle \frac{\mathrm{d}}{\mathrm{d}t}\frac{mv^2}{2}\right\rangle_{z_0,v_0} &= -\frac{\omega q^2 E^2}{2m|k|}\int_{-\infty}^{\infty}\frac{g'(0)\sin\alpha t}{\alpha}\,\mathrm{d}\alpha \\ &= \frac{-\pi q^2 E^2}{2m|k|}\left(\frac{\omega}{k}\right)\left(\frac{\partial f(v_0)}{\partial v_0}\right)_{v_0 = \omega/k}\end{aligned} \tag{11.10}$$

をえる. 波の位相速度よりわずかに遅い速度を持つ粒子の数がわずかに速い速度を持つ粒子の数より多ければ, すなわち $v_0 \partial f_0/\partial v_0 < 0$ ならば, 粒子系は波よりエネルギーをもらい波が減衰する. 逆に $v_0 = \omega/k$ において $v_0 \partial f_0/\partial v_0 > 0$ ならば粒子系は波にエネルギーを供給して波の振幅は増大する (図 11.2). このような機構を発見者ランダウ (Landau)[1] の名にちなんでランダウ減衰 (Landau damping) あるいは増幅という. 発見されてから約 20 年後の 1965 年, Malmberg らによって無衝突過程による波のラン

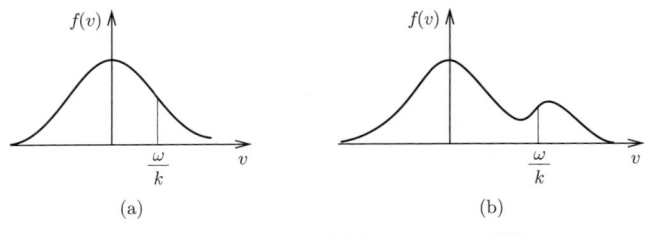

図 **11.2** (a) ランダウ減衰と (b) ランダウ増幅

ダウ減衰の現象が見事に実験的に検証された[2]．

粒子の運動エネルギーの増加分 (11.10) は波のエネルギー W の減少分に対応するはずである．波の振幅の成長率をγとすると (減衰の場合は $\gamma < 0$ である)，

$$n\left\langle \frac{d}{dt}\frac{mv^2}{2}\right\rangle_{z_0 v_0} = -2\gamma W$$

となり，波の振幅の成長率γは

$$\frac{\gamma}{\omega} = \frac{\pi}{2}\left(\frac{\Pi}{\omega}\right)^2 \frac{\omega}{|k|}\frac{\omega}{k}\frac{1}{n}\frac{\partial f(v_0)}{\partial v_0}\bigg|_{v_0=\omega/k} \tag{11.11}$$

で与えられる (ただし $\Pi^2 = nq^2/\epsilon m$, $W \approx 2\epsilon E^2/4$).

上に述べた線形ランダウ減衰が成立するためには，実際の粒子軌道が線形近似で解いたものからあまりずれない時間内で現象が終わる条件を満たすことが必要である．この時間の尺度として，波の電場のポテンシャルの井戸の中を振動する周期が考えられる ($m\omega^2 x = eE$ より $\omega^2 \sim eEk/m$). すなわち

$$\tau_{\text{osc}} = \frac{1}{\omega_{\text{osc}}} \approx \left(\frac{m}{ekE}\right)^{1/2}$$

である．したがって波のランダウ減衰時間 $1/\omega_i$ が τ_{osc} より小さいこと，あるいは粒子の衝突時間 $1/\nu_{\text{coll}}$ が τ_{osc} より小さいことが条件になる．

$$|\omega_i \tau_{\text{osc}}| \gtrsim 1 \tag{11.12}$$

$$|\nu_{\text{coll}} \tau_{\text{osc}}| \gtrsim 1 \tag{11.13}$$

一方ランダウの減衰を導く過程で粒子が無衝突であることを仮定している．(11.9) を積分するとき $t \to \infty$ の漸近近似を用いたが，そのためには衝突時間 $1/\nu_{\text{coll}}$ が λ/v_{rms} より長いことが必要である．ここで λ は波の波長であり v_{rms} は速度分布の広がりを示す．すなわち速度の広がり v_{rms} を持った粒子群が衝突する間に 1 波長以上広がることが条件となる．

$$\frac{1}{\nu_{\text{coll}}} > \frac{2\pi}{k v_{\text{rms}}} \tag{11.14}$$

11.2 トランジット・タイム減衰

冷たいプラズマの波においてアルフベン波の性質を述べた．この波には圧縮モードと捩れモードがある．プラズマの温度が有限になると，圧縮モードは圧縮アルフベン波と磁気音波の遅進波に移行する．このような低周波領域では磁気モーメント μ_{m} の保存が成立し，磁力線に沿った運動の方程式は

$$m\frac{dv_z}{dt} = -\mu_{\text{m}}\frac{\partial B_{1z}}{\partial z} \tag{11.15}$$

となる．この式は $-\mu_\mathrm{m}$ を電荷に，$\partial B_{1z}/\partial z$ を電場に置き換えると，ランダウ減衰の場合と全く同じになる．そして同様な経過を通って

$$\left\langle \frac{d}{dt}\frac{mv^2}{2} \right\rangle_{z_0,v_0} = -\frac{\pi\mu_\mathrm{m}^2|k|}{2m}|B_{1z}|^2\frac{\omega}{k}\left(\frac{\partial f(v_0)}{\partial v_0}\right)_{v_0=\omega/k} \tag{11.16}$$

をえる．このような機構による波と粒子のエネルギーのやりとりをトランジット・タイム減衰 (transit time damping) という．

11.3 サイクロトロン減衰

サイクロトロン減衰はランダウ減衰と異なり，磁力線に沿う粒子のドリフト方向に対して直角な電場の成分があり，加速がドリフト方向に対して直角に加わる場合に起こりうる．サイクロトロン減衰の機構を簡単に説明するため垂直方向のエネルギーを持たない，磁場 $\boldsymbol{B}_0 = B_0\hat{\boldsymbol{z}}$ 方向に V の速度で走る粒子ビームを考える．これに対する運動方程式は

$$m\frac{\partial \boldsymbol{v}}{\partial t} + mV\frac{\partial \boldsymbol{v}}{\partial z} = q(\boldsymbol{E}_1 + \boldsymbol{v}\times\hat{\boldsymbol{z}}B_0 + V\hat{\boldsymbol{z}}\times\boldsymbol{B}_1) \tag{11.17}$$

となる．ここでは $\hat{\boldsymbol{z}}$ に垂直方向の加速に注目するので $(\boldsymbol{E}_1\cdot\hat{\boldsymbol{z}}) = 0$ とする．また $\boldsymbol{B}_1 = (\boldsymbol{k}\times\boldsymbol{E})/\omega$ である．$v^\pm = v_x \pm iv_y$，$E^\pm = E_x \pm iE_y$ として $t=0$ のとき $\boldsymbol{v} = 0$ の初期値を持つ解を求めると

$$\left. \begin{array}{l} v^\pm = \dfrac{iqE^\pm(\omega-kV)\exp(ikz-i\omega t)}{m\omega}\dfrac{1-\exp(i\omega t-ikVt\pm i\Omega t)}{\omega-kV\pm\Omega} \\[2mm] \Omega = \dfrac{-qB_0}{m} \end{array} \right\} \tag{11.18}$$

である．$\boldsymbol{v}_\perp$ の巨視的な値は，速度分布関数 $f_0(V)$ を用いて $\boldsymbol{v}_\perp$ を平均すればよい．そして

$$\langle \boldsymbol{v}_\perp \rangle = \frac{iq\exp(ikz-i\omega t)}{2m}((c^+ + c^-)\boldsymbol{E}_\perp + i(c^+ - c^-)\boldsymbol{E}_\perp\times\hat{\boldsymbol{z}}) \tag{11.19}$$

$$c^\pm = \alpha^\pm - i\beta^\pm \tag{11.20}$$

$$\alpha^\pm = \int_{-\infty}^{\infty} dV\, \frac{f_0(V)(1-kV/\omega)(1-\cos(\omega-kV\pm\Omega)t)}{\omega-kV\pm\Omega} \tag{11.21}$$

$$\beta^\pm = \int_{-\infty}^{\infty} dV\, \frac{f_0(V)(1-kV/\omega)\sin(\omega-kV\pm\Omega)t}{\omega-kV\pm\Omega} \tag{11.22}$$

となる．時間 t が大きくなると

$$\alpha^\pm \to P\int_{-\infty}^{\infty} dV\, \frac{f_0(V)(1-kV/\omega)}{\omega-kV\pm\Omega} \tag{11.23}$$

$$\beta^\pm \to \frac{\mp\pi\Omega}{\omega|k|}f_0\left(\frac{\omega\pm\Omega}{k}\right) \tag{11.24}$$

に近づく. これは V の広がりを $V_{\rm rms} = \langle V^2 \rangle^{1/2}$ としたとき
$$t \gg \frac{2\pi}{kV_{\rm rms}} \tag{11.25}$$
のときによい近似になる. プラズマの粒子による波のエネルギーの吸収は, (11.19) を用いて
$$\langle {\rm Re}(q\boldsymbol{E}\exp(ikz-i\omega t))({\rm Re}\langle\boldsymbol{v}_\perp\rangle)\rangle_z = \frac{q^2}{4m}(\beta^+|E_x+iE_y|^2 + \beta^-|E_x-iE_y|^2) \tag{11.26}$$
で与えられる.

まず電子の場合を考えよう ($\Omega_{\rm e} > 0$). 10.2 節で述べたように磁力線方向 ($\theta = 0$) に伝播する $N^2 = R$ の波は $E_x + iE_y = 0$ である. したがって吸収は
$$P_{\rm e} = \frac{q^2}{4m}\beta^-|E_x-iE_y|^2$$
となる. この場合 $\omega > 0$ なら (11.24) より $\beta^- > 0$ である. $\omega < 0$ なら $\beta^- < 0$ であるが, $f_0((\omega-\Omega_{\rm e})/k) \ll 1$ であるから $\beta^- \approx 0$ である.

次にイオンの場合 ($-\Omega_{\rm i} > 0$) について同様な考察をすると
$$P_{\rm i} = \frac{q^2}{4m}\beta^+|E_x+iE_y|^2$$
である. この場合 $\omega > 0$ なら (11.24) より $\beta^+ > 0$ である. $\omega < 0$ なら $\beta^- < 0$ であるが, $f_0(\omega+\Omega_{\rm i}/k) \ll 1$ であるから $\beta^- \approx 0$ である.

速度 V によってドップラー・シフトした周波数 (粒子からみた周波数) がサイクロトロン周波数に等しくなるような速度 $V_{\rm c}$ をサイクロトロン速度 (cyclotron velocity) と呼ぶ.
$$\omega - kV_c \pm \Omega = 0$$
$$V_c = \frac{\omega}{k}\left(1 \pm \frac{\Omega}{\omega}\right)$$
である. したがってサイクロトロン速度の絶対値が波の位相速度の絶対値より小さい場合は ($\pm\Omega/\omega < 0$ の場合は), 粒子は波からエネルギーを吸収する. このような機構を**サイクロトロン減衰** (cyclotron damping) という.

ここでサイクロトロン減衰の際に個々の粒子の運動エネルギーの変化について考察してみよう. 粒子の運動方程式は
$$m\frac{d\boldsymbol{v}}{dt} - q(\boldsymbol{v}\times\boldsymbol{B}_0) = q\boldsymbol{E}_\perp + q(\boldsymbol{v}\times\boldsymbol{B}_1)$$
である. $\boldsymbol{B}_1 = (\boldsymbol{k}\times\boldsymbol{E})/\omega$, $E_z = 0$ であるから
$$m\frac{dv_z}{dt} = \frac{qk_z}{\omega}(\boldsymbol{v}_\perp\cdot\boldsymbol{E}_\perp)$$

となり

$$mv_\perp \cdot \frac{\mathrm{d}v_\perp}{\mathrm{d}t} = q(\boldsymbol{v}_\perp \cdot \boldsymbol{E}_\perp)\left(1 - \frac{k_z v_z}{\omega}\right)$$

がえられる．したがって

$$\frac{\mathrm{d}}{\mathrm{d}t}\left(\frac{mv_z^2}{2}\right) = \frac{k_z v_z}{\omega - k_z v_z}\frac{\mathrm{d}}{\mathrm{d}t}\left(\frac{mv_\perp^2}{2}\right)$$

$$v_\perp^2 + \left(v_z - \frac{\omega}{k_z}\right)^2 = \mathrm{const.}$$

が導かれる．サイクロトロン減衰を考えるとき $v_z = V = \mathrm{const.}$ を仮定していた．線形近似の成り立つ条件として[3)]

$$\frac{k_z^2 q^2 E_\perp^2 |\omega - k_z v_z| t^3}{24\omega^2 m^2} < 1$$

が導かれる．

　以上の例は垂直方向の熱エネルギーを持たない場合の考察であって，垂直方向の熱エネルギーが平行方向の熱エネルギーより大きい場合には，サイクロトロン不安定性が起こりうる．

　粒子と波との相互作用については加熱と関連して 12.3 節で再び取り上げる．

11.4　準線形理論による分布関数の変化

　これまでは擾乱が小さく 1 次の状態は変化しないという仮定のもとで，1 次の微小変化量に関して方程式を線形化し，プラズマ中の波動現象を解析してきた．しかし擾乱が成長し大きくなってくると，0 次の状態が変化し，それにともなって擾乱の成長率が小さくなり，やがて定常状態に移ると考えられる．この節ではこのような現象を簡単な例について考察してみよう．

　簡単のため磁場は 0 であり，0 次の状態は時間的にゆっくり変化し，空間的に一様であるとする．擾乱は静電的であり ($\boldsymbol{B}_1 = 0$)，空間的に 1 次元であるとし，イオンは一様に分布していて静止しているとする．この場合電子の分布関数 f は次のようなボルツマン方程式に従う．

$$\frac{\partial f}{\partial t} + v\frac{\partial f}{\partial x} - \frac{e}{m}E\frac{\partial f}{\partial v} = 0 \tag{11.27}$$

分布関数を 0 次の項と 1 次の擾乱項に分ける．

$$f(x, v, t) = f_0(v, t) + f_1(x, v, t) \tag{11.28}$$

ゆっくり変化する f_0 の時間微分は 2 次のオーダーであるとする．(11.28) を (11.27) に

代入し 1 次と 2 次の項を分けると

$$\frac{\partial f_1}{\partial t} + v\frac{\partial f_1}{\partial x} = \frac{e}{m}E\frac{\partial f_0}{\partial v} \tag{11.29}$$

$$\frac{\partial f_0}{\partial t} = \frac{e}{m}E\frac{\partial f_1}{\partial v} \tag{11.30}$$

となる. f_1 および E をフーリエ積分で表すと

$$f_1(x,v,t) = \frac{1}{(2\pi)^{1/2}}\int f_k(v)\exp(i(kx - \omega(k)t))\mathrm{d}k \tag{11.31}$$

$$E(x,t) = \frac{1}{(2\pi)^{1/2}}\int E_k \exp(i(kx - \omega(k)t))\mathrm{d}k \tag{11.32}$$

となる. f_1 および E は実数であるから $f_{-k} = f_k^*$, $E_{-k} = E_k^*$, $\omega_\mathrm{r}(-k) = -\omega_\mathrm{r}^*(k)$, $\gamma(-k) = \gamma(k)$, $(\omega(k) = \omega_\mathrm{r}(k) + i\gamma(k))$ である. (11.31) (11.32) を (11.29) に代入すると

$$f_k(v) = \frac{e}{m}\left(\frac{i}{\omega(k) - kv}\right)E_k\frac{\partial f_0}{\partial v} \tag{11.33}$$

をえる. (11.32) (11.33) を (11.30) に代入すると

$$\frac{\partial f_0(v,t)}{\partial t} = \left(\frac{e}{m}\right)^2 \frac{\partial}{\partial v}\left\langle \frac{1}{2\pi}\int E_{k'}\exp(i(k'x - \omega(k')t))\mathrm{d}k' \right.$$
$$\left. \times \frac{i}{\omega(k) - kv}E_k\exp(i(kx - \omega(k)t))\mathrm{d}k \right\rangle \frac{\partial f_0(v,t)}{\partial v}$$

が導かれる. $\langle\ \rangle$ は統計的平均の記号である. そして

$$\frac{\partial f_0(v,t)}{\partial t} = \frac{\partial}{\partial v}\left(D_\mathrm{v}(v)\frac{\partial f_0(v,t)}{\partial v}\right) \tag{11.34}$$

$$D_\mathrm{v}(v) = \left(\frac{e}{m}\right)^2\left\langle \frac{1}{2\pi}\int \frac{iE_{k'}E_k}{\omega(k) - kv}\exp\left[i(k'+k)x - i(\omega(k') + \omega(k))t\right]\mathrm{d}k'\mathrm{d}k\right\rangle$$
$$= \left(\frac{e}{m}\right)^2 \frac{1}{2\pi w}\int \mathrm{d}x \int \mathrm{d}k \mathrm{d}k' \frac{iE_{k'}E_k}{\omega(k) - kv}\exp\left[i(k'+k)x - i(\omega(k') + \omega(k))t\right]$$

統計的平均の記号 $\langle\ \rangle$ を x による積分に置き換えた. また w は x の積分範囲である. $(1/2\pi)\int \exp[i(k'+k)x]\mathrm{d}x = \delta(k'+k)$ であるから D_v は次のようになる.

$$D_\mathrm{v}(v) = \left(\frac{e}{m}\right)^2 \int_{-\infty}^{\infty}\frac{i(|E_k|^2/w)\exp(2\gamma(k)t)}{\omega_\mathrm{r}(k) - kv + i\gamma(k)}\mathrm{d}k$$
$$= \left(\frac{e}{m}\right)^2 \int_{-\infty}^{\infty}\frac{\gamma(k)(|E_k|^2/w)\exp(2\gamma(k)t)}{(\omega_\mathrm{r}(k) - kv)^2 + \gamma(k)^2}\mathrm{d}k \tag{11.35}$$

$|\gamma(k)| \ll |\omega_\mathrm{r}(k)|$ の場合, 速度空間における拡散係数は

$$D_\mathrm{v}(v) = \left(\frac{e}{m}\right)^2 \pi\int \frac{|E_k|^2}{w}\exp(2\gamma(k)t)\,\delta(\omega_\mathrm{r}(k) - kv)\mathrm{d}k$$
$$= \left(\frac{e}{m}\right)^2 \frac{\pi}{|v|}\frac{|E_k|^2}{w}\exp(2\gamma(k)t)\bigg|_{\omega/k=v} \tag{11.36}$$

となる.ポアソンの式および (11.33) より

$$\nabla \cdot \boldsymbol{E} = -\frac{e}{\epsilon_0} \int f_1 \mathrm{d}v$$

$$ikE_k = -\frac{e}{\epsilon_0} \int f_k \mathrm{d}v$$

$$1 + \frac{\Pi_\mathrm{e}^2}{k}\frac{1}{n}\int \left(\frac{1}{\omega(k)-kv}\right)\frac{\partial f_0}{\partial v}\mathrm{d}v = 0 \tag{11.37}$$

のような分散式が導かれる. $\omega = \omega_\mathrm{r} + i\gamma$, $|\gamma| \ll |\omega_\mathrm{r}|$ として γ を解くと (11.11) とほぼ同じ値がえられる.

(11.34) は速度空間における拡散方程式である.電子の分布関数が図 11.2b のようにある v_1 で $v\,\partial f/\partial v > 0$ の場合, $\omega/k \approx v_1$ の位相速度を持つ波はランダウ増幅によって振幅 $|E_k|$ が大きくなる.したがって速度拡散係数 D_v も大きくなり,拡散の効果によって $v \sim v_1$ 付近の $\partial f/\partial v$ の値が小さくなり,やがて $v \sim v_1$ 付近の分布関数の形が平坦になって波の成長は止まる.

また電子の分布関数が図 11.2a のようにマックスウェル分布をしているとき,波を外部からプラズマ中に入射すると $v = \omega/k$ 付近の速度拡散係数 D_v が大きくなるから,拡散効果によって $v = \omega/k$ 付近の分布関数の勾配が平坦になり,図 12.7 に示すような分布関数に近づく.

文　　献

1) L. D. Landau: *J. Phys., USSR* **10**, 45 (1946).
2) J. H. Malmberg, C. B. Wharton and W. E. Drummond: *Plasma Phys. Contr. Nucl. Fusion Res.* (Conf. Proceedings Culham 1965) **1**, 485 (1966) IAEA Vienna.
3) T. H. Stix: *The Theory of Plasma Waves*, McGraw-Hill, New York 1962.

12

波の伝播，波動加熱

　波動加熱 (wave heating) においては第 10 章で述べた電子サイクロトロン加熱 (electron cyclotron heating, ECH)，低域混成波加熱 (lower hybrid heating, LHH)，イオン・サイクロトロン周波数領域の波動加熱 (ion cyclotron range of frequency, ICRF) などが用いられている．ECH 用の大出力マイクロ波源についてはジャイロトロン，自由電子レーザーなどの開発が進められているが高価である．しかし LHH, ICRF 用電源は，高速中性粒子ビーム入射 (neutral beam injection, NBI) 用電源に比べて経済的であるという利点を持っている．低域混成波およびイオン・サイクロトロン周波数の波動加熱は高周波加熱 (RF heating) ともいわれている．

　プラズマの外側にある導波管あるいはアンテナによってプラズマ中に電磁プラズマ波を励起する (波の励起，波・プラズマ結合)．励起する波の電場 E がプラズマの閉じ込めの磁場に平行な場合は，電子が磁力線に沿って動きうるので，電場が消去され波が入りにくい．しかし周波数が，電子プラズマ周波数より大きくなると電子の慣性項のため振動電場についていけず，電子が動けなくなってきて波がプラズマ中に伝播することができる．波の励起のために外部から高周波電磁場を結合系 (coupling system) を通じてプラズマに加えるが，プラズマ中の固有モードの波長と同じ周期性を結合系に持たせることによって共鳴的に励起する方が効率がよい．

　励起された波はプラズマ中を伝播するが，ある場合はプラズマ中心部を減衰せずに (加熱せずに) 通り抜け，ある場合にはプラズマ中心に至る前に屈折または反射して外部に戻ってきたりする (波の伝播)(図 12.1 参照)．またモード変換 (mode conversion) に

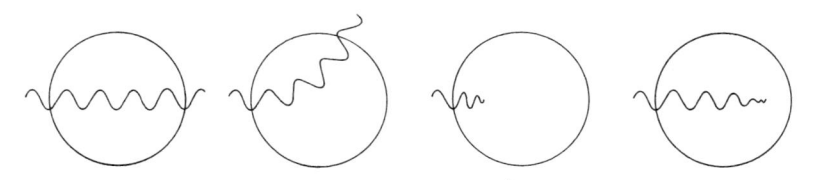

図 12.1　波の通り抜け，屈折反射，周辺部および中心部の波動加熱

よって別の性質のモードに移行する．波がプラズマ中を伝播する場合，ランダウ減衰やサイクロトロン減衰の条件を満たすところでは，波のエネルギーがプラズマに吸収され，その振幅は減衰しプラズマ加熱に寄与する (加熱)．したがってプラズマ中心部を加熱するためにはまず中心部まで近接伝播できる波を励起し，中心部に達するまではあまり吸収されず，かつ中心部に達したときに初めて吸収が行われるようにしなければならない．

12.1 エネルギーの流れ

エネルギーの流れはマックスウェル方程式から導かれるエネルギー保存則から導かれる．(10.15) と H，(10.16) と E のスカラー積の差をとると

$$\nabla \cdot (E \times H) + E \cdot \frac{\partial D}{\partial t} + H \cdot \frac{\partial B}{\partial t} = 0 \tag{12.1}$$

がえられる．$P \equiv E \times H$ はポインティング・ベクトルでエネルギーの流れを表す．ここで電子・イオン衝突による電気抵抗損失は考慮していない．

プラズマは分散媒質であり誘電率テンソーは伝播ベクトル k および周波数 ω に依存する．$E(r,t)$ および $D(r,t)$ のフーリエ成分をそれぞれ $E_\omega(k,\omega)$ および $D_\omega(k,\omega)$ とすると

$$D_\omega = \frac{1}{(2\pi)^2} \int D(r,t) \exp(-i(k \cdot r - \omega t))\, dr\, dt$$

$$E_\omega = \frac{1}{(2\pi)^2} \int E(r,t) \exp(-i(k \cdot r - \omega t))\, dr\, dt$$

であり，両者の間には

$$D_\omega(k,\omega) = \epsilon_0 K(k,\omega) \cdot E_\omega(k,\omega)$$

の関係が成り立つ．そして

$$D(r,t) = \frac{1}{(2\pi)^2} \epsilon_0 \int K(k,\omega) \cdot E_\omega(k,\omega) \exp(i(k \cdot r - \omega t))\, dk\, d\omega$$

$$E(r,t) = \frac{1}{(2\pi)^2} \int E_\omega(k,\omega) \exp(i(k \cdot r - \omega t))\, dk\, d\omega$$

となる．フーリエ積分の公式により

$$D(r,t) = \epsilon_0 \int \widehat{K}(r - r', t - t') \cdot E(r',t')\, dr'\, dt'$$

の関係が導かれる．ただし

$$\widehat{K}(r,t) = \frac{1}{(2\pi)^4} \int K(k,\omega) \exp(-i(k \cdot r - \omega t))\, dk\, d\omega$$

である．したがって分散媒質中の電磁波の一般的解析は簡単ではない．しかし電場があ

る周波数 ω 付近のフーリエ成分のみから成り立っていて，$\boldsymbol{K}$ が $\boldsymbol{k}$, ω に対してゆるやかに変化してる場合には

$$\boldsymbol{D}(\boldsymbol{r},t) = \epsilon_0 \boldsymbol{K} \cdot \boldsymbol{E}(\boldsymbol{r},t)$$

としてよい．これからは上記のような場合についてのみ考察する．磁気誘導 $\boldsymbol{B}$ と磁場強度 $\boldsymbol{H}$ との関係は

$$\boldsymbol{B} = \mu_0 \boldsymbol{H}$$

である．

準周期的関数 A, B があり

$$A = A_0 \exp\left(-i \int_{-\infty}^{t} (\omega_\mathrm{r} + i\omega_\mathrm{i}) \mathrm{d}t'\right) = A_0 \exp(-i\phi_\mathrm{r} + \phi_\mathrm{i})$$

$$B = B_0 \exp\left(-i \int_{-\infty}^{t} (\omega_\mathrm{r} + i\omega_\mathrm{i}) \mathrm{d}t'\right) = B_0 \exp(-i\phi_\mathrm{r} + \phi_\mathrm{i})$$

と書けるとする (ϕ_r と ϕ_i は実数)．A と B の積の 1 周期の時間平均は A の実数部と B の実数部の積をとって時間平均をしなければならない．

$$\begin{aligned}
\overline{AB} &= \frac{1}{2} \cdot \frac{1}{2} \langle (A_0 \exp(-i\phi_\mathrm{r} + \phi_\mathrm{i}) + A_0^* \exp(i\phi_\mathrm{r} + \phi_\mathrm{i})) \\
&\quad \times (B_0 \exp(-i\phi_\mathrm{r} + \phi_\mathrm{i}) + B_0^* \exp(i\phi_\mathrm{r} + \phi_\mathrm{i})) \rangle \\
&= \frac{1}{4} (A_0 B_0^* + A_0^* B_0) \exp(2\phi_\mathrm{i}) \\
&= \frac{1}{2} \Re(AB^*)
\end{aligned} \tag{12.2}$$

と書ける．エネルギー保存則を 1 周期で平均化すると

$$\nabla \cdot \boldsymbol{P} + \frac{\partial W}{\partial t} = 0 \tag{12.3}$$

$$\boldsymbol{P} = \frac{1}{2\mu_0} \Re(\boldsymbol{E}_0 \times \boldsymbol{B}_0^*) \exp 2 \int_{-\infty}^{t} \omega_\mathrm{i} \mathrm{d}t' \tag{12.4}$$

$$\begin{aligned}
\frac{\partial W}{\partial t} &= \frac{1}{2} \Re\left(\left(\frac{\boldsymbol{B}^*}{\mu_0} \cdot \frac{\partial \boldsymbol{B}}{\partial t}\right) + \epsilon_0 \boldsymbol{E}^* \cdot \frac{\partial}{\partial t}(\boldsymbol{K} \cdot \boldsymbol{E})\right) \\
&= \frac{1}{2} \Re\left(-i\omega \frac{\boldsymbol{B}^* \cdot \boldsymbol{B}}{\mu_0} + \epsilon_0 (-i\omega) \boldsymbol{E}^* \cdot \boldsymbol{K} \cdot \boldsymbol{E}\right) \\
&= \frac{1}{2} \omega_\mathrm{i} \frac{\boldsymbol{B} \cdot \boldsymbol{B}^*}{\mu_0} + \frac{\epsilon_0}{2} (\omega_\mathrm{i} \Re(\boldsymbol{E}^* \cdot \boldsymbol{K} \cdot \boldsymbol{E}) + \omega_\mathrm{r} \Im(\boldsymbol{E}^* \cdot \boldsymbol{K} \cdot \boldsymbol{E}))
\end{aligned} \tag{12.5}$$

をえる．ここで，$\Re$ は実数成分，$\Im$ は虚数成分を示す．

$$\boldsymbol{E}^* \cdot \boldsymbol{K} \cdot \boldsymbol{E} = \sum_i E_i^* \sum_j K_{ij} E_j$$

$$\boldsymbol{E} \cdot \boldsymbol{K}^* \cdot \boldsymbol{E}^* = \sum_i E_i \sum_j K_{ij}^* E_j^* = \sum_j E_j^* \sum_i (K_{ji}^\mathrm{T})^* E_i = \sum_i E_i^* \sum_j (K_{ij}^\mathrm{T})^* E_j$$

の関係式より

$$\Re(\boldsymbol{E}^* \cdot \boldsymbol{K} \cdot \boldsymbol{E}) = \boldsymbol{E}^* \cdot \frac{\boldsymbol{K} + (\boldsymbol{K}^{\mathrm{T}})^*}{2} \cdot \boldsymbol{E}$$

$$\Im(\boldsymbol{E}^* \cdot \boldsymbol{K} \cdot \boldsymbol{E}) = \boldsymbol{E}^* \cdot \frac{(-i)[\boldsymbol{K} - (\boldsymbol{K}^{\mathrm{T}})^*]}{2} \cdot \boldsymbol{E}$$

となる.$(\boldsymbol{K}^{\mathrm{T}})^*$は$\boldsymbol{K}$の行と列とを入れ換えた転置行列 (transposed matrix) の複素共役である ($K_{ij}^{\mathrm{T}} \equiv K_{ji}$). 一般に$\boldsymbol{M}$と$(\boldsymbol{M}^{\mathrm{T}})^*$とが等しいとき$\boldsymbol{M}$をエルミート・マトリックスという. この場合$(\boldsymbol{E}^* \cdot \boldsymbol{M} \cdot \boldsymbol{E})$は実数になる. 12.3 節において示されるように,誘電率テンサー$\boldsymbol{K}$は

$$\boldsymbol{K}(\boldsymbol{k}, \omega) = \boldsymbol{K}_{\mathrm{H}}(\boldsymbol{k}, \omega) + i\boldsymbol{K}_{\mathrm{I}}(\boldsymbol{k}, \omega)$$

に分けることができる.$\boldsymbol{k}, \omega$が実数のとき$\boldsymbol{K}_{\mathrm{H}}$と$\boldsymbol{K}_{\mathrm{I}}$はエルミート・マトリックスであることが 12.3 節で導かれる. また$i\boldsymbol{K}_{\mathrm{I}}$の項はランダウ減衰およびサイクロトロン減衰の項になることが示される.$\omega = \omega_{\mathrm{r}} + i\omega_{\mathrm{i}}, |\omega_{\mathrm{i}}| \ll |\omega_{\mathrm{r}}|$のとき

$$\boldsymbol{K}(\boldsymbol{k}, \omega_{\mathrm{r}} + i\omega_{\mathrm{i}}) \approx \boldsymbol{K}_{\mathrm{H}}(\boldsymbol{k}, \omega_{\mathrm{r}}) + i\omega_{\mathrm{i}}\frac{\partial}{\partial \omega_{\mathrm{r}}}\boldsymbol{K}_{\mathrm{H}}(\boldsymbol{k}, \omega_{\mathrm{r}}) + i\boldsymbol{K}_{\mathrm{I}}(\boldsymbol{k}, \omega_{\mathrm{r}})$$

と書ける.Wのエルミート成分W_0 ($\boldsymbol{K}_{\mathrm{H}}$に関連する項) を

$$\begin{aligned}W_0 &= \frac{1}{2}\Re\left(\frac{\boldsymbol{B}_0^* \cdot \boldsymbol{B}_0}{2\mu_0} + \frac{\epsilon_0}{2}\boldsymbol{E}_0^* \cdot \boldsymbol{K}_{\mathrm{H}} \cdot \boldsymbol{E}_0 + \frac{\epsilon_0}{2}\boldsymbol{E}_0^* \cdot \left(\omega_{\mathrm{r}}\frac{\partial}{\partial \omega_{\mathrm{r}}}\boldsymbol{K}_{\mathrm{H}}\right) \cdot \boldsymbol{E}_0\right) \\ &= \frac{1}{2}\Re\left(\frac{\boldsymbol{B}_0^* \cdot \boldsymbol{B}_0}{2\mu_0} + \frac{\epsilon_0}{2}\boldsymbol{E}_0^* \cdot \left(\frac{\partial}{\partial \omega}(\omega \boldsymbol{K}_{\mathrm{H}})\right) \cdot \boldsymbol{E}_0\right)\end{aligned} \quad (12.6)$$

とするとき,(12.3)(12.5) より

$$\frac{\partial W_0}{\partial t} = -\omega_{\mathrm{r}}\frac{1}{2}\epsilon_0 \boldsymbol{E}_0^* \cdot \boldsymbol{K}_{\mathrm{I}} \cdot \boldsymbol{E}_0 - \nabla \cdot \boldsymbol{P} \quad (12.7)$$

となる. (12.6) に示されるように,分散媒質における波動場のエネルギー密度は磁場エネルギー (第 1 項) と,電場エネルギーおよび波とコヒーレントに動く荷電粒子の運動エネルギー (第 2 項) とからなる. (12.7) の右辺第 1 項はランダウ減衰およびサイクロトロン減衰の項,第 2 項は波の放射の発散である.

次に伝播ベクトル$\boldsymbol{k}$とωとの間に分散式

$$\omega = \omega(\boldsymbol{k})$$

が与えられたとする. そして次式で表される波の塊り (wave packet) の移動する速度を考える.

$$F(\boldsymbol{r}, t) = \int_{-\infty}^{\infty} f(\boldsymbol{k})\exp i(\boldsymbol{k} \cdot \boldsymbol{r} - \omega(\boldsymbol{k})t)\mathrm{d}\boldsymbol{k} \quad (12.8)$$

$f(\boldsymbol{k})$が$\boldsymbol{k}$に対してゆっくり変化する関数ならば,積分に寄与するのは位相 $(\boldsymbol{k} \cdot \boldsymbol{r} - \omega(\boldsymbol{k})t)$ の定常な (stationary phase) 点

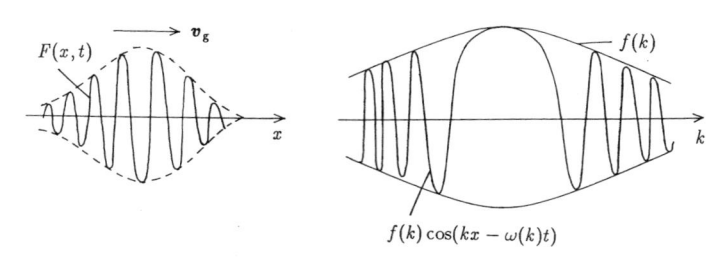

図 12.2 $F(x,t)$ と $f(k)\cos(kx - w(k)t)$

$$\frac{\partial}{\partial k_i}(\boldsymbol{k}\cdot\boldsymbol{r} - \omega(\boldsymbol{k})t) = 0 \quad (i = x, y, z)$$

である (図 12.2 参照). したがって, ある時刻 t において $F(\boldsymbol{r},t)$ が大きな値をとる位置は

$$\left(\frac{x}{t} = \frac{\partial\omega(\boldsymbol{k})}{\partial k_x}, \quad \frac{y}{t} = \frac{\partial\omega(\boldsymbol{k})}{\partial k_y}, \quad \frac{z}{t} = \frac{\partial\omega(\boldsymbol{k})}{\partial k_z}\right)$$

となる. すなわち $F(\boldsymbol{r},t)$ の最大値をとる位置は

$$\boldsymbol{v}_{\mathrm{g}} = \left(\frac{\partial\omega}{\partial k_x}, \frac{\partial\omega}{\partial k_y}, \frac{\partial\omega}{\partial k_z}\right) \tag{12.9}$$

の**群速度** (group velocity) で移動する. そしてエネルギーの流れる速度を与えることになる.

12.2 光線追跡

プラズマ中の波の波長がプラズマの特徴的な大きさ (小半径 a) に比べて非常に小さい場合は WKB 近似の方法 (幾何光学的近似) が適用できる. 分散式を $D(\boldsymbol{k},\omega,\boldsymbol{r},t) = 0$ とすると, 波のエネルギーの流れの方向は群速度 $\boldsymbol{v}_{\mathrm{g}} = \partial\omega/\partial\boldsymbol{k} \equiv (\partial\omega/\partial k_x, \partial\omega/\partial k_y, \partial\omega/\partial k_z)$ で与えられ, 光線の軌跡は $\mathrm{d}\boldsymbol{r}/\mathrm{d}t = \boldsymbol{v}_{\mathrm{g}}$ から求めることができる. この場合 $\boldsymbol{k},\omega$ も光線の座標 $\boldsymbol{r}$ の変化に従って変化するが, 常に分散式 $D = 0$ を満たす必要がある. この場合, 光線は次式で与えられる.

$$\frac{\mathrm{d}\boldsymbol{r}}{\mathrm{d}s} = \frac{\partial D}{\partial \boldsymbol{k}}, \quad \frac{\mathrm{d}\boldsymbol{k}}{\mathrm{d}s} = -\frac{\partial D}{\partial \boldsymbol{r}} \tag{12.10}$$

$$\frac{\mathrm{d}t}{\mathrm{d}s} = -\frac{\partial D}{\partial \omega}, \quad \frac{\mathrm{d}\omega}{\mathrm{d}s} = \frac{\partial D}{\partial t} \tag{12.11}$$

ここで s は光線に沿う長さのある尺度を表す. この軌跡に沿っては

$$\delta D = \frac{\partial D}{\partial \boldsymbol{k}}\cdot\delta\boldsymbol{k} + \frac{\partial D}{\partial \omega}\cdot\delta\omega + \frac{\partial D}{\partial \boldsymbol{r}}\cdot\delta\boldsymbol{r} + \frac{\partial D}{\partial t}\cdot\delta t = 0 \tag{12.12}$$

となり $D(\boldsymbol{k},\omega,\boldsymbol{r},t) = 0$ が満足されている. また

$$\frac{d\boldsymbol{r}}{dt} = \frac{d\boldsymbol{r}}{ds}\left(\frac{dt}{ds}\right)^{-1} = -\frac{\partial D}{\partial \boldsymbol{k}}\left(\frac{\partial D}{\partial \omega}\right)^{-1} = \left(\frac{\partial \omega}{\partial \boldsymbol{k}}\right)_{\boldsymbol{r},t=\text{const.}} = \boldsymbol{v}_\text{g}$$

となり (12.10)(12.11) は光線の軌跡を与えてくれることがわかる．

ここで (12.10) は D をハミルトニアンとする運動方程式と同じ形をしている．したがってエネルギー保存則に対応する積分が $D=0$ である．また，運動量保存に対応する積分も存在する場合がある．たとえばプラズマ系が x のみに依存する，いわゆるシート・モデルで取り扱うことができる場合は，k_z は保存され $N_\parallel = \text{const.}$ という Snell の法則が成り立つ．

次に実数の ω を与え分散式によって $\boldsymbol{k} = \boldsymbol{k}_\text{r} + i\boldsymbol{k}_\text{i}$ を解くとき，もし $|\boldsymbol{k}_\text{i}| \ll |\boldsymbol{k}_\text{r}|$ である場合は

$$D(\boldsymbol{k}_\text{r} + i\boldsymbol{k}_\text{i}, \omega) = \Re D(\boldsymbol{k}_\text{r}, \omega) + \frac{\partial \Re D(\boldsymbol{k}_\text{r}, \omega)}{\partial \boldsymbol{k}_\text{r}} \cdot i\boldsymbol{k}_\text{i} + i\Im D(\boldsymbol{k}_\text{r}, \omega) = 0$$

および $\Re D(\boldsymbol{k}_\text{r}, \omega) = 0$ より

$$\boldsymbol{k}_\text{i} \cdot \frac{\partial \Re D(\boldsymbol{k}_\text{r}, \omega)}{\partial \boldsymbol{k}_\text{r}} = -\Im D(\boldsymbol{k}_\text{r}, \omega) \tag{12.13}$$

をえる．そうすると波の強度 $I(\boldsymbol{r})$ は

$$I(\boldsymbol{r}) = I(\boldsymbol{r}_0) \exp\left(-2\int_{\boldsymbol{r}_0}^{\boldsymbol{r}} \boldsymbol{k}_\text{i} d\boldsymbol{r}\right) \tag{12.14}$$

$$\int \boldsymbol{k}_\text{i} d\boldsymbol{r} = \int \boldsymbol{k}_\text{i} \cdot \frac{\partial D}{\partial \boldsymbol{k}} ds = -\int \Im D(\boldsymbol{k}_\text{r}, \omega) ds$$
$$= -\int \frac{\Im D(\boldsymbol{k}_\text{r}, \omega)}{|\partial D/\partial \boldsymbol{k}|} dl \tag{12.15}$$

となる．ただし dl は光線に沿う長さである．したがって (12.10) で何本かの光線を追跡し，(12.14)(12.15) によって，波のエネルギー吸収の空間分布を求めることができる．光線が交差する場合は両者の干渉により強度パターンが波長の大きさ程度の範囲で空間的に変化するであろうが，幾何光学的近似では波長より (2〜3 倍) 大きい空間的分解能の範囲で近似値を与えると考える．したがって光線がプラズマ中を 1 回通過しただけでかなり吸収されるような場合は比較的よい近似を示す．

12.3 熱いプラズマの分散式，波の吸収，プラズマ加熱

波のエネルギーがプラズマに吸収される過程として高温プラズマの場合，ランダウ減衰，サイクロトロン減衰が重要な過程になることを第 11 章で説明した．これは

$$\omega - k_z v_z - n\Omega = 0, \qquad n = 0, \pm 1, \pm 2, \cdots$$

の関係を満たす共鳴粒子 (resonant particle) と波との相互作用によるもので，共鳴粒

子とともに走る座標系でみると，波の電場は静電場になるか $n\Omega$ の周波数で変化する電場になるからである．$n=0$ のときがランダウ減衰であり，$\omega > 0$ の場合 $n=1$ の場合が電子サイクロトロン減衰，$n=-1$ の場合がイオン・サイクロトロン減衰となる．

波の吸収の解析はプラズマの誘電率テンサー $\boldsymbol{K}$ を用いて行うことができる．プラズマの単位体積に吸収される入力 P^{ab} は (12.7) の右辺第1項より

$$P^{\mathrm{ab}} = \omega_{\mathrm{r}} \left(\frac{\epsilon_0}{2}\right) \boldsymbol{E}^* \cdot \boldsymbol{K}_{\mathrm{I}} \cdot \boldsymbol{E}$$

で与えられる．$\boldsymbol{k}, \omega$ が実数のとき $\boldsymbol{K}_{\mathrm{H}}, \boldsymbol{K}_{\mathrm{I}}$ がエルミート・マトリックスである (後出) ことから入力 P^{ab} は

$$P^{\mathrm{ab}} = \omega_{\mathrm{r}} \left(\frac{\epsilon_0}{2}\right) \mathrm{Re}\left(\boldsymbol{E}^* \cdot (-i)\boldsymbol{K} \cdot \boldsymbol{E}\right)_{\omega=\omega_{\mathrm{r}}} \tag{12.16}$$

と表すことができ，後で述べる $\boldsymbol{K}$ の式 (12.19) より明らかなように，入力 P^{ab} は次の式に還元される．

$$P^{\mathrm{ab}} = \omega \frac{\epsilon_0}{2} \left(|E_x|^2 \mathrm{Im} K_{xx} + |E_y|^2 \mathrm{Im} K_{yy} + |E_z|^2 \mathrm{Im} K_{zz} \right.$$
$$\left. + 2\mathrm{Im}(E_x^* E_y)\mathrm{Re} K_{xy} + 2\mathrm{Im}(E_y^* E_z)\mathrm{Re} K_{yz} + 2\mathrm{Im}(E_x^* E_z)\mathrm{Re} K_{xz}\right) \tag{12.17}$$

(10.3) より $\boldsymbol{j} = -i\omega \boldsymbol{P} = -i\epsilon_0 \omega (\boldsymbol{K} - \boldsymbol{I}) \cdot \boldsymbol{E}$ の関係があるから，(12.17) は

$$P^{\mathrm{ab}} = \frac{1}{2} \mathrm{Re}(\boldsymbol{E}^* \cdot \boldsymbol{j})_{\omega=\omega_{\mathrm{r}}} \tag{12.18}$$

と表すこともできる．

高温プラズマの誘電率 $\boldsymbol{K}$ はその導入過程が付録 A で述べられている．プラズマの分布関数が2重マックスウェル分布

$$f_0(v_\perp, v_z) = n_0 F_\perp(v_\perp) F_z(v_z)$$

$$F_\perp(v_\perp) = \frac{m}{2\pi T_\perp} \exp\left(-\frac{mv_\perp^2}{2T_\perp}\right)$$

$$F_z(v_z) = \left(\frac{m}{2\pi T_z}\right)^{1/2} \exp\left(-\frac{m(v_z-V)^2}{2T_z}\right)$$

である場合，誘電率 $\boldsymbol{K}$ は次式で与えられる[1]．

$$\boldsymbol{K} = \boldsymbol{I} + \sum_{\mathrm{i,e}} \frac{\Pi^2}{\omega^2} \left[\sum_n \left(\zeta_0 Z(\zeta_n) - \left(1 - \frac{1}{\lambda_{\mathrm{T}}}\right)(1 + \zeta_n Z(\zeta_n))\right) e^{-b} \boldsymbol{X}_n + 2\eta_0^2 \lambda_{\mathrm{T}} \boldsymbol{L}\right]$$

$$\tag{12.19}$$

$$\boldsymbol{X}_n = \begin{bmatrix} n^2 I_n/b & in(I_n' - I_n) & -(2\lambda_{\mathrm{T}})^{1/2} \eta_n \frac{n}{\alpha} I_n \\ -in(I_n' - I_n) & (n^2/b + 2b)I_n - 2bI_n' & i(2\lambda_{\mathrm{T}})^{1/2} \eta_n \alpha (I_n' - I_n) \\ -(2\lambda_{\mathrm{T}})^{1/2} \eta_n \frac{n}{\alpha} I_n & -i(2\lambda_{\mathrm{T}})^{1/2} \eta_n \alpha (I_n' - I_n) & 2\lambda_{\mathrm{T}} \eta_n^2 I_n \end{bmatrix}$$

$$\tag{12.20}$$

12.3 熱いプラズマの分散式,波の吸収,プラズマ加熱

ここで $\boldsymbol{L}$ マトリックスの成分は $L_{zz} = 1$ 以外すべて 0 である.

$$Z(\zeta) \equiv \frac{1}{\pi^{1/2}} \int_{-\infty}^{\infty} \frac{\exp(-\beta^2)}{\beta - \zeta} \, d\beta$$

$$\eta_n \equiv \frac{\omega + n\Omega}{2^{1/2} k_z v_{Tz}}, \qquad \zeta_n \equiv \frac{\omega - k_z V + n\Omega}{2^{1/2} k_z v_{Tz}}$$

$$\lambda_T \equiv \frac{T_z}{T_\perp}, \qquad b \equiv \left(\frac{k_x v_{T\perp}}{\Omega}\right)^2, \qquad \alpha \equiv b^{1/2}$$

$$v_{Tz}^2 \equiv \frac{T_z}{m}, \qquad v_{T\perp}^2 \equiv \frac{T_\perp}{m}$$

である.また $I_n(b)$ は n 次の変形ベッセル関数である.

$T_z = T_\perp$, $V = 0$ の等方マックスウェル分布の場合 $\eta_n = \zeta_n$, $\lambda_T = 1$ となるから

$$\boldsymbol{K} = \boldsymbol{I} + \sum_{\text{i,e}} \frac{\Pi^2}{\omega^2} \left[\sum_{n=-\infty}^{\infty} \zeta_0 Z(\zeta_n) e^{-b} \boldsymbol{X}_n + 2\zeta_0^2 \boldsymbol{L} \right] \tag{12.21}$$

に還元される.

$Z(\zeta)$ はプラズマ分散関数 (plasma dispersion function) と呼ばれる.ζ が実数 x の場合の $Z(x)$ の実数部 $\text{Re}\, Z(x)$,虚数部 $\text{Im}\, Z(x)$ を図 12.3 に示す.

$|\zeta| < 1$ (熱いプラズマ) の場合:

$$Z(\zeta) = i \frac{k_z}{|k_z|} \pi^{1/2} \exp(-\zeta^2) - 2\zeta \left(1 - \frac{2}{3}\zeta^2 + \frac{4}{15}\zeta^4 - \cdots \right)$$

$|\zeta| > 1$ (冷たいプラズマ) の場合:

$$Z(\zeta) = i\sigma \frac{k_z}{|k_z|} \pi^{1/2} \exp(-\zeta^2) - \zeta^{-1} \left(1 + \frac{1}{2}\zeta^{-2} + \frac{3}{4}\zeta^{-4} + \cdots \right)$$

$$\text{Re}\,\omega > 0 \quad \rightarrow \quad \sigma = 0, \qquad \text{Re}\,\omega < 0 \quad \rightarrow \quad \sigma = 2$$

ただし $\quad |\text{Im}\,\zeta||\text{Re}\,\zeta| < \pi/4 \quad \rightarrow \quad \sigma = 1$

図 12.3 $Z(x)$ の実数部 $\text{Re}\, Z$ および虚数部 $\text{Im}\, Z$

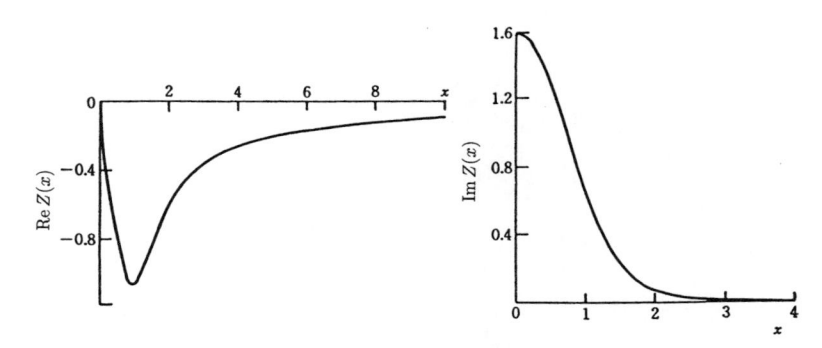

となる[2] (付録 A.5 節参照). プラズマがマックスウェル分布の場合, $Z(\zeta)$ の虚数部がランダウ減衰, サイクロトロン減衰の項に対応する (第 11 章, 付録 A 参照).

$T \to 0$ すなわち $\zeta_n \to \pm\infty$, $b \to 0$ となると熱いプラズマの誘電率は冷たいプラズマの誘電率 (10.9)〜(10.13) に還元される.

$b = (k_z \rho_\Omega)^2 \ll 1$ ($\rho_\Omega = v_{T\perp}/\Omega$ はラーマー半径) の場合は $e^{-b}\boldsymbol{X}_n$ を b で展開することができる.

$$I_n(b) = \left(\frac{b}{2}\right)^n \sum_{l=0}^{\infty} \frac{1}{l!(n+l)!} \left(\frac{b}{2}\right)^{2l}$$
$$= \left(\frac{b}{2}\right)^n \left(\frac{1}{n!} + \frac{1}{1!(n+1)!}\left(\frac{b}{2}\right)^2 + \frac{1}{2!(n+2)!}\left(\frac{b}{2}\right)^4 + \cdots \right)$$

より

$$K_{xx} = 1 + \sum_j \left(\frac{\Pi_j}{\omega}\right)^2 \zeta_0 \left((Z_1 + Z_{-1})\left(\frac{1}{2} - \frac{b}{2} + \cdots\right) \right.$$
$$\left. + (Z_2 + Z_{-2})\left(\frac{b}{2} - \frac{b^2}{2} + \cdots\right) + \cdots \right)_j$$

$$K_{yy} = 1 + \sum_j \left(\frac{\Pi_j}{\omega}\right)^2 \zeta_0 \left(Z_0(2b + \cdots) + (Z_1 + Z_{-1})\left(\frac{1}{2} - \frac{3b}{2} + \cdots\right) \right.$$
$$\left. + (Z_2 + Z_{-2})\left(\frac{b}{2} - b^2 + \cdots\right) + \cdots \right)_j$$

$$K_{zz} = 1 - \sum_j \left(\frac{\Pi_j}{\omega}\right)^2 \zeta_0 \left(2\zeta_0 W_0(1 - b + \cdots) + (\zeta_1 W_1 + \zeta_{-1} W_{-1})(b + \cdots) \right.$$
$$\left. + (\zeta_2 W_2 + \zeta_{-2} W_{-2})\left(\frac{b^2}{4} + \cdots\right) + \cdots \right)_j$$

$$K_{xy} = i \sum_j \left(\frac{\Pi_j}{\omega}\right)^2 \zeta_0 \left((Z_1 - Z_{-1})\left(\frac{1}{2} - b + \cdots\right) \right.$$
$$\left. + (Z_2 - Z_{-2})\left(\frac{b}{2} + \cdots\right) + \cdots \right)_j$$

$$K_{xz} = 2^{1/2} \sum_j \left(\frac{\Pi_j}{\omega}\right)^2 b^{1/2} \zeta_0 \left((W_1 - W_{-1})\left(\frac{1}{2} + \cdots\right) \right.$$
$$\left. + (W_2 - W_{-2})\left(\frac{b}{4} + \cdots\right) + \cdots \right)_j$$

$$K_{yz} = -2^{1/2} i \sum_j \left(\frac{\Pi_j}{\omega}\right)^2 b^{1/2} \zeta_0 \left(W_0 \left(-1 + \frac{3}{2}b + \cdots\right) \right.$$

$$\left. \begin{array}{c} + (W_1 + W_{-1})\left(\dfrac{1}{2} + \cdots\right) + (W_2 - W_{-2})\left(\dfrac{b}{4} + \cdots\right) + \cdots \end{array}\right)_j \\ K_{yx} = -K_{xy}, \qquad K_{zx} = K_{xz}, \qquad K_{zy} = -K_{zy} \end{array} \right\}$$
(12.22)

である．ただし
$$Z_{\pm n} \equiv Z(\zeta_{\pm n}), \qquad W_n \equiv -(1 + \zeta_n Z(\zeta_n))$$
$$\zeta_n = \frac{\omega + n\Omega}{2^{1/2} k_z (T_z/m)^{1/2}}$$

の略記号を用いた．$x \gg 1$ のとき
$$\mathrm{Re}\, W(x) = \frac{1}{2} x^{-2}\left(1 + \frac{3}{2} x^{-2} + \cdots\right)$$

である．ランダウ減衰 (トランジット・タイム減衰も含む) による吸収入力は (12.22) の K_{ij} の中の $\zeta_0 Z(\zeta_0)$ の虚数成分
$$G_0 \equiv \mathrm{Im}\,\zeta_0 Z(\zeta_0) = \frac{k_z}{|k_z|} \pi^{1/2} \zeta_0 \exp(-\zeta_0^2)$$

に起因する項から計算することができる．すなわち
$$(\mathrm{Im}\, K_{yy})_0 = \left(\frac{\Pi_j}{\omega}\right)^2 2b G_0$$
$$(\mathrm{Im}\, K_{zz})_0 = \left(\frac{\Pi_j}{\omega}\right)^2 2\zeta_0^2 G_0$$
$$(\mathrm{Re}\, K_{yz})_0 = \left(\frac{\Pi_j}{\omega}\right)^2 2^{1/2} b^{1/2} \zeta_0 G_0$$

から (12.17) への寄与を求めると
$$P_0^{\mathrm{ab}} = 2\omega \left(\frac{\Pi_j}{\omega}\right)^2 G_0 \left(\frac{\epsilon_0}{2}\right) \left(|E_y|^2 b + |E_z|^2 \zeta_0^2 + \mathrm{Im}(E_y^* E_z)(2b)^{1/2} \zeta_0\right) \quad (12.23)$$

となる．第 1 項はトランジット・タイム減衰項を表し (11.16) と同じ値である．第 2 項はランダウ減衰項を表し (11.10) と同じ値である．第 3 項は両者の干渉項である．サイクロトロン減衰およびその高周波減衰による吸収入力は
$$G_{\pm n} \equiv \mathrm{Im}\,\zeta_0 Z_{\pm n} = \frac{k_z}{|k_z|} \pi^{1/2} \zeta_0 \exp(-\zeta_{\pm n}^2)$$

に起因する項から求まる．すなわち $b \ll 1$ のとき
$$(\mathrm{Im}\, K_{xx})_{\pm n} = (\mathrm{Im}\, K_{yy})_{\pm n} = \left(\frac{\Pi_j}{\omega}\right)^2 G_{\pm n} \alpha_n$$
$$(\mathrm{Im}\, K_{zz})_{\pm n} = \left(\frac{\Pi_j}{\omega}\right)^2 2\zeta_{\pm n}^2 G_{\pm n} b \alpha_n n^{-2}$$

$$(\text{Re}K_{xy})_{\pm n} = -\left(\frac{\Pi_j}{\omega}\right)^2 G_{\pm n}(\pm\alpha_n)$$

$$(\text{Re}K_{yz})_{\pm n} = -\left(\frac{\Pi_j}{\omega}\right)^2 (2b)^{1/2}\zeta_{\pm n}G_{\pm n}\alpha_n n^{-1}$$

$$(\text{Im}K_{xz})_{\pm n} = -\left(\frac{\Pi_j}{\omega}\right)^2 (2b)^{1/2}\zeta_{\pm n}G_{\pm n}(\pm\alpha_n)n^{-1}$$

$$\alpha_n = n^2(2\cdot n!)^{-1}\left(\frac{b}{2}\right)^{n-1}$$

から (12.17) への寄与を求めると

$$P_{\pm n}^{\text{ab}} = \omega\left(\frac{\Pi_j}{\omega}\right)^2 G_n\left(\frac{\epsilon_0}{2}\right)\alpha_n|E_x \pm iE_y|^2 \tag{12.24}$$

をえる.

イオン・サイクロトロン減衰のときは, $\omega > 0$ の場合

$$\zeta_n = (\omega + n\Omega_{\text{i}})/(2^{1/2}k_z v_{\text{Ti}}) = (\omega - n|\Omega_{\text{i}}|)/(2^{1/2}k_z v_{\text{Ti}})$$

であるから $+n$ の項が寄与する. 電子サイクロトロン減衰のときは, $\omega > 0$ の場合

$$\zeta_{-n} = (\omega - n\Omega_{\text{e}})/(2^{1/2}k_z v_{\text{Te}})$$

であるから $-n$ の項が寄与する.

電場 E の成分の相対比は次の式によって決められる.

$$\left.\begin{array}{l}(K_{xx} - N_\parallel^2)E_x + K_{xy}E_y + (K_{xz} + N_\perp N_\parallel)E_z = 0 \\ -K_{xy}E_x + (K_{yy} - N_\parallel^2 - N_\perp^2)E_y + K_{yz}E_z = 0 \\ (K_{xz} + N_\perp N_\parallel)E_x - K_{yz}E_y + (K_{zz} - N_\perp^2)E_z = 0\end{array}\right\} \tag{12.25}$$

冷たいプラズマの場合, (12.25) において $K_{xx} \to K_\perp$, $K_{yy} \to K_\perp$, $K_{zz} \to K_\parallel$, $K_{xy} \to -iK_\times$, $K_{xz} \to 0$, $K_{yz} \to 0$ を代入し, $E_x : E_y : E_z = (K_\perp - N^2) \times (K_\parallel - N_\perp^2) : -iK_\times(K_\parallel - N_\parallel^2) : -N_\parallel N_\perp(K_\perp - N^2)$ がえられる. 電場の大きさの空間分布を求めるためには (12.19) で与えられる誘電率テンソーを用いてマックスウェル方程式の解を求めることが必要である. この場合プラズマの密度, 温度, 磁場は空間座標の関数である. したがって簡単化されたモデルを用いて解析的に解くか, あるいは計算機コードによって数値的に求める方法がとられている.

12.4 イオン・サイクロトロン周波数領域の波動加熱 (ICRF)

イオン・サイクロトロン周波数付近の領域 (ion cyclotron range of frequency, ICRF) の波 (ICRF 波) の分散式は (10.64) で与えられる. この式は

12.4 イオン・サイクロトロン周波数領域の波動加熱 (ICRF)

$$N_\parallel^2 = \frac{N_\perp^2}{2[1-(\omega/\Omega_\mathrm{i})^2]}\left(-\left(1-\left(\frac{\omega}{\Omega_\mathrm{i}}\right)^2\right) + \frac{2\omega^2}{k_\perp^2 v_\mathrm{A}^2}\right.$$

$$\left. \pm \left[\left(1-\left(\frac{\omega}{\Omega_\mathrm{i}}\right)^2\right)^2 + 4\left(\frac{\omega}{\Omega_\mathrm{i}}\right)^2\left(\frac{\omega}{k_\perp v_\mathrm{A}}\right)^4\right]^{1/2}\right)$$

の形にも書き表される.＋記号は遅進波 (L 波, イオン・サイクロトロン波), − 記号は速進波 (R 波, 異常波) に対応する. $1-\omega^2/\Omega_\mathrm{i}^2 \ll 2(\omega/k_\perp v_\mathrm{A})^2$ のとき, 遅進波および速進波の分散式はそれぞれ

$$k_z^2 = 2\left(\frac{\omega^2}{v_\mathrm{A}^2}\right)\left(1-\frac{\omega^2}{\Omega_\mathrm{i}^2}\right)^{-1}$$

$$k_z^2 = -\frac{k_\perp^2}{2} + \frac{\omega^2}{2v_\mathrm{A}^2}$$

となる. $0 < k_z^2 \lesssim (\pi/a)^2$, $k_\perp^2 \gtrsim (\pi/a)^2$ であるので, 遅進波については

$$\frac{\omega^2}{v_\mathrm{A}^2}\frac{2}{(1-\omega^2/\Omega_\mathrm{i}^2)} \lesssim \left(\frac{\pi}{a}\right)^2$$

$$n_{20}a^2 \lesssim 2.6 \times 10^{-3}\frac{A}{Z^2}\frac{\Omega_\mathrm{i}^2}{\omega^2}\left(1-\frac{\omega^2}{\Omega_\mathrm{i}^2}\right)$$

速進波については

$$\frac{\omega^2}{2v_\mathrm{A}^2} \gtrsim \left(\frac{\pi}{a}\right)^2$$

$$n_{20}a^2 \gtrsim 3.9 \times 10^{-2}\frac{A}{Z^2}\frac{\Omega_\mathrm{i}^2}{\omega^2}$$

の制約がある[3]. ただし n_{20} は $10^{20}\,\mathrm{m}^{-3}$ 単位のイオン密度, プラズマ半径 a は m 単位, A はイオンの原子量である.

イオン・サイクロトロン波は Stix コイルによって励起され[2], 低密度プラズマにおいては伝播可能であるが, トカマク・プラズマの高密度プラズマでは中心部に伝播することができない. 速進波はこの周波数領域では異常波でもあるので磁場に垂直な高周波電場を発生するループ・アンテナによって励起することができ, 高密度プラズマ中を伝播できる (10.2.1 項参照). 単一イオン・プラズマにおいては $\omega = |\Omega_\mathrm{i}|$ のとき冷たいプラズマ近似では $E_x + iE_y = 0$ となるので, イオン・サイクロトロン減衰による波の吸収は起こらない. しかし 2 種類のイオンからなるプラズマにおいては $E_x + iE_y \neq 0$ となり, イオン加熱が有効に起こりうる.

M イオンと m イオンの 2 イオン成分プラズマにおける速進波による加熱について考える. M イオンおよび m イオンの質量, 電荷, 密度をそれぞれ $m_\mathrm{M}, Z_\mathrm{M}, n_\mathrm{M}; m_\mathrm{m}, Z_\mathrm{m}, n_\mathrm{m}$ とする.

$$\eta_{\mathrm{M}} \equiv \frac{Z_{\mathrm{M}}^2 n_{\mathrm{M}}}{n_{\mathrm{e}}}, \qquad \eta_{\mathrm{m}} \equiv \frac{Z_{\mathrm{m}}^2 n_{\mathrm{m}}}{n_{\mathrm{e}}}$$

とするとき, $n_{\mathrm{e}} = Z_{\mathrm{M}} n_{\mathrm{M}} + Z_{\mathrm{m}} n_{\mathrm{m}}$ ゆえ $\eta_{\mathrm{M}}/Z_{\mathrm{M}} + \eta_{\mathrm{m}}/Z_{\mathrm{m}} = 1$ となる. ICRF 波では $(\Pi_{\mathrm{e}}/\omega)^2 \gg 1$ であるから冷たいプラズマ・モデルの分散式は, (10.64) を導いたときと同様に, (10.20) より

$$N_\perp^2 = \frac{(R - N_\parallel^2)(L - N_\parallel^2)}{K_\perp - N_\parallel^2}$$

$$R = -\frac{\Pi_{\mathrm{i}}^2}{\omega^2} \left(\frac{(m_{\mathrm{M}}/m_{\mathrm{m}})\eta_{\mathrm{m}}\omega}{\omega + |\Omega_{\mathrm{m}}|} + \frac{\eta_{\mathrm{M}}\omega}{\omega + |\Omega_{\mathrm{M}}|} - \frac{\omega}{|\Omega_{\mathrm{M}}|/Z_{\mathrm{M}}} \right)$$

$$L = -\frac{\Pi_{\mathrm{i}}^2}{\omega^2} \left(\frac{(m_{\mathrm{M}}/m_{\mathrm{m}})\eta_{\mathrm{m}}\omega}{\omega - |\Omega_{\mathrm{m}}|} + \frac{\eta_{\mathrm{M}}\omega}{\omega - |\Omega_{\mathrm{M}}|} + \frac{\omega}{|\Omega_{\mathrm{M}}|/Z_{\mathrm{M}}} \right)$$

$$K_\perp = -\frac{\Pi_{\mathrm{i}}^2}{\omega^2} \left(\frac{(m_{\mathrm{M}}/m_{\mathrm{m}})\eta_{\mathrm{m}}\omega^2}{\omega^2 - \Omega_{\mathrm{m}}^2} + \frac{\eta_{\mathrm{M}}\omega^2}{\omega^2 - \Omega_{\mathrm{M}}^2} \right)$$

$$\Pi_{\mathrm{i}}^2 \equiv \frac{n_{\mathrm{e}} e^2}{\epsilon_0 m_{\mathrm{M}}}$$

となる. したがって $K_\perp - N_\parallel^2 = 0$ でイオン・イオン混成共鳴 (ion–ion hybrid resonance) が起こる. すなわち

$$\frac{\eta_{\mathrm{m}}(m_{\mathrm{M}}/m_{\mathrm{m}})\omega^2}{\omega^2 - \Omega_{\mathrm{m}}^2} + \frac{\eta_{\mathrm{M}}\omega^2}{\omega^2 - \Omega_{\mathrm{M}}^2} \approx -\frac{\omega^2}{\Pi_{\mathrm{i}}^2} N_\parallel^2 \approx 0$$

$$\omega^2 \approx \omega_{\mathrm{IH}} \equiv \frac{\eta_{\mathrm{M}} + \eta_{\mathrm{m}}(\mu^2/\mu')}{\eta_{\mathrm{M}} + \eta_{\mathrm{m}}/\mu'} \Omega_{\mathrm{m}}^2$$

$$\mu' \equiv \frac{m_{\mathrm{m}}}{m_{\mathrm{M}}}, \qquad \mu \equiv \frac{\Omega_{\mathrm{M}}}{\Omega_{\mathrm{m}}} = \frac{m_{\mathrm{m}} Z_{\mathrm{M}}}{m_{\mathrm{M}} Z_{\mathrm{m}}}$$

図 12.4 に, M イオンが D^+, m イオンが H^+ の 2 成分トカマク・プラズマについて $K_\perp - N_\parallel^2 = 0$ (イオン・イオン混成共鳴), $L - N_\parallel^2 = 0$ (L カット・オフ), $R - N_\parallel^2 = 0$ (R カット・オフ) の位置を示す.

高温プラズマ・モデルにおいても誘電率テンソーの K_{zz} 成分の大きさが他に比べて非常に大きいので, 分散式は

$$\begin{vmatrix} K_{xx} - N_\parallel^2 & K_{xy} \\ -K_{xy} & K_{yy} - N_\parallel^2 - N_\perp^2 \end{vmatrix} = 0 \tag{12.26}$$

となり[4], $K_{yy} \equiv K_{xx} + \Delta K_{yy}$ とすると, $|\Delta K_{yy}| \ll |K_{xx}|$ であり

$$N_\perp^2 = \frac{(K_{xx} - N_\parallel^2)(K_{xx} + \Delta k_{yy} - N_\parallel^2) + K_{xy}^2}{K_{xx} - N_\parallel^2}$$

$$\approx \frac{(K_{xx} + iK_{xy} - N_\parallel^2)(K_{xx} - iK_{xy} - N_\parallel^2)}{K_{xx} - N_\parallel^2}$$

12.4 イオン・サイクロトロン周波数領域の波動加熱 (ICRF)

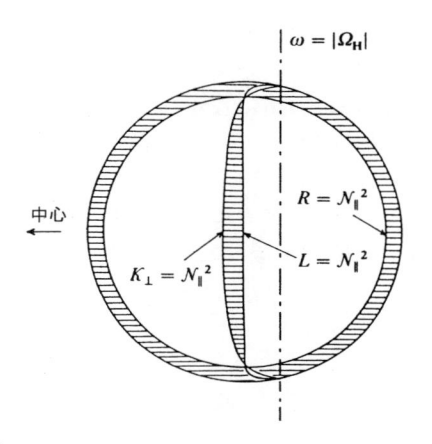

図 12.4 D^+, H^+ の 2 成分トカマク・プラズマにおけるイオン・サイクロトロン周波数領域の波の L カット・オフ ($L = N_\parallel^2$), R カット・オフ ($R = N_\parallel^2$), イオン・イオン混成共鳴 ($K_\perp = N_\parallel^2$) の位置
横線入りの領域は $N_\perp^2 < 0$ の領域である.

となる. K_{xx} は ω^2 が $\omega_{\rm IH}^2$ 付近では

$$K_{xx} = -\frac{\Pi_{\rm i}^2}{\omega^2}\left(\frac{m_{\rm M}}{2m_{\rm m}}\eta_{\rm m}\zeta_0 Z(\zeta_1) + \frac{\eta_{\rm M}\omega^2}{\omega^2 - \Omega_{\rm M}^2}\right)$$

で与えられる ((12.22) 参照). 共鳴条件は $K_{xx} = N_\parallel^2$ で与えられるが, 高温プラズマの分散式に現れる $Z(\zeta_1)$ は $0 > Z(\zeta_1) > -1.08$ となり有限であるので

$$\eta_{\rm m} \geq \eta_{\rm cr} \equiv \frac{2}{1.08}\frac{m_{\rm m}}{m_{\rm M}}2^{1/2}N_\parallel\frac{v_{\rm Ti}}{c}\left(\frac{\eta_{\rm M}\omega^2}{\omega^2 - \Omega_{\rm M}^2} + N_\parallel^2\frac{\omega^2}{\Pi_{\rm i}^2}\right)$$

のときにのみ共鳴条件を満たすことができる. この点が冷たいプラズマの分散式と異なってくる (K_{xx} と $K_\perp$ の表式の違いに注目されたい).

$\eta_{\rm m} \geq \eta_{\rm cr}$ の場合は共鳴付近で速進波からイオン・バーンスタイン波へのモード変換が起こることが (12.26) の分散式から導かれる[4]. L カット・オフとイオン・イオン混成共鳴の位置が図 12.3 に示すように接近している場合は, トーラス外側から速進波が伝播してきてもトンネル効果で波の一部は L カット・オフを通り抜け, イオン・バーンスタイン波に変換される. 変換された波は電子のランダウ減衰およびイオンのサイクロトロン減衰によって吸収される. モード変換加熱の理論については文献[2] の第 10 章 (1992 年版) に述べられている. また TFR などにおいてくわしい実験が行われた.

$\eta_{\rm m} < \eta_{\rm cr}$ の場合には $K_\perp = N_\parallel^2$ の線が消える. トーラス外側からループ・アンテナによって速進波を励起すると波は R カット・オフ領域を (その幅が狭いために) 通り抜けるが, L カット・オフで反射され, $R = N_\parallel^2$ と $L = N_\parallel^2$ とで囲まれた領域を往復する. この領域には $\omega = |\Omega_{\rm m}|$ を満たすところがあり, ここで少数派 (minority) の m イオン

による1次サイクロトロン減衰が起こりmイオンの加熱が起こる．多数派 (majority) のMイオンはmイオンとのクーロン衝突で加熱される．またMイオンの質量がmイオンのl倍であるときは$\omega = l|\Omega_M|$となり，l次のサイクロトロン減衰でMイオンが加熱される．このような加熱をマイノリティ加熱 (minority heating) という．この実験はPLTで行われよい加熱効率がえられた．電子のランダウ減衰による単位体積あたりの吸収入力P_{e0}は(12.23)で与えられるが，吸収が問題となるのは$\zeta_0 \leq 1$の場合であり，そのとき$E_y/E_z \approx K_{zz}/K_{yz} \approx 2\zeta_0^2/(2^{1/2}b^{1/2}\zeta_0(-i))$となり

$$P_{e0} = \frac{\omega \epsilon_0}{4}|E_y|^2 \left(\frac{\Pi_e}{\omega}\right)^2 \left(\frac{k_\perp v_{Te}}{\Omega_e}\right)^2 2\zeta_{0e}\pi^{1/2}\exp(-\zeta_{0e}^2) \tag{12.27}$$

となる[5]．

n次のイオン・サイクロトロン高調波減衰による単位体積あたりの吸収入力P_{in}は(12.24)より

$$P_{in} = \frac{\omega \epsilon_0}{2}|E_x + iE_y|^2 \left(\frac{\Pi_i}{\omega}\right)^2 \left(\frac{n^2}{2 \times n!}\right)\left(\frac{b}{2}\right)^{n-1}$$
$$\times \frac{\omega}{2^{1/2}k_z v_{Ti}}\pi^{1/2}\exp\left(-\frac{(\omega - n|\Omega_i|)^2}{2(k_z v_{Ti})^2}\right) \tag{12.28}$$

である．

第2高周波サイクロトロン減衰による吸収入力はプラズマのベータ値に比例する．(12.27)(12.28) より吸収入力を評価するためには，E_x, E_yの空間分布を求める必要がある．イオン・サイクロトロン高調波 ($\omega \sim 2\Omega_i, 3\Omega_i$) 周波数領域の波動加熱では，イオン・バーンスタイン波を磁場に平行な高周波電場を発生する外部アンテナあるいは導波管によって励起する方法が研究されている[6]．

12.5 低域混成波加熱 (LHH)

低域混成共鳴周波数ω_{LH}はトカマク・プラズマ ($n_e \geq 10^{13}\,\mathrm{cm}^{-3}$) の場合，$|\Omega_i| \ll \Pi_i$である．したがって

$$\omega_{LH} = \frac{\Pi_i^2 + \Omega_i^2}{1 + \Pi_e^2/\Omega_e^2 + Zm_e/m_i} \approx \frac{\Pi_i^2}{1 + \Pi_e^2/\Omega_e^2}$$

と書ける．また$\Omega_e \gg \omega_{LH} \gg |\Omega_i|$となる．上の式を変形すると，与えられた周波数に対して電子密度が次の条件を満たすとき遅進波で低域混成共鳴が起こる．

$$\frac{\Pi_e^2(x)}{\Omega_e^2} = \frac{\Pi_{res}^2}{\Omega_e^2} \equiv p, \qquad p = \frac{\omega^2}{\Omega_e|\Omega_i| - \omega^2}$$

冷たいプラズマの分散式 (10.20) において$N^2 = N_\parallel^2 + N_\perp^2$とし，$N_\perp^2$について解くと

12.5 低域混成波加熱 (LHH)

$$N_\perp^2 = \frac{K_\perp \widetilde{K}_\perp - K_\times^2 + K_\| \widetilde{K}_\perp}{2K_\perp}$$

$$\pm \left[\left(\frac{K_\perp \widetilde{K}_\perp - K_\times^2 + K_\| \widetilde{K}_\perp}{2K_\perp} \right)^2 + \frac{K_\|}{K_\perp}(K_\times^2 - \widetilde{K}_\perp^2) \right]^{1/2}$$

をえる.ただし $\widetilde{K}_\perp = K_\perp - N_\|^2$ である.$h(x) \equiv \Pi_{\mathrm{e}}^2(x)/\Pi_{\mathrm{res}}^2$, $K_\perp = 1 - h(x)$, $K_\times = ph(x)\Omega_{\mathrm{e}}/\omega$, $K_\| = 1 - \beta_\Pi h(x)$, $\beta_\Pi \equiv \Pi_{\mathrm{res}}^2/\omega^2 \sim O(m_{\mathrm{i}}/m_{\mathrm{e}})$, $\alpha \equiv \Pi_{\mathrm{res}}^2/(\omega\Omega_{\mathrm{e}}) \sim O(m_{\mathrm{i}}/m_{\mathrm{e}})^{1/2}$ の諸関係を用いることにより $(\beta_\Pi h \gg 1)$

$$N_\perp^2(x) = \frac{\beta_\Pi h}{2(1-h)} \left(N_\|^2 - (1-h+ph) \right.$$
$$\left. \pm \left[(N_\|^2 - (1-h+ph))^2 - 4(1-h)ph \right]^{1/2} \right) \tag{12.29}$$

となる.遅進波は ± 符号の正の場合に対応する.密度の低いプラズマ周辺 $(h \ll 1)$ から密度の高い $(\Pi_{\mathrm{e}}^2 = \Pi_{\mathrm{res}}^2, h = 1)$ プラズマ中心にまで遅進波を伝播させるためには $N_\perp(x)$ は実数である必要がある.したがって

$$N_\| > (1-h)^{1/2} + (ph)^{1/2}$$

の条件が必要である.不等式の右辺は範囲 $0 < h < 1$ で最大値 $(1+p)^{1/2}$ をとるので,低域混成波の**近接条件** (accessibility condition) として

$$N_\|^2 > N_{\|\mathrm{cr}}^2 = 1 + p = 1 + \frac{\Pi_{\mathrm{res}}^2}{\Omega_{\mathrm{e}}^2} \tag{12.30}$$

をえる.もしこの条件が満たされない場合は,外から励起された遅進波は (12.29) の中の平方根が 0 となるところ (2重根を持つところ) で速進波に移り,低い密度側に戻っていく (図 12.5 参照).近接条件を満たす遅進波は共鳴領域に近づくことができ,それにつれて $N_\perp$ が大きくなり熱いプラズマの分散式を用いる必要がある.低域混成共鳴付近では,静電波近似の式 (A.42) がよく成立する.$|\Omega_{\mathrm{i}}| \ll \omega \ll \Omega_{\mathrm{e}}$ であるので,イオンの寄与については高周波の条件 $(\omega \gg |\Omega_{\mathrm{i}}|)$ を満たしているので,$(\Pi_{\mathrm{i}}^2/k^2)(m_{\mathrm{i}}/T_{\mathrm{i}})(1+\zeta Z(\zeta))$,電子の寄与については低周波の条件 $(\omega \ll \Omega_{\mathrm{e}})$ を満たしているので $(\zeta_n \to \infty (n \neq 0))$ $\zeta_n Z(\zeta_n) \to -1)$ $(\sum I_n(b)e^{-b} = 1)$,$(\Pi_{\mathrm{e}}^2/k^2)(m_{\mathrm{e}}/T_{\mathrm{e}})(1 + I_0 e^{-b}\zeta_0 Z(\zeta_0))$ を用いればよい.すなわち

$$1 + \frac{\Pi_{\mathrm{e}}^2}{k^2}\frac{m_{\mathrm{e}}}{T_{\mathrm{e}}}(1 + I_0 e^{-b}\zeta_0 Z(\zeta_0)) + \frac{\Pi_{\mathrm{i}}^2}{k^2}\frac{m_{\mathrm{i}}}{T_{\mathrm{i}}}(1 + \zeta Z(\zeta)) = 0$$

ここで $\zeta_0 = \omega/(2^{1/2}k_z v_{\mathrm{Te}})$, $\zeta = \omega/(2^{1/2}kv_{\mathrm{Ti}}) \approx \omega/(2^{1/2}k_\perp v_{\mathrm{Ti}})$ である.$I_0 e^{-b} \approx 1 - b + (3/4)b^2$, $\zeta_0 \gg 1$, $\zeta \gg 1$, $1 + \zeta Z(\zeta) \approx -(1/2)\zeta^{-2} - (3/4)\zeta^{-4}$ を用いると

$$\left(\frac{3\Pi_{\mathrm{i}}^2}{\omega^4}\frac{T_{\mathrm{i}}}{m_{\mathrm{i}}} + \frac{3}{4}\frac{\Pi_{\mathrm{e}}^2}{\Omega_{\mathrm{e}}^4}\frac{T_{\mathrm{e}}}{m_{\mathrm{e}}} \right) k_\perp^4 - \left(1 + \frac{\Pi_{\mathrm{e}}^2}{\Omega_{\mathrm{e}}^2} - \frac{\Pi_{\mathrm{i}}^2}{\omega^2} \right) k_\perp^2 - \left(1 - \frac{\Pi_{\mathrm{e}}^2}{\omega^2} \right) k_z^2 = 0 \tag{12.31}$$

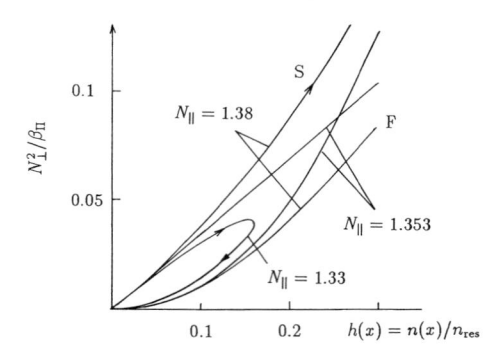

図 12.5 $N_\perp^2 - h(x) (= \Pi_e^2(x)/\Pi_{\text{res}}^2)$ ダイアグラムにおける低域混成波の軌跡 ($p = 0.353$, $N_{\|\text{cr}}^2 = 1 + p = 1.353$ の場合) $f = \omega/2\pi = 10^9$ Hz, $B = 3$ T, H$^+$ プラズマの場合に相当する。このとき $\beta_\Pi = 7.06 \times 10^3$, $\Pi_{\text{res}}^2 = p\Omega_e^2$ に対応する電子密度は $n_{\text{res}} = 0.31 \times 10^{20}$ m^{-3} となる。

となる。無次元化すると ($\rho_i = v_{Ti}/|\Omega_i|$ として)

$$(k_\perp \rho_i)^4 - \frac{1-h}{h}\frac{m_i}{m_e}\frac{1}{(1+p)s^2}(k_\perp \rho_i)^2 + \left(\frac{m_i}{m_e}\right)^2 \frac{1}{s^2}(k_z \rho_i)^2 = 0 \quad (12.32)$$

をえる。ただし

$$s^2 \equiv 3\left(\frac{1+p}{p} + \frac{1}{4}\frac{T_e}{T_i}\frac{p}{1+p}\right) = 3\left(\frac{|\Omega_i \Omega_e|}{\omega^2} + \frac{1}{4}\frac{T_e}{T_i}\frac{\omega^2}{|\Omega_i \Omega_e|}\right)$$

この分散式は二つの解を持ち、一つは冷たいプラズマの遅進波の対応し、もう一つは熱いプラズマの波である。遅進波は (12.31) (12.32) が 2 重根を持つところでプラズマ波にモード変換される[7)-9)]。判別式=0, すなわち $1/h = 1 + 2k_z \rho_i(1+p)s$ より

$$\frac{\Pi_e^2(x)}{\Omega_e^2} = \frac{\Pi_{\text{M.C.}}^2}{\Omega_e^2} \equiv \frac{p}{1 + 2k_z \rho_i(1+p)s}$$

したがって

$$\frac{\omega^2}{\Pi_i^2} = \left(1 - \frac{\omega^2}{|\Omega_i|\Omega_e}\right) + \frac{N_\| v_{Te} 2\sqrt{3}}{c}\left(\frac{T_i}{T_e} + \frac{1}{4}\left(\frac{\omega^2}{\Omega_i \Omega_e}\right)^2\right)^{1/2} \quad (12.33)$$

のところでモード変換される。そこでの $k_\perp^2 \rho_i^2$ は

$$k_\perp^2 \rho_i^2|_{\text{M.C.}} = \frac{m_i}{m_e}\frac{k_z \rho_i}{s} \quad (12.34)$$

である。中心部の電子温度が高くて電子熱速度 v_{Te} が $v_{Te} \gtrsim (1/3)c/N_\|$ である場合は電子のランダウ減衰によって波のエネルギーが電子に吸収される。

プラズマ波へのモード変換によって $N_\perp$ が大きくなると、やがて $c/N_\perp \sim v_{Ti}$ となる場合がある。$\omega \gg |\Omega_i|$ であるので ω^{-1} 程度の時間の相互作用においてはイオン

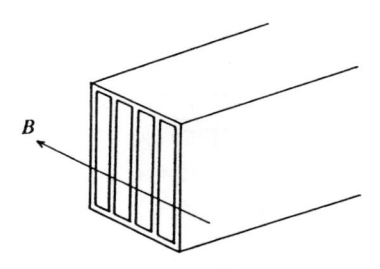

図 12.6 低域混成波 (遅進波) 加熱のための導波管列

の運動は磁場の影響を受けないと考えてよい．c/N の位相速度を持つ波は $c/N \sim v_{\text{Ti}}$ のイオンによってランダウ減衰を受けて吸収される．また $v_i > c/N_\perp$ のイオンは $v_i \cos(\Omega_i t) \approx c/N_\perp$ の時刻ごとに波によって加速あるいは減衰を受け統計加熱を受けることが予想される．

励起方法は図 12.6 に示すように導波管を並べ，その間の位相差を適当に選んで必要な $N_\parallel = k_z c/\omega = 2\pi c/(\lambda_z \omega)$ の波を励起する．プラズマ周辺部の低密度領域では遅進波の磁場に平行な電場成分は速進波の場合より大きいので，磁力線方向に電場が向くよう導波管を配列する．プラズマとのカップリングについての議論は文献[10]に，LHH の実験は文献[11]にくわしい．

低域混成波による電流駆動の場合は，近接条件 (12.30) を満たし，かつ $c/N_\parallel \gg v_{\text{Te}}$ である必要がある．しかし電子温度が高く $T_e \sim 10\,\text{keV}$ 程度になると，$v_{\text{Te}}/c \sim 1/7$ であるから $N_\parallel$ を (12.30) の条件下で小さい値を選んでも，電子のランダウ減衰により波が吸収され，プラズマの中心部まで伝播しないことが予想される．

$N_\parallel \sim (1/3)(c/v_{\text{Te}})$ に選ぶと電子加熱が起こるはずで実験的にも観測されている．

プラズマ波へのモード変換が起こる条件下ではイオン加熱が期待されるが，実験結果は電子加熱の場合ほど明確でない．

12.6　電子サイクロトロン加熱 (ECH)

電子サイクロトロン周波数における冷たいプラズマの分散式は (10.79) で与えられる (この式の正負の符号に従って正常波 (O) と異常波 (X) に対応する)．正常波は分散式 (10.86) より明かなように $\omega^2 > \Pi_e^2$ ($\theta = \pi/2$ のとき) でないと伝播できない．励起方法は導波管を用い，波の電場を磁力線に平行にする導波管列 (array) を磁力線方向に並べ，各導波管における波の位相を変えて $N_\parallel = k_z c/\omega_L^2 = 2\pi c/(\omega \lambda_z)$ の値を最適に選ぶことができる (図 12.6 参照)．

異常波の分散式は (10.87) あるいは (10.52) ($\theta = \pi/2$ のとき) で与えられて,

$\omega^2 > \omega_{\rm L}^2$ ($\omega_{\rm L} < \Pi_{\rm e}$) であることが必要である．また図 10.6 の CMA ダイアグラムからわかるとおり，高磁場側 (図 10.5 の 6a 領域) からプラズマ中心部に接近できる (低磁場側からは $\omega = \omega_{\rm R}$ のカット・オフにぶつかる)．異常波の励起方法では波の電場の向きを磁力線に直角にするように導波管を配列する必要がある (10.2.1 項参照)．

高温プラズマの誘電率テンソーにおいてはイオン項は無視でき，また $b \ll 1$, $\zeta_0 \gg 1$ である．したがって誘導率テンソーは

$$K_{xx} = K_{yy} = 1 + \frac{X\zeta_0 Z_{-1}}{2}, \qquad K_{zz} = 1 - X + N_\perp^2 \chi_{zz}$$

$$K_{xy} = \frac{-iX\zeta_0 Z_{-1}}{2}, \qquad K_{xz} = N_\perp \chi_{xz}, \qquad K_{yz} = iN_\perp \chi_{yz}$$

$$\chi_{xz} \approx \chi_{yz} \approx 2^{-1/2} XY^{-1}\frac{v_{\rm T}}{c}\zeta_0(1 + \zeta_{-1}Z_{-1})$$

$$\chi_{zz} \approx XY^{-2}\left(\frac{v_{\rm T}}{c}\right)^2 \zeta_0 \zeta_{-1}(1 + \zeta_{-1}Z_{-1})$$

$$X \equiv \frac{\Pi_{\rm e}^2}{\omega^2}, \qquad Y \equiv \frac{\Omega_{\rm e}}{\omega}, \qquad \zeta_{-1} = \frac{\omega - \Omega_{\rm e}}{2^{1/2}k_z v_{\rm T}}, \qquad N_\perp = \frac{k_\perp c}{\omega}$$

となる．マックスウェル方程式は

$$(K_{xx} - N_\parallel^2)E_x + K_{xy}E_y + N_\perp(N_\parallel + \chi_{xz})E_z = 0$$
$$-K_{xy}E_x + (K_{yy} - N_\parallel^2 - N_\perp^2)E_y + iN_\perp \chi_{yz}E_z = 0$$
$$N_\perp(N_\parallel + \chi_{xz})E_x - iN_\perp \chi_{yz}E_y + (1 - X - N_\perp^2(1 - \chi_{zz}))E_z = 0$$

となる．これを解くと

$$\frac{E_x}{E_z} = -\frac{iN_\perp^2 \chi_{xz}(N_\parallel + \chi_{xz}) + K_{xy}(1 - X - N_\perp^2(1 - \chi_{zz}))}{N_\perp(i\chi_{xz}(K_{xx} - N_\parallel^2) + K_{xy}(N_\parallel + \chi_{xz}))}$$

$$\frac{E_y}{E_z} = -\frac{N_\perp^2(N_\parallel + \chi_{xz})^2 - (K_{xx} - N_\parallel^2)(1 - X - N_\perp^2(1 - \chi_{zz}))}{N_\perp(i\chi_{xz}(K_{xx} - N_\parallel^2) + K_{xy}(N_\parallel + \chi_{xz}))}$$

単位体積あたり吸収される電磁波の入力 P_{-1} は (12.24) より

$$P_{-1} = \omega X \zeta_0 \frac{\pi^{1/2}}{2} \exp\left(-\frac{(\omega - \Omega_{\rm e})^2}{2k_z^2 v_{\rm Te}^2}\right) \frac{\epsilon_0}{2}|E_x - iE_y|^2$$

となる．$\omega = \Omega_{\rm e}$ のとき $\zeta_{-1} = 0$, $Z_{-1} = i\pi^{1/2}$, $K_{xx} = 1 + ih$, $K_{xy} = h$, $\chi_{yz} = \chi_{xz} = 2^{-1/2}X(v_{\rm Te}/c)\zeta_0 = X/(2N_\parallel)$, $\chi_{zz} = 0$, $h \equiv \pi^{1/2}\zeta_0 X/2$ であるので，誘電率テンソー $\boldsymbol{K}$ は

$$\boldsymbol{K} = \begin{bmatrix} 1 + ih & h & N_\perp \chi_{xz} \\ -h & 1 + ih & iN_\perp \chi_{xz} \\ N_\perp \chi_{xz} & -iN_\perp \chi_{xz} & 1 - X \end{bmatrix}$$

となる．

12.6 電子サイクロトロン加熱 (ECH)

正常波 (O 波) については

$$\frac{E_x - iE_y}{E_z} = \frac{iN_\perp^2(\text{O})N_\parallel(N_\parallel + \chi_{xz}) - i(1 - N_\parallel^2)(1 - X - N_\perp^2(\text{O}))}{N_\perp(\text{O})(N_\parallel h + i\chi_{xz}(1 - N_\parallel^2))}$$

である. $N_\parallel \ll 1$ で垂直入射に近いときは (10.82) より $1 - X - N_\perp^2(\text{O}) = (1-X)N_\parallel^2$ となる. また $\chi_{xz} = X/2N_\parallel$ であるので $\chi_{xz} \gg N_\parallel$ であり, 上式の分子の第 1 項が第 2 項に比べて大きい. したがって

$$\frac{E_x - iE_y}{E_z} = \frac{iN_\perp(\text{O})N_\parallel \chi_{xz}}{N_\parallel h + i\chi_{xz}}$$

となる.

異常波 (X 波) については

$$\frac{E_x - iE_y}{E_y} = -\frac{iN_\perp^2(\text{X})N_\parallel(N_\parallel + \chi_{xz}) - i(1 - N_\parallel^2)(1 - X - N_\perp^2(\text{X}))}{N_\perp^2(\text{X})(N_\parallel + \chi_{xz})^2 - (K_{xx} - N_\parallel^2)(1 - X - N_\perp^2(\text{X}))}$$

である. $N_\parallel \ll 1$ で $\omega = \Omega_\text{e}$ のときは (10.83) より $N_\perp^2 \approx 2 - X$ である. また $\chi_{xz} = X/(2N_\parallel)$, $h = (\pi/2)^{1/2}(X/2)(c/v_\text{Te}2N_\parallel)$ である. したがって

$$\frac{E_x - iE_y}{E_y} \approx \frac{(1 + N_\perp^2(\text{X})N_\parallel(N_\parallel + \chi_{xz}))}{h - i(1 + N_\perp^2(\text{X})(N_\parallel + \chi_{xz})^2)}$$

$$\approx \frac{1 + (1 - X/2)X}{(\pi/2)^{1/2}(X/2)(c/v_\text{Te})(1/N_\parallel) - i[1 + (X^2/4)(2-X)(1/N_\parallel)^2]}$$

となる. $(c/v_\text{Te}) \gg 1/N_\parallel$ の場合は分母の第 1 項が第 2 項より大きくなり, $(E_x - iE_y)/E_y \sim 1/h$ となる.

単位体積あたりの $\omega = \Omega_\text{e}$ の位置における吸収入力を求めると, 正常波については

$$P_{-1}(\text{O}) \approx \frac{\omega\epsilon_0}{2}|E_z|^2 \frac{hN_\perp^2(\text{O})N_\parallel^2\chi_{xz}^2}{(N_\parallel h)^2 + \chi_{xz}^2} \exp(-\zeta_{-1}^2)$$

$$\approx \frac{\omega\epsilon_0}{2}|E_z|^2 \frac{1}{(2\pi)^{1/2}}\left(\frac{\Pi_\text{e}}{\omega}\right)^2 \left(\frac{v_\text{Te}}{cN_\parallel}\right) \frac{N_\perp^2(\text{O})N_\parallel^2}{N_\parallel^2 + (v_\text{Te}/c)^2(2/\pi)} \quad (12.35)$$

異常波については

$$P_{-1}(\text{X}) \sim \frac{\omega\epsilon_0}{2}|E_y|^2 \frac{1}{h} = \frac{\omega\epsilon_0}{2}|E_y|^2 2\left(\frac{2}{\pi}\right)^{1/2}\left(\frac{\Pi_\text{e}}{\omega}\right)^{-2}\left(\frac{N_\parallel v_\text{Te}}{c}\right) \quad (12.36)$$

となる[12)13)].

$P(\text{O}) \propto n_\text{e}T_\text{e}^{1/2}/N_\parallel$, $P(\text{X}) \propto N_\parallel T_\text{e}^{1/2}/n_\text{e}$ であるから, 正常波は垂直入射に近いほど, そして密度が高いほど吸収がよく, 異常波はその逆であることを示している.

電子サイクロトロン加熱は T-10, ISX-B, JFT-2, D-IIID などで実験され, 効率のよい電子加熱を実証している.

12.7　低域混成電流駆動 (LHCD)

　トカマク装置でプラズマ電流を変流器により電磁誘導で駆動する限り，放電は有限時間のパルス運転にならざるをえない．もしプラズマ電流を非電磁誘導によって駆動できれば，定常トカマク炉が原理的には可能になる．中性粒子ビーム (NBI) による電流駆動は，大河によって提案された[14]．また進行波による電流駆動は Wort によって提案された[15]．NBI によって入射された粒子や進行波の運動量が，プラズマ中の荷電粒子に移され，その結果荷電粒子の流れがプラズマ電流を生成する．NBI による電流駆動は DITE, TFTR などで実証された．Fisch によって提案された低域混成波 LHW による電流駆動は JFT-2, JIPPT-II, WT-2, PLT, Alcator C, Versator 2, T-7, Wega, JT-60 などで実証された．また電子サイクロトロン波による電流駆動は Cleo, T-10, WT-3, Compass-D, DIII-D, TCV などで実証された．

　低域混成波による電流駆動 (LHCD) の理論を Fisch らの記述にしたがって述べる[16]．プラズマ中に磁力線に沿った進行波があると，電子の速度分布関数は波の位相速度に近いところで平坦化する．波による速度空間の拡散係数を D_rf とするとフォッカー–プランク方程式は (4.3 節参照)

$$\frac{\partial f}{\partial t} + \boldsymbol{v}\cdot\nabla_\mathrm{r} f + \left(\frac{\boldsymbol{F}}{m}\right)\cdot\nabla_\mathrm{v} f = \frac{\partial}{\partial v_z}\left(D_\mathrm{rf}\frac{\partial f}{\partial v_z}\right) + \left(\frac{\delta f}{\delta t}\right)_\mathrm{F.P.} \tag{12.37}$$

で与えられる．ただし $(\delta f/\delta t)_\mathrm{F.P.}$ はフォッカー–プランク衝突項である．すなわち

$$\left(\frac{\delta f}{\delta t}\right)_\mathrm{F.P.} = -\sum_\mathrm{i,e}\left(\frac{1}{v^2}\frac{\partial}{\partial v}(v^2 J_\mathrm{v}) + \frac{1}{v\sin\theta}\frac{\partial}{\partial \theta}(\sin\theta J_\theta)\right) \tag{12.38}$$

$$J_\mathrm{v} = -D_\parallel\frac{\partial f}{\partial v} + Af, \quad J_\theta = -D_\perp\frac{1}{v}\frac{\partial f}{\partial \theta} \tag{12.39}$$

テスト粒子の速度 v が場の粒子の熱速度 v_T^* より大きい場合 $(v > v_\mathrm{T}^*)$，速度空間における拡散テンサー $D_\parallel, D_\perp$ および動的摩擦係数 A は次のように与えられる．

$$D_\parallel = \frac{v_\mathrm{T}^{*2}\nu_0}{2}\left(\frac{v_\mathrm{T}^*}{v}\right)^3, \quad D_\perp = \frac{v_\mathrm{T}^{*2}\nu_0}{2}\frac{v_\mathrm{T}^*}{2v}, \quad A = -D_\parallel\frac{m}{m^*}\frac{v}{v_\mathrm{T}^{*2}}$$

ただし v_T^* および ν_0 は

$$v_\mathrm{T}^{*2} = \frac{T^*}{m^*}, \quad \nu_0 = \left(\frac{qq^*}{\epsilon_0}\right)^2\frac{n^*\ln\Lambda}{2\pi v_\mathrm{T}^{*3}m^2} = \Pi^{*4}\frac{\ln\Lambda}{2\pi v_\mathrm{T}^{*3}n^*}$$

であり，$\Pi^{*2} \equiv qq^*n^*/(\epsilon_0 m)$ である．(v, θ, ψ) は速度空間の球座標である．v_T^*, q^*, n^* はそれぞれ場の粒子の熱速度，電荷，密度であり，v, q, n はテスト粒子の量である．電子分布関数について考え，座標空間的に一様で外力 $\boldsymbol{F}$ も 0 とする．衝突項については電子・電子，電子・イオン (電荷 Z) の両者を考慮する．さらに無次元量 $\tau = \nu_\mathrm{0e} t$,

12.7 低域混成電流駆動 (LHCD)

$u = v/v_{\text{Te}}^*$, $w = v_z/v_{\text{Te}}^*$, $D(w) = D_{\text{rf}}/v_{\text{Te}}^{*2}\nu_{0\text{e}}$ を導入するとフォッカー–プランクの式は次のようになる.

$$\frac{\partial f}{\partial \tau} = \frac{\partial}{\partial w}\left(D(w)\frac{\partial f}{\partial w}\right) + \frac{1}{2u^2}\frac{\partial}{\partial u}\left(\frac{1}{u}\frac{\partial f}{\partial u} + f\right) + \frac{1+Z}{4u^3}\frac{1}{\sin\theta}\frac{\partial}{\partial \theta}\left(\sin\theta\frac{\partial f}{\partial \theta}\right)$$

また $(v_x, v_y, v_z) \equiv (v_1, v_2, v_3)$ 座標を用いてフォッカー–プランクの衝突項を書き直すと $(v > v_{\text{T}}^*$ を仮定)

$$A_i = -D_0 v_{\text{T}}^* \frac{m}{m^*}\frac{v_i}{v^3} \tag{12.40}$$

$$D_{ij} = \frac{D_0}{2}\frac{v_{\text{T}}^*}{v^3}\left((v^2\delta_{ij} - v_i v_j) + \frac{v_{\text{T}}^{*2}}{v^2}(3v_i v_j - v^2\delta_{ij})\right) \tag{12.41}$$

$$J_i = A_i f - \sum_j D_{ij}\frac{\partial f}{\partial v_j} \tag{12.42}$$

$$D_0 \equiv \frac{(qq^*)^2 \, n^* \ln\Lambda}{4\pi\epsilon_0^2 m^2 v_{\text{T}}^*} = \frac{v_{\text{T}}^{*2}\nu_0}{2} \tag{12.43}$$

$$\left(\frac{\delta f}{\delta t}\right)_{\text{F.P.}} = -\nabla_{\text{v}}\cdot \boldsymbol{J}$$

となる. A_i は動的摩擦係数の i 成分, D_{ij} は拡散テンサーの ij 成分である. 磁場に垂直方向の速度 v_x, v_y の分布関数をマックスウェル分布とし, 垂直方向の速度で積分すると磁場に平行な速度 $w = v_z/v_{\text{Te}}^*$ の分布関数 $F(w) = \int f\, dv_x dv_y$ に関する 1 次元のフォッカー–プランクの式を導くことができる.

$$\iint \left(\frac{\delta f}{\delta t}\right)_{\text{F.P.}} dv_x dv_y = \iint (-\nabla_{\text{v}}\cdot \boldsymbol{J})\, dv_x dv_y$$

$$= \iint \frac{\partial}{\partial v_z}\left(-A_z f + \sum_j D_{zj}\frac{\partial f}{\partial v_j}\right) dv_x dv_y$$

$|v_z| \gg |v_x|, |v_y|$ のとき, $v \approx |v_z|$ の近似をすることができる. その結果 $F(w)$ の 1 次元フォッカー–プランクの式は

$$\frac{\partial F}{\partial \tau} = \frac{\partial}{\partial w}\left(D(w)\frac{\partial F}{\partial w}\right) + \left(1 + \frac{Z}{2}\right)\frac{\partial}{\partial w}\left(\frac{1}{w^3}\frac{\partial}{\partial w} + \frac{1}{w^2}\right)F(w)$$

となる. 定常解は

$$F(w) = C\, \exp\int^w \frac{-w\, dw}{1 + w^3 D(w)/(1 + Z/2)}$$

となり, 図 12.7 のようになる ($D(w) = 0$ のときはマックスウェル分布になる). したがって $F(w)$ は $w = 0$ に対して非対称になり, 磁場方向に電流成分が生ずる. このときの電流密度 J は

$$J = env_{\text{Te}}^* j$$

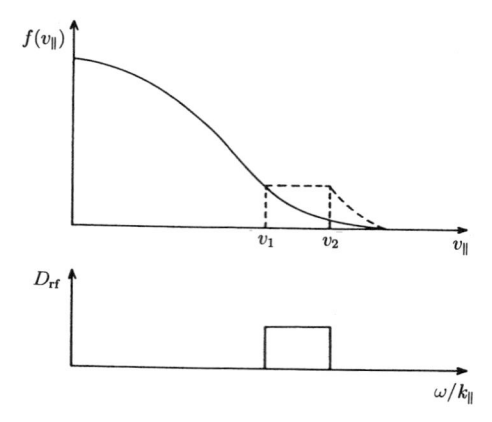

図 12.7 磁力線方向の屈折率 $N_\parallel$ が $N_1 \sim N_2$ の範囲にスペクトルを持つ低域混成波との相互作用によって $v_1 = c/N_1 \sim v_2 = c/N_2$ のところが平坦化された速度分布関数 $f(v_\parallel)$

となる．ただし $j = \int wF(w)\mathrm{d}w$ である．すなわち

$$j \approx \frac{w_1 + w_2}{2} F(w_1)(w_2 - w_1) \tag{12.44}$$

一方，この電流成分はクーロン衝突によって散逸する．単位時間あたりの散逸エネルギーは，電流成分を保つために外から補わなければならない．定常状態で必要な入力 P_d は

$$\begin{aligned} P_\mathrm{d} &= -\int \frac{nmv^2}{2} \left(\frac{\delta f}{\delta t}\right)_\mathrm{F.P.} \mathrm{d}\boldsymbol{v} = \int \frac{nmv^2}{2} \frac{\partial}{\partial v_z} \left(D_\mathrm{rf} \frac{\partial f}{\partial v_z}\right) \mathrm{d}\boldsymbol{v} \\ &= nmv_\mathrm{Te}^{*2}\nu_0 \int \frac{w^2}{2} \frac{\partial}{\partial w} \left(D(w) \frac{\partial F}{\partial w}\right) \mathrm{d}w = nmv_\mathrm{Te}^{*2}\nu_0 p_\mathrm{d} \end{aligned}$$

である．p_d は F の定常解を用いると $w^3 D(w) \gg 1$ のとき次のように与えられる．

$$\left.\begin{aligned} p_\mathrm{d} &= \left(1 + \frac{Z}{2}\right) F(w_1) \ln\left(\frac{w_2}{w_1}\right) \approx \left(1 + \frac{Z}{2}\right) F(w_1) \frac{w_2 - w_1}{w_1} \\ \frac{j}{p_\mathrm{d}} &= \frac{1.5}{1 + 0.5 Z_\mathrm{i}} \frac{2}{3} w^2 \end{aligned}\right\} \tag{12.45}$$

より正確には，この比は[16]

$$\frac{j}{p_\mathrm{d}} = \frac{1.12}{1 + 0.12 Z_\mathrm{i}} 1.7 w^2$$

になる．電流密度 J を維持するために必要な単位体積あたりの入力を P_d としたとき，その比 J/P_d は

$$\frac{J}{P_\mathrm{d}} = \frac{env_\mathrm{Te}^* j}{nT_\mathrm{e}\nu_0 p_\mathrm{d}} = 0.16 \times 10^{19} \frac{T_\mathrm{keV}}{n} \langle w^2 \rangle \frac{1.12}{1 + 0.12 Z_\mathrm{i}} (\mathrm{A \cdot m/W}) \tag{12.46}$$

である．ただし T_{keV} は 1 keV 単位の電子温度である．ここで次のような局所電流駆動係数 $\eta_{\text{LH}}(r)$ を導入する．
$$\eta_{\text{LH}}(r) = \frac{n(r)J(r)}{2\pi P_{\text{d}}(r)} = 0.026 \times 10^{19} T_{\text{keV}} \langle w^2 \rangle \frac{1.12}{1 + 0.12 Z_{\text{i}}} (\text{A}/(\text{W} \cdot \text{m}^2)) \quad (12.47)$$
全駆動電流 I_{CD} の LHCD 出力 P_{LH} に対する比は
$$\frac{I_{\text{CD}}}{P_{\text{LH}}} = \frac{1}{2\pi R} \frac{\int J 2\pi r dr}{\int P_{\text{d}} 2\pi r dr} = \frac{\int \eta_{\text{LH}}(r)(\bar{n}/n(r)) P_{\text{d}} 2\pi r dr}{R\bar{n} \int P_{\text{d}} 2\pi r dr}$$
であり，駆動電流 I_{CD} は
$$I_{\text{CD}} = \frac{\eta_{\text{LH}}^{\text{T}}}{R\bar{n}} P_{\text{LH}}, \qquad \eta_{\text{LH}}^{\text{T}} == \frac{\int \eta_{\text{LH}}(r)(\bar{n}/n(r)) P_{\text{d}}(r) 2\pi r dr}{\int P_{\text{d}}(r) 2\pi r dr}$$
となる．波の磁力線方向の位相速度と電子の熱速度の比の 2 乗平均 $\langle w^2 \rangle$ は 20 ～ 50 のオーダーである．JT-60U の実験 (1994) でプラズマ電流 $I_{\text{p}} = 3$ MA を $P_{\text{LH}} = 4.8$ MW の LHCD で駆動した．このときの実験条件は $n = 1.2 \times 10^{19}$ m^{-3}, $\langle T_{\text{e}} \rangle \sim 2$ keV, $R = 3.5$ m, $B_{\text{t}} = 4$ T ($\eta_{\text{LH}} \sim 3$) である．実験比例則 $\eta_{\text{LH}} = 12 \langle T_{\text{e keV}} \rangle /(5 + Z_{\text{eff}})$ A/(W·m^2) を提案している．これらの結果は理論的結果とよく対応している．

電流駆動効率は密度に逆比例して減少し，低域混成波ではある密度以上では近接性のために電流を駆動できなくなることが観測されている (12.5 節参照)．また炉心プラズマの中央部では電子温度が高いため，低域混成波は中央部に達する前にランダウ減衰によって吸収されてしまう．しかしながら LHCD の電流駆動効率はほかの方法よりよいので，LHCD はプラズマの中心部を外れた外側領域の電流駆動 (off-axis current drive) に役立つことが期待される．

電子サイクロトロン加熱で初期プラズマをつくり，LHCD でプラズマ電流を零から立ち上げる実験は WT-2, PLT などで始められた．低密度プラズマでプラズマ電流を立ち上げた後，密度を増やし，トカマクの変流器の磁束をプラズマ電流の維持のみに費やすことで，放電の持続時間を数倍にのばすことができる．

12.8 電子サイクロトロン電流駆動 (ECCD)

電子サイクロトロン電流駆動 (Electron Cyclotron Current Drive, ECCD) は，トロイダル方向の一方に動いている電子を選択的に加熱することにより，方向に対して非対称な抵抗をつくることによっている．Fisch と Boozer[17] はプラズマの衝突性を変え，たとえば左に動く電子は右に動く電子に比べてイオンとの衝突が少なくなるようにする．その結果平均として電子が左に動き，イオンは右に動き，正味として電流が流れる．

図 12.8 に示されるように，速度空間において 1 と付けられた位置から 2 と付けられた位置へわずかの電子 δf が移動する場合を考察しよう．この移動に要するエネルギーは

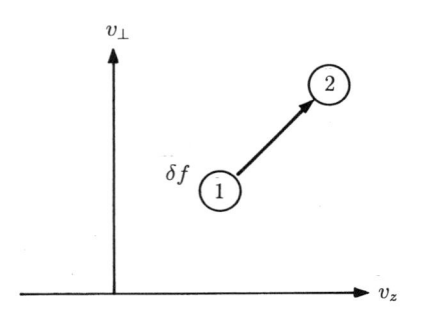

図 12.8 速度空間において 1 と付けられた位置から 2 と付けられた位置へわずかの電子 δf が移動することを示す

$$\Delta E = (E_2 - E_1)\delta f$$

である. E_i (i=1,2) は速度空間の i の位置に対応する運動エネルギーである. 1 の位置にいる電子は磁場に平行な運動量を ν_1 の率で失っていたのが, 2 の位置に変わって今度は ν_2 の率で失う. いま磁場の方向を z にとる. z 方向の電流密度 $j(t)$ は

$$j(t) = -e\delta f\bigl(v_{z2}\exp(-\nu_2 t) - v_{z1}\exp(-\nu_1 t)\bigr) \tag{12.48}$$

で与えられる. $1/\nu_1$ および $1/\nu_2$ より長い時間間隔 δt で電流密度の平均をとると

$$J = \frac{1}{\Delta t}\int_0^{\Delta t} j(t)\mathrm{d}t = -\frac{e\delta f}{\Delta t}\left(\frac{v_{z2}}{\nu_2} - \frac{v_{z1}}{\nu_1}\right)$$

になる. したがって電流密度を誘起するために必要な入力密度 P_d は

$$P_\mathrm{d} = \frac{\Delta E}{\Delta t} = \frac{E_2 - E_1}{\Delta t}\delta f$$

である. したがって J/P_d の比は

$$\frac{J}{P_\mathrm{d}} = -e\frac{v_{z2}/\nu_2 - v_{z1}/\nu_1}{E_2 - E_1} \Rightarrow -e\frac{\boldsymbol{s}\cdot\nabla(v_z/\nu)}{\boldsymbol{s}\cdot\nabla E} \tag{12.49}$$

になる. ここで $\boldsymbol{s}$ は速度空間における移動方向の単位ベクトルを示す. (12.49) で使った運動量の減衰率 ν を求めてみよう. テスト電子が場の電子とイオンとの衝突により減速する割合より ((2.23) を参照)

$$\frac{\mathrm{d}p}{\mathrm{d}t} = -\frac{p}{\tau_{\mathrm{ee}\|}} - \frac{p}{\tau_{\mathrm{ei}\|}} = -\left(1 + \frac{Z_\mathrm{i}}{2}\right)\frac{\nu_0}{u^3}p$$

となる. ここで ν_0 は

$$\nu_0 = \left(\frac{e^2 n_\mathrm{e}}{\epsilon_0 m_\mathrm{e}}\right)^2\frac{\ln\Lambda}{2\pi n_\mathrm{e} v_{\mathrm{Te}}^3}, \qquad u \equiv \frac{v}{v_{\mathrm{Te}}}$$

である. $v_{\mathrm{Te}} = (T_\mathrm{e}/m_\mathrm{e})^{1/2}$ は電子の熱速度である. したがって

12.8 電子サイクロトロン電流駆動 (ECCD)

$$\frac{dp}{dt} = -\nu_M p, \qquad \nu_M \equiv (2 + Z_i)\frac{\nu_0}{2u^3}$$

となる．du/dt を求めるために，エネルギー緩和時間 τ_{ee}^ϵ ((2.27) 参照) を用いる．

$$\frac{dE}{dt} = -\frac{E}{\tau_{ee}^\epsilon}, \qquad E = \frac{m_e}{2}u^2 v_{Te}^2$$

すなわち

$$\frac{du}{dt} = -\frac{u}{2\tau_{ee}^\epsilon} = -\frac{\nu_0}{2u^3}u$$

$j(t)$ の式 (12.48) の各項は次のように変更しなくてはならない．

$$j(t) = j_0 \exp\left(-\int \nu_M dt\right) = j_0 \left(\frac{u(t)}{u_0}\right)^{2+Z_i} \tag{12.50}$$

なぜなら

$$-\int \nu_M dt = -\int \nu_M \frac{dt}{du}du = (2+Z_i)\int \frac{du}{u} = (2+Z_i)\ln\frac{u(t)}{u_0}$$

であるからである．そして (12.50) の $j(t)$ の積分は

$$\int_0^\infty j(t)dt = j_0 \int_{u_0}^0 \left(\frac{u(t)}{u_0}\right)^{2+Z_i}\frac{dt}{du}du = \frac{j_0}{\nu_0}\frac{2u_0^3}{5+Z_i}$$

に還元される．したがって (12.49) の ν は

$$\nu = \nu_0 \frac{5+Z_i}{2u^3} \tag{12.51}$$

となり

$$\frac{J}{P_d} = \frac{en_e v_{Te}}{n_e T_e \nu_0}\frac{j}{p_d}, \qquad \frac{j}{p_d} \equiv \frac{4}{5+Z_i}\frac{\bm{s}\cdot\nabla(u^3 w)}{\bm{s}\cdot\nabla u^2}$$

がえられる．$w \equiv v_z/v_{Te}$ である．ECCD の場合 $j/p_d \approx 6wu/(5+Z_i)$ であるので

$$\frac{J}{P_d} = \frac{en_e v_{Te}}{n_e T_e \nu_0}\frac{\langle 6wu\rangle}{5+Z_i} = 0.096 \times 10^{19}\frac{T_{keV}}{n}\frac{\langle 6wu\rangle}{5+Z_i}(\mathrm{A\cdot m/W}) \tag{12.52}$$

が導かれる．ここで局所電流駆動係数効率 $\eta_{EC}(r)$

$$\eta_{EC}(r) = \frac{n(r)J(r)}{2\pi P_d(r)} = 0.015 \times 10^{19} T_{keV}\frac{\langle 6wu\rangle}{5+Z_i}(\mathrm{A/(W\cdot m^2)}) \tag{12.53}$$

を導入する．駆動された電流 I_{CD} の ECCD 入力 P_{EC} に対する比は

$$\frac{I_{CD}}{P_{EC}} = \frac{\int J 2\pi r dr}{2\pi R \int P_d 2\pi r dr} = \frac{\int \eta_{EC}(r)(\bar{n}/n(r))P_d 2\pi r dr}{R\bar{n}\int P_d 2\pi r dr}$$

である．ECCD の駆動電流 I_{CD} は

$$I_{CD} = \frac{\eta_{EC}^T}{R\bar{n}}P_{EC}, \qquad \eta_{EC}^T = \frac{\int \eta_{EC}(r)(\bar{n}/n(r))P_d(r)2\pi r dr}{\int P_d 2\pi r dr}$$

で与えられる．電流駆動効率の実験結果は，$T_{e0} = 7 \sim 20\,\mathrm{keV}$ の場合，$\eta_{EC} = 0.4 \sim 0.8$ A/(W·m²) である．まだ実験のパラメーター領域は限られているが，電子サイクロトロン波は真空領域から送りだされ，プラズマの境界付近で邪魔されずに直接的にプラズマ中に伝播できる．EC 波はきわめて局所的に吸収されるので，電流分布の制御に非常に有効な手段となる．

12.9　中性粒子ビーム電流駆動 (NBCD)

　高速中性粒子ビームをプラズマ中に入射すると荷電交換などの過程により高速イオンに変わる．高速イオン・ビームのエネルギー E が (2.33) で与えられる値 $E_{\mathrm{cr}} = m_{\mathrm{b}} v_{\mathrm{cr}}^2/2$ より大きく高速の場合は，主として電子によって減速され，$E < E_{\mathrm{cr}}$ ではイオンによって減速される．イオン・ビームの分布関数 $f_{\mathrm{b}}(v)$ はフォッカー–プランク方程式から導かれるが，イオン・ビームが高速のときはフォッカー–プランク衝突項 (12.38) のうち，電子による動的摩擦係数 A の項が主である．$v < v_{\mathrm{T}}^*$ の条件における高速イオンの電子による動的摩擦係数の項は

$$A = -\frac{v}{2\tau_{\mathrm{be}}^\epsilon}$$

で与えられる．フォッカー–プランクの式は

$$\frac{\partial f_{\mathrm{b}}}{\partial t} + \frac{\partial}{\partial v}\left(\frac{-v f_{\mathrm{b}}}{2\tau_{\mathrm{be}}^\epsilon}\right) = \phi \delta(v - v_{\mathrm{b}}) \tag{12.54}$$

に還元される．ここで v_{b} は初期の入射速度で，$\tau_{\mathrm{be}}^\epsilon$ は (2.32) で与えられるビーム・イオンと電子とのエネルギー緩和時間である．右辺はビーム・イオン源の項である．その定常解は

$$f_{\mathrm{b}} \propto 1/v$$

であるが，$v < v_{\mathrm{cr}}$ のところではイオンによる動的摩擦項あるいは拡散項が貢献するので $f_{\mathrm{b}} \propto v^2/(v^3 + v_{\mathrm{cr}}^3)$ と近似できる．すなわち

$$\left.\begin{array}{ll} f_{\mathrm{b}}(v) = \dfrac{n_{\mathrm{b}}}{\ln(1+(v_{\mathrm{b}}/v_{\mathrm{cr}})^3)^{1/3}}\, \dfrac{v^2}{v^3+v_{\mathrm{cr}}^3} & (v \leq v_{\mathrm{b}}) \\ f_{\mathrm{b}}(v) = 0 & (v > v_{\mathrm{b}}) \end{array}\right\} \tag{12.55}$$

イオン・ビームを定常に保つために必要な単位体積，単位時間あたりの粒子数 ϕ は，フォッカー–プランクの式に解いた $f_{\mathrm{b}}(v)$ を代入することにより導かれる．すなわち

$$\phi = \frac{n_{\mathrm{b}}}{2\tau_{\mathrm{be}}^\epsilon}\frac{(1+(v_{\mathrm{cr}}/v_{\mathrm{b}})^3)^{-1}}{(\ln(1+(v_{\mathrm{b}}/v_{\mathrm{cr}})^3))^{1/3}}$$

その必要な出力は

$$P_{\mathrm{b}} = \frac{m_{\mathrm{b}} v_{\mathrm{b}}^2}{2}\phi \approx \frac{m_{\mathrm{b}} v_{\mathrm{b}}^2 n_{\mathrm{b}}}{4\ln(v_{\mathrm{b}}/v_{\mathrm{cr}})\tau_{\mathrm{be}}^\epsilon} \tag{12.56}$$

であり，減速されつつあるイオン・ビームの平均速度は

$$\bar{v}_{\mathrm{b}} = v_{\mathrm{b}}(ln(v_{\mathrm{b}}/v_{\mathrm{cr}}))^{-1} \tag{12.57}$$

である．このときプラズマ中に駆動される電流密度 J は高速イオンの項，プラズマのイオンおよび電子の項よりなる．

12.9 中性粒子ビーム電流駆動 (NBCD)

$$J = Z_i e n_i \bar{v}_i + Z_b e n_b \bar{v}_b - e n_e \bar{v}_e, \qquad n_e = Z_i n_i + Z_b n_b$$

ここで $\bar{v}_i$ と $\bar{v}_e$ は，それぞれ密度 n_i のイオンおよび密度 n_e の電子の平均速度である．プラズマ中の電子はイオン・ビームとの衝突により運動量を受けとり，イオンとの衝突で失い，定常状態になる．すなわち

$$m_e n_e \frac{d\bar{v}_e}{dt} = m_e n_e (\bar{v}_b - \bar{v}_e)\nu_{eb\|} + m_e n_e (\bar{v}_i - \bar{v}_e)\nu_{ei\|} = 0$$

これより

$$(Z_i^2 n_i + Z_b^2 n_b)\bar{v}_e = Z_b^2 n_b \bar{v}_b + Z_i^2 n_i \bar{v}_i$$

がえられ，$n_b \ll n_i$ より

$$n_e \bar{v}_e = \frac{Z_b^2}{Z_i} n_b \bar{v}_b + Z_i n_i \bar{v}_i$$

となる．したがって

$$J = \left(1 - \frac{Z_b}{Z_i}\right) Z_b e n_b \bar{v}_b \tag{12.58}$$

が導かれる[15]．駆動された電流密度は高速イオン・ビームの項 $Z_b e n_b \bar{v}_b$ と高速イオンによって引きずられた電子 (dragged electrons) の項 $-Z_b^2 e n_b \bar{v}_b / Z_i$ とからなる．J/P_d の比は

$$\frac{J}{P_d} = \left(1 - \frac{Z_b}{Z_i}\right) \frac{Z_b e n_b \bar{v}_b}{m_b n_b v_b \bar{v}_b / 4\tau_{be}^\epsilon} = \frac{2eZ_b(2\tau_{be}^\epsilon)}{m_b v_b}\left(1 - \frac{Z_b}{Z_i}\right) \tag{12.59}$$

である．もしビーム・イオンの電荷とプラズマ・イオンの電荷が等しい場合 ($Z_b = Z_i$)，直線プラズマのときは，全駆動電流は 0 になる．しかしトーラス・プラズマの場合は，周回電子の運動は捕捉電子 (バナナ電子) との衝突により影響を受け，引きずられた電子の項の値は小さくなる．そのため J/P_d は

$$\left.\begin{aligned}\frac{J}{P_d} &= \frac{2eZ_b(2\tau_{be}^\epsilon)}{m_b v_b}\left(1 - \frac{Z_b}{Z_i}(1 - G(Z_{eff}, \epsilon))\right) \\ G(Z_{eff}, \epsilon) &= \left(1.55 + \frac{0.85}{Z_{eff}}\right)\epsilon^{1/2} - \left(0.2 + \frac{1.55}{Z_{eff}}\right)\epsilon\end{aligned}\right\} \tag{12.60}$$

となる[18]．ここで ϵ はアスペクト比の逆数である．電離したイオン・ビームのピッチ角の影響を考慮すると，$\xi \equiv v_\|/v = R_{tang}/R_{ion}$ の因子を (12.60) に掛ける必要がある．ここで R_{tang} は中性粒子ビームの径路に沿う R の最小値であり，R_{ion} は電離したときの R の位置である．

バウンス時間で平均したフォッカー–プランクの式より求めた電流駆動効率は

$$\begin{aligned}\frac{J}{P_d} &= \frac{2eZ_b(2\tau_{be}^\epsilon)}{m_b v_b}\left(1 - \frac{Z_b}{Z_i}(1 - G(Z_{eff}, \epsilon))\right)\xi_0 F_{nc} x_b J_0(x_b, y), \\ \frac{J}{P_d} &= \frac{2eZ_b(2\tau_{be}^\epsilon)}{m_b v_{cr}}\left(1 - \frac{Z_b}{Z_i}(1 - G(Z_{eff}, \epsilon))\right)\xi_0 F_{nc} J_0(x_b, y)\end{aligned} \tag{12.61}$$

となる. ただし

$$x_{\mathrm{b}} \equiv \frac{v_{\mathrm{b}}}{v_{\mathrm{cr}}}, \qquad y = 0.8\frac{Z_{\mathrm{eff}}}{A_{\mathrm{b}}}, \qquad J_0(x,y) = \frac{x^2}{x^3 + (1.39 + 0.61 y^{0.7})x^2 + (4+3y)}$$

である. $F_{\mathrm{nc}} = 1 - b\epsilon^\sigma$ は補正項である[19]. そして

$$\frac{J}{P_{\mathrm{d}}} = 15.8 \times 10^{19}\frac{T_{\mathrm{keV}}\xi_0}{Z_{\mathrm{b}} n_{\mathrm{e}}}\left(1 - \frac{Z_{\mathrm{b}}}{Z_{\mathrm{i}}}(1-G)\right)(1 - b\epsilon^\sigma)J_0(x_{\mathrm{b}},y)(\mathrm{A\cdot m/W}) \quad (12.62)$$

がえられた. 中性粒子ビーム電流駆動 (neutral beam current drive, NBCD) の局所電流駆動係数 η_{NB} は

$$\eta_{\mathrm{NB}} \equiv \frac{n(r)J(r)}{2\pi P_{\mathrm{d}}(r)}$$

$$= 2.52 \times 10^{19} T_{\mathrm{keV}} \xi_0 \left(1 - \frac{Z_{\mathrm{b}}}{Z_{\mathrm{i}}}(1-G)\right)(1-b\epsilon^\sigma)J_0(x_{\mathrm{b}},y)(\mathrm{A/(W\cdot m^2)})$$
$$(12.63)$$

となる. $Z_{\mathrm{b}} = 1, Z_{\mathrm{eff}} = 1.5, A_{\mathrm{b}} = 2, x_{\mathrm{b}}^2 = 4$ のとき $((1-b\epsilon^\sigma)J_0) \sim 0.2$ である. $\langle \epsilon \rangle \sim 0.15$, のとき, $\eta_{\mathrm{NB}} \sim 0.29 \times 10^{19} T_{\mathrm{keV}}$ A/(W·m²) である. 3.5 MeV のビーム・エネルギーを持つ負イオン源による中性粒子ビーム入射の実験が JT60-U で行われた. 電流駆動効率は, 電子温度 $T_{\mathrm{e}0} \sim 4$ keV のとき, $\eta_{\mathrm{NB}} \sim 0.6$ A/(W·m²) であった. ビーム・エネルギーが 1 MeV になると, 炉心プラズマの中心部の電流駆動が NBCD によって可能になる. 中性粒子ビームは真空領域から入射可能であり, 入射装置構造体がプラズマに近接する必要がないという利点を持っている.

$n_{\mathrm{e}} \sim 10^{20}$ m⁻³ の密度を持つ炉心プラズマに電流駆動を適用すると, プラズマ電流のすべてを駆動するに必要な出力は, 核融合炉の出力のかなりの部分を占めてしまう. したがってプラズマ電流のかなりの割合を 7.3 節で述べたブートストラップ電流によって駆動する必要がある.

問題

1. 群速度 位相速度は $\boldsymbol{v}_{\mathrm{ph}} = (\omega(\boldsymbol{k})/k)\hat{\boldsymbol{k}}$ である. ここで $\hat{\boldsymbol{k}}$ は $\boldsymbol{k}$ 方向の単位ベクトルである. 群速度は $\boldsymbol{v}_{\mathrm{g}} = (\partial \omega(\boldsymbol{k})/\partial k_x, \partial \omega(\boldsymbol{k})/\partial k_y, \partial \omega(\boldsymbol{k})/\partial k_z)$ である. 圧縮性アルフベン波および捩れアルフベン波 (10.4.1 項参照) の $\boldsymbol{v}_{\mathrm{ph}}$ および $\boldsymbol{v}_{\mathrm{g}}$ を求めよ.

文　　献

1) 宮本健郎：核融合のためのプラズマ物理. 岩波書店 1976.
   K. Miyamoto: *Plasma Physics for Nuclear Fusion*, The MIT Press, Cambridge, Massachusetts 1976.
2) T. H. Stix: *The Theory of Plasma Waves*, McGraw-Hill, New York 1962.
   T. H. Stix: *Waves in Plasmas*, American Institute of Physics, New York 1992.

3) M. Porkolab: *Fusion* (ed. by E. Taylor) vol. **1** Part B, 151, Academic Press, New York 1981.
4) J. E. Scharer, B. D. McVey and T. K. Mau: *Nucl. Fusion* **17**, 297 (1977).
5) T. H. Stix: *Nucl. Fusion* **15**, 737 (1975).
6) M. Ono, T. Watari, R. Ando, J. Fujita et al.: *Phys. Rev. Lett.* **54**, 2339 (1985).
7) T. H. Stix: *Phys. Rev. Lett.* **15**, 878 (1965).
8) V. M. Glagolev: *Plasma Phys.* **14**, 301 and 315 (1972).
9) M. Brambilla: *Plasma Phys.* **18**, 669 (1976).
10) S. Bernabei, M. A. Heald, W. M. Hooke, R. W. Motley, F. J. Paoloni, M. Brambilla and W. D. Getty: *Nucl. Fusion* **17**, 929 (1977).
11) 高村秀一：プラズマ加熱基礎論，名古屋大学出版会　1986.
12) I. Fidone, G. Granata and G. Ramponi: *Phys. Fluids* **21**, 645 (1978).
13) R. Prator: *Phys. Plasmas* **11**, 2349 (2004).
14) T. Ohkawa: *Nucl. Fusion* **10**, 185 (1970).
15) D. J. H. Wort: *Plasma Phys.* **13**, 258 (1971).
16) N. J. Fisch: *Phys. Rev. Lett.* **41**, 873 (1978).
    C. F. F. Karney and N. J. Fisch: *Phys. Fluids* **22**, 1817 (1979).
17) N. J. Fisch and A. H. Boozer: *Phys. Rev. Lett.* **45**, 720 (1980).
    N. J. Fisch: *Rev. Mod. Phys.* **59**, 175 (1987).
18) D. F. H. Start, J. G. Cordey and E. M. Jones: *Plasma Phys.* **22**, 303 (1980).
19) K. Okano: *Nucl. Fusion* **30**, 423 (1990).

13

乱流によるプラズマ輸送

13.1 揺動損失，ボーム，ジャイロ・ボーム拡散，対流損失

　プラズマは多くの場合，多かれ少なかれ不安定な状態にあり，密度や電位に揺動が生じて粒子の集団的運動が起こり，異常損失をもたらす．
　さて，プラズマの密度 $n(\boldsymbol{r},t)$ が 0 次の値 $n_0(\boldsymbol{r},t)$ と 1 次の擾乱項 $\tilde{n}_k(\boldsymbol{r},t) = n_k \exp i(\boldsymbol{k}\cdot\boldsymbol{r} - \omega_k t)$ とからなるとすると

$$n = n_0 + \sum_k \tilde{n}_k \tag{13.1}$$

である．n および n_0 は実数であるので

$$\tilde{n}_{-k} = (\tilde{n}_k)^*, \qquad n_{-k} = n_k^*, \qquad \omega_{-k} = -\omega_k^*$$

の関係がある．ただし * は共役複素数を表す．ω_k は一般に複素数であり $\omega_k = \omega_{kr} + i\gamma_k$ である．したがって

$$\omega_{-kr} = -\omega_{kr}, \qquad \gamma_{-k} = \gamma_k$$

である．またプラズマの擾乱によって静止していたプラズマが移動する．そしてその速度を

$$\boldsymbol{V}(\boldsymbol{r},t) = \sum_k \tilde{\boldsymbol{V}}_k = \sum_k \boldsymbol{V}_k \exp i(\boldsymbol{k}\cdot\boldsymbol{r} - \omega_k t) \tag{13.2}$$

とすると，同様にして $\boldsymbol{V}_{-k} = \boldsymbol{V}_k^*$ の関係がある．連続の式

$$\frac{\partial n}{\partial t} + \nabla\cdot(n\boldsymbol{V}) = 0$$

より

$$\frac{\partial n_0}{\partial t} + \sum_k \frac{\partial \tilde{n}_k}{\partial t} + \nabla\cdot\left(\sum_k n_0 \tilde{\boldsymbol{V}}_k + \sum_{k,k'} \tilde{n}_k \tilde{\boldsymbol{V}}_{k'}\right) = 0$$

がえられる．この式を 1 次と 2 次の項に分ける．すなわち

13.1 揺動損失，ボーム，ジャイロ・ボーム拡散，対流損失

$$\sum_k \frac{\partial \tilde{n}_k}{\partial t} + \nabla \cdot \sum_k n_0 \tilde{\boldsymbol{V}}_k = 0 \tag{13.3}$$

$$\frac{\partial n_0}{\partial t} + \nabla \cdot \left(\sum_{k,k'} \tilde{n}_k \tilde{\boldsymbol{V}}_{k'} \right) = 0 \tag{13.4}$$

ここで n_0 の時間変化は 2 次の項と考えた．(13.3) に $\tilde{n}_{-k}$ を掛けて時間平均をとると

$$\left. \begin{array}{l} \gamma_k |n_k|^2 + \nabla n_0 \cdot \mathrm{Re}(n_k \boldsymbol{V}_{-k}) + n_0 \boldsymbol{k} \cdot \mathrm{Im}(n_k \boldsymbol{V}_{-k}) = 0 \\ \omega_{kr} |n_k|^2 + \nabla n_0 \cdot \mathrm{Im}(n_k \boldsymbol{V}_{-k}) - n_0 \boldsymbol{k} \cdot \mathrm{Re}(n_k \boldsymbol{V}_{-k}) = 0 \end{array} \right\} \tag{13.5}$$

が導かれる．ここで $\mathrm{Re}(\ )$，$\mathrm{Im}(\ )$ はそれぞれ ( ) の実数部，虚数部を表す．また (13.4) を揺動の周期で時間平均すると

$$\frac{\partial n_0}{\partial t} + \nabla \cdot \left(\sum_k \mathrm{Re}(n_k \boldsymbol{V}_{-k}) \exp(2\gamma_k t) \right) = 0 \tag{13.6}$$

をえる．拡散係数を D とすると

$$\frac{\partial n_0}{\partial t} = \nabla \cdot (D \nabla n_0)$$

となるから (13.6) と比較して，プラズマの外側に向かう粒子束 $\boldsymbol{\Gamma}$ は

$$\boldsymbol{\Gamma} = -D \nabla n_0 = \sum_k \mathrm{Re}(n_k \boldsymbol{V}_{-k}) \exp 2\gamma_k t \tag{13.7}$$

となる．(13.5) だけでは，$\nabla n_0 \cdot \mathrm{Re}(n_k \boldsymbol{V}_{-k}) \exp 2\gamma_k t$ を決めるには条件が足りない．そこで $\beta_k = n_0 \boldsymbol{k} \cdot \mathrm{Im}(n_k \boldsymbol{V}_{-k}) / \nabla n_0 \cdot \mathrm{Re}(n_k \boldsymbol{V}_{-k})$ とおくと，(13.7) より

$$D |\nabla n_0|^2 = \sum_k \frac{\gamma_k |n_k|^2 \exp 2\gamma_k t}{1 + \beta_k}$$

$$D = \sum_k \gamma_k \frac{|\tilde{n}_k|^2}{|\nabla n_0|^2} \frac{1}{1 + \beta_k} \tag{13.8}$$

が導かれる．これがプラズマの揺動損失による異常拡散係数である．

次にもう少し具体的な例について考察する．プラズマに擾乱が生ずると電場の揺動 $\tilde{\boldsymbol{E}}_k$ が生ずる．この電場が静電波でポテンシャル $\tilde{\phi}_k$ で表すことができる場合について解析してみよう．この場合には，揺動電場は

$$\tilde{\boldsymbol{E}}_k = -\nabla \tilde{\phi}_k = -i \boldsymbol{k} \cdot \phi_k \exp i(\boldsymbol{k} \cdot \boldsymbol{r} - \omega_k t)$$

で与えられる．すると $\tilde{\boldsymbol{E}}_k \times \boldsymbol{B}$ のドリフトが生ずる．すなわち

$$\tilde{\boldsymbol{V}}_k = \frac{\tilde{\boldsymbol{E}}_k \times \boldsymbol{B}}{B^2} = \frac{-i(\boldsymbol{k} \times \boldsymbol{b}) \tilde{\phi}_k}{B} \tag{13.9}$$

ただし $\boldsymbol{b} = \boldsymbol{B}/B$ である．(13.9) は磁場に垂直な揺動成分を与える．(13.9) を (13.3) に代入すると

$$\tilde{n}_k = \nabla n_0 \cdot \left(\frac{\boldsymbol{b} \times \boldsymbol{k}}{B}\right) \frac{\tilde{\phi}_k}{\omega_k} \tag{13.10}$$

が導かれる．一般に ∇n_0 と $\boldsymbol{b}$ とは直交する．z 軸を $\boldsymbol{b}$ の方向にとり，x を $-\nabla n$ の方向にとる．すなわち $\nabla n_0 \equiv -\kappa_n n_0 \hat{\boldsymbol{x}}$ とする．ただし κ_n は密度勾配の空間スケールの逆数であり，$\hat{\boldsymbol{x}}$ は x 方向の単位ベクトルである．(13.10) より

$$\frac{\tilde{n}_k}{n_0} = \frac{\kappa_n}{B} \frac{k_y}{\omega_k} \tilde{\phi}_k = k_y \kappa_n \frac{T_e}{eB\omega_k} \frac{e\tilde{\phi}_k}{T_e} = \frac{\omega_k^*}{\omega_k} \frac{e\tilde{\phi}_k}{T_e}$$

となる．ここで k_y は伝播ベクトル $\boldsymbol{k}$ の y (ポロイダル) 成分である．また

$$\omega_k^* \equiv k_y \kappa_n \frac{T_e}{eB}$$

はドリフト周波数と呼ばれるものである．もし周波数 ω_k が実数で単なる振動項である場合には，$\tilde{n}_k$ と $\tilde{\phi}_k$ は同相であり $\gamma_k = 0$ であるから，(13.8) より明らかなようにプラズマの異常拡散には寄与しない．もし ω_k が複素数で $\gamma_k > 0$ の場合 $(\exp(-i\omega_k t) = \exp(-i\omega_{kr} t)\exp\gamma_k t)$ は異常拡散に寄与し $\tilde{n}_k$ と $\tilde{\phi}_k$ の位相差を生ずる ($\gamma_k < 0$ の場合は $\tilde{n}_k$ の振幅が減衰して拡散には寄与しない)．$\tilde{\boldsymbol{V}}_k$ は

$$\tilde{\boldsymbol{V}}_k = -i(\boldsymbol{k} \times \boldsymbol{b}) \frac{T_e}{eB} \frac{\tilde{\phi}_k}{T_e} = -ik_y \frac{T_e}{eB} \frac{\tilde{n}_k}{n_0} \frac{\omega_{kr} + \gamma_k i}{\omega_k^*} \hat{\boldsymbol{x}}$$

である．したがって拡散粒子束は (13.7) より次のように表される．

$$\Gamma = D\kappa_n n_0 = \mathrm{Re}(\tilde{n}_{-k}\tilde{V}_{kx}) = \left(\sum_k \frac{k_y \gamma_k}{\omega_k^*}\left|\frac{\tilde{n}_k}{n_0}\right|^2\right) \frac{T_e}{eB} n_0$$

$$D = \left(\sum_k \frac{k_y \gamma_k}{\kappa_n \omega_k^*}\left|\frac{\tilde{n}_k}{n_0}\right|^2\right) \frac{T_e}{eB} = \sum_k \left|\frac{\tilde{n}_k}{n_0}\right|^2 \frac{\gamma_k}{\kappa_n^2} \tag{13.11}$$

揺動損失による異常拡散係数 (13.11) は揺動振幅が増えるとともに増大する．そして成長率 $\gamma_k > 0$ の最も大きいモードの寄与が主になる．しかしやがて非線形要因により $|\tilde{n}_k|$ は飽和するであろう．この大きさは次のような値に落ち着くであろう．

$$|\tilde{n}_k| \approx |\nabla n_0|\Delta x \approx \frac{\kappa_n}{k_x} n_0$$

ここで Δx は揺動の x 方向の相関長 (correlation length) であり，x (半径) 方向の波数 k_x の逆数である．したがって (13.11) は

$$D = \frac{\gamma_k}{\kappa_n^2}\left|\frac{\tilde{n}_k}{n_0}\right|^2 \approx \frac{\gamma_k}{k_x^2} \approx \frac{(\Delta x)^2}{\tau_c} \tag{13.12}$$

に還元される．ここで飽和状態にある揺動 (乱流) の場合，自己相関時間 τ_c は成長率 γ_k の逆数と考えられる ($\gamma_k \tau_k \sim 1$ で飽和)．

(13.11) においてカッコの内の無次元係数が $1/16$ で飽和すると仮定すると，いわゆ

るボーム拡散係数

$$D_{\mathrm{B}} = \frac{1}{16}\frac{T_{\mathrm{e}}}{eB} \tag{13.13}$$

がえられる．(13.13) は拡散係数の最大値を与えると考えてよい．

密度およびポテンシャルの揺動 $\tilde{n}_k, \tilde{\phi}_k$ が測定できると (13.9) より $\boldsymbol{V}_k$ が計算でき，(13.7) よりプラズマの外側に向かう粒子束 Γ を実験的に求めることができ，拡散係数がえられる．$\tilde{n}_k$ と $\tilde{\phi}_k$ とは (13.10) の関係にあるから，両者の位相差を注目することにより ω_k が実数か，成長するモード (不安定モード，$\gamma_k > 0$) かが予測できる．これらの関係式は実験と関連して有用である．

例としてイオン温度勾配ドリフト不安定性によって駆動される揺動 (8.6 節参照) について考察しよう．このモードの揺動ポテンシャルを

$$\phi(r,\theta,z) = \sum \phi_{mn}(r)\exp(-im\theta + inz/R)$$

とする．この揺動の成長率は，およそ $k_\theta = (-i/r)(\partial/\partial\theta) = -m/r \sim \rho_{\mathrm{i}}^{-1}$ の付近で最大となる (ρ_{i} はイオン・ラーマー半径)[1)2)]．すなわち

$$|k_\theta| = \frac{m}{r} \sim \frac{\alpha_\theta}{\rho_{\mathrm{i}}}, \qquad \alpha_\theta = 0.7 \sim 0.8$$

したがって θ 方向の相関長 Δ_θ は $\Delta_\theta \sim \rho_{\mathrm{i}}/\alpha_\theta$ (ρ_{i} はイオン・ラーマー半径) 程度になる．

有理面 $q(r_m) = m/n$ 付近の，磁力線に沿う伝播常数 $k_\parallel$ は

$$k_\parallel = -i\boldsymbol{b}\cdot\nabla = \frac{B_\theta}{B}\left(\frac{-m}{r}\right) + \frac{B_{\mathrm{t}}}{B}\left(\frac{n}{R}\right) \approx \frac{1}{R}\left(n - \frac{m}{q(r)}\right)$$

$$= \frac{m}{rR}\frac{rq'}{q^2}(r - r_m) = \frac{s}{Rq}k_\theta(r - r_m)$$

である[*1)]．ここで $q(r) \equiv (r/R)(B_{\mathrm{t}}/B_\theta)$ は安全係数であり (B_θ および B_{t} はそれぞれポロイダル磁場およびトロイダル磁場の大きさ)，s はシア・パラメーター $s \equiv rq'/q$ (8.5 節参照) である．$|k_\parallel|$ はトーラスの連結長 (connection length) qR の逆数より大きく，圧力勾配の特徴的な長さ L_{p} の逆数よりも小さい．すなわち

$$\frac{1}{qR} < |k_\parallel| < \frac{1}{L_{\mathrm{p}}}$$

となる．それゆえ有理面 $r = r_m$ 付近のモードの幅 $\Delta r = |r - r_m|$ はおおざっぱにいって $\Delta r = |r - r_m| = (Rq/s)(k_\parallel/k_\theta) = (\rho_{\mathrm{i}}/s\alpha_\theta) \sim O(\rho_{\mathrm{i}}/s)$ の程度と予測される．イオン温度勾配ドリフト不安定性による固有モードの径方向の幅をより正確に計算すると[2)3)]

[*1)] $\quad \dfrac{1}{q(r)} \approx \dfrac{1}{q(r_m)} + \dfrac{\mathrm{d}}{\mathrm{d}r}\dfrac{1}{q(r)}(r - r_m) = \dfrac{n}{m} - \dfrac{q'}{q^2}(r - r_m)$

で与えられる．隣接する有理面 r_m と r_{m+1} 間の径方向間隔 Δr_m は

$$\Delta r = \rho_i \left(\frac{qR}{sL_p}\right)^{1/2} \left(\frac{\gamma_k}{\omega_{kr}}\right)^{1/2}$$

$$q'\Delta r_m = q(r_{m+1}) - q(r_m) = \frac{m+1}{n} - \frac{m}{n} = \frac{1}{n}$$

$$\Delta r_m = \frac{1}{nq'} = \frac{m/n}{rq'}\frac{r}{m} \sim \frac{1}{sk_\theta}$$

である．モード幅が有理面間の径方向間隔より大きい場合は，図 13.1 からわかるように，隣接する異なるモードが互いに重なり合い，トーラス効果によるモード結合が起こる．結合モードの包絡線の半値幅 Δr_g は次のように評価される[3)-5)]．

$$\Delta r_g = \left(\frac{\rho_i L_p}{s}\right)^{1/2}$$

したがって径方向の相関長は Δr_g ($\Delta r_g/\Delta r \sim (L_p/\rho_i)^{1/2}$) の大きな値となり，径方向の伝播常数は $k_r \sim 1/\Delta r_g$ となる．この場合の拡散係数 D は

$$D = (\Delta r_g)^2 \gamma_k \sim \frac{\rho_i L_p}{s}\omega_k^* \sim \frac{T}{eB}\frac{\alpha_\theta}{s}$$

となる．ここで ω_k^* はドリフト周波数である (8.6 節，9.2 節)．この係数はボーム型で

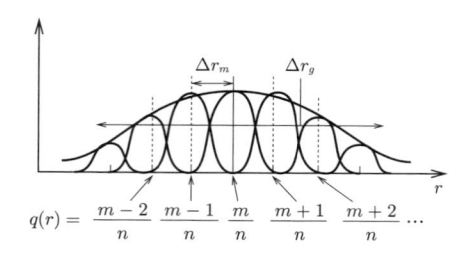

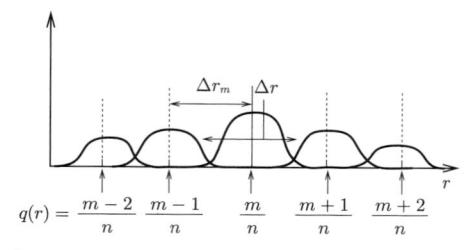

図 **13.1** 上：固有モードの径方向の幅 Δr が，異なる有理面の径方向の間隔 Δr_m よりも大きい場合を示す．モード間の結合によりセミマクロ (メゾスケール) な幅 Δr_g の固有モード構造が形成される．下：固有モードの径方向の幅 Δr が，異なる有理面の径方向の間隔 Δr_m よりも小さい場合を示す．この場合モード間の結合は起こらず，Δr の幅の固有モードが互いに無相関のまま存在する

ある.

モード幅 Δr が有理面間の間隔 Δr_m より小さい場合 (弱いシアの場合),異なるモード間の結合がない.径方向の相関長は

$$\Delta r = \rho_\mathrm{i} \left(\frac{qR}{sL_\mathrm{p}}\right)^{1/2}$$

となり,この場合のの拡散係数 D は

$$D \sim (\Delta r)^2 \omega_k^* \sim \rho_\mathrm{i}^2 \left(\frac{qR}{sL_\mathrm{p}}\right)\left(\frac{k_\theta T}{eBL_\mathrm{p}}\right) \sim \frac{T}{eB}\frac{\rho_\mathrm{i}}{L_\mathrm{p}}\left(\frac{\alpha_\theta qR}{sL_\mathrm{p}}\right) \propto \frac{T}{eB}\frac{\rho_\mathrm{i}}{L_\mathrm{p}} \qquad (13.14)$$

となる.(13.14) 式をジャイロ・ボーム型拡散係数という.このことから,負シア配位の最小 q 値点 (15.7 節参照) 付近の弱いシア領域において,トーラス系の輸送が小さくなることが期待される.

次に磁力線を横切る対流損失について考察する.ある固定された点における密度や電場の揺動がなくても,プラズマが磁力線を横切って定常的に流れているときはプラズマの損失が起こる.定常電場の等ポテンシャル面が磁気面 $\psi = \mathrm{const.}$ (圧力 p_0 は磁気面上では一定) と一致していないときがこの場合である.電場 $\boldsymbol{E}$ は等ポテンシャル面 $\phi = \mathrm{const.}$ に直交し,$\boldsymbol{E} \times \boldsymbol{B}$ ドリフトは $\boldsymbol{E}$ に直交するのでこのプラズマのドリフトはポテンシャル面に沿っていく (図 13.2 参照).このような損失を磁力線を横切る対流損失と呼んでいる.この損失粒子束は

$$\Gamma_k = n_0 \frac{E_y}{B} \qquad (13.15)$$

で与えられる.

7.1 節,7.2 節で述べた 2 体衝突による拡散は多くの場合 B^{-2} に比例して減少するが,揺動損失,磁力線を横切る対流損失は B^{-1} に比例して減少することに留意する必要がある.

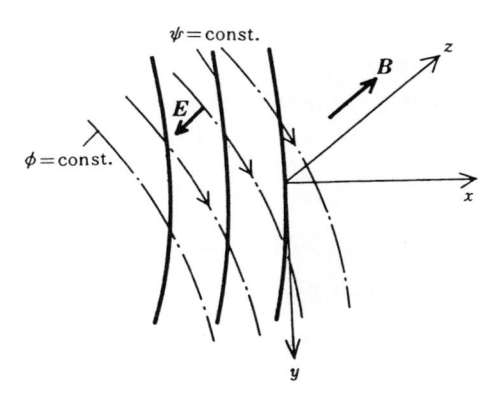

図 13.2 磁気面 $\psi =\mathrm{const.}$ と等ポテンシャル面 $\phi =\mathrm{const.}$
$\boldsymbol{E} \times \boldsymbol{B}$ ドリフトは等ポテンシャル面に沿って動く.

13.2 磁気揺動による損失

磁場に揺動がある場合,磁力線は半径方向にさまよう.その変位を Δr とし,磁場揺動 $\delta \boldsymbol{B}$ の r 成分を δB_r とすると

$$\Delta r = \int_0^L b_r \mathrm{d}l$$

で与えられる.ここで l は磁力線に沿う長さである.$b_r = \delta B_r / B$ とし $(\Delta r)^2$ の母集団平均を $\langle (\Delta r)^2 \rangle$ とすると

$$\langle (\Delta r)^2 \rangle = \left\langle \int_0^L b_r \, \mathrm{d}l \int_0^L b_r \, \mathrm{d}l' \right\rangle = \left\langle \int_0^L \mathrm{d}l \int_0^L \mathrm{d}l' \, b_r(l) \, b_r(l') \right\rangle$$

$$= \left\langle \int_0^L \mathrm{d}l \int_{-l}^{L-l} \mathrm{d}s \, b_r(l) \, b_r(l+s) \right\rangle \approx L \langle b_r^2 \rangle l_{\mathrm{corr}}$$

となる.ただし l_{corr} は

$$l_{\mathrm{corr}} = \frac{\left\langle \int_{-\infty}^{\infty} b_r(l) \, b_r(l+s) \, \mathrm{d}s \right\rangle}{\langle b_r^2 \rangle}$$

である.電子が磁力線に沿って v_{Te} の速度で走るとすると,その拡散係数 D_{e} は

$$D_{\mathrm{e}} = \frac{\langle (\Delta r)^2 \rangle}{\Delta t} = \frac{L}{\Delta t} \langle b_r^2 \rangle l_{\mathrm{corr}} = v_{\mathrm{Te}} l_{\mathrm{corr}} \left\langle \left(\frac{\delta B_r}{B} \right)^2 \right\rangle \tag{13.16}$$

となる[6].トカマクの場合 $l_{\mathrm{corr}} \sim R$ と考えられる.

13.3 閉じ込め時間の次元解析

13.3.1 Kadomtsev の無次元制約

Kadomtsev の視点から閉じ込め比例則の次元解析を議論してみる[7].四つの変数 (n, T, B, a) から独立の無次元パラメーターを構成できる.

$$(n, T, B, a) \to \left(\beta, \frac{\rho_{\mathrm{i}}}{a}, \frac{\nu_{\mathrm{e i}}}{\Omega_{\mathrm{e}}}, \frac{\lambda_{\mathrm{D}}}{a} \right)$$

ここで ρ_{i} および λ_{D} はイオン・ラーマー半径およびデバイ長である.そうすると無次元閉じ込め比例則は以下のように書ける.

$$\Omega_{\mathrm{e}} \tau_{\mathrm{E}} = F\left(\beta, \frac{\rho_{\mathrm{i}}}{a}, \frac{\nu_{\mathrm{e i}}}{\Omega_{\mathrm{e}}}, \frac{\lambda_{\mathrm{D}}}{a} \right) \tag{13.17}$$

デバイ長が無視できる場合,あるいは荷電中性を仮定できるときは,λ_{D}/a を落とすことができる.すなわち

$$\Omega_\mathrm{e}\tau_\mathrm{E} = F\left(\beta, \frac{\rho_\mathrm{i}}{a}, \frac{\nu_\mathrm{ei}}{\Omega_\mathrm{e}}\right) \tag{13.18}$$

MHD 流体モデルにおいては，粒子の属性を配慮しない．したがって無次元パラメーターは β および $\tau_\mathrm{A}/\tau_\mathrm{R}$ のみになる．ここで $\tau_\mathrm{A} = (an^{1/2}/B)(2\mu_0/m_\mathrm{i})^{1/2}$, $\tau_\mathrm{R} = \mu_0 a^2/\eta \propto a^2 T^{3/2}$ である．すなわち

$$\frac{\tau_\mathrm{E}}{\tau_\mathrm{A}} = F\left(\beta, \frac{\tau_\mathrm{A}}{\tau_\mathrm{R}}\right) \tag{13.19}$$

となる．

エネルギー閉じ込め時間の次元解析について[8] の解説がある．

13.3.2　エネルギー閉じ込め時間比例則についての制約

トカマク・プラズマのエネルギー閉じ込め時間の比例則が

$$\tau_\mathrm{E}^\mathrm{scaling} = C I^{\alpha_I} B_\mathrm{t}^{\alpha_B} P^{\alpha_P} R^{\alpha_R} n^{\alpha_n} M^{\alpha_M} \epsilon^{\alpha_\epsilon} \kappa^{\alpha_\kappa} \tag{13.20}$$

のように表されると仮定する (15.7 節参照)．比例則は無次元の形で表されるべきとする Kadomtsev 制限を課する．すなわち

$$\frac{\tau_\mathrm{E}^\mathrm{fit}}{\tau_\mathrm{B}} = C_\mathrm{f}\rho_*^{\gamma_\rho}\nu_*^{\gamma_\nu}\beta^{\gamma_\beta}q_\mathrm{I}^{\gamma_q}M^{\gamma_M}\epsilon^{\gamma_\epsilon}\kappa^{\gamma_\kappa} \tag{13.21}$$

ここで ρ_* はイオン・ラーマー半径のプラズマ小半径に対する比，ν_* はイオン・イオン衝突周波数のバナナ 1 周期の逆数に対する比，M はイオンの原子量である．これらの量は

$$\tau_\mathrm{B} \equiv \frac{a^2}{T/eB}, \qquad \rho_* \equiv \frac{\rho_\mathrm{i}}{a} \propto \frac{M^{1/2}}{\epsilon}\frac{T^{1/2}}{RB}, \qquad q_\mathrm{I} = \frac{Ka}{R}\frac{B_\mathrm{t}}{B_\theta} \propto \epsilon^2 K^2 \frac{RB}{I}$$

$$\beta \propto \frac{nT}{B^2}, \qquad \nu_* \equiv \frac{\nu_\mathrm{ii}}{\nu_\mathrm{bi}} = \frac{\nu_\mathrm{ii}}{\epsilon^{2/3}v_\mathrm{Ti}/(q_\mathrm{I}R)} \propto \frac{q_\mathrm{I}}{\epsilon^{3/2}}\frac{nR}{T^2}, \qquad K \equiv \frac{1+\kappa^2}{2}$$

のように表される．$\tau_\mathrm{E}^\mathrm{scaling}$ に現れる五つの有次元パラメーター I, B_t, R, P, n に対して四つの無次元パラメーター ρ_*, ν_*, β, q_I が τ_fit 中に現れる．したがって τ_scaling を無次元の形で表すために α^I, α^B, α^P, α^R, α^n の間には制約がある．この制約条件を求めてみよう．第 15 章で紹介される H モードのエネルギー閉じ込め時間の比例則

$$\tau_\mathrm{E,th}^\mathrm{IPB98y2} = 0.0562 I_\mathrm{p}^{0.93} B_\mathrm{t}^{0.15} P^{-0.69} M_\mathrm{i}^{0.19} R^{1.97} \bar{n}_\mathrm{e19}^{0.41} \epsilon^{0.58} \kappa^{0.78} \tag{13.22}$$

を Kadomtsev 制限 の立場で吟味してみよう．加熱入力 P はパワー・バランスの式 $P = 3nT2\pi R\pi a^2\kappa/\tau_\mathrm{E} \propto \epsilon^2 \kappa nTR^3/\tau_\mathrm{E}$ で表されるので，これを (13.22) に代入する．

$$(\tau_\mathrm{E}^\mathrm{scaling})^{1+\alpha_P} = C_1 I^{\alpha_I} B_\mathrm{t}^{\alpha_B} T^{\alpha_P} R^{\alpha_R + 3\alpha_P} n^{\alpha_n + \alpha_P} M^{\alpha_M} \epsilon^{\alpha_\epsilon + 2\alpha_P} \kappa^{\alpha_\kappa + \alpha_P}$$

$$\left(\frac{\tau_\mathrm{E}^\mathrm{scaling}}{\tau_\mathrm{B}}\right)^{1+\alpha_P} = C_1 I^{\alpha_I} B_\mathrm{t}^{\alpha_B - \alpha_P - 1} T^{2\alpha_P + 1} R^{\alpha_R + \alpha_P - 2} n^{\alpha_n + \alpha_P} M^{\alpha_M} \epsilon^{\alpha_\epsilon - 2} \kappa^{\alpha_\kappa + \alpha_P}$$

ρ_*, β, q_I, ν_* の定義より

$$T^{1/2}R^{-1}B^{-1} \propto \frac{\epsilon}{M^{1/2}}\rho_* \equiv \rho_\dagger, \qquad nTB^{-2} \propto \beta$$

$$RBI^{-1} \propto \frac{q_\mathrm{I}}{\epsilon^2 K^2} \equiv q_\dagger, \qquad nRT^{-2} \propto \frac{\nu_*\epsilon^{3/2}}{q_\mathrm{I}} \equiv \nu_\dagger$$

すなわち

$$B = C_B \left(\frac{\beta^{1/4}}{\nu_\dagger^{1/4}\rho_\dagger^{3/2}}\right) R^{-5/4}, \qquad n = C_n \left(\frac{\beta}{\rho_\dagger^2}\right) R^{-2}$$

$$I = C_I \left(\frac{\beta^{1/4}}{q_\dagger \nu_\dagger^{1/4}\rho_\dagger^{3/2}}\right) R^{-1/4}, \qquad T = C_T \left(\frac{\beta^{1/2}}{\nu_\dagger^{1/2}\rho_\dagger}\right) R^{-1/2}$$

をえる. Kadomtsev 制限より

$$-\frac{1}{4}\alpha_I - \frac{5}{4}(\alpha_B - \alpha_P - 1) - \frac{1}{2}(2\alpha_P + 1) - 2(\alpha_n + \alpha_P) + (\alpha_R + \alpha_P - 2) = 0$$

すなわち

$$2\alpha_n + \frac{3}{4}\alpha_P + \frac{5}{4}\alpha_B + \frac{1}{4}\alpha_I - \alpha_R + \frac{5}{4} = 0$$

が導かれた. $\tau_\mathrm{E}^{\mathrm{IPB98y2}}$ は Kadomtsev 制限を 1%の精度で満たしている. そして次のように表すことができる.

$$\frac{\tau_\mathrm{E}^{\mathrm{IPB98y2}}}{R/v_\mathrm{T}} = C_\mathrm{E}\beta^{-0.895}q_\mathrm{I}^{-2.992}\nu_*^{-0.008}\rho_*^{-1.694}M^{0.96}\epsilon^{1.713}(\kappa^{0.290}K^{6.0}) \qquad (13.23)$$

5.3 節で導入した無次元磁気レイノルズ数 $S = \tau_\mathrm{R}/\tau_\mathrm{A}$ は Kadomtsev の無次元量と独立の関係にあるかどうか吟味する. $\tau_\mathrm{R} \propto a^2 T^{3/2}$, $\tau_\mathrm{A} \propto an^{1/2}/(BM)$ であるから, $S \propto \epsilon MRT^{3/2}n^{-1/2}B$ である. したがって

$$S \propto \frac{RBT^{3/2}}{n^{1/2}} = \left(\frac{T^{1/2}}{RB}\right)^{-2}\left(\frac{nT}{B^2}\right)^{1/2}\left(\frac{nR}{T^2}\right)^{-1} \propto \rho_\dagger^{-2}\beta^{1/2}\nu_\dagger^{-1}$$

となり, S は独立した無次元量ではないことがわかる.

13.4　帯　状　流

13.4.1　ドリフト乱流の長谷川–三間方程式

もととなる方程式はイオンについての連続の式で, 磁場に平行方向のイオンの慣性は無視する. イオンは冷たいと仮定している.

$$\frac{\partial n}{\partial t} + \nabla \cdot (n\boldsymbol{v}_\perp) = \frac{\partial n}{\partial t} + (\boldsymbol{v}_\perp \cdot \nabla)n + n\nabla \cdot \boldsymbol{v}_\perp = 0 \qquad (13.24)$$

イオンの運動は $\boldsymbol{E} \times \boldsymbol{B}$ ドリフトと分極ドリフト (3.9 節参照) によるものである.

$$\boldsymbol{v}_\perp = -\frac{1}{B}\nabla\phi\times\hat{z} - \frac{1}{\Omega_i B}\frac{\mathrm{d}}{\mathrm{d}t}\nabla\phi, \qquad \frac{\mathrm{d}}{\mathrm{d}t} = \frac{\partial}{\partial t} - \frac{1}{B}(\nabla\phi\times\hat{z})\cdot\nabla \qquad (13.25)$$

ポテンシャル ϕ の変化が磁力線に平行な方向にゆるやかな場合には，電子はボルツマン分布に従うとしてよい．

$$n = n_0 + \delta n, \qquad \frac{\delta n}{n_0} = \frac{e\phi}{T_e} \equiv \tilde{\phi} \qquad (13.26)$$

下記のオーダリングを仮定する．

$$\frac{1}{\Omega_i}\frac{\mathrm{d}}{\mathrm{d}t}\sim\delta, \qquad \tilde{\phi}\sim\delta, \qquad L_n\nabla\sim\delta^{-1}$$

$c_s^2 \equiv T_e/m_i$, $\rho_s \equiv c_s/\Omega_i$, $\Omega_i = eB/m_i$ の記号を使うと (13.24)(13.25) および (13.26) は次のように還元される．

$$\boldsymbol{v}_\perp = -\rho_s c_s(\nabla\tilde{\phi}\times\hat{z}) - \rho_s^2\left(\frac{\partial}{\partial t} - \rho_s c_s(\nabla\tilde{\phi}\times\hat{z})\cdot\nabla\right)\nabla\tilde{\phi} \qquad (13.27)$$

$$\frac{\partial\tilde{\phi}}{\partial t} - \rho_s c_s(\nabla\tilde{\phi}\times\hat{z})\left(\nabla\tilde{\phi} + \frac{\nabla n_0}{n_0}\right)$$
$$+ (1+\tilde{\phi})\nabla\cdot\left(-\rho_s c_s(\nabla\tilde{\phi}\times\hat{z}) - \rho_s^2\left(\frac{\partial}{\partial t} - \rho_s c_s(\nabla\tilde{\phi}\times\hat{z})\cdot\nabla\right)\nabla\tilde{\phi}\right) = 0$$

$$\frac{\partial\tilde{\phi}}{\partial t} - \rho_s c_s\left(\frac{\partial\tilde{\phi}}{\partial y}\frac{\mathrm{d}n_0}{\mathrm{d}x}\frac{1}{n_0}\right) - \rho_s^2\frac{\partial\nabla^2\tilde{\phi}}{\partial t} + \rho_s^3 c_s\nabla\cdot((\nabla\tilde{\phi}\times\hat{z})\cdot\nabla)\nabla\tilde{\phi} = 0$$

$$(1-\rho_s^2\nabla^2)\frac{\partial\tilde{\phi}}{\partial t} + \rho_s^3 c_s\left(\frac{\partial\nabla^2\tilde{\phi}}{\partial x}\frac{\partial\tilde{\phi}}{\partial y} - \frac{\partial\nabla^2\tilde{\phi}}{\partial y}\frac{\partial\tilde{\phi}}{\partial x}\right) + v_d^*\frac{\partial\tilde{\phi}}{\partial y} = 0 \qquad (13.28)$$

ここで v_d^* は電子のドリフト速度であり，$\omega^* \equiv k_y v_d^*$ は電子のドリフト周波数である．

$$v_d^* = \frac{\kappa_n T_e}{eB} = c_s(\kappa_n\rho_s)$$

(13.28) を 長谷川–三間–**Charney** 方程式 という[9]．ここで以下の関係を用いた．

$$((\nabla\tilde{\phi}\times\hat{z})\cdot\nabla)\nabla^2\tilde{\phi} = \left(\frac{\partial\nabla^2\tilde{\phi}}{\partial x}\frac{\partial\tilde{\phi}}{\partial y} - \frac{\partial\nabla^2\tilde{\phi}}{\partial y}\frac{\partial\tilde{\phi}}{\partial x}\right)$$

密度勾配が無視できる場合は，(13.28) は次のようになる．

$$(1-\rho_s^2\nabla^2)\frac{\partial\tilde{\phi}}{\partial t} + \rho_s^4\Omega_i\left(\frac{\partial\nabla^2\tilde{\phi}}{\partial x}\frac{\partial\tilde{\phi}}{\partial y} - \frac{\partial\nabla^2\tilde{\phi}}{\partial y}\frac{\partial\tilde{\phi}}{\partial x}\right) = 0 \qquad (13.29)$$

(13.29) を 長谷川–三間方程式 という[10]．

(13.28) の一つの解は

$$\tilde{\phi} = A\exp i(k_x x + k_y y)\exp(-i\omega_k^l t), \qquad \omega_k^l = \frac{1}{1+\rho_s^2 k^2}k_y v_d^* \qquad (13.30)$$

である．二つの運動の定数がある．すなわち

$$\frac{\partial}{\partial t}\int(\tilde{\phi}^2+\rho_{\rm s}^2(\nabla\tilde{\phi})^2){\rm d}V=0 \tag{13.31}$$

$$\frac{1}{2}\frac{\partial}{\partial t}\int\left((\nabla\tilde{\phi})^2+\rho_{\rm s}^2(\nabla^2\tilde{\phi})^2\right){\rm d}V-\int v_{\rm d}^*\nabla^2\tilde{\phi}\frac{\partial\tilde{\phi}}{\partial y}{\rm d}V=0 \tag{13.32}$$

(13.28) に ϕ を掛け，全体積で積分すると，非線形方程式は以下のようになる．

$$\int\tilde{\phi}((\nabla\tilde{\phi}\times\hat{z})\cdot\nabla)\nabla^2\tilde{\phi}{\rm d}V=\int\tilde{\phi}\nabla\cdot((\nabla\tilde{\phi}\times\hat{z})\nabla^2\tilde{\phi}){\rm d}V$$

$$=\int\nabla\cdot(\tilde{\phi}\nabla^2\tilde{\phi}(\nabla\tilde{\phi}\times\hat{z})){\rm d}V=\int\boldsymbol{J}_1\cdot\boldsymbol{n}{\rm d}S,\qquad\boldsymbol{J}_1\equiv\tilde{\phi}\nabla^2\tilde{\phi}(\nabla\tilde{\phi}\times\hat{z})$$

$$\frac{1}{2}\frac{\partial}{\partial t}\int(\tilde{\phi}^2+\rho_{\rm s}^2(\nabla\tilde{\phi})^2){\rm d}V=-\rho_{\rm s}^3c_{\rm s}\int\boldsymbol{J}_1\cdot\boldsymbol{n}{\rm d}S-\frac{1}{2}\int v_{\rm d}^*\frac{\partial\tilde{\phi}^2}{\partial y}{\rm d}V\to 0$$

同様に (13.28) に $\nabla^2\tilde{\phi}$ を掛け，積分すると以下のようになる．

$$\int\left(\nabla^2\tilde{\phi}((\nabla\tilde{\phi}\times\hat{\boldsymbol{z}})\cdot)\nabla^2\tilde{\phi}+\nabla^2\tilde{\phi}\left(\frac{\partial\tilde{\phi}}{\partial t}-\rho_{\rm s}\nabla^2\frac{\partial\tilde{\phi}}{\partial t}\right)+v_{\rm d}^*\nabla^2\tilde{\phi}\frac{\partial\tilde{\phi}}{\partial y}\right){\rm d}V=0$$

$$-\nabla\cdot\boldsymbol{J}_2\equiv\nabla\cdot\left(\frac{\partial\tilde{\phi}}{\partial t}\nabla\tilde{\phi}+\frac{1}{2}(\nabla^2\tilde{\phi})^2(\nabla\tilde{\phi}\times\hat{\boldsymbol{z}})\right)$$

$$=\frac{1}{2}\frac{\partial}{\partial t}(\nabla\tilde{\phi})^2+\frac{\partial\tilde{\phi}}{\partial t}\nabla^2\tilde{\phi}+\frac{1}{2}((\nabla\tilde{\phi}\times\hat{\boldsymbol{z}})\cdot\nabla)(\nabla^2\tilde{\phi})^2$$

$$-\nabla\cdot\boldsymbol{J}_2-\frac{1}{2}\frac{\partial}{\partial t}\left((\nabla\tilde{\phi})^2+\rho_{\rm s}^2(\nabla^2\tilde{\phi})^2\right)+v_{\rm d}^*\nabla^2\tilde{\phi}\frac{\partial\tilde{\phi}}{\partial y}=0$$

$$\frac{1}{2}\frac{\partial}{\partial t}\int\left((\nabla\tilde{\phi})^2+\rho_{\rm s}^2(\nabla^2\tilde{\phi})^2\right){\rm d}V-\int v_{\rm d}^*\nabla^2\tilde{\phi}\frac{\partial\tilde{\phi}}{\partial y}{\rm d}V=-\nabla\cdot\boldsymbol{J}_2\to 0$$

$\boldsymbol{E}\times\boldsymbol{B}$ ドリフトを $\boldsymbol{v}_E$ とすると，$v_E=|\nabla\tilde{\phi}|/B$ および $\nabla\times\boldsymbol{v}_E|_z=\nabla^2\tilde{\phi}/B$ の関係がえられる．(13.31) および (13.32) は

$$\int\left(\left(\frac{\delta n}{n_0}\right)^2+\frac{m_{\rm i}v_E^2}{T_{\rm e}}\right){\rm d}V={\rm const.}$$

$$\frac{1}{2}\frac{\partial}{\partial t}\int\left(\frac{1}{\rho_{\rm s}^2}\frac{v_E^2}{c_{\rm s}^2}+\frac{1}{c_{\rm s}^2}(\nabla\times\boldsymbol{v}_E)^2\right){\rm d}V+\Omega_{\rm i}\frac{1}{c_{\rm s}^2}(\nabla\times\boldsymbol{v}_E)_z\kappa_n v_{Ex}{\rm d}V=0$$

となる．

座標 (x,y) および時間 t を次のように無次元化する．

$$x=\rho_{\rm s}\hat{x},\qquad y=\rho_{\rm s}\hat{y},\qquad t=\Omega^{-1}\hat{t},\qquad \boldsymbol{k}=\rho_{\rm s}^{-1}\hat{\boldsymbol{k}},\qquad \omega=\Omega_{\rm i}\hat{\omega}$$

また，これまでの $\tilde{\phi}$ を $(T_{\rm e}/e)\tilde{\phi}$ に置きかえる．そうすると (13.28) および (13.30) は

$$\partial_{\hat{t}}(\hat{\nabla}^2\tilde{\phi}-\tilde{\phi})-(\kappa_n\rho_{\rm s})\partial_{\hat{y}}\tilde{\phi}+(\partial_{\hat{y}}\hat{\nabla}^2\tilde{\phi})\partial_{\hat{x}}\tilde{\phi}-(\partial_{\hat{x}}\hat{\nabla}^2\tilde{\phi})\partial_{\hat{y}}\tilde{\phi}=0 \tag{13.33}$$

$$\hat{\omega}_k^l=\frac{(\kappa_n\rho_{\rm s})\hat{k}_{\hat{y}}}{1+\hat{k}^2}$$

に還元される．これより，記号 ˆ を省略する．$\tilde{\phi}(\boldsymbol{x},t)$ を空間フーリエ級数に展開する．$\tilde{\phi}(\boldsymbol{x},t)$ は実数であるから，以下のようになる．

$$\tilde{\phi}(\boldsymbol{x},t) = \sum \tilde{\phi}_k(t) \exp(i\boldsymbol{k}\cdot\boldsymbol{x}), \qquad \tilde{\phi}_k^* = \tilde{\phi}_{-k} \tag{13.34}$$

ここで * は共役複素数を表す．

波数 $\boldsymbol{k}_1, \boldsymbol{k}_2, \boldsymbol{k}_3$ で $\boldsymbol{k}_1 + \boldsymbol{k}_2 + \boldsymbol{k}_3 = 0$ の関係を満たす三つの波を考える．(13.34) の和の項の中で，これらの波がほかの波より大きい振幅を持っていると仮定し，これらの三つの波の間のエネルギーの流れを調べてみよう．(13.28) すなわち (13.33) と (13.34) は以下のように還元される．

$$\frac{\mathrm{d}\tilde{\phi}_{k1}}{\mathrm{d}t} + i\omega_{k1}\tilde{\phi}_{k1} = \sum_{\boldsymbol{k}1+\boldsymbol{k}2+\boldsymbol{k}3=0} \Lambda_{k2,k3}^{k1} \tilde{\phi}_{k2}^* \tilde{\phi}_{k3}^* \tag{13.35}$$

$$\Lambda_{k2,k3}^{k1} = \frac{1}{2}\frac{1}{1+k_1^2}((\boldsymbol{k}_2 \times \boldsymbol{k}_3)\cdot\hat{\boldsymbol{z}})(k_3^2 - k_2^2) \tag{13.36}$$

$\tilde{\phi}_j = \tilde{\phi}_{kj}$ として，(13.35) は以下のようになる．

$$\frac{\mathrm{d}\tilde{\phi}_1}{\mathrm{d}t} + i\omega_1\tilde{\phi}_1 = \Lambda_{2,3}^1 \tilde{\phi}_2^* \tilde{\phi}_3^* \tag{13.37}$$

$$\frac{\mathrm{d}\tilde{\phi}_2}{\mathrm{d}t} + i\omega_2\tilde{\phi}_2 = \Lambda_{3,1}^2 \tilde{\phi}_3^* \tilde{\phi}_1^* \tag{13.38}$$

$$\frac{\mathrm{d}\tilde{\phi}_3}{\mathrm{d}t} + i\omega_3\tilde{\phi}_3 = \Lambda_{1,2}^3 \tilde{\phi}_1^* \tilde{\phi}_2^* \tag{13.39}$$

一般性を失うことなく

$$k_1 < k_2 < k_3$$

を仮定することができる．最初に k_2 モードが強く励起される場合を考える．したがって $|\tilde{\phi}_2| \gg |\tilde{\phi}_1|, |\tilde{\phi}_3|$ である．そうすると (13.37)〜(13.39) は以下のようになる．

$$\left.\begin{aligned}\tilde{\phi}_i &= A_i \exp(-i\omega_i t)\\ A_2 &= \mathrm{const.}\\ \frac{\mathrm{d}A_1}{\mathrm{d}t} &= \Lambda_{2,3}^1 A_2^* A_3^* \exp(i\theta t)\\ \frac{\mathrm{d}A_3}{\mathrm{d}t} &= \Lambda_{1,2}^3 A_1^* A_2^* \exp(i\theta t)\end{aligned}\right\} \tag{13.40}$$

ここで $\theta \equiv (\omega_1 + \omega_2 + \omega_3)$ は周波数ミスマッチである．(13.40) より

$$\frac{\mathrm{d}^2 A_1}{\mathrm{d}t^2} - i\theta\frac{\mathrm{d}A_1}{\mathrm{d}t} - \Lambda_{2,3}^1 \Lambda_{1,2}^3 |A_2|^2 A_1 = 0$$

である．したがって

$$\theta^2 - 4\Lambda_{2,3}^1 \Lambda_{1,2}^3 |A_2|^2 < 0$$

のとき不安定になり，その成長率は

$$\gamma = \left(\Lambda_{2,3}^1 \Lambda_{1,2}^3 |A_2|^2 - \frac{1}{4}\theta^2 \right)^{1/2} \tag{13.41}$$

である．$k_1 < k_2 < k_3$ を仮定していたので，(13.36) より $\Lambda_{2,3}^1 \Lambda_{1,2}^3 > 0$ であり，系は不安定になりうる．波数が $k_1 < k_2 < k_3$ となる k_2 の波から，波数 k_1 k_3 の波へ，$\boldsymbol{k}$ 空間におけるカスケードが起こる．もし周波数ミスマッチ $\theta = (\omega_1 + \omega_2 + \omega_3)$ が 0 ならば，カスケードは，最も高い周波数 $\omega_2 = -(\omega_1 + \omega_3)$ の波からより低い周波数 ω_1 および ω_3 の波へと起こる．

他方，もしモード 1 あるいはモード 3 が強く励起される場合は，$\Lambda_{3,1}^2, \Lambda_{1,2}^3$ は常に負であるから，系は安定である．

$$N_p \equiv \frac{(1+k_p^2)|\tilde{\phi}_p|^2}{|k_q^2 - k_r^2|} \tag{13.42}$$

なる数を導入し，(13.37)〜(13.39) を用いて少し長い計算をすると

$$N_3 - N_1 = \text{const.}, \quad N_2 + N_3 = \text{const.}, \quad N_1 + N_2 = \text{const.} \tag{13.43}$$

の関係が成り立つ．これらの式から，N_2 における 1 の損失は N_1, N_3 における 1 の利得となることを意味する．N_k モードは $W_k = (1+k^2)|\tilde{\phi}_k|$ のエネルギーを持っていると考えることができる．なぜなら (13.31) より $\sum W_k = \text{const.}$ であるからである．(13.42) および (13.43) より，モード N_1 および N_3 へのエネルギーの分配は

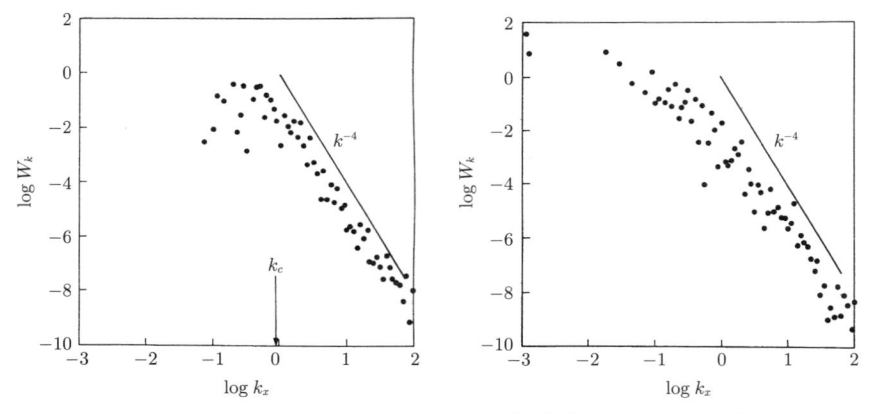

図 13.3 N_k モードのエネルギー密度 $W_k = (1+k^2)|\tilde{\phi}_k|^2$ の k_x に対する依存性 (左) および k_y に対する依存性 (右) ⓒ 1999 American Inst. Phys. 文献[9] A. Hasegawa et al.: *Phys. Fluids* **22**, 2122 (1979) による

ここで x は密度勾配方向の座標である．k_x スペクトラムのカスケードは $k_x = k_c$ 付近で止まり，W_k は $k_x = k_c$ 付近で飽和する．k_y スペクトラムのカスケードは $k_y = 0$ まで進み，$k_y = 0$ 付近で W_k は最大になる．

13.4 帯状流

$$\frac{\Delta W_1}{\Delta W_2} = \frac{k_3^2 - k_2^2}{k_3^2 - k_1^2}, \quad \frac{\Delta W_3}{\Delta W_2} = \frac{k_2^2 - k_1^2}{k_3^2 - k_1^2}$$

となる.

k スペクトルにおけるカスケードの計算機実験[9])によると, k_x 面におけるカスケードは, ある臨界値 $k_x = k_c$ で止まる傾向が見られる. そしてその臨界値では, (13.28)にある線形項と非線形項が同じ程度になる, すなわち

$$c_s(k_x\rho_s)^3\tilde{\phi} \sim v_d^* \quad \to \quad (k_x\rho_s)^3 = \frac{v_d^*}{c_s\tilde{\phi}} = \frac{\kappa_n\rho_s}{\tilde{\phi}} \tag{13.44}$$

そしてエネルギーは $k_x \approx k_c$ 付近に溜まる. スペクトルの k_y 依存に関して, エネルギー・スペクトラムは $k_y \approx 0$ に溜まる (図 13.3 参照). これらの結果はドリフト乱流において 13.4.2 項で述べる帯状流が現れることを示している.

$\tilde{\phi}$ の k スペクトラム・パワー密度の時間変化

$\langle\tilde{\phi}\rangle_{pi}$ および $\tilde{\phi}_{ki}$ は, $\tilde{\phi}$ の 大きな空間スケールで低周波の成分 と 小さな空間スケールで高周波の成分に対応する項であり, 下付きの pi, ki はそれぞれ2次元ベクトル $\boldsymbol{p}_i = (p_{ix}, p_{iy})$ および $\boldsymbol{k}_i = (k_{ix}, k_{iy})$ を意味し, $|\boldsymbol{p}_i| \ll |\boldsymbol{k}_i|$ であり, 大きな空間スケール (低周波) と 小さな空間スケール (高周波) の項に対応する. したがって $\tilde{\phi}$ を次のように二つの項で表す.

$$\tilde{\phi} = \langle\tilde{\phi}_p\rangle + \tilde{\phi}_k$$

$\langle\ \rangle$ は速い時間スケールで平均することを意味する. $\tilde{\phi}_1\tilde{\phi}_2$ を速い時間スケールで平均すると以下のようになる.

$$\langle\tilde{\phi}_1\tilde{\phi}_2\rangle = \langle\tilde{\phi}_{1p}\rangle\langle\tilde{\phi}_{2p}\rangle + \langle\tilde{\phi}_{1k}\tilde{\phi}_{2k}\rangle$$

大きい空間スケールの項の時間変化の方程式を導くために, 無次元正規化された (13.33) をフーリエ変換し, 小さい空間スケールの項の速い時間で平均すると

$$-\partial_t(p^2+1)\langle\tilde{\phi}_p\rangle - i(\kappa_n\rho_s)p_y\langle\tilde{\phi}_p\rangle + \int[\boldsymbol{p}_2,\boldsymbol{p}_1]p_2^2\langle\tilde{\phi}_{p1}\rangle\langle\tilde{\phi}_{p2}\rangle\delta(\boldsymbol{p}_1+\boldsymbol{p}_2-\boldsymbol{p})\mathrm{d}\boldsymbol{p}_1\mathrm{d}\boldsymbol{p}_2$$
$$+ \int[\boldsymbol{k}_2,\boldsymbol{k}_1]k_2^2\langle\tilde{\phi}_{k1}\tilde{\phi}_{k2}\rangle\delta(\boldsymbol{k}_1+\boldsymbol{k}_2-\boldsymbol{p})\mathrm{d}\boldsymbol{k}_1\mathrm{d}\boldsymbol{k}_2 = 0 \tag{13.45}$$

をえる[11]). $[\ ,\ ]$ はベクトル積 $[\boldsymbol{a},\boldsymbol{b}] = a_xb_y - a_yb_x$ の z 成分であり, $\partial_t = \partial/\partial t$ である.

(13.45) の第1番目の積分は, フーリエ変換のたたみこみの定理により, $(\partial_y\nabla^2\tilde{\phi}_L)\partial_x\tilde{\phi}_L - (\partial_x\nabla^2\tilde{\phi}_L)\partial_y\tilde{\phi}_L$ になる.

$\boldsymbol{k}$ および $\boldsymbol{p}$ を

$$\boldsymbol{k}_1 = -\boldsymbol{k} + \frac{1}{2}\boldsymbol{p}, \qquad \boldsymbol{k}_2 = \boldsymbol{k} + \frac{1}{2}\boldsymbol{p}$$

によって導入すると

$$[\boldsymbol{k}_2, \boldsymbol{k}_1]k_2^2 = \left(\left(k_x + \frac{p_x}{2}\right)\left(-k_y + \frac{p_y}{2}\right) - \left(k_y + \frac{p_y}{2}\right)\left(-k_x + \frac{p_x}{2}\right)\right)\left(\boldsymbol{k} + \frac{\boldsymbol{p}}{2}\right)^2$$
$$= [\boldsymbol{k}, \boldsymbol{p}]\left(\boldsymbol{k} \cdot \boldsymbol{p} + k^2 + \frac{p^2}{4}\right)$$

となる．(13.45) の 2 番目の積分は

$$\int [\boldsymbol{k}, \boldsymbol{p}]\left(\boldsymbol{k} + \frac{\boldsymbol{p}}{2}\right)^2 \langle \tilde{\phi}_{p/2-k}\tilde{\phi}_{p/2+k}\rangle \mathrm{d}\boldsymbol{k} = \int [\boldsymbol{k}, \boldsymbol{p}](\boldsymbol{k}\cdot\boldsymbol{p})\langle\tilde{\phi}_{p/2-k}\tilde{\phi}_{p/2+k}\rangle\mathrm{d}\boldsymbol{k}$$
$$= \int (-k_x k_y(p_x^2 - p_y^2) - (k_y^2 - k_x^2)p_x p_y)\langle\tilde{\phi}_{p/2-k}\tilde{\phi}_{p/2+k}\rangle\mathrm{d}\boldsymbol{k}$$

のようになる．ここで $[\boldsymbol{k},\boldsymbol{p}](k^2 + p^2/4) = -[\boldsymbol{k}_1,\boldsymbol{k}_2](k_1^2 + k_2^2)/2$ を用いた．(13.45) の逆フーリエ変換をすると，大きい空間スケールの項について，次のような式をえる．

$$\partial_t(\nabla^2\tilde{\phi}_\mathrm{L} - \tilde{\phi}_\mathrm{L}) - (\kappa_n\rho_\mathrm{s})\partial_y\tilde{\phi}_\mathrm{L} + (\partial_y\nabla^2\tilde{\phi}_\mathrm{L})\partial_x\tilde{\phi}_\mathrm{L} - (\partial_x\nabla^2\tilde{\phi}_\mathrm{L})\partial_y\tilde{\phi}_\mathrm{L}$$
$$= -\partial_{xx}A - \partial_x\partial_y B + \partial_{yy}A \tag{13.46}$$
$$A(\boldsymbol{x},t) = 2\int \frac{k_x k_y}{k^2(1+k^2)} n_k \mathrm{d}\boldsymbol{k}$$
$$B(\boldsymbol{x},t) = 2\int \frac{k_y^2 - k_x^2}{k^2(1+k^2)} n_k \mathrm{d}\boldsymbol{k}$$

$\tilde{\phi}$ の高周波スペクトラムのパワー密度 $n_k(\boldsymbol{k},\boldsymbol{x},t)$ は次のように定義される．

$$n_k(\boldsymbol{k},\boldsymbol{x},t) \equiv \frac{1}{2}k^2(1+k^2)\int\langle\tilde{\phi}_{p/2-k}\tilde{\phi}_{p/2+k}\rangle \exp(i\boldsymbol{p}\cdot\boldsymbol{x})\frac{\mathrm{d}\boldsymbol{p}}{(2\pi)^2} \tag{13.47}$$

高周波のパワー密度 n_k の時間変化の方程式を導くために，フーリエ成分 $\tilde{\phi}_k$ の時間変化の方程式を求める．

$$-\partial_t(1+k^2)\tilde{\phi}_k - (\kappa_n\rho_\mathrm{s})ik_y\tilde{\phi}_k$$
$$-\int(-k_y'k'^2\tilde{\phi}_{k'}q_x\tilde{\phi}_q) + k_x'k'^2\tilde{\phi}_{k'}q_y\tilde{\phi}_q)\delta(\boldsymbol{q}+\boldsymbol{k}'-\boldsymbol{k})\mathrm{d}\boldsymbol{k}'\mathrm{d}\boldsymbol{q} = 0$$

$\boldsymbol{k} = \boldsymbol{k}' + \boldsymbol{q}$ を導入し，

$$k'^2(k_x'q_y - k_y'q_x) = [\boldsymbol{k},\boldsymbol{q}](\boldsymbol{k}-\boldsymbol{q})^2$$

を考慮すると

$$\partial_t\tilde{\phi}_k + \frac{i(\kappa_n\rho_\mathrm{s})k_y}{1+k^2}\tilde{\phi}_k + \int \frac{[\boldsymbol{k},\boldsymbol{q}](\boldsymbol{k}-\boldsymbol{q})^2}{1+k^2}\tilde{\phi}_{k-q}\tilde{\phi}_q\mathrm{d}\boldsymbol{q} = 0$$

をえる．$\tilde{\phi}_k$ の方程式に $\tilde{\phi}_{k'}$ を掛け，$\tilde{\phi}_{k'}$ の同様な方程式に $\tilde{\phi}_k$ を掛けたものと足し算すると，

$$\partial_t(\tilde{\phi}_k\tilde{\phi}_{k'}) + i(\omega_k^l + \omega_{k'}^l)(\tilde{\phi}_k\tilde{\phi}_{k'}) + R_{k\,k'} = 0 \tag{13.48a}$$

をえる. ただし

$$R_{kk'} \equiv \int \left(\frac{[\boldsymbol{k},\boldsymbol{q}](\boldsymbol{k}-\boldsymbol{q})^2}{1+k^2} \tilde{\phi}_{k-q}\tilde{\phi}_{k'} + \frac{[\boldsymbol{k}',\boldsymbol{q}](\boldsymbol{k}'-\boldsymbol{q})^2}{1+k'^2} \tilde{\phi}_{k'-q}\tilde{\phi}_k \right) \tilde{\phi}_{\mathrm{L}q} \mathrm{d}\boldsymbol{q}$$

$$\omega_k^l = \frac{(\kappa_n \rho_\mathrm{s}) k_y}{1+k^2}, \qquad \omega_{k'}^l = \frac{(\kappa_n \rho_\mathrm{s}) k_y'}{1+k'^2}$$

$|\boldsymbol{q}| \ll |\boldsymbol{k}|$ であり,$\tilde{\phi}_{q\mathrm{L}}$ は (13.46) で与えられており小さい空間スケールで平均した量である.

大きい空間スケールの乱流スペクトラムが支配的で,小さい空間スケールの項との相互作用は,大きい空間スケールの項との相互作用に比べて無視できるとする.小さいスケールの場の間の時間相関 $\langle \tilde{\phi}_k \tilde{\phi}_{k'} \rangle$ は $\boldsymbol{k}+\boldsymbol{k}'$ の小さい領域でのみ有意な値を持ち,大きいスケールの場の間の時間相関と同程度の値を持つとする.このことを考慮し,$(\boldsymbol{k},\boldsymbol{k}')$ から $(\boldsymbol{k}_3,\boldsymbol{p})$ に次のように変換する.

$$\boldsymbol{k} = \boldsymbol{k}_3 + \frac{\boldsymbol{p}}{2}, \qquad \boldsymbol{k}' = -\boldsymbol{k}_3 + \frac{\boldsymbol{p}}{2}, \qquad \tilde{\phi}_k \tilde{\phi}_{k'} = \tilde{\phi}_{p/2+k_3} \tilde{\phi}_{p/2-k_3}$$

そうすると (13.48a) は

$$\partial_t(\tilde{\phi}_{p/2+k_3}\tilde{\phi}_{p/2-k_3}) + i(\omega^l_{p/2+k_3} + \omega^l_{p/2-k_3})(\tilde{\phi}_{p/2+k_3}\tilde{\phi}_{p/2-k_3-q})$$
$$+ R_{p/2+k_3,\,p/2-k_3} = 0 \tag{13.48b}$$

になる.$|\boldsymbol{p}| \ll |\boldsymbol{k}_3|$ であるため

$$i(\omega^l_{p/2+k_3} + \omega^l_{p/2-k_3}) = i(\kappa_n \rho_\mathrm{s}) \left(\frac{(k_{3y}+p_y/2)}{1+(\boldsymbol{k}_3+\boldsymbol{p}/2)^2} - \frac{(k_{3y}-p_y/2)}{1+(\boldsymbol{k}_3-\boldsymbol{p}/2)^2} \right)$$
$$= (\kappa_n \rho_\mathrm{s}) \frac{\partial}{\partial \boldsymbol{k}_3} \left(\frac{k_{3y}}{1+k_3^2} \right) \cdot i\boldsymbol{p}$$

となる.そして (13.48b) 全体に対して以下のような積分を行う.

(13.48b) の最初の 2 項の和は下記のようになる ($\partial n_k/\partial \boldsymbol{x} = i\boldsymbol{p} n_k$ に留意).これ以降は簡便のため $\boldsymbol{k}_3$ を $\boldsymbol{k}$ に書き換える.

$$\frac{k^2(1+k^2)}{2} \int [(\partial_t(\tilde{\phi}_{p/2+k}\tilde{\phi}_{p/2-k}) + i(\omega^l_{p/2+k} + \omega^l_{p/2-k})(\tilde{\phi}_{p/2+k}\tilde{\phi}_{p/2-k})]$$
$$\times \exp(i\boldsymbol{p}\cdot\boldsymbol{x}) \frac{\mathrm{d}\boldsymbol{p}}{(2\pi)^2} = \partial_t n_k + (\kappa_n \rho_\mathrm{s}) \frac{\partial}{\partial \boldsymbol{k}} \left(\frac{k_y}{1+k^2} \right) \cdot \frac{\partial n_k}{\partial \boldsymbol{x}} \tag{13.49a}$$

$R_{p/2+k,\,p/2-k}$ の項からの寄与は,$p \ll k,\ q \ll k$ を考慮して計算すると

$$\frac{k^2(1+k^2)}{2} \int R_{p/2+k,\,p/2-k} \exp(i\boldsymbol{p}\cdot\boldsymbol{x}) \frac{\mathrm{d}\boldsymbol{p}}{(2\pi)^2}$$
$$= -\frac{k^2}{1+k^2}[\boldsymbol{k},\boldsymbol{q}] \frac{\partial n_k}{\partial \boldsymbol{k}} \cdot \boldsymbol{q}\tilde{\phi}_\mathrm{L} + \frac{2[\boldsymbol{k},\boldsymbol{q}]}{(1+k^2)^2}(\boldsymbol{k}\cdot\boldsymbol{p}) n_k \tilde{\phi}_\mathrm{L} + \frac{k^2}{(1+k^2)}[\boldsymbol{p},\boldsymbol{q}] n_k \tilde{\phi}_\mathrm{L} = 0$$
$$\tag{13.49b}$$

となる．ただし $\tilde{\phi}_L$ は (13.46) の解で大きい空間スケールの関数である．また $i\boldsymbol{p}$ は $n_k(\boldsymbol{k},\boldsymbol{x},t)$ に対する $\boldsymbol{x}$ 微分オペレータであり，$i\boldsymbol{q}$ は $\tilde{\phi}_L(\boldsymbol{x},t)$ に対する $\boldsymbol{x}$ 微分オペレータである．この計算過程は第 13 章章末注を参照．(13.49a) と (13.49b) の和は次のようになる．

$$\partial_t n_k + (\kappa_n \rho_s)\frac{\partial}{\partial \boldsymbol{k}}\left(\frac{k_y}{1+k^2}\right)\cdot \nabla_x n_k + \frac{k^2}{1+k^2}[\boldsymbol{k},\boldsymbol{q}]\frac{\partial n_k}{\partial \boldsymbol{k}}\cdot\tilde{\phi}_L$$
$$-\frac{2[\boldsymbol{k},\boldsymbol{q}]}{(1+k^2)^2}(\boldsymbol{k}\cdot\boldsymbol{p})n_k\tilde{\phi}_L - \frac{k^2}{(1+k^2)}[\boldsymbol{p},\boldsymbol{q}]n_k\tilde{\phi}_L = 0 \qquad (13.49c)$$

新しく ω_k を

$$\omega_k = \omega_k^l + \omega_k^{nl} \equiv \frac{(\kappa_n\rho_s)k_y + (\hat{\boldsymbol{v}}_E\cdot\boldsymbol{k})k^2}{1+k^2}, \qquad \hat{\boldsymbol{v}}_E = \left(-\frac{\partial\tilde{\phi}}{\partial\hat{y}},\frac{\partial\tilde{\phi}}{\partial\hat{x}}\right)$$

のように導入すると，(13.49c) は次のようになる[11]．

$$\left(\partial_t + \frac{\partial\omega_k}{\partial\boldsymbol{k}}\partial_x - \frac{\partial\omega_k}{\partial\boldsymbol{x}}\partial_k\right)n_k = 0 \qquad (13.50)$$

(13.50) を計算すると (13.49c) に等しいことが確かめられる．

正規化した無次元の座標から，通常の空間時間座標および次元のある物理量に戻すと，(13.50) は下記のようになる．

$$N_k = \left(\frac{T_e}{e}\right)^2 n_k = \frac{1}{2}(k\rho_s)^2(1+(k\rho_s)^2)\int\langle\tilde{\phi}_{p/2-k}\tilde{\phi}_{p/2+k}\rangle\exp(i\boldsymbol{p}\cdot\boldsymbol{x})\frac{dp_x}{2\pi}\frac{dp_y}{2\pi}$$
$$\boldsymbol{v}_E = c_s\hat{\boldsymbol{v}}_E = \frac{1}{B}\left(-\frac{\partial\tilde{\phi}}{\partial y},\frac{\partial\tilde{\phi}}{\partial x}\right), \qquad \omega_k = \frac{k_y v_d^* + (\boldsymbol{v}_E\cdot\boldsymbol{k})\rho_s^2 k^2}{1+\rho_s k^2}$$
$$\left(\frac{\partial}{\partial t} + \frac{\partial\omega_k}{\partial\boldsymbol{k}}\frac{\partial}{\partial\boldsymbol{x}} - \frac{\partial\omega_k}{\partial\boldsymbol{x}}\frac{\partial}{\partial\boldsymbol{k}}\right)N_k = 0 \qquad (13.51)$$

13.4.2 帯状流の生成

シアのある平均流の空間スケールは巨視的であり，シアのある平均流がドリフト乱流を安定化する効果のあることは 15.7 節で述べる．他方，これから述べる帯状流の空間スケールはメゾスコピックである．シアのある平均流と帯状流の違いを図 13.4 に示している．

ドリフト乱流の数値シミュレーションの研究は帯状流研究の発展に決定的な役割を果たしてきた．理論と数値シミュレーションの間の共同作業は帯状流の物理的関心を推進する鍵となった．ジャイロ運動論的粒子モデルによる数値シミュレーションの結果を図 13.5 に示す[12]．乱流渦の径方向の大きさが帯状流のシアリングにより非常に小さくなっていることを明示している．

帯状流 (zonal flow) のポテンシャル ϕ_z は磁気面上では一様 ($k_y = k_z = 0$) で径方向

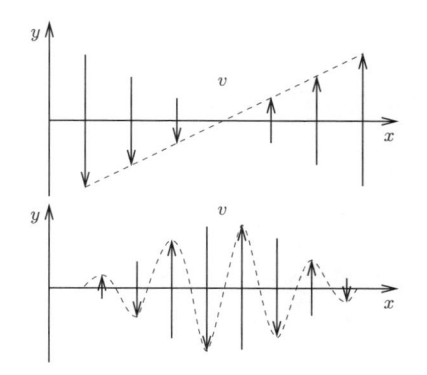

図 **13.4** 上：シアのある平均流．下：帯状流

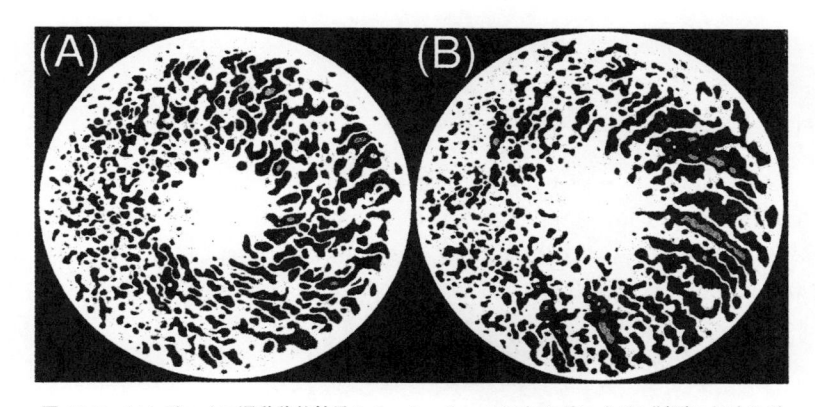

図 **13.5** (A) ジャイロ運動論的粒子シミュレーションによるポロイダル断面におけるポテンシャル揺動 $e\phi/T_e$ の等高線が示す乱流渦の径方向の大きさが，自己調整された $E \times B$ 帯状流によるランダム・シアリングによって小さくなっている．(B) 帯状流を抑えたときのシミュレーションの結果 ⓒ 1998 American Assoc. Advance Science 文献[12]) Z. Lin et al.: *Science* **281**, 1835 (1998) による

(x 方向) に有限の k_x を持っている．そのため ϕ_z の磁力線に沿う位相速度は無限大である．したがってポテンシャルの断熱応答は次のように変形される．

$$\frac{\delta n}{n_0} = \frac{e}{T_e}(\phi - \bar{\phi})$$

ここで $\bar{\phi}$ は ϕ の磁気面上の平均である．$\delta\phi_d \equiv \phi - \bar{\phi}$ を定義すると，断熱応答は

$$\frac{\delta n}{n_0} = \frac{e\delta\phi_d}{T_e} \equiv \tilde{\phi}_d$$

となる．$\delta\phi_d$ のサフィックス d はドリフト波を想定している．次のオーダリングを仮定する．

$$\frac{e\bar{\phi}}{T_\mathrm{e}} \equiv \bar{\phi}_\mathrm{z}, \qquad \tilde{\phi}_\mathrm{d} \sim \delta, \qquad \bar{\phi}_\mathrm{z} \sim \delta, \qquad \nabla \tilde{\phi}_\mathrm{d} \sim O(1), \qquad \nabla \bar{\phi}_\mathrm{z} \sim O(1)$$

イオンの連続の式は，(13.28) を変形して次のようになる[13]．

$$(1-\rho_\mathrm{s}^2\nabla^2)\frac{\partial \tilde{\phi}_\mathrm{d}}{\partial t} - \rho_\mathrm{s}c_\mathrm{s}(\nabla\tilde{\phi}_\mathrm{d}\times\hat{\boldsymbol{z}})\cdot\frac{\nabla n_0}{n_0} - \rho_\mathrm{s}c_\mathrm{s}(\nabla\bar{\phi}_\mathrm{z}\times\hat{\boldsymbol{z}})\cdot\nabla\tilde{\phi}_\mathrm{d}$$
$$+ \rho_\mathrm{s}^3 c_\mathrm{s}\nabla\cdot\Big(((\nabla\bar{\phi}_\mathrm{z}\times\hat{\boldsymbol{z}})\cdot\nabla)\nabla\tilde{\phi}_\mathrm{d} + ((\nabla\tilde{\phi}_\mathrm{d}\times\hat{\boldsymbol{z}})\cdot\nabla)\nabla\bar{\phi}_\mathrm{z}\Big) = 0 \qquad (13.52)$$

$$-\frac{\partial}{\partial t}\rho_\mathrm{s}^2\nabla^2\bar{\phi}_\mathrm{z} + \rho_\mathrm{s}^3 c_\mathrm{s}\nabla\cdot\Big((\nabla\tilde{\phi}_\mathrm{d}\times\hat{\boldsymbol{z}}\cdot\nabla)\nabla\tilde{\phi}_\mathrm{d}\Big) = 0 \qquad (13.53)$$

帯状流の生成に関する「四つの波モデル」すなわちドリフト波の 3 つの成分 $\tilde{\phi}_\mathrm{d0}$, $\tilde{\phi}_\mathrm{dc}$, $\tilde{\phi}_\mathrm{ds}$ および帯状流 $\bar{\phi}_\mathrm{z}$ を，次のような形に展開していく．

$$\tilde{\phi}_\mathrm{d} = \tilde{\phi}_\mathrm{d0}(t)\cos(k_y y - \omega_0 t) + \tilde{\phi}_\mathrm{dc}(t)\sin(k_x x - \omega_z t)\cos(k_y y - \omega_0 t)$$
$$+ \tilde{\phi}_\mathrm{ds}(t)\sin(k_x x - \omega_z t)\sin(k_y - \omega_0 t) \qquad (13.54)$$

$$\bar{\phi}_\mathrm{z} = \bar{\phi}_\mathrm{z}(t)\cos(k_x x - \omega_z t) \qquad (13.55)$$

ただし
$$\omega_0 = \frac{k_y v_\mathrm{d}^*}{1+\rho_\mathrm{s}^2 k^2}$$

(13.54) および (13.55) を (13.52) および (13.53) に代入すると，$\cos(k_y y - \omega_0 t)$, $\sin(k_x x - \omega_z t)\cos(k_y y - \omega_0 t)$, $\sin(k_x x - \omega_z t)\sin(k_y - \omega_0 t)$, $\cos(k_x x - \omega_z t)$ の成分をそれぞれ 0 とすることにより

$$(1+\rho_\mathrm{s}^2 k^2)\frac{\mathrm{d}\tilde{\phi}_\mathrm{d0}}{\mathrm{d}t} - \frac{\rho_\mathrm{s}c_\mathrm{s}}{2}k_x k_y \bar{\phi}_\mathrm{z}\tilde{\phi}_\mathrm{ds} = 0$$

$$(1+\rho_\mathrm{s}^2 k^2)\frac{\mathrm{d}\tilde{\phi}_\mathrm{dc}}{\mathrm{d}t} - \frac{k_y k_x^2 \rho_\mathrm{s}^2 v_\mathrm{d}^*}{1+k_s^2\rho_\mathrm{s}^2}\tilde{\phi}_\mathrm{ds} = 0$$

$$(1+\rho_\mathrm{s}^2 k^2)\frac{\mathrm{d}\tilde{\phi}_\mathrm{ds}}{\mathrm{d}t} + \frac{k_y k_x^2 \rho_\mathrm{s}^2 v_\mathrm{d}^*}{1+k_y^2\rho_\mathrm{s}^2}\tilde{\phi}_\mathrm{dc} + \rho_\mathrm{s}c_\mathrm{s}k_x k_y(1+k_y^2\rho_\mathrm{s}^2 - k_x^2\rho_\mathrm{s}^2)\bar{\phi}_\mathrm{z}\tilde{\phi}_\mathrm{d0} = 0$$

$$\frac{\mathrm{d}\bar{\phi}_\mathrm{z}}{\mathrm{d}t} + \frac{\rho_\mathrm{s}c_\mathrm{s}}{2}k_x k_y \tilde{\phi}_\mathrm{d0}\tilde{\phi}_\mathrm{ds} = 0$$

となる．もしドリフト波 $\tilde{\phi}_\mathrm{d0}$ が励起され，次の条件

$$|\tilde{\phi}_\mathrm{dc}|, |\tilde{\phi}_\mathrm{ds}|, |\bar{\phi}_\mathrm{z}| \ll |\tilde{\phi}_\mathrm{d0}|$$

が満たされ，揺動項の時間依存が $\exp(\gamma t)$ で与えられるとき，線形化されたこれらの式は，$\tilde{\phi}_\mathrm{d0} = \mathrm{const.}$ の仮定のもとに次の分散関係を導く．

$$\gamma^2 = \frac{c_\mathrm{s}^4 k_x^2 k_y^2}{\Omega_\mathrm{i}^2(1+k^2\rho_\mathrm{s}^2)^2}\left(\frac{(1+k_y^2\rho_\mathrm{s} - k_x^2\rho_\mathrm{s}^2)(1+k^2\rho_\mathrm{s}^2)}{2}\tilde{\phi}_\mathrm{d0}^2 - \frac{k_x^2\rho_\mathrm{s}^2 v_\mathrm{d}^{*2}}{c_\mathrm{s}^2(1+k^2\rho_\mathrm{s}^2)^2}\right)$$
$$(13.56)$$

13.4 帯状流

四つの波のモジュレーショナル不安定性 (modulational instability) の不安定条件は

$$k_{xc}^2\rho_{\rm s}^2 < \frac{(1+k^2\rho_{\rm s}^2)^3((1+k_y^2\rho_{\rm s}-k_x^2\rho_{\rm s}^2))}{2}\left(\frac{c_{\rm s}\tilde{\phi}_{\rm d0}}{v_{\rm d}^*}\right)^2 \approx \frac{(1+k_y^2\rho_{\rm s})^4}{2}\left(\frac{c_{\rm s}\tilde{\phi}_{\rm d0}}{v_{\rm d}^*}\right)^2 \tag{13.57}$$

である．スラブ・モデルにおいて，この臨界波数 k_{xc} 以下において，ドリフト波が帯状流を生成することを示している．この結果は (13.44) の計算機シミュレーションの結果とよく対応している．

帯状流の発生機構を解析する直感的方法について述べる．ドリフト乱流のポテンシャル $\tilde{\phi}$ による $E\times B$ の流れの運動方程式を速い時間スケールで平均しさらに磁気面 (y,z) で平均すると次のような方程式が導かれる[14]．

$$\frac{\partial}{\partial T}\frac{\overline{\nabla_\perp^2\tilde{\phi}}}{\partial x^2} = \frac{1}{B^2}\frac{\partial^2}{\partial x^2}\overline{[\nabla_x\tilde{\phi}(\nabla_y\tilde{\phi})^*]}_{yz} - \gamma_{\rm d}\frac{\partial^2\overline{\tilde{\phi}}}{\partial x^2} \tag{13.58}$$

ここで $\tilde{\phi}=\tilde{\phi}(x,y,z,t)$, $\overline{\tilde{\phi}}\equiv\overline{\tilde{\phi}}(x,T)=[\overline{\tilde{\phi}(x,y,z,t)}]_{yz}$ である．そして $\overline{\cdots}$ は速い時間スケール t での平均を表し，$[\cdots]_{yz}$ は磁気面 yz での平均を表す．また T はゆっくりしたスケールでの時間である．帯状流は y 方向で，その k スペクトラムは $k_y=k_z=0$ で $k_x\ne 0$ であるので，帯状流 $v_y^z(x,T)$ を磁気面上 (y,z) で平均することによって，抽出することが可能である（上つきのサフィックス z は zonal flow の z である）．そして

$$v_y^z(x,T) = \frac{-E_x}{B} = \frac{1}{B}\frac{\partial\overline{\tilde{\phi}}(x,T)}{\partial x}$$

で与えられ，次式が導かれる [*1)．

$$\frac{\partial}{\partial T}\left(\frac{\partial v_y^z}{\partial x}\right) = \frac{1}{B^2}\frac{\partial^2}{\partial x^2}\overline{[\nabla_x\tilde{\phi}(\nabla_y\tilde{\phi})^*]}_{yz} - \gamma_{\rm d}\frac{\partial v_y^z}{\partial x} \tag{13.59}$$

$\gamma_{\rm d}$ は衝突などによる減衰率である．

(13.59) は $\tilde{\phi}$ に関する非線形方程式であるので，重畳原理 (f および g が解であるとき $f+g$ も解である) が成り立たない．したがってフーリエ解析を適応するためには $\tilde{\phi}$ を実数とする必要がある $(\tilde{\phi}^*=\tilde{\phi})$．その場合 $\tilde{\phi}$ のフーリエ変換 $\tilde{\phi}_k$ は $\tilde{\phi}_{-k}=\tilde{\phi}_k^*$ を満たさなければならない．

(13.47) より

$$\overline{[\nabla_x\tilde{\phi}(\nabla_y\tilde{\phi})^*]}_{yz} \approx \left[\int k_xk_y\rho_{\rm s}^2\langle\tilde{\phi}_{p/2+k}\tilde{\phi}_{p/2-k}\rangle\exp(ip_xx+ip_yy)\frac{{\rm d}p_x{\rm d}p_y}{(2\pi)^2}\frac{{\rm d}k_x{\rm d}k_y}{(2\pi)^2}\right]_{yz}$$

$$= \int\frac{2k_xk_y\rho_{\rm s}^2 N_k}{(\rho_{\rm s}k)^2(1+(\rho_{\rm s}k)^2)}\frac{{\rm d}k_x{\rm d}k_y}{(2\pi)^2}$$

[*1) $\partial v_y/\partial t = -(\boldsymbol{v}\cdot\nabla)\boldsymbol{v}|_y = -\partial(v_xv_y)/\partial x + \partial v_y^2/\partial y + \partial(v_yv_z)/\partial z - v_y\nabla\cdot\boldsymbol{v}$, $\nabla\cdot\boldsymbol{v}=0$ より (13.59) と同等の式 $\partial v_y^z/\partial T=(1/B^2)\partial/\partial x\overline{[\nabla_x\tilde{\phi}(\nabla_y\tilde{\phi})^*]}_{yz}-\gamma_{\rm d}v_y^z$ が導かれる．

である $(\phi_{p/2-k} = \phi^*_{-p/2+k})$. (13.59) は以下のようになる.

$$\frac{\partial}{\partial T}\left(\frac{\partial \bar{v}_y^z}{\partial x}\right) = \frac{\partial^2}{\partial x^2}\int \frac{1}{B^2}\frac{2(k_x k_y \rho_s^2)N_k}{(\rho_s k)^2(1+(\rho_s k)^2)}\frac{\mathrm{d}k_x \mathrm{d}k_y}{(2\pi)^2} - \gamma_\mathrm{d}\left(\frac{\partial \bar{v}_y^z}{\partial x}\right) \quad (13.60)$$

ここで N_k は $\tilde{\phi}$ の高周波スペクトルのパワー密度であり, (13.51) の式に従う. N_k を求めるにあたって, (13.51) を線形化し, 周波数 Ω, 径方向の波数 K を持つその揺動項 $N_k^{(1)}$ を解く. すなわち

$$N_k^{(1)} \propto \exp(iKx - i\Omega T)$$

$$i\left(-\Omega + \frac{\partial \omega_k}{\partial k_x}K\right)N_k^{(1)} - \frac{\partial \omega_k}{\partial x}\frac{\partial N_k^{(0)}}{\partial k_x} = 0$$

そして

$$N_k^{(1)} = \frac{(\partial \omega_k/\partial x)(\partial N_k^{(0)}/\partial k_x)}{-i(\Omega - (\omega_k/\partial k_x)K) + \Delta\omega} = R(K,\Omega)\frac{\partial}{\partial x}(k_y \bar{v}_y^z)\frac{(\rho_s k)^2}{1+(\rho_s k)^2}\frac{\partial N_k^{(0)}}{\partial k_x}$$

である. $R(K,\Omega)$ は

$$R(K,\Omega) = \frac{i}{(\Omega - (\partial \omega_k/\partial k_x)K) + i\Delta\omega} \to \pi\delta(\Omega - (\partial \omega_k/\partial k_x)K) \sim \frac{1}{\Delta\omega}$$

であり, ドリフト波の x 方向の群速度 $V_{\mathrm{dg}} = \partial\omega_k/\partial k_x$ にほぼ等しい位相速度 Ω/K を持つ $k_x = K$ 付近の被積分項の寄与が主になる. そして次の式が導かれる.

$$\frac{\partial}{\partial T}\left(\frac{\partial \bar{v}_y^z}{\partial x}\right) = \frac{\partial^2}{\partial x^2}\left(\int \frac{1}{B^2}\frac{2(\rho_s k_y)^2}{(1+\rho_s^2 k^2)^2}Rk_x\frac{\partial N_k^{(0)}}{\partial k_x}\frac{\mathrm{d}k_x \mathrm{d}k_y}{(2\pi)^2}\left(\frac{\partial \bar{v}_y^z}{\partial x}\right)\right) - \gamma_\mathrm{d}\left(\frac{\partial \bar{v}_y^z}{\partial x}\right) \tag{13.61}$$

(13.61) は $\partial \bar{v}_y^z/\partial x$ に関する拡散方程式である. すなわち

$$\frac{\partial}{\partial T}\frac{\partial \bar{v}_y^z}{\partial x} = \frac{\partial^2}{\partial x^2}\left(D_{xx}\frac{\partial \bar{v}_y^z}{\partial x}\right) - \gamma_\mathrm{d}\frac{\partial \bar{v}_y^z}{\partial x} \tag{13.62}$$

ここで, 次のような拡散係数を導入した.

$$D_{xx} = \frac{1}{B^2}\int \frac{2(\rho_s k_y)^2}{(1+\rho_s^2 k^2)^2}R(K,\Omega)k_x\frac{\partial N_k^{(0)}}{\partial k_x}\frac{\mathrm{d}k_x \mathrm{d}k_y}{(2\pi)^2} \tag{13.63}$$

帯状流の成長率は (13.62) の第 1 項 $\gamma_\mathrm{z} = D_{xx}\partial_x^2 \approx -K^2 D_{xx}$ と第 2 項の減衰率 γ_d の差で与えられる. $k_x(\partial N_k/\partial k_x)$ は, 典型的なドリフト乱流においては, 負である.

$$k_x\frac{\partial N_k^{(0)}}{\partial k_x} < 0$$

拡散係数が負になり, $\gamma_\mathrm{z} - \gamma_\mathrm{d} > 0$ ならば帯状流は成長する.

帯状流は小さいスケールの乱流において普遍的な現象である. 帯状流は実験的にも CHS[15] や ASDEX-U[16] で観測されている. 帯状流に関して広範な解説がある[17].

13.4 帯状流

13.4 節のまとめは以下のとおりである.

ITG 乱流における帯状流はドリフト波のモジュレーショナル不安定性によって励起される.

$m=0$, $n=0$ で有限の k_r を持つ帯状流の場はドリフト乱流により生成される. 帯状流は乱流の立ち上がる条件や乱流による輸送を変えることができる.

衝突の少ない領域では帯状流は, スケールに依存しない捕捉イオンと周回イオン間の衝突により減衰する[17].

帯状流の駆動あるいは減衰機構を理解することにより, 外部より駆動される流れのシアを大きくし, あるいは帯状流の減衰の少ない配位を工夫することにより, 閉じ込めを改善する複数の道が開かれる可能性がある.

注: (13.49b) の導入過程

$R_{p/2+k,\,p/2-k}$ の寄与による積分を次式に示す.

$$\frac{k^2(1+k^2)}{2}\int \frac{\mathrm{d}\boldsymbol{p}}{(2\pi)^2}\exp(i\boldsymbol{p}\cdot\boldsymbol{x})R_{p/2+k,\,p/2-k} = \frac{k^2(1+k^2)}{2}\int\frac{\mathrm{d}\boldsymbol{p}}{(2\pi)^2}\mathrm{d}\boldsymbol{q}\exp(i\boldsymbol{p}\cdot\boldsymbol{x})$$

$$\times\left(\frac{[\boldsymbol{k}+\boldsymbol{p}/2,\boldsymbol{q}](\boldsymbol{k}+\boldsymbol{p}/2-\boldsymbol{q})^2}{1+(\boldsymbol{k}+\boldsymbol{p}/2-\boldsymbol{q})^2}\tilde{\phi}_{p/2+k-q}\tilde{\phi}_{p/2-k}\right.$$

$$\left.-\frac{[\boldsymbol{k}-\boldsymbol{p}/2,\boldsymbol{q}](\boldsymbol{k}-\boldsymbol{p}/2+\boldsymbol{q})^2}{1+(\boldsymbol{k}-\boldsymbol{p}/2)^2}\tilde{\phi}_{p/2-k-q}\tilde{\phi}_{p/2+k}\right)\tilde{\phi}_{\mathrm{L}q} \quad (13.64)$$

$\boldsymbol{p}=\boldsymbol{p}'+\boldsymbol{q}$ とする. 被積分項の第 1 項は, $p'\ll k$ を考慮すれば

$$\frac{([\boldsymbol{k},\boldsymbol{q}]+[\boldsymbol{p}'/2,\boldsymbol{q}])(\boldsymbol{k}+\boldsymbol{p}'/2-\boldsymbol{q}/2)^2}{1+(\boldsymbol{k}+\boldsymbol{p}'/2+\boldsymbol{q}/2)^2}\tilde{\phi}_{p'/2+(k-q/2)}\tilde{\phi}_{p'/2-(k-q)/2}$$

$$=\frac{[\boldsymbol{k},\boldsymbol{q}]+[\boldsymbol{p}',\boldsymbol{q}]/2}{(1+k^2)(1+\boldsymbol{k}\cdot(\boldsymbol{p}'+\boldsymbol{q})/(1+k^2))}k^2(1+\boldsymbol{k}\cdot(\boldsymbol{p}'-\boldsymbol{q})/k^2)$$

$$\times\left[\left(\frac{2}{k^2(1+k^2)(1-\boldsymbol{k}\cdot\boldsymbol{q}/k^2)(1-\boldsymbol{k}\cdot\boldsymbol{q}/(1+k^2))}\right)\left(\frac{(\boldsymbol{k}-\boldsymbol{q}/2)^2(1+(\boldsymbol{k}-\boldsymbol{q})^2)}{2}\right)\right]$$

$$\times\tilde{\phi}_{p'/2+(k-q/2)}\tilde{\phi}_{p'/2-(k-q/2)}\tilde{\phi}_{\mathrm{L}q}$$

である. 上の式の $[\cdots]$ の項は $p,q\ll k$ であるので, 1 次のオーダーの精度で 1 に等しい. また $((\boldsymbol{k}-\boldsymbol{q}/2)^2(1+(\boldsymbol{k}-\boldsymbol{q})^2)/2)\tilde{\phi}_{p'/2+(k-q/2)}\tilde{\phi}_{p'/2-(k-q/2)}$ の項は $N_{k-q/2}$ によって表される. したがって (13.64) の第 1 項の積分は

$$\frac{k^2}{(1+k^2)^2}\left([\boldsymbol{k},\boldsymbol{q}]+\frac{[\boldsymbol{p}',\boldsymbol{q}]}{2}\right)\left(1+\frac{\boldsymbol{k}\cdot\boldsymbol{p}}{k^2(1+k^2)}\right)N_{k-q/2}\tilde{\phi}_{\mathrm{L}q} \quad (13.65)$$

となる. 第 2 項の積分も同様に

$$\frac{k^2}{(1+k^2)^2}\left(-[\boldsymbol{k},\boldsymbol{q}]+\frac{[\boldsymbol{p}',\boldsymbol{q}]}{2}\right)\left(1-\frac{\boldsymbol{k}\cdot\boldsymbol{p}}{k^2(1+k^2)}\right)N_{k+q/2}\tilde{\phi}_{\mathrm{L}q} \quad (13.66)$$

となる. したがって全体の積分 (13.64) は

$$-\frac{k^2}{1+k^2}[\boldsymbol{k},\boldsymbol{q}]\left(\boldsymbol{q}\cdot\frac{\partial N_k}{\partial \boldsymbol{k}}\right)\tilde{\phi}_{\mathrm{L}}+\frac{2[\boldsymbol{k},\boldsymbol{q}]}{(1+k^2)^2}(\boldsymbol{k}\cdot\boldsymbol{p}')N_k\tilde{\phi}_{\mathrm{L}}+\frac{k^2}{(1+k^2)}[\boldsymbol{p}',\boldsymbol{q}]N_k\tilde{\phi}_{\mathrm{L}}=0$$
$$(13.49\mathrm{b})$$

に還元される.

文　　献

1) W. Horton: *Phys. Rev. Lett.* **37**, 1269 (1976).
   W. Horton: Drift Waves and Transport. *Rev. Mod. Phys.* **71**, 735 (1999)
2) S. Hamaguchi and W. Horton: *Phys. Fluids* **B4**, 319 (1992).
3) W. Horton, Jr., R. Esres, H. Kwak and D.-I. Choi: *Phys. Fluids* **21**, 1366 (1978).
4) F. Romanelli and F. Zonca: *Phys. Fluids* **B5**, 4081 (1993).
   J. Y. Kim and M. Wakatani: *Phys. Rev. Lett.* **73**, 2200 (1994).
5) Y. Kishimoto, J. Y. Kim, T. Fukuda, S. Ishida, T. Fujita, T. Tajima, W. Horton, G. Furnish and M. J. LeBrun: *6th IAEA Fusion Energy Conf.* (Conf. Proceedings, Motreal 1996) **2**, 581 (1997) IAEA, Vienna.
   岸本泰明：プラズマ・核融合学会誌 (*J. Plasma Fusion Res.*) **76**, 1280 (2000).
6) A. B. Rechester and M. N. Rosenbluth: *Phys. Rev. Lett.* **40**, 38 (1978).
7) B. B. Kadomtsev: Sov. *J. Plasma Phys.* **1**, 295 (1975).
8) J. W. Connor: *Plasma Phys. Contr. Fusion* **30**, 619 (1988).
   J. Cordy, K. Thompsen, A. Chudnovskiy, O. J. W. F. Kardaun, T. Takizuka et al.: *Nucl. Fusion* **45**, 1078 (2005).
9) A. Hasegawa, C. G. Maclennan and Y. Kodama: *Phys. Fluids* **22**, 2122 (1979).
10) A. Hasegawa and K. Mima: *Phys. Fluids* **21**, 87 (1978).
11) A. I. Dyachenko, S. V. Nazarenko and V. E. Zakharov: *Phys. Lett.* **A165**, 330 (1992).
12) Z. Lin, T. S. Hahm, W. W. Lee, W. M. Tang and R. B. White: *Science* **281**, 1835 (1998).
13) P. N. Guzdar, R. G. Kleva and Liu Chen: *Phys. Plasmas* **87**, 459 (2001).
14) A. I. Smolyakov, P. H. Diamond and M. Malkov: *Phys. Rev. Lett.* **84**, 491 (2000).
15) A. Fujisawa, K. Itoh, H. Iguchi, K. Matsuoka, S. Okamomura et al.: *Phys. Rev. Lett.* **93**, 165002 (2004).
   A. Fujisawa: *Nucl. Fusion* **49**, 013001 (2009).
16) G. D. Conway, B. Scott, J. Schirmer, M. Reich, A. Kendl and ASDEX-U Team: *Plasma Phys. Contr. Fusion* **47**, 1165 (2005).
17) P. H. Diamond, S.-L. Itoh, K. Itoh and T. S. Hahm: *Plasma Phys. Contr. Fusion* **47**, R35 (2005).
   P. H. Diamond, K. Itoh, S.-L. Itoh and T. S. Hahm: *20th Fusion Energy Conf.* (Vilamoura 2004) OV/2-1.
   P. H. Diamond, S.-L. Itoh and K. Itoh: *Modern Plasma Physics vol.1, Physical Kinetics of Turbulent Plasmas*, Cambridge University Press, Cambridge 2010.

14

核融合研究の発展

　現在進められている核融合研究においては，高温プラズマの磁場による閉じ込め方式が主流である．強磁場による閉じ込め方法は，大別して2通りある．一つはミラー磁場による閉じ込め方法である．安定性，磁場を横切る異常拡散の点ではトーラス系より有利な面があるが，ミラー磁場の開放端から磁力線に沿って出ていく端損失が，速度空間における拡散すなわちプラズマ粒子の衝突時間で決まってしまい，磁場を強くしたり，プラズマ半径を大きくすることなどで閉じ込め時間を長くすることができない．このため端損失を軽減するような方法を開発しなくてはならない．

　もう一つの方法は，開放端のないトーラス配位の磁場系によるものである．単純なトーラス磁場では，磁場の大きさの勾配によるドリフトによって，イオンと電子が互いに反対の上下方向に離れる．その結果，荷電分離による上下方向の電場 E を生じ，この電場による $E \times B$ ドリフトはプラズマを外へ広げる．これを防ぐためには，トーラスの上部と下部とを磁力線で結び，空間電荷を短絡させるポロイダル方向の磁場が必要である．このポロイダル磁場 B_p のつくり方によってトーラス装置を区分することができる．トーラス方向に流すプラズマ電流によってポロイダル磁場をつくるのは，トカマク (第15章)，逆転磁場ピンチ型装置 (第16章) である．プラズマ外部にヘリカル磁場をつくるコイルを置き回転変換角を与える形式は，ステラレーター装置である．

　一方，強磁場による閉じ込めによらず，プラズマの慣性によってプラズマが膨張し始めない短時間の間に高温プラズマを発生させ，炉心プラズマ条件を満たし核融合反応を完了してしまう方法がある (この極端な例は水素爆弾である)．実験室内でプラズマを制御できるようにするためには，大出力のレーザーあるいは粒子ビームを集中照射して，非常に密度の高いプラズマを発生させ，かつ加熱して短時間に核融合反応を起こさせる．この方向に沿った研究は，爆縮の物理過程の解析およびレーザーおよび粒子ビームの技術的発展によって大きく進展した (第17章)．

　核融合研究は多岐にわたって進展しているが，これらを分類してみると表14.1のようになる．

表 14.1　磁気閉じ込め および 慣性閉じ込めの諸方式

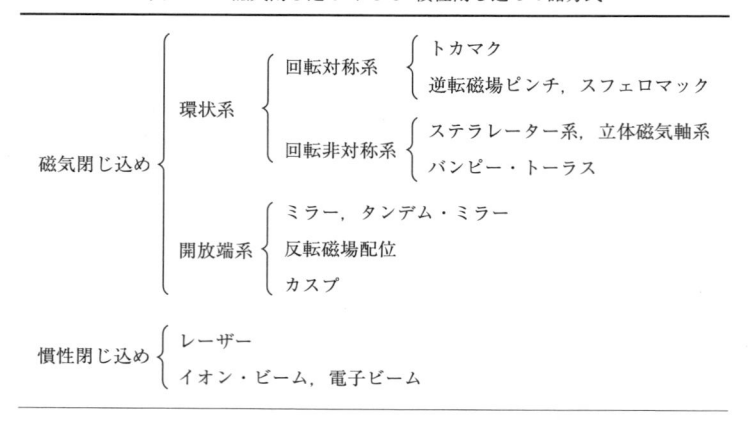

磁気閉じ込め	環状系	回転対称系	トカマク
			逆転磁場ピンチ，スフェロマック
		回転非対称系	ステラレーター系，立体磁気軸系
			バンピー・トーラス
	開放端系		ミラー，タンデム・ミラー
			反転磁場配位
			カスプ
慣性閉じ込め			レーザー
			イオン・ビーム，電子ビーム

14.1　極秘研究から国際的協力研究へ

　制御熱核融合に関する研究は，第二次大戦後アメリカ，ソ連，イギリスなどで極秘裡に進められていたらしい．1940 年代にすでに制御熱核融合反応の研究に関しての憶測がいろいろ行われていた．アメリカにおける核融合の研究計画 Project Sherwood の初期の研究活動は，文献[1]にくわしく述べられている．それによると Los Alamos 研究所ではトーラス状および直線状の Z ピンチの実験が行われ，プラズマのはげしい MHD 不安定 (ソーセージ，キンクなど) と悪戦苦闘している経過がわかる．プリンストン大学の天文学部にいた L. Spitzer, Jr. は，1951 年トーラス状 (8 の字型) のプラズマ閉じ込め装置による Stellarator 計画を発足させている．また Lawrence Livermore 国立研究所では，ミラー磁場による閉じ込め研究が行われていた．イギリスでは Harwell 原子力研究所で Zeta (Zero Energy Thermonuclear Assembly) の研究が進められ[2]，ソ連では Kurchatov 原子力研究所でミラー磁場 Ogra およびトカマクの研究が進められていた[3]．

　このような背景の中で第 1 回原子力平和利用国際会議が，1955 年ジュネーブで開かれた．この会議においては核分裂による原子力の平和利用に関する研究が発表されたが，そのときの議長であった H. J. Bhabha は，「核融合エネルギーを制御し利用する方法は 20 年以内に見いだされるであろう」という大胆な予測を発表して世間の注目を浴びた．しかし核融合の研究は最初の期待に反して多くの困難な問題にぶつかって，実用化はほど遠く，プラズマ物理の基礎的研究，国際的な研究，情報の交換の必要性が認識されるに至った．このころから核融合研究の論文が学術雑誌に発表されるようになった．炉心

プラズマ条件に関する論文が発表されたのは，1957年1月である[4]．MHD不安定性の理論に関する有名な論文も出始めている．また大型計画であるZetaやStellaratorに関する研究が発表されたのは，1958年1月である．そして第2回原子力平和利用国際会議が1958年9月ジュネーブで開かれた．この会議の核融合分科会[5][6]では，これまで秘密裡に進められていた研究内容が堰を切ったように発表された．かくして核融合研究に関する国際協力と競争が始まった

わが国では1958年，原子力委員会に核融合専門部会を設置し，湯川秀樹教授を部長として研究の方策を検討した．そして全国的協力体制のもとに，プラズマを総合的・基礎的に研究する研究所として，1961年名古屋大学に伏見康治教授を所長としてプラズマ研究所が開設された．

国際原子力機構 (International Atomic Energy Agency, IAEA) 主催によるプラズマ物理および制御核融合研究に関する第1回の国際会議が，1961年ザルツブルグ (Salzburg) において開催された[7]．この会議においては，Zeta (逆転磁場ピンチ), Stellarator-C (ヘリカル系), Ogra (ミラー) などが登場している．またシータ・ピンチの実験が直線ピンチに代わって登場してきた (Scylla, Thetatron)．かくして建設されたZeta, Stellarator, Ograなどの巨大装置の実験では，最初の期待に反して多くの不安定性に悩まされ続ける結果となってしまった．Artsimovichは，実験のまとめの講演の中で次のように述べている．「望ましい超高温領域に入るドアは楽に開けられると思っていた我々の考えは，罪人が煉獄 (Purgatory) を通らないで天国 (Paradise) に行かれると期待するのと同じくらい根拠のないことがはっきりした」．しかし，その中でソ連のM. S. Ioffeらの実験はすぐにその重要性が世界的に認識されるようになった (PR-2装置 vol.3, p.1045)．この実験は，プラズマの外側に向かって磁場の大きさを大きくするような最小磁場構成によって閉じ込められたプラズマは，MHD的に安定化されることを検証した．最小磁場 (min.B) の概念の重要性が確認された．

1965年イギリス，カラムにおいて開かれた第2回のプラズマ物理および制御熱核融合研究に関する国際会議[8]においては，最小磁場のMHD安定化の効果が確認された．最小磁場の系はトーラス系では実現できないが，代わりに平均最小磁場 (average min.B) の考えがトーラス系に導入されていた (vol.1, p.103,145)．大河らは toroidal multipole の閉じ込め実験 (vol.2, p.531) において，プラズマをボーム時間よりかなり長い時間閉じ込めることに成功し，平均最小磁場の有効性を実証して注目を集めた．Artsimovichはトカマク実験の全貌を発表した (vol.2, T-5, p.577; T-3, p.595; T-2, p.629; TM-2, p.647; TM-1, p.659). Zeta (vol.2, p.751), Stellarator-C (vol.2, p.673,687) も発表されている．しかしプラズマの閉じ込め時間はボーム時間の程度で，その損失機構について苦渋に満ちた検討がされている．シータ・ピンチの実験は全盛をきわめ，イオン温度は数100 eVから数keVの高温，高密度のプラズマを生成できたが，その閉じ込め時

間は端損失で決まるような実験結果が出ている．したがって直線シータ・ピンチの使命はおおよそ果たされ，やがて端損失のないトロイダル・シータ・ピンチに移行する転機となった．

かくして，この会議で最小磁場，平均最小磁場および磁気シアの閉じ込めに対する有効性が確認された．また多くの MHD 不安定性について理論と実験との対応がつき，その安定化についての対策を立てることができるようになった．プラズマの分布関数の非マックスウェル性による速度空間不安定性，たとえばロス・コーン不安定性 (1965 年)，ハリス不安定性 (1959 年)，ドリフト不安定性 (1963, 1965 年) などの重要性が認識されるようになった．また，J. H. Malmberg と C. B. Wharton の実験 (vol.1, p.485) によるランダウ減衰の最初の実験的検証は高く評価され，かくしてプラズマ物理学の学問的体系が整ってきた．L. Spitzer, Jr. はまとめの講演を次のようにしめくくっている．「多くの深刻な障害は，多数の科学者の何年かの努力によって克服されてきた．いまだ多くの障害が残ってはいるが，多くの国々の科学者の協力によって切り抜けられるだろうと期待できる十分な根拠がある」．

14.2　Artsimovich の時代

第 3 回国際会議は，ソ連ノボシビルスクで 1968 年に開かれた[9]．この会議の最大のトピックスは，トカマク T-3 (vol.1, p.157) の閉じ込め時間がボーム時間の 30 倍に達し，電子温度は 1 keV であるという発表であった．会議においては算定した電子温度の値の不確かさが指摘されていたが，1 keV 程度の高温プラズマが数 ms 閉じ込められたという主張は，最大の注目を集めた．Zeta では放電の間に安定な時期があり，このときの磁場構成の MHD 安定性が論ぜられている．この発表を最後に Zeta での実験は終わり，HBTX の実験計画に引き継がれる．Stellarator-C (vol.1, p.479,495) は，依然としてボーム時間の数倍程度の閉じ込め時間で，電子温度も数 10～100 eV 程度であった．これを最後として，次のマジソン会議ではトカマク装置 ST に改造されて再登場する．ステラレーター WII (vol.1, p.513) では Ba プラズマについてその拡散が調べられ，磁気面が有理面のとき共鳴損失のあることが，発表されている．そして有理面の条件をさけると拡散は古典的理論で説明されるとしている．ミラー磁場装置 2X の実験では，D^+ のイオン・エネルギー 6～8 keV, $n \leq 5 \times 10^{13}$ cm^{-3}, $\tau \approx 0.2$ ms というよい結果が出た (vol.2, p.225)．またレーザー・プラズマが新しく登場した．

ノボシビルスク会議では，トーラス磁場による閉じ込め研究にやっと明るい見通しがえられるようになり，研究の流れがトーラス閉じ込めに向かった．この会議では，プラズマの閉じ込め時間がボーム時間の何倍であるという報告がよく見受けられる．Artsimovich は次のように総合報告を結んでいる．「我々は，ボームの式が表している異常損失の暗

14.2 Artsimovich の時代

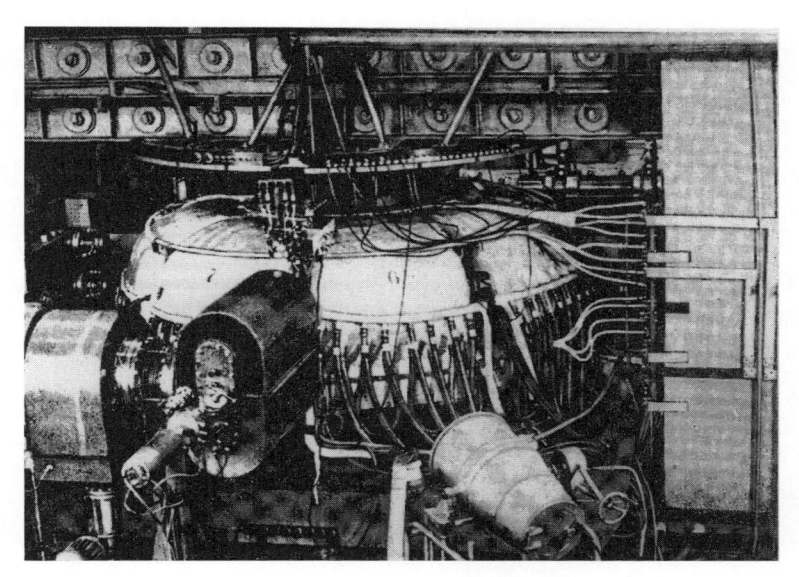

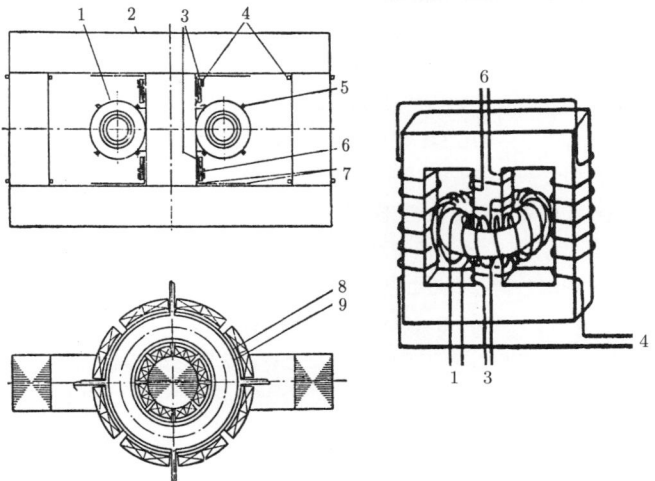

図 14.1 トカマク T-3 装置の写真 (上) と概念図 (下)[10]
(1) トロイダル磁場コイル (TF coil), (2) 変流器の鉄心, (3) 1 次巻線, (4) 非磁気化巻線 (demagnetizing winding), (5) 補償コイル, (6) 誘導加熱コイル, (7) 1 次巻線用スクリーン板, (8) 外側の真空容器, (9) ライナー.

い状態から脱することができた．そしてプラズマ温度を上げ，熱核融合レベルに達することのできる道を切り開いた」．ノボシビルスク会議におけるトカマクの成果は，もし電子温度の算定が正しければ画期的な成果である．Culham 研究所長 R. S. Pease と Artsimovich は，国際的な共同研究として，レーザー散乱による電子温度測定のイギリスチームが Kurchatov 研究所でトカマク T-3 の電子温度を測定することに同意した．測定の結果からトカマク・グループの実験結果が正しいものであることが確認された[10]．図 14.1 に T-3 装置の写真および概念図を示す[11]．T-3 の結果は世界の核融合研究の方向に強い影響を与えた．プリンストンプラズマ物理研究所では Stellarator-C をトカマク ST につくり変え，Oak Ridge 国立研究所では ORMAK, Fontaney aux Rose 原子力研究所では TFR, Culham 研究所では Cleo, 日本原子力研究所では JFT-2, Max Planck プラズマ物理研究所では Pulsator を発足させた．

14.3 大型トカマクへの道のり (石油ショックのころから)

以後，1971 年 (Madison), 1974 年 (東京), 1976 年 (Berchtesgaden), 1978 年 (Innsbruck), 1980 年 (Brussel), 1982 年 (Baltimore), 1984 年 (London), 1986 年 (京都), 1988 年 (Nice), 1990 年 (Washington D.C.), 1992 年 (Würzburg), 1994 年 (Seville), 1996 年 (Montreal), 1998 年 (横浜), 2000 年 (Sorrento), 2002 年 (Lyon), 2004 年 (Vilamoura), 2006 年 (Chengdu), 2008 年 (Geneva), 2010 年 (Daejeon) ··· と隔年ごとに国際会議が開催されている．この間にトカマク研究は着実に進展し，磁気閉じ込め研究の主流となった．Pease は，1976 年の ベルヒテスガーデンにおける IAEA 会議のまとめの中で次のように述べている．「我々は，驚くほど着実に進展し続けてきた．そして対数の目盛りで眺めると，核融合への道のりのかなりの部分を通過してきた．残りの道のりは困難ではあるが，その困難さは限りあるものである．それは，磁場を横切る電子の熱伝導機構を理解し制御することが十分にできていないということに要約できる」．

第 1 世代のトカマク (T-4, T-6, ST, ORMAK, Alcator A, C, TFR, Pulsator, DITE, FT, JFT-2, JFT-2a, JIPP T-II など) に続き，第 2 世代のトカマク (T-10, PLT, PDX, ISX-B, Doublet III, ASDEX など) が 1976 年ころから登場してきた．オーム加熱プラズマの閉じ込め時間はおおむね Alcator 比例則 ($\tau_E \propto na^2$) に従い，$n\tau_E$ 値が Alcator A で 2×10^{13} cm^{-3}·s に達した (1976 年)．高速中性粒子入射加熱 (Neutral Beam Injection, NBI) による 7 keV のイオン温度達成 (PLT, 1978 年) やイオン・サイクロトロン周波数領域波動加熱の有効性が実証された (TFR, PLT, 1980 年)．Doublet III においては，3.3 MW の NBI により 4.6% の平均ベータ値を非円形度 $K = 1.4$ のプラズマで実現した (1982 年)．また DIII-D においては上下にセパラトリックを持つ非円形断面配位 ($K = 2.34$) で 11% の平均ベータ値を実現した (1990 年).

14.3 大型トカマクへの道のり (石油ショックのころから)

トカマク・プラズマの定常運転を目的とした，非電磁誘導によるプラズマ電流駆動の研究が進められた．接線方向の NBI によるプラズマ電流駆動は大河によって 1970 年に提案され，DITE によって実証された (1980 年)．また，Fisch によって 1978 年に提案された低域混成波 (LHW) による電流駆動は JFT-2 において最初に実証され (1980 年)，続いて PLT, Alcator C, Versator 2, JIPP T-II, WT-2, Wega, T-7 などで研究が進められた．

その当時，NBI 加熱入力を増加していくとエネルギー閉じ込め時間がオーム加熱の場合に比べて劣化するのが普通であった．しかし ASDEX をダイバーター配位にした実験で，NBI 加熱時の閉じ込め時間が L モードに対し 2～3 倍改善される，いわゆる H モードが発見された (1982 年)．Doublet III, PDX, JFT-2M, DIII-D でも確認された．このようにトカマク研究は，いくつかの重要課題について着実に進展した．

これらの成果により，第 3 世代の大型トカマク TFTR (アメリカ，1982 年末), JET (ヨーロッパ，1983 年), JT-60 (日本，1985 年) による閉じ込め，加熱，制御の研究が進められた．TFTR においてはスーパー・ショット (準 H モード) で $n_e(0)\tau_E \sim 1.5 \times 10^{19}$ m$^{-3}\cdot$s, $T_i(0) = 30$ keV を，JET においてはダイバーター配位で H モードを実現し，$n_e(0)\tau_E \sim 8 \times 10^{19}$ m$^{-3}\cdot$s, $T_i(0) = 10$ keV の結果をえた (1990 年)．これらの結果は，DT プラズマに置き換えたときえられるであろう換算 Q 値 (核融合出力/加熱入力) にして $Q = 0.5 \sim 0.7$ に相当する (NBI の高速イオンによる核融合反応増倍効果を含む)．また JT-60 においては，低域混成波により 1.7 MA($\bar{n}_e = 0.3 \times 10^{19}$ m^{-3}, $P_{RF} = 1.2$ MW) のプラズマ電流を駆動した (1986 年)．そして縦長断面プラズマの JT-60U への改造が行われた (1991 年)．JT-60U は $n_D(0)\tau_E \sim 3.4 \times 10^{19}$ m$^{-3}\cdot$s, $T_i(0) = 45$ keV の結果を高 β_pH モードでえた．負磁気シア配位において高性能閉じ込めモードが，TFTR, DIII-D, JT-60U, JET, Tore Supra, T-10 において観測された．

JET は 1991 年に予備的な重水素三重水素の実験を行い ($n_T/(n_D + n_T) \simeq 0.11$), 15 MW の NBI 加熱により 1.7 MW ($Q \sim 0.11$) の核融合出力をえた．TFTR は，1994 年に本格的な重水素・三重水素の実験を行い，34 MW の NBI により，9.3 MW ($Q \sim 0.27$) の核融合出力をえた (I_p=2.5 MA)．JET は 1998 年に 25.7 MW の加熱入力 (22.3 MW NBI + 3.1 MW ICRF) により，DT 核融合出力 16.1 MW ($Q \sim 0.62$) の記録を打ち立てた．大型トカマクは，いまや核融合炉にとって重要なプラズマ輸送，閉じ込め，定常運転，不純物抑制などの炉心条件を実証することに成功した．

これらの実績にもとづき，国際原子力機関 (IAEA) の傘下のもと欧，日，米，ロにより ITER(International Thermonuclear Experimental Reactor) の設計作業が行われた (1988 ～ 2001 年)．そしてさらに中国，韓国，インドの参加をえて 2007 年に ITER 機構が設立され，建設計画が始まった．ITER の詳細は 15.9 節で述べる．

14.4 代替方式

他方標準的トカマク以外の方式 (alternative concept) の研究も進められた.

アスペクト比 $A = R/a$ が 1 に非常に近い**球状トカマク** (spherical tokamak, ST) が Peng と Strickler によって提案され, その優れた特性が Culham 研究所の START の実験 ($R/a \approx 0.3/0.28 = 1.31$, $I_p \approx 0.25\,\mathrm{MA}$, $B_t \approx 0.15\,\mathrm{T}$) によって確かめらた. Globus-M, Pegasus, TS-3 などが進められ, 大型の ST 計画 MAST (Culham 研), NSTX (PPPL) が 1999 ～ 2000 年に始まった.

ステラレーターの実験は, 小型計画 (Wendelstein IIb, Clasp, Uragan-1, L1, JIPP-I, Heliotron D など) から, 中型計画 (Wendelstein VII A, Cleo, Uragan-2, L2, JIPP T-II, Heliotron E) へと進んだ. さらに, Wendelstein VII A (1982 年) および Heliotron E (1984 年) においてオーム加熱電流を 0 にして, NBI 加熱により電子温度, イオン温度 $\approx$ 数 100 eV ～ 1 keV, 密度 $\bar{n}_e \approx$ 数 $10^{13}\,\mathrm{cm}^{-3}$ のプラズマを閉じ込め, 定常運転の可能性を実証した. 大型ヘリカル装置 LHD が 1998 年に実験を開始し, 先進ステラレーター WVII-X が建設中である.

逆転磁場ピンチ配位は, プラズマの緩和現象によって落ち着くエネルギー最小状態であることが理論的 (J. B. Taylor), 実験的 (Zeta) によって確かめられ, 強いシアにより比較的大きいベータを持つプラズマを閉じ込めることができるので, Zeta 計画の終了後も研究が続けられた. HBTX 1B, ETA-BETA2, TPE-1RM, TPE-1RM15, ZT-40M, OHTE, REPUTE-1, STP-3M それに TPE-RX, MST, RFX などで実験が進められた. ZT-40M においてはプラズマ電流が持続されている限り, 緩和現象 (いわゆるダイナモ効果) によって逆転磁場配位が維持されることが実証された (1982 年). MST ではパルス平行電流駆動 (PPCD) により閉じ込めを改善した.

ミラー磁場系の研究では, 2X II B において NBI (370A, 15 ～ 20 keV) により 13 keV のイオン温度のプラズマが $n\tau_E \sim 10^{17}\,\mathrm{m}^{-3} \cdot \mathrm{s}$ 閉じ込められた (1976 年). 経済的ミラー炉を想定するとき開放端損失の抑制が必須であり, 静電ポテンシャルによる閉じ込めを組み合わせたタンデム・ミラー系が提案された (1976 ～ 1977 年). そして TMX, TMX-U, PHAEDRUS, GAMMA 10 などで研究が進められた.

慣性閉じ込めの研究では, Nb ガラス・レーザーをエネルギー・ドライバーとして用いた爆縮の研究が大きく進展した. Gekko XII (30 kJ/1 ns, 12 ビーム), Nova (100 kJ/1 ns, 10 ビーム), Omega X (4 kJ/～ 1 ns, 24 ビーム), Octal (2 kJ /1 ns, 8 ビーム) などにより $\lambda = 1.06\,\mu\mathrm{m}$ およびその高調波 $\lambda = 0.53\,\mu\mathrm{m}, 0.35\,\mu\mathrm{m}$ などの波長による爆縮への影響が調べられた. 短波長レーザー光の方が, 長波長光より, ペレットによる吸収率がよいこと, 先行加熱の小さいことなどで優れていることが示された. そして固体密度

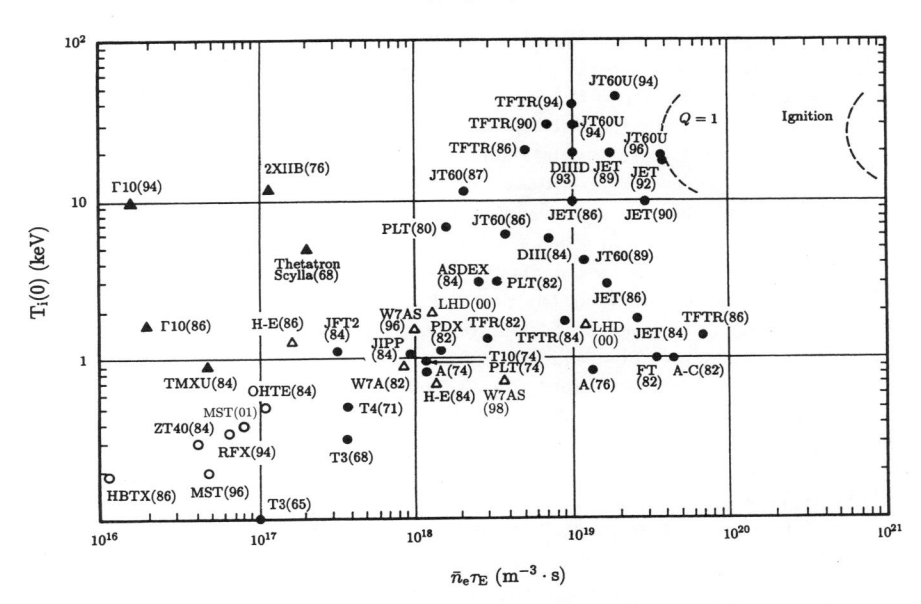

図 14.2 $\bar{n}_e\tau_E$-$T_i(0)$ ダイアグラムにおける研究の進展 ($\bar{n}_e$:線平均電子密度, $T_i(0)$:中心におけるイオン温度, τ_E:エネルギー閉じ込め時間)

$\tau_E \equiv W/(P_{tot} - dW/dt - L_{thr})$, トカマク (●), ステラレーター (△), RFP (○), タンデム・ミラー, ミラー, シータ・ピンチ (黒塗りの三角). $Q=1$ の曲線は臨界条件 W: プラズマの全エネルギー, P_{tot}:全加熱パワー, L_{thr}:中性粒子入射加熱の突き抜けパワー (shine through).

の 200～600 倍の爆縮に成功している (1990 年). Nova の成果にもとづき, Lawrence Livermore 国立研究所では NIF(National Ignition Facility) (1.8 MJ, 20 ns, 0.35 μm, 192 ビーム, Nd ガラス・レーザー) 計画が発足し実験が始まった.

核融合研究は国際的協力と競争とによって着実に進展している. 磁気閉じ込めの進展の様子を $\bar{n}_e\tau_E$-$T_i(0)$ ダイアグラムの図 14.2 に示す. TFTR は $Q \sim 0.27$ の DT 実験, JET は $Q \sim 0.62$ の DT 実験を実証した. JET と JT-60U では DD プラズマで等価な臨界条件, すなわち等価な DT プラズマに置き換えたときにえられるであろう DT 核融合出力が加熱入力と等しい実験結果 ($Q_{equiv}=1$) をえている.

文　献

1) A. S. Bishop: *Project Sherwood*, Addison Wesley, Reading, Massachusetts 1958.
2) R. S. Pease: *Plasma Phys. Contr. Fusion* **28**, 397 (1986).
3) L. A. Artsimovich: *Sov. Phys. Uspekhi* **91**, 117 (1967).

4) J. D. Lawson: *Proc. Phys. Soc.* **B70**, 6 (1957).
5) Proceedings of the Second United Nations International Conference on the Peaceful Uses of Atomic Energy in Geneva Sep. 1–13 (1958). Theoretical and Experimental Aspects of Controlled Nuclear Fusion, 32, Controlled Fusion Devices, United Nations Publication, Geneva (1958).
6) *The Second Geneva Series on the Peaceful Uses of Atomic Energy* (editor of the series by J. G. Beckerley, Nuclear Fusion) D. Van Nostrand, New York (1960).
7) Plasma Physics and Controlled Nuclear Fusion Research (Conference Proceeding, Salzburg, 1961) *Nucl. Fusion Suppl.* (1962) (Translation of Russian Papers: U.S. Atomic Energy Commission, Division of Technical Information Office of Tech. Service, Depart. of Commerce, Washington D.C. (1963)).
8) ibid.: (Conference Proceedings, Culham, 1965) International Atomic Energy Agency, (Vienna (1966) Translation of Russian Paper:U.S. Atomic Energy Commission, Division of Technical Information Oak Ridge, Tenn. (1966)).
9) ibid.: (Conference Proceedings, Novosibirsk, Aug.1–7 1968) International Atomic Energy Agency, Vienna (1969)(Translation of Russian Paper: Nucl. Fusion Suppl. (1969)).
10) M. J. Forrest, N. J. Peacock, D. C. Robinson, V. V. Sannikov and P. D. Wilcock: Culham Report CLM–R 107, July (1970).
11) M. A.Gashev, G. K. Gustav, K. K. D'yachenco, E. G. Komar, I. F. Malyshev et al.: *Sov. Atomic Energy* **17**, 1017 (1964). (Atomnaya Energiya **17** 287 1964).

15

トカマク

トカマク (tokamak) の名称は電流 (ток), 容器 (камер), 磁気 (магнит), コイル (катушка) の組合せといわれている. 軸対称系でプラズマ電流によって, トロイダル・プラズマに必要なポロイダル磁場をつくり, トロイダル磁場を十分強くしてクルスカル–シャフラノフ条件を満たし, MHD 安定性を保っている. この特性は, トロイダル磁場が弱い逆転磁場ピンチとは全く異なっている. トカマク実験や理論[1)–3)] についての解説, 教科書が多くある.

15.1 トカマク装置

大型トカマク装置の代表例として, JET, JT-60U, TFTR をそれぞれ図 15.1, 図 15.2, 図 15.3 に示す. 現在建設中の ITER (国際トカマク実験炉, International Tokamak Experimental Reactor) の断面図は後で図 15.25 に示す.

トロイダル磁場コイル, 垂直磁場, 整形磁場を発生する平衡磁場コイル (ポロイダル磁場コイルともいう), オーム加熱コイル (変流器の 1 次巻線), 真空容器が示されている. 平衡磁場コイル, オーム加熱コイルを合わせてポロイダル磁場コイルということもある. 1 次巻線の電流を立ち上げさせることにより, 2 次巻線となっているプラズマ中に電流が誘起される. JET では鉄心の変流器が用いられているが, JT-60U と TFTR では空心の変流器が用いられている. 真空容器は比較的薄いステンレス・スティールあるいはインコネルでつくられ, トーラス方向に十分な電気抵抗を持っていて, 1 次巻線によって誘起された電圧がプラズマに加わるようにしている. この薄い真空容器はライナーと呼ばれる. 実験を始める前に高真空を保ったままライナーを 150~400°C 程度の温度で長時間加熱 (ベイク) し, 脱ガスを行う. さらに弱いトロイダル磁場の中でプラズマ中に電流を流してプラズマをつくり放電洗浄を行う. このライナーの中にタングステン, モリブデンあるいはグラファイトのダイアフラムがあり, これでプラズマの大きさを決め, プラズマと真空容器との相互作用を小さくする. このダイアフラムをリミターと呼んでいる. またダイバーター配位ではセパラトリックスを含む磁気面によってプラ

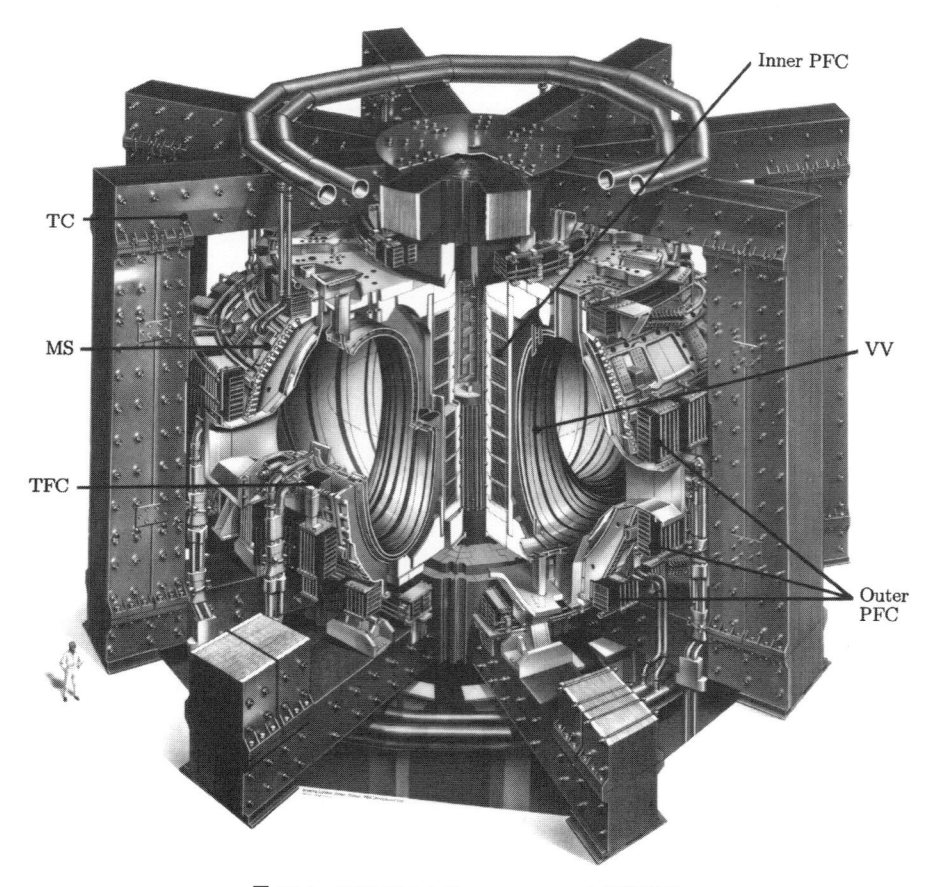

図 15.1 JET (Joint European torus) の説明図
真空容器 (VV) の周りにトロイダル磁場コイル (TFC) が配置され，その外側に外側ポロイダル磁場コイル (Outer PFC) (平衡磁場コイル)，内側ポロイダル磁場コイル (Inner PFC) (オーム加熱コイル) がトーラス方向に巻いてある．JET では鉄心の変流器 (TC) を用いている．MS は機械的支持部で，平衡磁場コイルがつくる垂直磁場によるトロイダル磁場コイルの転倒力を支える役割も果している．

ズマの大きさが決まる (15.5 節)．また導体のシェルをライナーの周辺にかぶせて，プラズマを (その時定数に相当する時間の間) 平衡安定に保つために役立てる．これを**導体シェル**という．また垂直磁場の大きさ (15.2 節参照) を制御してプラズマを常に真空容器ライナーの中心に保つようにしている．トカマク研究進展の過程でいくつかの改良がなされ，上記のような構造になってきた．またトーラス装置全体について適用できることであるが，磁場の精度を向上することによって実験結果が改善されてきた．表 15.1 に

15.1 トカマク装置   223

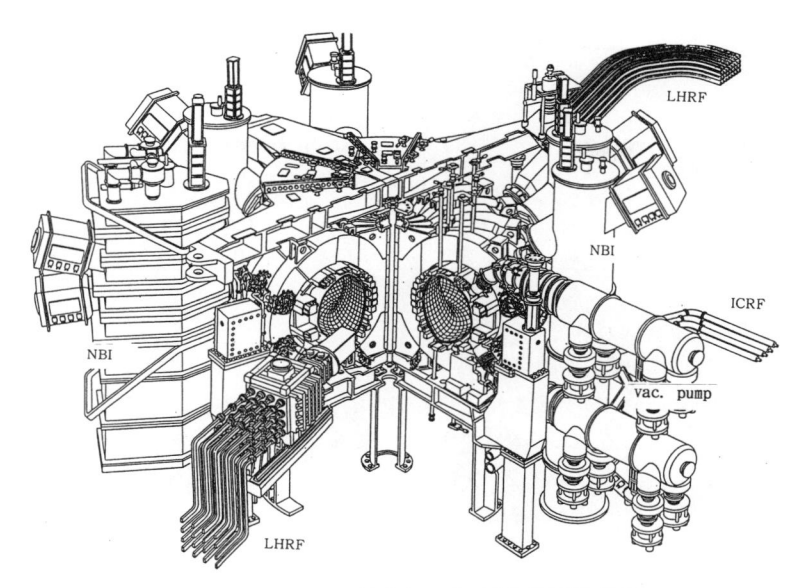

図 **15.2**　JT-60U の鳥瞰図，日本原子力研究開発機構

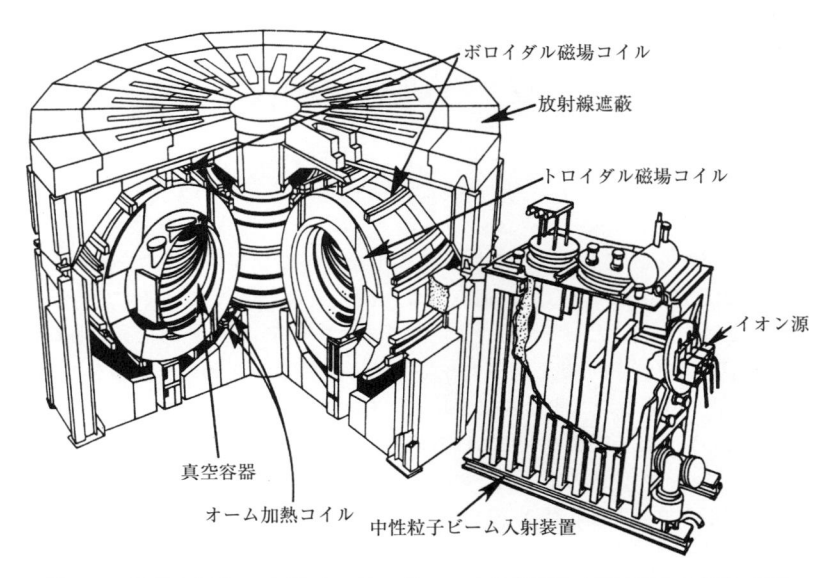

図 **15.3**　TFTR (Tokamak Fusion Test Reactor) の鳥瞰図，プリンストン大学，プラズマ物理研究所

表 15.1　トカマクのパラメーター

	R	$a(\times b)$	R/a	B_t	I_p	注
T-3	1.0	0.15	6.7	3.4	0.12	1968 年に $\tau_\mathrm{E} > 30\tau_\mathrm{B}$
T-10	1.5	0.39	3.8	5.0	0.65	
PLT	1.32	0.4	3.3	3.2	0.5	
TFTR	2.48	0.85	2.9	5.2	2.5	コンパクト
JET	2.96	1.25(×2.1)	2.4	3.45	7	非円形断面
JT-60U	3.4	1.1(×1.4)	3.1	4.2	6	非円形断面, JT-60 の改良
ITER	6.2	2.0(×3.4)	3.1	5.3	15	Q〜 10 を目指す

R, a, b は m, B_t は T, I_p は MA 単位である.

代表的なトカマク装置のパラメーターを示す.

プラズマの周囲に配置した磁気プローブによる測定は簡単であり，プラズマのモニターとして有力である. MHD 揺動を測定できるので，MHD 不安定性の研究に欠かすことのできない測定法である. この磁気プローブをミルノフ・コイルという[4]. 磁気ループとロゴフスキー・コイルによりループ電圧 V_L およびプラズマ電流値 I_p を測定できるが，これからプラズマの電気伝導率，したがってスピッツァーの式より電子温度の推定ができる. ポロイダル・ベータ比 β_p は 6.4 節より

$$\beta_\mathrm{p} \approx 1 + \frac{2B_\varphi}{B_\omega^2}\langle B_{\varphi\mathrm{V}} - B_\varphi\rangle \tag{15.1}$$

で与えられる. ただし $|B_{\varphi\mathrm{V}} - B_\varphi| \ll |B_\varphi|$ とした. また $B_\omega = \mu_0 I_\mathrm{p}/2\pi a$ である. 反磁性磁束 $\delta\Phi$ は

$$\delta\Phi = \pi a^2 \langle B_{\varphi\mathrm{V}} - B_\varphi\rangle$$

であるから

$$\beta_\mathrm{p} = \frac{p}{B_\omega^2/2\mu_0} \approx 1 + \frac{8\pi B_\varphi}{\mu_0^2 I_\mathrm{p}^2}\delta\Phi \tag{15.2}$$

となる.

したがって $\delta\Phi$ を測定することにより β_p, したがってプラズマ圧力を求めることができる. また図 15.4a に示すような磁気プローブ g_1, g_2 を用いて，その信号からプラズマの位置を測定することができる. またプラズマを平衡に保つために必要な垂直磁場 $B_\perp$ は $\Lambda = \beta_\mathrm{p} + l_\mathrm{i}/2 - 1$ の値と関係するため (6.4 節参照), Λ の値を求めることができる (l_i は正規化されたプラズマの内部インダクタンスである). 図 15.4b に示す軟 X 線半導体検出器の信号はその視線上における最も高い電子温度の位置からの寄与が主である. したがって，その位置の電子温度の揺動を検出することができる.

プラズマ中から放射される軟 X 線 (制動放射) の揺動は電子温度の揺動を反映している. その揺動は有理面 ($q_\mathrm{s}(r) = 1, 2, \cdots$) で生じる. モード数や伝播方向は図 15.4b に示すような半導体検出器列の信号より求めることができ，有理面の位置を決めることができる. これによって MHD 安定性の研究に役立てることができる. また電流分布につ

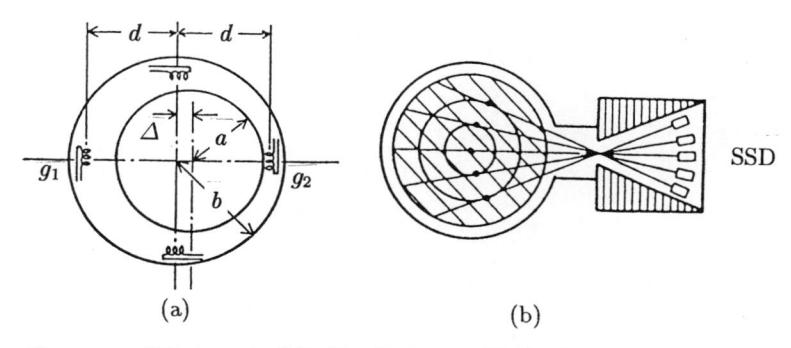

図 15.4 (a) 磁気プローブの位置 (図に示した Δ は負の値を持つ) および (b) 軟 X 線半導体検出器の配列
各検出器の信号への主な寄与は，その検出器の視線上の最大の電子温度の点における軟 X 線放射であるので，その点の電子温度の揺動を検出することができる．

いて重要な情報を与えてくれる．

15.2 平衡プラズマ位置の安定性

トカマクの平衡については第 6 章で述べた．平衡を保つための垂直磁場 $B_\perp$ が空間的に一様な場合は，平衡の位置の安定性について中性である．垂直磁場の磁力線が曲がっていて，図 15.5 のように外側に対して凸の形をしているときは，プラズマ位置の垂直方向の移動に対して安定である．プラズマ電流リングに対する磁気力の z 成分 F_z は

$$F_z = -2\pi R I_\mathrm{p} B_R$$

である．プラズマの質量を M とすると，垂直方向の運動方程式は次式で与えられる．

$$M\ddot{z} = -2\pi R I_\mathrm{p} \frac{\partial B_R}{\partial z} z = 2\pi I_\mathrm{p} B_z \left(-\frac{R}{B_z} \frac{\partial B_z}{\partial R} \right) z = 2\pi I_\mathrm{p} B_z n z$$

$(\partial B_R/\partial z) - (\partial B_z/\partial R) = 0$ の関係を用いた．減衰係数 n は

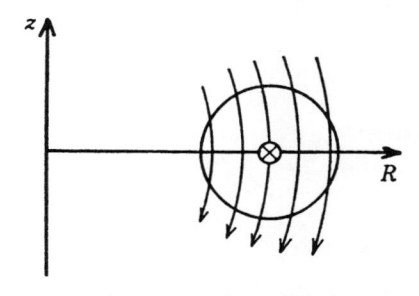

図 15.5 プラズマ平衡のための垂直磁場 (減衰係数 $n > 0$ の場合)

$$n \equiv -\frac{R}{B_z}\frac{\partial B_z}{\partial R} \tag{15.3}$$

によって定義される．$I_\mathrm{p}B_z < 0$ であるので，安定条件は $n > 0$ となる．

プラズマに対する水平方向の磁気力 F_R は

$$F_R = 2\pi R I_\mathrm{p}(B_z - B_\perp)$$

である．$B_\perp$ はプラズマの平衡にとって必要な値である (6.4 節参照)．

$$B_\perp = \frac{-\mu_0 I_\mathrm{p}}{4\pi R}\left(\ln\frac{8R}{a} + \Lambda - \frac{1}{2}\right), \qquad \Lambda = \frac{l_\mathrm{i}}{2} + \beta_\mathrm{p} - 1$$

水平方向の運動方程式は

$$M\frac{\mathrm{d}^2\Delta R}{\mathrm{d}t^2} = 2\pi\frac{\partial R I_\mathrm{p}(B_z - B_\perp)}{\partial R}\Delta R \approx 2\pi R I_\mathrm{p}\left(\frac{\partial B_z}{\partial R} - \frac{\partial B_\perp}{\partial R}\right)\Delta R$$

$$\approx 2\pi I_\mathrm{p}B_z\left(-n + 1 - \frac{R}{I_\mathrm{p}}\frac{\partial I_\mathrm{p}}{\partial R}\right)\Delta R$$

プラズマが理想的な導体のとき，プラズマ・リング内の磁束は保存される．

$$\frac{\partial}{\partial R}(L_\mathrm{p}I_\mathrm{p}) + 2\pi R B_\perp = 0$$

ここで $L_\mathrm{p} = \mu_0 R(\ln(8R/a) + l_\mathrm{i}/2 - 2)$. はプラズマの自己インダクタンスである．これより $\ln(8R/a) \gg 1$ の条件のもとに $-(R/L_\mathrm{p})(\partial I_\mathrm{p}/\partial R) = 1/2$ になる．したがって

$$M\frac{\mathrm{d}^2\Delta R}{\mathrm{d}t^2} = 2\pi I_\mathrm{p}B_z\left(-n + \frac{3}{2}\right)$$

となる．水平方向の移動に関する安定条件は $3/2 > n$ である．

15.2.1 縦長断面プラズマ・ベータ上限

円形断面プラズマのポロイダル・ベータ上限は (6.29) より $\beta_\mathrm{p} \sim R/a$ で与えられる．水平方向半径 a，垂直方向半径 b の縦長断面プラズマも，円形の場合と同様な考察で，同じポロイダル・ベータが導かれる．縦長断面のポロイダル方向の周囲長を $2\pi a K$ とすると，ポロイダル磁場の平均的な大きさは $\bar{B}_\mathrm{p} = \mu_0 I_\mathrm{p}/(2\pi a K)$ となり，ポロイダル磁場とトロイダル磁場との比は

$$\frac{\bar{B}_\mathrm{p}}{B_\mathrm{t}} = \frac{aK}{Rq_\mathrm{I}}$$

になる．ここで K は近似的に

$$K = \left(\frac{1 + (b/a)^2}{2}\right)^{1/2}$$

で与えられる．したがって縦長断面のベータ比は

$$\beta = \beta_\mathrm{p}\left(\frac{aK}{Rq_\mathrm{I}}\right)^2 = \frac{K^2 a}{q_\mathrm{I}^2 R}$$

で与えられ，円形の場合に比べて K^2 倍大きくなる．プラズマ断面を縦長にするためには，減衰係数 n を負にしなければならず，垂直方向の移動に対して不安定になる．

$n < 0$ の場合の垂直移動の成長率 γ_0 を評価してみよう．そうすると

$$\gamma_0^2 = \frac{2\pi I_{\mathrm{p}} |B_z|}{M} |n| = \frac{2\pi |n|}{\rho_{\mathrm{m}} 2\pi^2 a^2 R} \frac{2\pi a B_{\mathrm{p}}}{\mu_0} \frac{a}{2R} B_{\mathrm{p}} \left(\ln \frac{8R}{a} + \Lambda - \frac{1}{2} \right)$$
$$= |n| \left(\ln \frac{8R}{a} + \Lambda - \frac{1}{2} \right) \left(\frac{v_{\mathrm{Ap}}}{R} \right)^2 \tag{15.4}$$

となり，成長率 γ_0 はアルフベン通過時間の逆数の程度になる．したがって，外部水平磁場による負帰還制御は，プラズマの周りに置いた抵抗性シェルの助け無しには難しいことになる．

15.2.2 垂直方向の移動に対する抵抗性シェルの効果

プラズマの断面は円に近いけれども，垂直磁場の減衰係数は $n<0$ であるとする．抵抗性シェルはプラズマの周りに同心状に位置しているとする．プラズマの外部領域における磁束関数 $\psi(\rho_z, \omega_z) = r A_\varphi^{\mathrm{p}}$ は (6.27) で与えられていて，次のようになる．

$$\psi(\rho_z, \omega_z) = \frac{\mu_0 I_{\mathrm{p}} R}{2\pi} \left(\ln \frac{8R}{\rho_z} - 2 \right) - \frac{\mu_0 I_{\mathrm{p}}}{4\pi} \left(\ln \frac{\rho}{a} + \left(\Lambda + \frac{1}{2} \right) \left(1 - \frac{a^2}{\rho_z^2} \right) \right) \rho_z \cos \omega_z$$

プラズマが垂直方向に z 移動すると，プラズマの座標 ρ_z, ω_z は，固定している座標 ρ, ω に対して

$$\rho = \rho_z - z \sin \omega, \qquad \omega_z \approx \omega$$

の関係になる (図 15.6 参照)．したがって，プラズマの磁束関数を ρ, ω で表すと

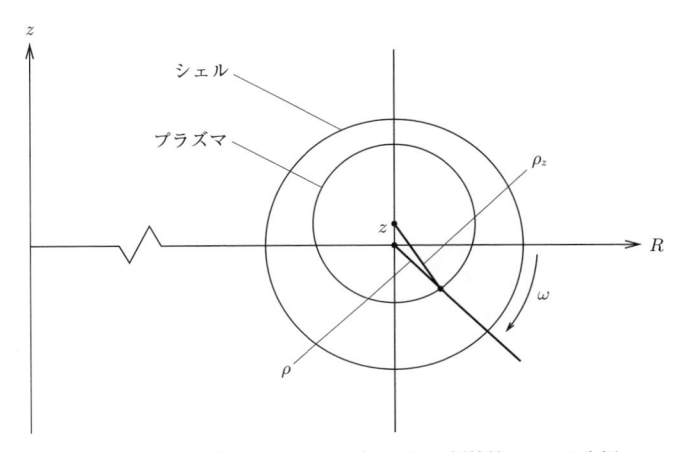

図 **15.6** プラズマの座標 ρ_z, ω_z と固定している抵抗性シェルの座標 ρ, ω

$$\psi(\rho,\omega) = \frac{\mu_0 I_\mathrm{p} R}{2\pi}\left(\ln\frac{8R}{\rho} - 2 - \frac{z}{\rho_z}\sin\omega_z\right)$$
$$- \frac{\mu_0 I_\mathrm{p}}{4\pi}\left(\ln\frac{\rho}{a} + \left(\Lambda + \frac{1}{2}\right)\left(1 - \frac{a^2}{\rho^2}\right)\right)\rho\cos\omega \tag{15.5}$$

のようになる.

$$rB_\rho = -\frac{1}{\rho}\frac{\partial\psi}{\partial\omega}, \qquad rB_\omega = \frac{\partial\psi}{\partial\rho}$$

アスペクト比が大きい場合,円筒座標 (ρ,ω,ζ) による解析でもよい近似になる.ここで ζ はトロイダル磁場の方向の座標である.円筒座標系では磁束関数は A_ζ である.磁場は

$$B_\rho = -\frac{1}{\rho}\frac{\partial A_\zeta}{\partial\omega}, \qquad B_\omega = \frac{\partial A_\zeta}{\partial\rho}$$

で表される.ベクトル・ポテンシャルの ζ 成分 A_ζ は $\Delta A_\zeta = -\mu_0 j_\zeta$ を満たす.

$$\frac{1}{\rho}\frac{\partial}{\partial\rho}\left(\rho\frac{\partial A_\zeta}{\partial\rho}\right) + \frac{1}{\rho^2}\frac{\partial A_\zeta}{\partial\omega} = -\mu_0 j_\zeta$$

薄い抵抗性シェルに $j_\zeta = j_0\sin\omega$ の電流密度が流れたときの磁束関数の ζ 成分は

$$A_\zeta(\rho,\omega) = \alpha_\zeta\frac{\rho}{\rho_\mathrm{s}}\sin\omega \quad (\rho < \rho_\mathrm{s})$$
$$A_\zeta(\rho,\omega) = \alpha_\zeta\frac{\rho_\mathrm{s}}{\rho}\sin\omega \quad (\rho > \rho_\mathrm{s})$$
$$\alpha_\zeta = -\frac{\mu_0 I_\mathrm{s}}{4}$$
$$I_\mathrm{s} \equiv \int_0^\pi j_0\rho_\mathrm{s}\delta\sin\omega\,\mathrm{d}\omega = 2\rho_\mathrm{s}\delta j_0$$

となる.ρ_s は薄い抵抗性シェルの半径で,I_s はシェル電流である.シェル内部の磁場は水平方向で大きさは

$$B_\mathrm{s} = \frac{\mu_0 I_\mathrm{s}}{4\rho_\mathrm{s}}$$

である.プラズマの垂直方向の運動とシェル電流の回路方程式は

$$m\frac{\mathrm{d}^2 z}{\mathrm{d}t^2} = 2\pi R I_\mathrm{p}(-nB_z\frac{z}{R} - B_\mathrm{s}) = 2\pi R I_\mathrm{p}\left(-nB_z\frac{z}{R} - \frac{\mu_0 I_\mathrm{s}}{4\rho_\mathrm{s}}\right)$$
$$L_\mathrm{s}\frac{\mathrm{d}I_\mathrm{s}}{\mathrm{d}t} + R_s I_\mathrm{s} = V_z$$

である.L_s および R_s は抵抗性シェル回路の自己インダクタンスおよび抵抗である.これらは $L_\mathrm{s}I_\mathrm{s} = \int j_\zeta A_\zeta \mathrm{d}V$ および $R_\mathrm{s}I_\mathrm{s}^2 = \int \eta j^2 \mathrm{d}V$ によって計算でき,それぞれ $L_\mathrm{s} = \mu_0(\pi^2/4)R$ および $R_\mathrm{s} = \eta\pi^2 R/(2\delta\rho_\mathrm{s})$ (η は比抵抗率) である.プラズマの移動によって誘導される電圧 V_s は

$$V_\mathrm{s} = 2\pi R E_\zeta = -2\pi R\frac{\partial A_\zeta}{\partial t} \approx -2\pi R\frac{1}{R}\frac{\partial\psi}{\partial t} = 2\pi\frac{\mu_0 I_\mathrm{p} R}{2\pi}\frac{1}{\rho_\mathrm{s}}\frac{\mathrm{d}z}{\mathrm{d}t} = \mu_0 I_\mathrm{p} R\frac{1}{\rho_\mathrm{s}}\frac{\mathrm{d}z}{\mathrm{d}t}$$

与えられる．誘導電場 $E_\zeta = -(\partial A_\zeta/\partial t)$ であり，(15.5) の ψ と A_ζ とは $\psi = rA_\varphi \approx RA_\zeta$ の関係にあるからである．$\tilde{z} = z/\rho_s$, $i_s = I_s/I_p$ と正規化し，$\tilde{z}, i_s \propto \exp \gamma t$ とすると

$$\gamma^2 \tilde{z} - \gamma_0^2 \left(\tilde{z} - \frac{\pi}{|n|\alpha} \left(\frac{R}{\rho_s}\right)^2 i_s \right) = 0$$

$$\left(\gamma + \frac{1}{\tau_{Rs}} \right) i_s - \frac{4}{\pi^2} \gamma \tilde{z} = 0$$

になる．γ_0 は (15.4) であり，$|B_z| = \alpha(a/2R)B_p$, $\alpha = (\ln(8R/a) + \Lambda - 1/2)$, $\Lambda = \beta_p + l_i - 1$, $\tau_{Rs} = L_s/R_s = (\mu_0/\eta)(\delta\rho_s/2)$ である．成長率は

$$(\gamma^2 - \gamma_0^2) \left(\gamma + \frac{1}{\tau_R^s} \right) + \gamma_0^2 \left(\frac{R}{\rho_s}\right)^2 \frac{1}{|n|\alpha} \frac{4}{\pi} \gamma = 0$$

で与えられる．$\gamma_0 \gg \gamma$ であるので

$$-\left(\gamma + \frac{1}{\tau_{Rs}} \right) + \left(\frac{R}{\rho_s}\right)^2 \frac{1}{|n|\alpha} \frac{4}{\pi} \gamma = 0$$

$$\gamma \tau_{Rs} \approx \left(\frac{\rho_s}{R}\right)^2 \frac{|n|\pi}{4} (\ln(8R/a) + \Lambda - 1/2) \tag{15.6}$$

となる．プラズマの抵抗性シェル内のプラズマの垂直運動の成長率は，シェルのスキン・タイム τ_{Rs}^{-1} に逆アスペクト比二乗をかけた値であるのに対して，フィードバックされた外部回路による水平方向磁場の抵抗性シェル内への浸み込み率はシェルのスキン・タイムである．その比は逆アスペクト比二乗 $(\rho_s/R)^2$ の 2～3 倍程度となり，プラズマの移動成長率の方が小さい．そのため抵抗性シェルを配置し，外部水平磁場の適切なフィードバック制御をすれば，垂直方向のプラズマ位置を有効に制御できる[4]．

15.3 MHD 安定性および密度上限

低ベータ・トカマクの不安定性では第 8 章で取り扱うキンク不安定性がある．この不安定性は安定係数 q_a や電流分布を適当に選ぶことにより避けることができる．トカマク・プラズマを高ベータにしていくと，ベータ値はバルーニング不安定性によって制限される (8.5 節)．これは磁力線の曲率の悪い領域に局在する，圧力勾配によって引き起こされる交換型不安定性である．ベータ値上限は 8.5 節より $\beta_{\max} \sim 0.28(a/Rq_a)$ となる．キンクやバルーニング・モードによるベータ上限は電流分布 (シア) やプラズマ断面の形に依存する．

たとえプラズマが MHD 安定であっても，プラズマに有限な抵抗があるときティアリング・モードが不安定になりうる (9.1 節)．安全係数 $q(r)$ が有理数になる有理面 (図 15.7 の場合は $q(r) = 1, 3/2, 2$) において，Δ' が正になるときティアリング・モードが成

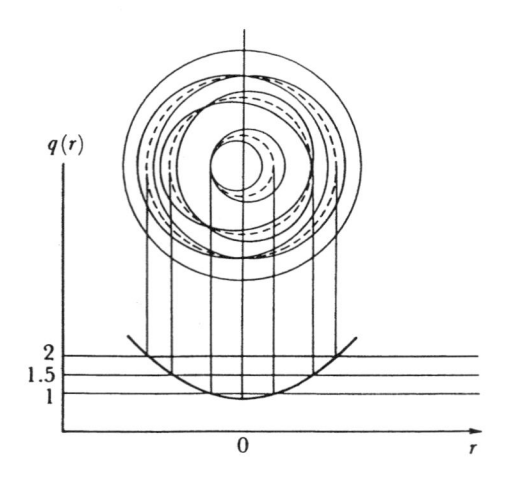

図 15.7　$q(r)$=1,3/2,2 の有理面に現れる $m=1, m=3/2, m=2$ の磁気アイランド

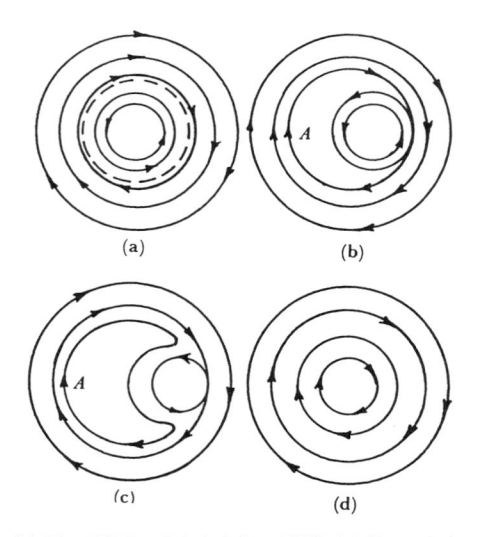

図 15.8　磁気面の再結合により中心部の高温部分が外へはき出される様子

長し，図 15.8 に示すような磁気アイランドが生ずる．プラズマ電流分布が中心に鋭く分布する (ピーキング) と中心部で $q(0) < 1$ となり，$q(r) = 1$ の磁気面付近で $m=1, n=1$ モードが成長する．磁気面に再結合が起こると図 15.8 に示すようにプラズマ中心部の高温部分が外へはき出され，電流分布が平坦化する．そして中心部の熱エネルギーが失われる[5]．中心部の電子温度が周辺部より高く電気抵抗が小さいので再び電流分布がピー

キングして同じ現象が繰り返される．このような現象を内部破壊的不安定性という．

トカマクが安定に動作できるプラズマ電流 I_p と密度 n_e の領域は限られている．トカマクで実験的にえられる電子密度上限の尺度としてグリンバルド密度

$$n_\mathrm{G}(10^{20}\,\mathrm{m}^{-3}) \equiv \frac{I_\mathrm{p}(\mathrm{MA})}{\pi a(\mathrm{m})^2} \tag{15.7}$$

が用いられる．平均電子密度 $\langle n_\mathrm{e} \rangle$ を n_G で正規化した数を Greenwald–Hugill–Murakami パラメーターあるいは グリンバルド・パラメーターと呼んでいる．そしてほとんど多くのトカマク実験で

$$N_\mathrm{G} \equiv \frac{\langle n_\mathrm{e} \rangle}{n_\mathrm{G}} < 1 \tag{15.8}$$

の経験則が成り立つ[6]．ここで n_{20} は $10^{20}\,\mathrm{m}^{-3}$ 単位の密度である．N_G は別の式に変形できる．

$$N_\mathrm{G} = \frac{0.628}{K^2} \frac{\langle n_{20} \rangle}{B_\mathrm{t}(\mathrm{T})/R(\mathrm{m})} q_\mathrm{I}$$

電子密度の上限はプラズマ・壁相互作用に敏感に依存する．実験比例則 $N_\mathrm{G} < 1$ は加熱入力の依存性を示していないが，加熱入力を増やすとその上限も増える傾向がある．また ASDEX-U で，水素の氷のペレットをプラズマの内側すなわち高磁場側から打ち込むと N_G が ~ 1.5 まで増えた．したがって N_G をさらに増やせる可能性も残っている．

プラズマ境界における安全係数 q_a は多くの場合 $q_a > 3$ である．安定領域 ($N_\mathrm{GHM} < 1$, $1/q_a < 1/2 \sim 1/3$) からはみ出すと，いわゆる**破壊的不安定**と呼ばれる激しい擾乱が生ずる．プラズマ電流を誘起するループ電圧に**負のスパイク** (negative spike) 状の波形が現われる．これはプラズマ電流分布が急に広がり，内部インダクタンスが小さくなるためである．そしてプラズマ熱エネルギーが急速に失われ，不安定性が激しい場合はプラズマ電流が流れなくなり放電が停止する．停止の直前には電子温度が下がり，プラズマ抵抗が増大し，ループ電圧に正のパルスが生ずる．プラズマ放電は急速に停止する．ディスラプションの時間スケールは抵抗性ティアリング・モードで予知される時間スケール (9.1 節) よりも非常に速いことがある．破壊的不安定の候補となる機構として，$m = 2/n = 1\,(q(r) = 2)$ と $m = 3/n = 2\,(q(r) = 1.5)$ の磁気アイランドの重なりや，$m = 2/n = 1, m = 1/n = 1$ 磁気アイランドの再結合などが論ぜられている．

15.4　縦長断面プラズマのMHD安定なベータ上限

核融合反応の出力密度は $n^2 \langle \sigma v \rangle$ に比例するが，イオン温度 T_i が数 keV～10 keV 付近では $\langle \sigma v \rangle \propto T_\mathrm{i}^2$ であるから，核融合炉出力はおよそプラズマ圧力 $p = nT$ の 2 乗に比例する．したがって経済的な核融合炉をつくるためにはベータ比 $\beta = p/(B^2/2\mu_0)$ の大きいプラズマを閉じ込める必要がある．ISX-B, JFT-II, PDX, PLT などで高速中

性粒子入射加熱によって平均ベータ値 $\langle \beta \rangle \sim 3\%$ の値を実現することができた．これらの装置は円形断面である．

Troyon ら[7] は縦長断面トカマクの種々のケースについて MHD 不安定性の成長率を計算し，最適な条件のもとで安定なベータ値上限の比例則を導いた．

$$\beta_c(\%) = \beta_N \frac{I_p(\text{MA})}{a(\text{m})B_t(\text{T})} \quad (15.9)$$

β_N はトロヨン係数 (Troyon factor) または正規化ベータ ($\beta_N = 2 \sim 3.5$) という．図 15.9 は β が上限を超えたときに成長する不安定モードによるプラズマの流れをポロイダル断面に投影したものである．

プラズマ断面が縦長非円形断面の DIII-D 装置 (a=0.45 m, B_t=0.75 T, I_p=1.29 MA, I_p/aB_t=3.1 MA/(m·T), $\beta_N \sim 3.6$, κ_s=2.35, R=1.43 m) において，1990 年 $\langle \beta \rangle$=11% を実現した[8] (図 15.10)．

次のような定義

$$\bar{B}_p \equiv \frac{\mu_0 I_p}{2\pi a K}, \qquad q_I \equiv K \frac{a}{R} \frac{B_t}{\bar{B}_p} \quad (15.10)$$

を用いると，ベータ上限は

$$\beta_c(\%) = 5\beta_N K^2 \frac{a}{Rq_I}$$

のようになる．ここで $2\pi K a$ はプラズマ境界の周長を表し，K は近似的に

$$K^2 \simeq (1 + \kappa_s^2)/2$$

で与えられる．κ_s は垂直方向の半径 b と水平方向の半径 a との比である．q_I は円筒安

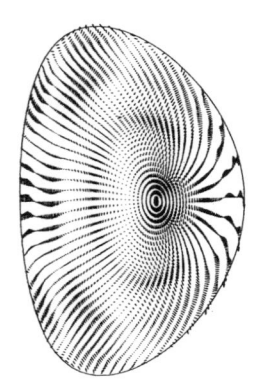

図 **15.9** 不安定な大域的 $n = 1$ モード ⓒ 1984 IOP Publishing 文献[7] F. Troyon et al.: *Plasma Phys. Contr. Fusion* **26**, 209 (1984) による
特異面 $q = 2, 3$ および 4 において揺動変位が大きくなるため，その位置がよく見える．$q_0 = 1.35$, $\beta = 3\%$.

15.4 縦長断面プラズマの MHD 安定なベータ上限

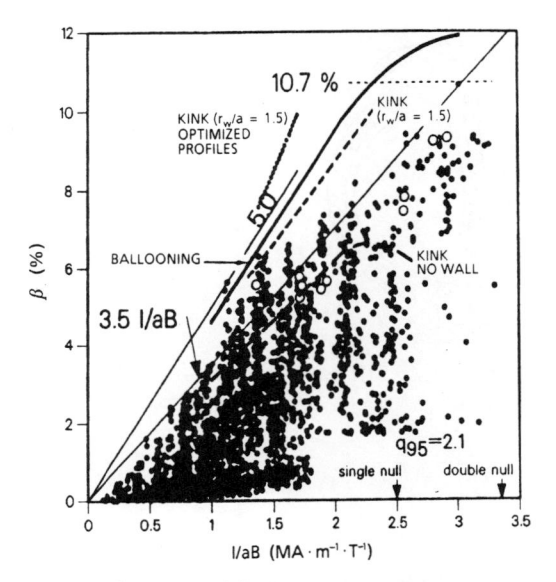

図 15.10 DIII-D における I/aB と観測されたベータ値をプロットした図 © 1991 IAEA 文献[8] DIII-D team: *Plasma Phys. Contr. Nucl. Fusion Res.* (Conf. Proceedings, 1990) **1**, 69 (1991) IAEA による 導体壁の位置 (r_w/a) をいくつか仮定して計算したベータ値上限の線も描いている.

全係数という. q_I はアスペクト比を大きくしたときの安定係数に相当する. プラズマの平均圧力 p とポロイダル磁場 $\bar{B}_p$ の磁気圧の比をポロイダル・ベータ β_p とする. また (15.10) より $B_p(\mathrm{T}) = 0.2 I_p(\mathrm{MA})/a(\mathrm{m}) K$ であるから $\beta_c(\%)$ と β_p との間には

$$\beta_c(\%)\beta_p = 0.25\beta_N^2 K^2$$

の関係がある.

磁気面 ψ における安全係数 q_ψ は

$$q_\psi = \frac{1}{2\pi}\oint \mathrm{d}\varphi = \frac{1}{2\pi}\oint \frac{\mathrm{d}\varphi}{\mathrm{d}l_p}\mathrm{d}l_p = \frac{1}{2\pi}\oint \frac{B_t}{RB_p}\mathrm{d}l_p$$
$$= \frac{1}{2\pi\mathrm{d}\psi}\oint B_t \frac{\mathrm{d}\psi}{RB_p}\mathrm{d}l_p = \frac{1}{2\pi\mathrm{d}\psi}\oint B_t \mathrm{d}s \mathrm{d}l_p = \frac{1}{2\pi}\frac{\mathrm{d}\Phi}{\mathrm{d}\psi}$$

で与えられる. ここで $\mathrm{d}\psi = RB_p\mathrm{d}s$, $\mathrm{d}s$ は $\mathrm{d}\psi$ (ψ はポロイダル磁束関数 (磁気面関数)) の厚さ, $\mathrm{d}\Phi$ は $\mathrm{d}\psi$ に対応する厚さ $\mathrm{d}s$ を通過するトロイダル磁束である. q_ψ は有限なアスペクト比の場合 q_I からずれることに注意されたい. 全トロイダル磁束の 95% を含む磁気面における安全係数の近似式として次のような式が用いられている (文献[9] の 2169 ページ参照).

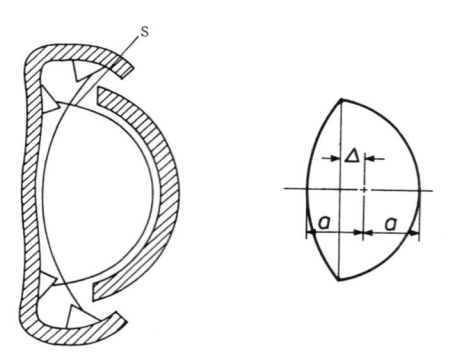

図 15.11 左：セパラトリックス S を持つ磁気面によりプラズマ境界を定めるダイバーター構成．右：三角度 $\delta = \Delta/a$ の説明図 ((15.76) 参照)

$$q_{95} = q_{\mathrm{I}} f_\delta f_A = \frac{a^2 B}{(\mu_0/2\pi) R I_{\mathrm{p}}} \frac{1+\kappa_{\mathrm{s}}^2}{2} f_\delta f_A \tag{15.11}$$

$$f_\delta = \frac{1+\kappa_{\mathrm{s}}^2(1+2\delta^2-1.2\delta^3)}{1+\kappa_{\mathrm{s}}^2}$$

$$f_A = \frac{1.17 - 0.65/A}{(1-1/A^2)^2}$$

(15.11) はダイバーター配置の場合にも近似的に用いられている．ここで δ は 15.9 節で定義されるプラズマ断面の三角度，$\delta \approx \Delta/a$（Δ は図 15.11 に示される）である．また f_δ は断面の三角度による因子であり，f_A は有限なアスペクト比による因子である．

15.5 不純物制御，スクレイプ・オフ層，ダイバーター

プラズマ中の電子がイオンと衝突して起こる制動放射損失 P_{brems} は単位体積，単位時間あたり

$$P_{\mathrm{brems}} = 1.5 \times 10^{-38} Z_{\mathrm{eff}} n_{\mathrm{e}}^2 (T_{\mathrm{e}}/e)^{1/2} \quad (\mathrm{W/m^3})$$

である．制動放射によるエネルギー損失時間を $\tau_{\mathrm{brems}} = (3/2) n_{\mathrm{e}} T_{\mathrm{e}} / P_{\mathrm{brems}}$ によって評価すると

$$\tau_{\mathrm{brems}} = 0.16 \frac{1}{Z_{\mathrm{eff}} n_{20}} \left(\frac{T_{\mathrm{e}}}{e}\right)^{1/2} \quad (\mathrm{sec})$$

となる（n_{20} は $10^{20}\,\mathrm{m}^{-3}$ 単位，T_{e}/e は eV 単位）．$Z_{\mathrm{eff}} \sim 2$，$n_{\mathrm{e}} \sim 10^{20}\,\mathrm{m}^{-3}$，$T_{\mathrm{e}} \sim 10\,\mathrm{keV}$ のとき $\tau_{\mathrm{brems}} \sim 16/Z_{\mathrm{eff}}\,\mathrm{sec}$ である．したがって不純物イオンによって制動放射，再結合放射，線スペクトル放射などが増大すると放射損失のみによっても炉心プラズマ条件を満たさなくなる．プラズマの温度が高くなってくるとプラズマから飛びだすイオンが真空容器の壁やリミターにぶつかり，そこから不純物イオンをたたきだす．ス

パッターされた不純物がプラズマ中に入ってくると，高電離化したイオンが大量の放射を出し，プラズマを放射冷却する．したがって不純物制御は核融合の重要課題である．

実験装置においては，真空容器の脱ガス，放電洗浄を行うことにより壁に付着している軽イオン不純物 (C, O など) を取り除くことができる．しかし壁材料自身の原子 (Fe など) の重イオン・スパッタリングは放射損失を非常に増大させる．そのためカーボン・タイルで壁を覆う工夫をしている (C の不純物イオンによる放射は増える)．図 15.11 に示すようにセパラトリックスを持つ磁気面によってプラズマの境界をつくる配位は，プラズマと容器との相互作用をダイバーター部の標的板 (target plate) に限定できるためよい効果を上げている．プラズマ境界の外側周辺のスクレイプ・オフ層 (scrape off layer, SOL) では，プラズマはセパラトリックス付近 (外側) の磁力線に沿って周辺プラズマの音速程度で中性化プレートに流れこみ，そこで中性化される．中性化プレートの材料がスパッターしても，ダイバーター領域でイオン化され，しかも重イオンの熱速度はプラズマの流れの速さ (〜 水素イオンの熱速度) より小さいため，プラズマ本体に向かって逆流することが少ない．ダイバーター領域においては不純物放射によって，その領域のプラズマ電子温度は冷える．また磁力線に沿う圧力平衡により中性化プレート付近の密度が上昇する．したがって中性化プレートへ衝突するイオンが減速され，スパッタリングが減る効果が観測されている．

しかしながらダイバーター付近でも，スクレイプ・オフ層の幅はあまり広くない．そして全エネルギー損失の大部分はダイバーターの標的板の狭い領域に集中する．標的板の過酷な熱負荷は炉設計の重要課題である．スクレイプ・オフ層およびダイバーター領域の物理的過程は実験的，理論的に活発に研究されている[10]．

15.6　Lモードの閉じ込め比例則

イオンと電子からなるプラズマのエネルギーの流れは図 15.12 に示すように考えることができる．単位体積あたりの電子への加熱入力を P_{he} とし，放射損失を R，イオンとのエネルギー緩和を P_{ei}，熱伝導 (熱伝導率 χ_e) および粒子対流 (拡散係数 D_e) によるエネルギー損失を考えると，電子のエネルギー輸送方程式は

$$\frac{d}{dt}\left(\frac{3}{2}n_e T_e\right) = P_{he} - R - P_{ei} + \frac{1}{r}\frac{\partial}{\partial r}r\left(\chi_e\frac{\partial T_e}{\partial r} + D_e \frac{3}{2}T_e\frac{\partial n_e}{\partial r}\right)$$

である．ここで χ_e は電子の熱伝導率であり，D_e は電子の拡散係数である．イオンについても同様であるが放射損失はなく，その代わりに荷電交換損失 L_{cx} の項が付け加わる．

$$\frac{d}{dt}\left(\frac{3}{2}n_i T_i\right) = P_{hi} - L_{cx} + P_{ei} + \frac{1}{r}\frac{\partial}{\partial r}r\left(\chi_i\frac{\partial T_i}{\partial r} + D_i \frac{3}{2}T_i\frac{\partial n_i}{\partial r}\right)$$

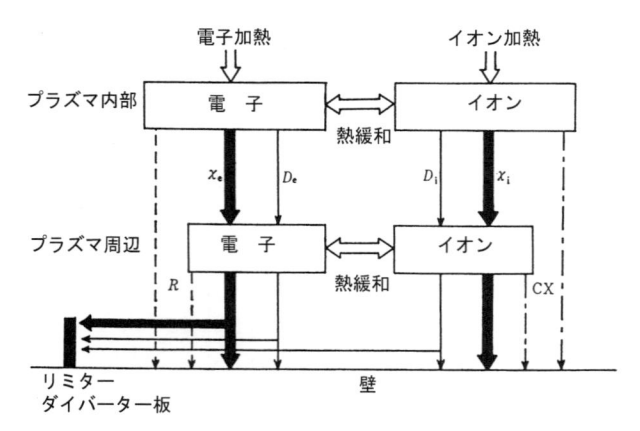

図 15.12 イオンと電子からなるプラズマ中のエネルギーの流れ
太い矢印は熱伝導 (χ), 細い矢印は対流損失 (D), 点線の矢印は放射損失 (R), 1 点鎖線の矢印は荷電交換による損失 (CX) を表す.

トカマク実験におけるオーム加熱, NBI 加熱入力は古典的過程であることが確かめられている. 波動加熱機構も次第に明らかになってきた. 放射損失, 荷電交換損失も古典的過程である. エネルギー・バランスを実験的に決めるためには $n_e(r,t), T_i(r,t), T_e(r,t)$ をはじめ, 多くの計測を必要とする. 多数の実験結果によると電子・イオン間のエネルギー緩和は古典的であり, イオンの熱伝導係数は, 新古典熱伝導係数

$$\chi_{i,nc} = n_i f(q_s, \varepsilon) q_s^2 (\rho_{\Omega i})^2 \nu_{ii}$$

(フィルシ–シュルータ領域では $f=1$, バナナ領域では $f = \epsilon_t^{-3/2}$) の $2 \sim 3$ 倍程度であったり, 異常熱伝導係数であったりする. 電子の熱伝導損失は多くの場合異常損失 (古典損失の 1 桁以上大きい) である. 多くの場合, プラズマのエネルギー閉じ込め時間は電子の熱伝導によってほとんど決まってしまう. 全エネルギー閉じ込め時間 τ_E は定常のとき

$$\tau_E \equiv \frac{\int (3/2)(n_e T_e + n_i T_i) dV}{P_{in}}$$

で求められる. オーム加熱プラズマでは, 閉じ込め時間 τ_{OH} は次のようなアルカトール (Alcator) 比例則 (密度の単位は 10^{20} m^{-3})

$$\tau_{OH}(s) = 0.103 q_s^{0.5} \bar{n}_{e20} a^{1.04} R^{2.04}$$

が実験値とよく合う.

しかし平均密度 $\bar{n}_e$ が $2.5 \times 10^{20} \text{ m}^{-3}$ 以上になると密度に対する比例関係からずれ, 飽和傾向が現れる. また大出力の NBI, イオン・サイクロトロン周波数領域の波動加熱を行う場合は, 加熱入力の増加にともなって劣化する. Kaye と Goldston は代表的な

15.6 L モードの閉じ込め比例則

いくつかのトカマクにおいて，NBI 加熱入力がオーム加熱入力の 2 倍以上である実験データを集め，NBI 加熱プラズマのエネルギー閉じ込め時間 τ_E に関するケイ–ゴールドストン比例則を示した[11]．すなわち

$$\left.\begin{array}{l} \tau_E = (1/\tau_{OH}^2 + 1/\tau_{AUX}^2)^{-1/2} \\ \tau_{AUX}(s) = 0.037 \kappa_s^{0.5} I_p P_{tot}^{-0.5} a^{-0.37} R^{1.75} \end{array}\right\} \quad (15.12)$$

ここで単位は MA，MW，m で κ_s は非円形断面の縦横比，P_{tot} は MW 単位の全加熱入力である．

ITER チームは最近の大型実験のデータを集めた．L モード実験 (15.7 節参照) のデータベースの解析から，L モード・エネルギー閉じ込め時間について次の **ITER-P** 比例則を提案している[12]．

$$\tau_E^{ITER-P}(s) = 0.048 I_p^{0.85} R^{1.2} a^{0.3} \bar{n}_{20}^{0.1} B^{0.2} \left(\frac{A_i \kappa_s}{P}\right)^{1/2} \quad (15.13)$$

単位はMA，m，T MW で，密度 $\bar{n}_{20}$ の単位は 10^{20} m^{-3} である．P は放射損失 P_R を補正した加熱入力である ($P = P_{tot} - P_R$)．ITER-P の閉じ込め比例則 τ_E^{ITER-P} と L モードの観測された閉じ込め時間との比較を図 15.13 に示す．

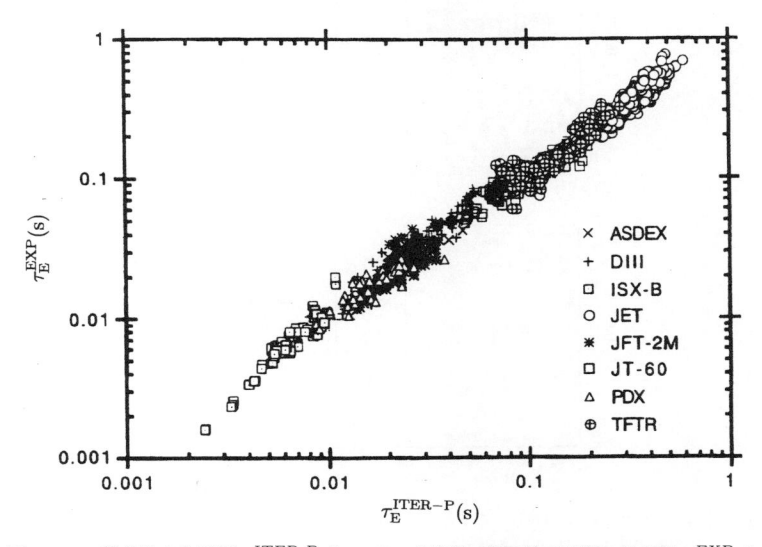

図 **15.13** 閉じ込め比例則 τ_E^{ITER-P} と L モード実験の閉じ込め時間の測定値 τ_E^{EXP} との比較 ⓒ 1990 IAEA (Nucl. Fusion) 文献[12] P. N. Yushmanov et al.: *Nucl. Fusion* **30**, 1999 (1990) による

15.7　Hモードおよび閉じ込め改善モード

改善された閉じ込め状態 H モードがダイバーター配位の ASDEX[13)14)] の実験において発見された．ダイバーター配位で NBI 加熱入力があるしきい値を超えると，重水素プラズマの周辺付近の重水素原子の D_α 線の信号 (中性原子束に比例) が放電中に突然 (100 μs の時間スケールで) 減少し，境界付近の重水素原子のリサイクリングが減る．と同時にプラズマ端の径電場 E_r が (内向きの負の値に向かって) 顕著な変化を示す．さらに電子密度および熱エネルギー密度が増加し，NBI 加熱プラズマの閉じ込め時間が 2 倍ほど改善される．H モードは PDX，JFT-2，DIII-D，JET，JT-60U などでも観測された．ケイ–ゴールドストン比例則に従う閉じ込め状態を「L モード」という．H モードにおいては，セパラトリックスで決まるプラズマの境界のすぐ内側で電子温度や電子密度の勾配が急峻になる (図 15.14 参照)[15)16)]．L モードと H モード間の L–H 遷移の

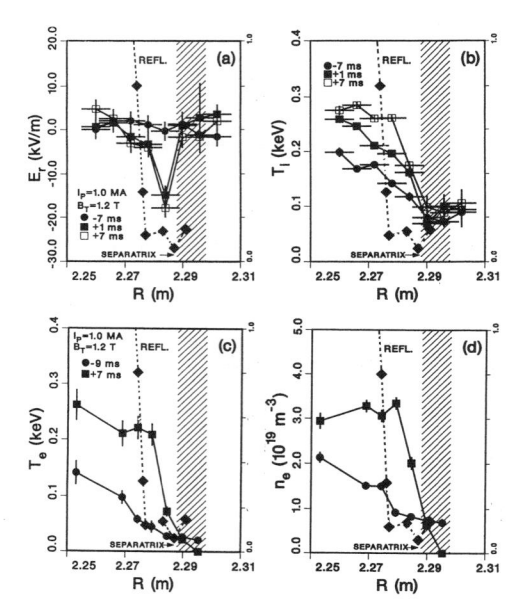

図 15.14　DIII-D の L–H 遷移をまたがる時間帯における諸量の分布図 ⓒ 1992 IAEA 文献[16)] E. J. Doyle et al.: *Plasma Phys. Contr. Nucl. Fusion Res.* (Conf. Proceedings, 1992) **1**, 235 (1992) IAEA による
(a) E_r の分布，(b) CVII 荷電交換再結合分光 (charge exchange recombination spectroscopy) によるイオン温度分布，(c)(d) トムソン散乱による電子温度，電子密度の分布．

現象について実験的研究が精力的に進められている．径電場はいくつかの要因，高速中性粒子ビーム入射による運動量入射，プラズマ境界付近のイオン軌道損失，あるいは非両極性拡散など，によって引き起こされると考えられている．

径電場による揺動損失の抑制

径電場はポロイダル方向に $v_\theta = -E_r/B$，トロイダル方向に $v_\phi = -(E_r/B)(B_\theta/B)$ の速度を持った回転を引き起こす．もし E_r に勾配があるとき，ポロイダル，トロイダル方向にシアのある回転を引き起こす．シアのある流れ (sheared flow) がプラズマ端付近の乱流を抑制し，閉じ込めの改善に重要な役割を果たしていることが指摘された[17]．

$\tilde{\xi}$ が揺動場を表すとして，次のような流体モデルを考える．

$$\left(\frac{\partial}{\partial t} + (\boldsymbol{v}_0 + \tilde{\boldsymbol{v}}) \cdot \nabla + L_\mathrm{d}\right)\tilde{\xi} = \tilde{s} \tag{15.14}$$

ここで $\tilde{\xi}$ は揺動場である．$\boldsymbol{v}_0$ は平衡状態の $\boldsymbol{E} \times \boldsymbol{B}$ による流れとし，$\tilde{s}$ は乱流の駆動項とする．L_d は乱流の散逸を表す演算子とする．点1の揺動場 $\tilde{\xi}(1)$ と点2の揺動場 $\tilde{\xi}(2)$ との相互相関 $\langle\tilde{\xi}(1)\tilde{\xi}(2)\rangle$ は

$$\left(\frac{\partial}{\partial t} + (v'_\theta - v_\theta/r_+)r_+\frac{\partial}{\partial y_-} - \frac{\partial}{\partial r_+}D(r_+, y_-)\frac{\partial}{\partial r_+} + L_\mathrm{d}\right)\langle\tilde{\xi}(1)\tilde{\xi}(2)\rangle = T \tag{15.15}$$

で与えられる[18]．ここで D は径方向の乱流の拡散係数，T は乱流の駆動項，$r_+ = (r_1 + r_2)/2$，$\theta_- = \theta_1 - \theta_2$，$y_- = r_+\theta_-$ である．ポロイダル方向の非相関化時間 (decorrelation time) τ_d は，点1と点2のポロイダル方向の相対的距離 δy がシアのある流れによって乱流 (ポロイダル方向の伝播定数が k_{0k}^{-1}) のポロイダル方向の相関距離だけ離れる時間である．すなわち

$$k_{0k}\delta y \sim 1, \qquad \delta y = v'_\theta(\Delta r)\tau_\mathrm{d}, \qquad \tau_\mathrm{d} = \frac{1}{v'_\theta \Delta r k_{0k}}$$

となる．したがってポロイダル方向の非相関化率 ω_s は

$$\omega_\mathrm{s} = \frac{1}{\tau_\mathrm{d}} = (\Delta r k_{0k})v'_\theta$$

であり，Δr は乱流の径方向の相関距離である．径方向の非相関化率 $\Delta\omega_\mathrm{t}$ は

$$\Delta\omega_\mathrm{t} = \frac{D}{(\Delta r)^2}$$

である．径方向とポロイダル方向の非相関化過程は互いに強い相互作用をするので，乱流の非相関化率 $1/\tau_\mathrm{corr}$ は二つの非相関化率の混成値

$$\frac{1}{\tau_\mathrm{corr}} = (\omega_\mathrm{s}^2 \Delta\omega_\mathrm{t})^{1/3} = \left(\frac{\omega_\mathrm{s}}{\Delta\omega_\mathrm{t}}\right)^{2/3}\Delta\omega_\mathrm{t} \tag{15.16}$$

で与えられる．

非相関化率 $1/\tau_{\text{corr}}$ は $\Delta\omega_{\text{t}}$ の $(\omega_{\text{s}}/\Delta\omega_{\text{t}})^{2/3}$ 倍の大きさになる．$\Delta\omega_{\text{t}}$ はシアのない流れの場合の乱流の非相関化率に相当する．乱流場の飽和レベル $\tilde{\xi}$ は

$$|\tilde{\xi}|^2 \sim T \times \tau_{\text{corr}}$$

で与えられるので，乱流場の飽和レベルは

$$\frac{|\tilde{\xi}|^2}{|\tilde{\xi}_0|^2} \sim \left(\frac{\Delta\omega_{\text{t}}}{\omega_{\text{s}}}\right)^{2/3} \sim \left(\frac{1}{(\text{d}v_\theta/\text{d}r)t_0}\right)^{2/3}\frac{1}{(k_{0y}\Delta r)^2}, \qquad t_0^{-1} \equiv \langle k_{0y}^2\rangle D$$

になる．ここで $|\tilde{\xi}_0|$ はシアのない流れの場合の値である．図 15.15 は飽和した抵抗性圧力勾配駆動乱流ににおける等電子密度面に対するシアのある流れの影響を示した図である．この図は，シアのある流れがあるとき，揺動のポロイダル方向，径方向の非相関化現象のカップリングにより対流セル (等電子密度面) がすり潰されて，その大きさが減少

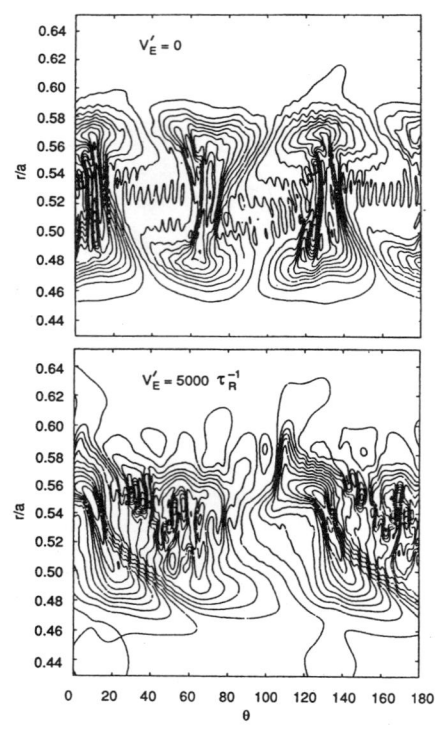

図 15.15　上：抵抗性圧力駆動乱流のシアのない流れの場合におけるある時刻の等電子密度面．下：強いシアのある流れの場合の等電子密度面　ⓒ IAEA 文献[17])
H. Biglari et al.: *Plasma Phys. Contr. Nucl. Fusion Res.* (Conf. Proceedings, 1990) **2**, 191 (1991) IAEA による
垂直軸は半径方向の座標 r/a，水平軸はポロイダル角 θ (度)．

することをよく示している．熱拡散係数は $|\tilde{\xi}|^2$ に比例するので，熱拡散係数は減少し，熱障壁が形成され，閉じ込め時間が長くなることを示している[17]．

閉じ込め改善の試みは活発に行われている．ASDEX などで観測された標準的な H モードのほかに，ほかのタイプの閉じ込め改善モードが観測された．

DIII-D 実験では VH モード[19] を観測した．このモードでは強い径電場がプラズマ端からプラズマ内部 ($r/a \sim 0.6$) まで広がり，$\tau_E/\tau_E^{\mathrm{ITER-P}}$ の値が 3.6 までに改善された．

TFTR 実験[20] では，壁および真空容器の内側 (高磁場側) にとりつけたカーボン・リミターを，実験前に重水素放電により徹底的に脱ガスをする．そしてプラズマ電流と同じ方向に中性粒子ビームを入射する平行入射 (co-injection) と その反対方向に入射する反平行入射 (counter-injection) とをバランスさせた中性粒子入射を重水素プラズマに加えた．そして「スーパー・ショット (supershot)」と呼ばれる閉じ込め改善モードをえた．このスーパー・ショットにおいては密度分布が急峻になるのを観測している ($n_e(0)/\langle n_e \rangle = 2.5 \sim 3$)．

JT-60U 実験においては，高ベータ・ポロイダル H モード[21] が観測された．β_p は大きく (1.2〜1.6)，密度分布が急峻になっている ($n_e(0)/\langle n_e \rangle = 2.1 \sim 2.4$)．さらにプラズマ端において H モードの熱障壁も形成されている．

JET においては，hot ion mode で $T_i \sim 20\,\mathrm{keV}$ を達成した．さらに DT プラズマ実験で三重水素 T の割合を増やしていくと H モードに必要な加熱入力のしきい値が減少することを観測している[22)23]．

負磁気シア配位による高性能モードが DIII-D, TFTR, JT-60U, JET, Tore Supra において観測されている．JT-60U のイオン温度，電子温度，電子密度の径分布，q 分布を 1 例として図 15.16 に示す[21]．8.5 節で述べたようにバルーニング・モードは負シア領域

$$S = \frac{r}{q_s}\frac{\mathrm{d}q_s}{\mathrm{d}r} < 0 \tag{15.17}$$

で安定である．また 13.1 節ではシアの弱い領域ではドリフト乱流による拡散係数が減少することが示されている．この内部輸送障壁は負の磁気シアの効果と圧力勾配による径電場が誘起する $\boldsymbol{E} \times \boldsymbol{B}$ のシアのある流れによる効果によると考えられている．

Hinton らは急峻な圧力，密度分布は径電場の勾配を引き起こすことを指摘した．イオン流体の運動方程式 (5.7) あるいは (5.28) から

$$E_r \simeq B_p u_t - B_t u_p + \frac{1}{en_i}\frac{\mathrm{d}p_i}{\mathrm{d}r} \tag{15.18}$$

がえられる．E_r を r で微分すると

$$\frac{\mathrm{d}E_r}{\mathrm{d}r} \sim -\frac{1}{en_i^2}\frac{\mathrm{d}n_i}{\mathrm{d}r}\frac{\mathrm{d}p_i}{\mathrm{d}r}$$

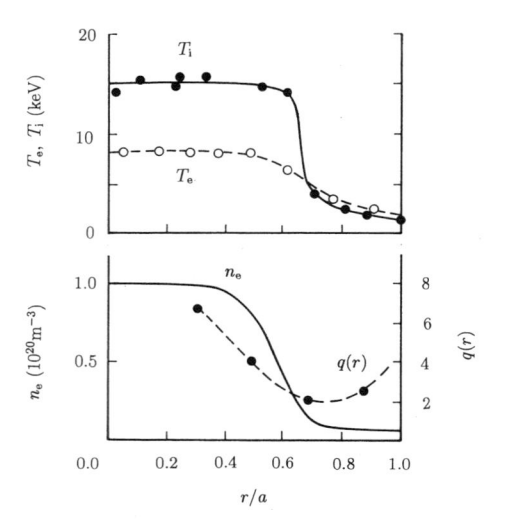

図 15.16　JT-60U の負磁気シア配位における，イオンおよび電子の温度，電子密度，安全係数 q の半径分布[21]

となる．省略した項は通常の H モードの実験条件においては小さい．

　シアのあるプラズマ流は巨視的スケールの現象であり，そのドリフト乱流への安定化効果について述べた．近年，乱流と帯状流に関する研究がおおいに進み，帯状流が実験的に観測され確かめられた[24]．帯状流のスケールは 13.4 節で述べたように中間 (メゾスコピック) スケールである．シアのある流れと帯状流の違いを図 15.17 に示している．

　ITG (イオン温度勾配モード) における帯状流は，ドリフト波のモジュレーショナル不安定性によって注ぎ込まれる．モードの構造は，帯状で $m = 0$, $n = 0$ (ポロイダル

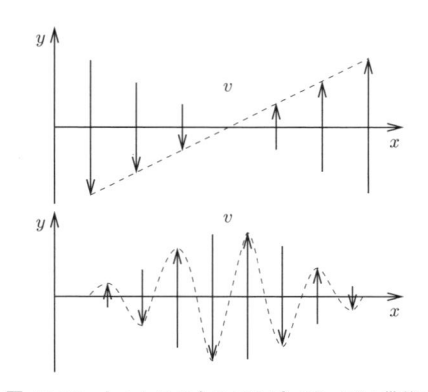

図 15.17　上：シアのあるプラズマ流．下：帯状流

とトロイダル・モード) および有限の k_r (径方向モード) でありドリフト波乱流により
つくられる．この帯状流は乱流および乱流による輸送の状態を変える可能性がある．

また帯状流の駆動，減衰の機構を理解することにより，シア流を増幅したり，帯状流
の減衰を低めるように配位を工夫してプラズマの閉じ込めを改善するいくつかの道筋を
示唆できる可能性がある[25]．

閉じ込め改善度を表す尺度として，観測された閉じ込め時間 $\tau_\mathrm{E}^\mathrm{EXP}$ の ITER-P 比例
則 $\tau_\mathrm{E}^\mathrm{ITER\text{-}P}$ に対する比 H_L が広く使われている．

$$H_\mathrm{L} \equiv \frac{\tau_\mathrm{E}^\mathrm{EXP}}{\tau_\mathrm{E}^\mathrm{ITER\text{-}P}} \tag{15.19}$$

観測された H_L の値は 2〜3 の範囲である．

ITER H モードのデータベース作業グループは ASDEX, ASDEX-U, DIII-D, JET,
JFT-2M, PDX, PBX, Alcator C-Mod などの H モードの標準実験データを集めた．
H モードの実験データを解析した結果，以下のような熱エネルギー閉じ込め時間の比例
則をまとめた (文献[26] の第 2 章).

$$\tau_\mathrm{E,th}^\mathrm{IPB98y2} = 0.0562 I_\mathrm{p}^{0.93} B_\mathrm{t}^{0.15} P^{-0.69} M_\mathrm{i}^{0.19} R^{1.97} \bar{n}_\mathrm{e19}^{0.41} \epsilon^{0.58} \kappa^{0.78} \tag{15.20}$$

単位は sec, MA, T, MW, amu, m, $10^{19}\,\mathrm{m}^{-3}$ で，$\epsilon = a/R$，P は NBI 加熱の突き
抜け，軌道損失，荷電交換，蓄積プラズマエネルギーを補正した量である．この比例則
は ELM (edge localized modes, 15.8.4 項参照) の存在しているモードに適用できる．
熱エネルギー閉じ込め比例則と ELMy H モードの実験データとの比較を図 15.18 に示

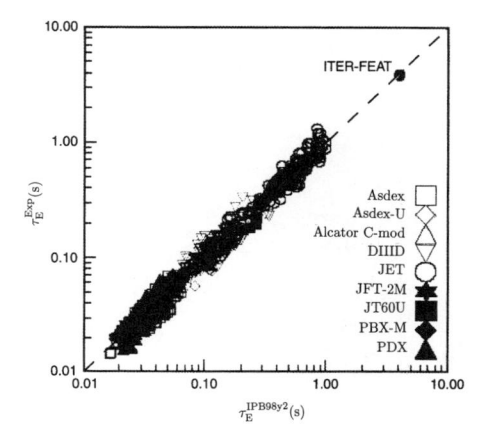

図 **15.18** IPB98y2 閉じ込め比例則 $\tau_\mathrm{E\,th,\,scaling}$ と H モードの実験におけるエネルギー
閉じ込め時間の測定値 $\tau_\mathrm{E\,th}$ の比較 © 1999 IAEA 文献[26] ITER Physics
Basis, Chapter 2 in *Nucl. Fusion* **39**, No.12 (1999) による

す. Hモード熱エネルギー閉じ込め比例則 (15.20) は次の無次元形式の形に書けることは 13.3 節で示した.

$$\frac{\tau_E^{IPB98y2}}{R/v_T} = C_E \beta^{-0.895} q_I^{-2.992} \nu_*^{-0.008} \rho_*^{-1.694} M^{0.96} \epsilon^{1.713} (\kappa^{0.290} K^{6.0})$$

ほとんどの高温プラズマ実験において，中性粒子入射加熱 (NBI) が用いられている．大型トカマクにおいて H モード，スーパー・ショット，高ポロイダル・ベータ・モードなどの改良閉じ込めモードにおいて，炉心級のプラズマが中性粒子ビーム入射によって生成された．JT-60U[21]，TFTR[20]，JET[22][23] の典型的な実験のプラズマ・パラメーターを表 15.2 に示す.

重水素・三重水素の実験が TFTR で行われた[21]．9.3 MW ($Q \sim 0.27$) の核融合出力

表 15.2 大型トカマク JT-60U[21]，TFTR[20]，JET[22][23] のプラズマ・パラメーター

	JT-60U('94) ELMy No.E21140	TFTR('94) supershot	JET('92) ELM free No.26087	JET('98) Hot ion ELMfree No.42976
I_p(MA)	2.2	2.5	3.1	4.2
B_t(T)	4.4	5.1	2.8	3.6
R/a(m/m)	3.05/0.72	$\sim$2.48/0.82	3.15/1.05	
κ_s	1.7	1	1.6	
q's	q_{eff}=4.6	q^*=3.2	q_{95}=3.8	
q_I	2.8	2.8	3.0	
$n_e(0)(10^{19} \mathrm{m}^{-3})$	7.5	8.5	5.1	
$n_e(0)/\langle n_e \rangle$	2.4	-	1.45	
$n_i(0)(10^{19} \mathrm{m}^{-3})$	5.5	6.3	4.1	
$T_e(0)$(keV)	10	11.5	10.5	14
$T_e(0)/\langle T_e \rangle$	-	-	1.87	
T_i(keV)	30	44	18.6	28
W_{dia} (MJ)	7.5	6.5	11.6	
dW_{dia}/dt(MJ/s)	-	7.5	6.0	
Z_{eff}	2.2	2.2	1.8	
β_p	1.2	$\sim$1.1	0.83	
β_t(%)	$\sim$1.3	$\sim$1.2	2.2	
β_N(Troyon factor)	$\sim$1.9	2	2.1	
P_{NB}/P_{ICRF}(MW)	24.8	33.7	14.9	22.3/3.1
E_{NB}(keV)	95	110	135, 78	
$\tau_E^{tot} = W/P_{tot}$(s)	0.3	0.2	0.78	
$H = \tau_E^{tot}/\tau_E^{ITER-P}$	$\sim$2.1	$\sim$ 2.0	$\sim$ 3.0	
$n_i(0)\tau_E^{tot}T_i(0)$	5	5.5	5.9	
$n_T(0)/(n_T(0)+n_D(0))$	0	0.5	0	$\sim$ 0.5
P_{fusion}(MW)	-	9.3	-	16.1

$n_i(0)\tau_E^{tot}T_i(0)$ は核融合三重積 (単位は 10^{20} keV $\cdot$ m$^{-3} \cdot$ s)，κ_s はプラズマ断面の垂直，水平方向の半径比，q's はプラズマ境界の効果的安全係数 (文献[20][21] 参照)，q_I は (15.10) 式で定義された安全係数．E_{NB} は中性粒子入射の入射エネルギー．

がスーパー・ショットによってえられた (表 15.2 参照). JET は 16.1 MW ($Q \sim 0.62$) の DT 核融合出力の記録を 25.7 MW の加熱入力によって達成した[23].

多くの中性粒子ビーム源は正の水素イオンを加速している. そして中性水素ガスで満たされたセルを通して, イオンを荷電交換 (電子を付着) によって高速中性粒子ビームに変える. しかしながら, 正の水素イオンから中性粒子への変換効率は, イオン・エネルギーが 100 keV 以上になると非常に小さくなる (200 keV の H^+ の場合 2.5%). 他方負の水素イオン (H^-) から中性粒子への変換効率 (電子のストリッピング) は高エネルギーになっても小さくならない ($\sim 60\%$). 高効率大出力の負のイオン源が開発されつつある.

波動加熱はほかの有力な加熱方法で, 詳細は第 12 章で記述した. NBI と同様な加熱効率を持つ ICRF (イオン・サイクロトロン周波数領域) 加熱が PLT で行われた. JET の ICRF 実験で, $T_i(0) = 5.4 \text{keV}, T_e(0) = 5.6 \text{keV}, n_e(0) = 3.7 \times 10^{13} \text{cm}^{-3}$, $\tau_E \sim 0.3 \text{sec}$ のパラメーターが $P_{\text{ICRF}} = 7 \text{MW}$ の加熱入力でえられた.

15.8 定 常 運 転

15.8.1 非誘導電流駆動およびブートストラップ電流

トカマク装置において変流器による電磁誘導によってプラズマ電流を駆動するかぎり,

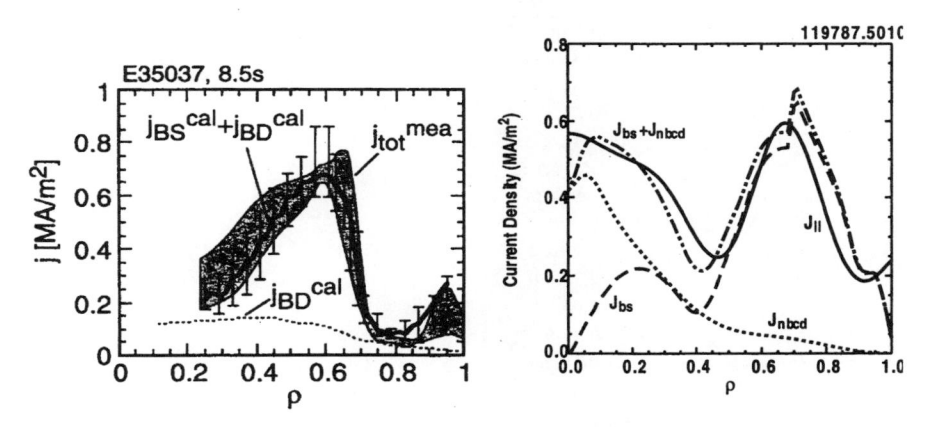

図 15.19 左:JT-60U の放電ショット E35037 における全電流密度の測定された径分布 $j_{\text{tot}}^{\text{mea}}$, 計算されたビーム駆動電流密度 $j_{\text{BD}}^{\text{cal}}$ および計算されたブートストラップ電流密度 $j_{\text{BS}}^{\text{cal}}$ と $j_{\text{BD}}^{\text{cal}}$ の和 © 2001 American Phys. Soc. 文献[27] T. Fujita, et al.: *Phys. Rev. Lett.* **87**, 085001 (2001) による. 右:DIII-D の放電ショット 119787 における全電流密度 total ($J_\parallel$), ブートストラップ電流密度 (J_{bs}), ビーム駆動電流密度 (J_{NBCD}) およびブートストラップ電流密度とビーム駆動電流密度の和 © 2005 IAEA (Nucl. Fusion) 文献[28] P. A. Politzer et al.: *Nucl. Fusion* **45**, 417 (2005) による

放電時間は限られる．その場合プラズマに面した第一壁は大きな熱負荷サイクルにさらされ，深刻な技術的困難をともなう．さらにパルス炉は商用発電プラントとして不利である．もしプラズマ電流を非誘導手段で駆動できれば，トカマクの定常炉の運転が可能になる．

しかしながら，プラズマ電流をすべて非誘導電流駆動で行おうとすると，現在の実験結果や理論的予測によれば，核融合出力のかなりの部分を必要としなければならない．他方新古典理論によれば(7.3節参照)，プラズマそれ自身でブートストラップ電流を駆動することが導かれていた．そして高ポロイダル・ベータ運転により，全プラズマ電流におけるブートストラップ電流の比率を 70~80% にまでに達成させることが実験によって実証された．JT-60U[27] および DIII-D[28] において行われた，ブートストラップ電流の比率が大きい全非誘導電流駆動の実験結果を図 15.19 に示す．測定された全電流密度および計算されたブートストラップとビーム駆動の電流密度の和の半径分布を比較すると，実験誤差内でよい一致を示している．実験条件および測定データを表 15.3 に示す (表 15.3 DIII-D の欄にある R, a, B_t のパラメーターは文献[28]に記述がないので，文献[29]から引用した)．

表 15.3 JT-60U および DIII-D ブートストラップ電流の比率が大きい非誘導全電流駆動実験の実験データ

	JT-60U (E35037) Reversed shear config.	DIII-D (119787) ELMy H, standard q profile
R(m)/a(m)	3.34 / 0.8	(1.66) / (0.67)
I_p(MA)	0.8	0.6
B_t(T)	3.4	(< 2.1)
κ/δ	1.5 / 0.42	1.85 / 0.7
$q_{95}/q_{\min}$	~9 / 3.6	~10 / 2.94
P_{NB}(MW)/E_b(keV)	5 / 85	− / −
β_N	1.9~2.2	3.08
β_p	2.7~3.0	3.18
β_t(%)	0.65	1.5
τ_E(s)	0.4~0.5	0.098
HH_{98y2}	2.1~2.3	2.03
$n_{e19}(0)/\langle n_{e19}\rangle$	3.5/−	6.7/4.37
$T_i(0))/\langle T_i\rangle$(keV)	7.5/−	3.8/2.08
$T_e(0))/\langle T_e\rangle$(keV)	5.0/−	2.5/1.49
f_{BS}(%)	(78~84) ± 11	80.8
f_{BD}(%)	~25	19.2
τ_{duration}(s)	2.7	0.7

HH_{98y2} は実験閉じ込め時間がIPB98y2比例則 (15.20) を超える改善係数，f_{BS} および f_{BD} はブートストラップ電流およびビーム駆動電流の比率．δ はプラズマ形状の三角度である．

これらの実験では高ポロイダル・ベータ $\beta_p \sim 3$ をえるためにプラズマ電流は比較的小さくしているが，ブート・ストラップ電流の比率が大きい完全非誘導電流駆動された定常プラズマが $HH_{98y2} \sim 2$ のよい閉じ込め特性で実現できたことは勇気付けられる結果である．

15.8.2 新古典ティアリング・モード

高トロイダル・ベータのプラズマを抵抗拡散時間 $\tau_R = \mu_0 a_s^2/\eta$ (η は有理面 a_s における比抵抗率) より長く保持しようとしたとき，ポロイダル・ベータがあるしきい値を超えると，新古典ティアリング・モード (NTM) により磁気アイランドが成長する[30]．新古典ティアリング・モードは有理面の磁気アイランドに局所的に電流駆動することにより抑えることができる[31]．

15.8.3 抵抗性壁モード

放電時間が壁の抵抗表皮時間 $\tau_w = \mu_0 d \delta w/\eta_w$ (η_w は小半径 d，厚さ δw を持つ壁の比抵抗率) より長くなると，抵抗性壁モード (RWM) が現れる[32]．この場合，完全導体壁がある場合の高ベータ・プラズマはもはや安定ではなく，閉じ込められたプラズマのベータは壁がない場合のベータに減少していく．

長波長の外部キンク・モードをともなう RWM は，非対称磁場をつくるプラズマ外部の近接したコイル電流をフィード・バックして安定化されることが DIII-D などによって実証された[33] (Ex/3-1Ra)．壁がない場合のベータ上限を超えたプラズマを抵抗壁の表皮時間を超えて維持することができた．

さらにプラズマをトロイダル方向に回転させると高ベータ・プラズマの安定性に寄与する[33]．プラズマの回転速度がアルフベン速度の $2.5 \sim 0.3\%$ にすると，RWM は安定化される．

15.8.4 ELM

H モードの状態は，MHD のバースト的動きや D_α 放射を含んだ準周期的緩和振動の発症によって乱される．これをプラズマ周辺に局在するモード ELM (edge localized mode) という．これらのエネルギーや粒子のバースト的な SOL への流れはダイバーター板に大きいピーク状の熱負荷と侵食をもたらす．他方 ELM は密度や不純物イオンの蓄積を効果的に取り除く．ELM のある H モードは ITER の標準的運転モードに選ばれている．ELM に関する解説は文献[34]を参照されたい．

ELM は三つのタイプがある．

タイプ I ELM：ELM の繰り返し周波数 ν_{ELM} は加熱入力とともに増加する．この場合，プラズマ境界は正規化された圧力勾配の値が常に安定限界に近い $\alpha \sim \alpha_{cr}$．孤立

した鋭い D_α のバーストをともなっている.

タイプ III ELM：ELM の繰り返し周波数はタイプ I とは異なり加熱入力とともに減少する．プラズマ境界の圧力勾配は理想バルーニング安定限界より小さい $0.3 < \alpha/\alpha_{\rm cr} < 0.5$.

タイプ II ELM：ELM のバーストはより頻繁で，D_α バーストの大きさは減少する (grassy(草状)ELM，小 ELM).

小 ELM あるいは grassy ELM は閉じ込めがよく，ダイバーターへの大きなピーク状の熱負荷がなく，不純物の少ないことなどの条件を満たす候補になりうる．ELM を制御しようという試みがされている．1 例はプラズマ断面の形を三角度を増やして変える．三角度を $\delta = 0.54$ にすると，比較的小さな $q_{95} = 4.5$ の場合でも，ほとんど grassy(草状) のフェーズだけが現れることが JT-60U で観測された[35]．これらの結果を図 15.20 に示す．ASDEX-U 実験では，重水素の氷ペレットをプラズマ中に周期的に打ち込み，タイプ I ELM を和らげることが確かめられた[36].

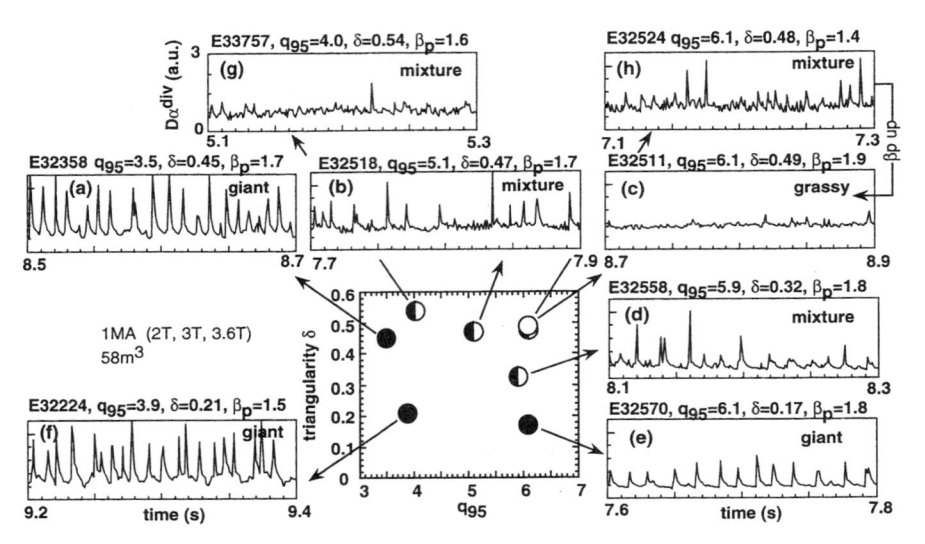

図 15.20　ELM の活動 (ダイバーターにおける D_α の信号) が $\delta, q_{95}, \beta_{\rm p}$ の変化によって変わる様子 ($I_{\rm p} = 1\,{\rm MA}$) ⓒ 2000 IOP Publishing 文献[35] Y. Kamada et al.: *Plasma Phys. Contr. Fusion* **42**, A247 (2000) による

q_{95} を増加していくにしたがって (δ と $\beta_{\rm p}$ を固定したまま)((a) → (b) → (c))，巨大 ELM は grassy(草状) ELM に変わる．δ を増加していくにしたがって (q_{95} と $\beta_{\rm p}$ を固定したまま)((e) → (d) → (c))，また $\beta_{\rm p}$ を増加していくにしたがって (δ と q_{95} を固定したまま)((h) → (c))，巨大 ELM は grassy(草状)ELM に変わる

15.8.5 ディスラプションの制御

ITER クラスのトカマク核融合炉の燃焼過程においてプラズマの平衡制御が失われると，壁に向かう大きな熱流束や高エネルギー遁走電子の発生によって，第一壁材料やダイバーター板に深刻な損傷を起こすことが予測される．さらにプラズマ電流の急速な消滅の間のプラズマ垂直方向移動により発生した，トロイダル非対称なハロー電流による局所的かつ強力な電磁力が真空容器を破壊することが起こりうる．壁と交差するプラズマの磁気面に沿ってヘリカルに流れるハロー電流は，その一端は壁につながる SOL の磁力線から導体の第一壁を通って，もう一方の SOL の磁力線の端に抜けて回路を閉じる．

大量のガス入射 (massive-gas-injection) が，ディスラプションの緩和に有効であることが示された．

また不純物アイス・ペレット (通称キラー・ペレット (killer pellet)) をトカマク・プラズマに打ち込むことにより，破壊的にならないプラズマ・エネルギーの消滅や電流停止が可能であることを示した．ただしペレットの大きさや打ち込み速度が，プラズマの奥深く中心部まで届くようにならなければならない．

15.8.6 高エネルギー粒子による不安定性

DT 炉心プラズマでは核融合反応で発生するアルファ粒子が高エネルギー粒子としてプラズマ中に存在する．そのためフィッシュボーン不安定性 (3.7 節) やトロイダル・アルフベン固有モード，高エネルギー粒子モード (8.4 節) などが観測され，その機構および対策が研究されている[26]．

15.9 国際トカマク実験炉 (ITER) のパラメーター

トカマク装置を規定するパラメーターは多いが，しかしそれらの間には多くの関係や制限がある．そのためプラズマ半径 a，トロイダル磁場 B_t および核融合出力と加熱入力の比 Q かアスペクト比 A のどちらかを指定すると，ほかのトカマクのパラメーターは電子密度，ベータおよび閉じ込め時間の比例則，核燃焼条件によって決まってしまう．この際円筒安全係数 q_I (あるいは 95％トロイダル磁束の磁気面における安全係数 q_{95})，プラズマ断面の縦横比 κ_s，三角度 δ は与えておく．q_I の定義により

$$q_I \equiv \frac{Ka}{R}\frac{B_t}{B_p} = \frac{5K^2 a B_t}{A I_p}, \qquad B_p = \frac{\mu_0 I_p(\mathrm{MA})}{2\pi K a} = \frac{I_p(\mathrm{MA})}{5Ka}$$

であるから，プラズマ電流は

$$I_p(\mathrm{MA}) = \frac{5K^2 a B_t}{A q_I}$$

である．ただし $K^2 = (1+\kappa_s^2)/2$ (I_p は MA，B_t は T，a は m 単位)．安全係数 q_{95}

は近似的に次のようになる ((15.12 15.11) 参照).

$$q_{95} \approx q_{\mathrm{I}} f_\delta f_{\mathrm{A}} \tag{15.21}$$

$$f_\delta = \frac{1+\kappa^2(1+2\delta^2-1.2\delta^3)}{1+\kappa^2}, \qquad f_{\mathrm{A}} = \frac{1.17-0.65/A}{(1-1/A^2)^2}$$

体積平均した $10^{20}\,\mathrm{m}^{-3}$ 単位の電子密度 n_{20} は

$$n_{20} = N_{\mathrm{G}} n_{\mathrm{G}}, \qquad n_{\mathrm{G}} \equiv \frac{I_{\mathrm{p}}(\mathrm{MA})}{\pi a^2} \tag{15.22}$$

で与えられる. n_{G} はグリンバルド密度 ($10^{20}\,\mathrm{m}^{-3}$ 単位), N_{G} はグリンバルド係数である. プラズマの熱化した成分のベータは

$$\beta_{\mathrm{th}} \equiv \frac{\langle p \rangle}{B_{\mathrm{t}}^2/2\mu_0} = \frac{0.0403}{B_{\mathrm{t}}^2}(\langle n_{20}T_{\mathrm{e\,keV}}\rangle + (f_{\mathrm{DT}}+f_{\mathrm{He}}+f_z)\langle n_{20}T_{\mathrm{i\,keV}}\rangle)$$
$$= 0.0403(\gamma_T + f_{\mathrm{DT}} + f_{\mathrm{He}} + f_z)\frac{\langle n_{20}T_{\mathrm{i\,keV}}\rangle}{B_{\mathrm{t}}^2} \tag{15.23}$$

である. ここで T_{e} と T_{i} の空間分布は等しいと仮定して

$$\gamma_T \equiv \frac{\langle nT_{\mathrm{e}}\rangle}{\langle nT_{\mathrm{i}}\rangle} \approx \frac{\langle T_{\mathrm{e}}\rangle}{\langle T_{\mathrm{i}}\rangle}$$

としている. またベータの比例則は

$$\beta_{\mathrm{th}} = f_{\mathrm{th}}\beta_{\mathrm{total}}, \qquad \beta_{\mathrm{total}} = 0.01\beta_{\mathrm{N}}\frac{I_{\mathrm{p}}(\mathrm{MA})}{aB_{\mathrm{t}}}$$

である. β_{N} は正規化ベータである. β_{total} は β_{th} (熱化プラズマ成分) と β_{fast} (α 粒子成分) の和であり, $f_{\mathrm{th}} = \beta_{\mathrm{th}}/\beta_{\mathrm{total}}$ である. 記号 f_{DT}, f_{He}, f_{I} は, 燃料 DT, He, 不純物 (I) の電子密度に対する比で, T_{keV} は keV 単位の温度, $\langle X \rangle$ は X の体積平均を表す. プラズマの熱エネルギー W_{th} は

$$W_{\mathrm{th}}(\mathrm{MJ}) = \frac{3}{2}\beta_{\mathrm{th}}\frac{B_{\mathrm{t}}^2}{2\mu_0}V = 0.5968\beta_{\mathrm{th}}B_{\mathrm{t}}^2 V \tag{15.24}$$

となる. W の単位は MJ, プラズマの体積 V の単位は m^{-3} である. 縦横比 κ_{s}, 三角度 δ のプラズマの断面形状は

$$R = R_0 + a\cos(\theta + \delta\sin\theta)$$
$$z = a\kappa_{\mathrm{s}}\sin\theta$$

で与えられる. プラズマ体積 V は

$$V \approx 2\pi^2 a^2 R \kappa_{\mathrm{s}} f_{\mathrm{shape}}$$

である. ただし f_{shape} は三角度による補正項

$$f_{\mathrm{shape}} \approx 1 - \frac{\delta^2}{8} - \frac{3a}{4R}\delta$$

15.9 国際トカマク実験炉 (ITER) のパラメーター

である．ダイバーター配位のときは，$V = 2\pi^2 a^2 R \kappa_s$ を縦横比 κ_s の定義に用いる (S は断面積)．

熱エネルギーの閉じ込め比例則として IPB98y2 比例則

$$\tau_E = 0.144 H_{y2} I^{0.93} B_t^{0.15} M^{0.19} n_{20}^{0.41} a^{1.97} A^{1.39} \kappa_s^{0.78} P_h^{-0.69}$$
$$= 0.781 H_{y2} q_I^{-1.34} M^{0.19} \kappa_s^{0.78} (K^2)^{1.34} N_G^{0.41} A^{0.05} B_t^{1.49} a^{2.49} P_h^{-0.69} \quad (15.25)$$

を採用する $(0.0562 \times 10^{0.41} = 0.1444)$．ここで $M(=2.5)$ はイオンの平均質量単位であり，P_t(MW) は輸送によって失う出力を補う加熱入力 (MW 単位) であり，定常状態を保つために必要な吸収される加熱入力から放射損失出力 P_{rad} を差し引いた値である．H_{y2} は閉じ込め改善係数であり，標準的 Elmy H モードの場合は 1 であるが，運転モードによっては $H_{y2} > 1$ となる例も報告されている．核融合出力 P_{fus} は

$$P_{fus} = \frac{Q_{fus}}{4} \langle n_{DT}^2 \langle \sigma v \rangle_v \rangle V$$

である．$Q_{fus} = 17.58\,\text{MeV}$．$\langle \sigma v \rangle_v$ は T の関数であり，$T = 10\,\text{keV}$ 付近の核融合反応率は

$$\langle \sigma v \rangle_v \approx 1.1 \times 10^{-24} T_{keV}^2 \,(\text{m}^3/\text{s})$$

で近似されるので，次の Θ を導入する．

$$\Theta(\langle T_{keV} \rangle) \equiv \frac{\langle n_{DT}^2 \langle \sigma v \rangle_v \rangle}{1.1 \times 10^{-24} \langle n_{DT}^2 T_{keV}^2 \rangle} = \frac{\langle n_{DT}^2 \langle \sigma v \rangle_v \rangle}{1.1 \times 10^{-24} \langle n_{DT} T_{keV} \rangle^2} \frac{\langle n_{DT} T \rangle^2}{\langle n_{DT}^2 T^2 \rangle}$$

そうすると $\langle n_{DT}^2 \langle \sigma v \rangle_v \rangle$ は

$$\langle n_{DT}^2 \langle \sigma v \rangle_v \rangle = 1.1 \times 10^{-24} \langle n_{DT} T_{keV} \rangle^2 \Theta f_{prof}, \qquad f_{prof} = \frac{\langle n_{DT} T^2 \rangle}{\langle n_{DT} T \rangle^2}$$

となる．Θ は keV 単位のイオン平均温度 $\langle T_{keV} \rangle$ や密度および温度の空間プロファイルに依存する．$n(\rho) = (1+\alpha_n)\langle n \rangle (1-\rho^2)^{\alpha_n}$, $T(\rho) = (1+\alpha_T)\langle T \rangle (1-\rho^2)^{\alpha_T}$ $(\rho^2 = x^2/a^2 + y^2/(\kappa_s a)^2)$ の空間プロファイルの場合における，Θ の $\langle T \rangle$ に対する依存性は，トーラスの円筒近似を用いておよそ以下のようになる．

$$\Theta(\langle T_i \rangle) \sim \frac{1 + 2\alpha_n + 2\alpha_T}{1.1 \times 10^{-24} (1+\alpha_T)^2 \langle T_i \rangle^2} \int_0^1 (1-\rho^2)^{2\alpha_n} \langle \sigma v \rangle_v 2\rho d\rho$$

$\langle \sigma v \rangle_v$ のイオン温度依存性によく合う関数として第 1 章で紹介した (1.5) を用いる．

$$\langle \sigma v \rangle_v = \frac{3.7 \times 10^{-18}}{h(T_i)} T_i^{-2/3} \exp(-20 T_i^{-1/3})\,(\text{m}^3/\text{s})$$

$$h(T_i) = \frac{T_i}{37} + \frac{5.45}{3 + T_i(1 + (T_i/37.5)^{2.8})}$$

Θ の 平均イオン温度 $\langle T \rangle$ の依存性を典型的な空間プロファイルについて図 15.21 に示す[37]．この場合 $f_{prof} = (\alpha_n + \alpha_T + 1)^2 / (2\alpha_n + 2\alpha_T + 1)$ となる．平坦密度分布，パ

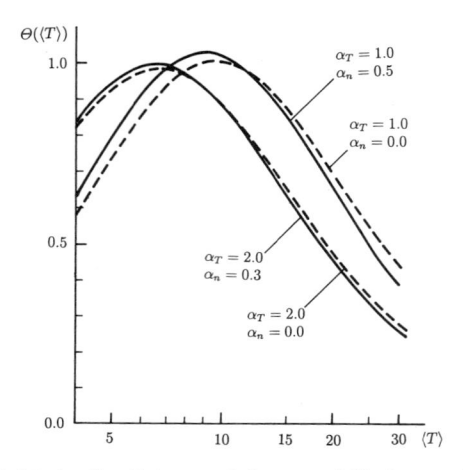

図 15.21 分布のパラメーターが $(\alpha_T = 1.0, \alpha_n = 0.0)$, $(\alpha_T = 2.0, \alpha_n = 0.0)$, $(\alpha_T = 1.0, \alpha_n = 0.5)$ および $(\alpha_T = 2.0, \alpha_n = 0.3)$ の場合における Θ の平均温度 $\langle T \rangle$ に対する依存性

ラボラ温度分布 $(\alpha_n = 0, \alpha_T = 1)$ の場合 $f_{\text{prof}} = 4/3$, 平坦密度分布, 急峻な温度分布 $(\alpha_n = 0, \alpha_T = 2)$ の場合, $f_{\text{prof}} = 9/5$ となる.

核融合出力 P_{fus} は

$$P_{\text{fus}} = 4.77 \frac{f_{\text{DT}}^2}{(\gamma_T + f_{\text{DT}} + f_{\text{He}} + f_{\text{I}})^2} f_{\text{prof}} \Theta(\langle T_{\text{i}} \rangle) \beta_{\text{th}}^2 B_{\text{t}}^4 V$$
$$= 1.19 f_{\text{dil}} f_{\text{prof}} \Theta(\langle T_{\text{i}} \rangle) \beta_{\text{th}}^2 B_{\text{t}}^4 (2\pi^2 \kappa_{\text{s}} A a^3) \,(\text{MW})$$
$$= 2.35 \times 10^{-3} f_{\text{dil}} f_{\text{prof}} \Theta(\langle T_{\text{i}} \rangle) \kappa_{\text{s}} f_{\text{th}}^2 \beta_{\text{N}}^2 I_{\text{p}}^2 B_{\text{t}}^2 A a \quad (15.26)$$

で与えられる. $I_{\text{p}} = (5K^2/q_{\text{I}})(aB_{\text{t}}/A)$, DT 燃料の不純物による希釈パラメーター f_{dil} は

$$f_{\text{dil}} \equiv \left(2 \frac{f_{\text{DT}}}{\gamma_T + f_{\text{DT}} + f_{\text{He}} + f_z}\right)^2$$
$$= \left(\frac{2}{\gamma_T + 1}\right)^2 \left(\frac{1 - 2f_{\text{He}} - z f_z}{1 - [f_{\text{He}} + (z - 1) f_z]/(\gamma_T + 1)}\right)^2$$

である. α 粒子による核融合出力 P_α は

$$P_\alpha = \frac{P_{\text{fus}}}{5}$$

となる $(P_{\text{n}} : P_\alpha = 4 : 1)$. 吸収された外部加熱入力を P_{ext} とし, アルファ加熱の効率を f_α とすると, 全加熱入力は $f_\alpha P_\alpha + P_{\text{ext}}$ となる. 放射損失の全加熱入力に対する割合を f_{rad} とすると, 輸送損失を補うための加熱入力 P_{h} は

15.9 国際トカマク実験炉 (ITER) のパラメーター

$$P_\mathrm{h} = (1 - f_\mathrm{rad})(f_\alpha P_\alpha + P_\mathrm{ext})$$

である．Q は全核融合出力 P_fus の外部加熱入力 P_ext に対する比である．すなわち

$$Q = \frac{P_\mathrm{fus}}{P_\mathrm{ext}}$$

であり，したがって P_h は

$$P_\mathrm{h} = (1 - f_\mathrm{rad})\left(f_\alpha + \frac{5}{Q}\right)P_\alpha$$

燃焼条件は

$$\frac{W_\mathrm{th}}{\tau_\mathrm{E}} = (1 - f_\mathrm{rad})\left(f_\alpha + \frac{5}{Q}\right)P_\alpha \tag{15.27}$$

に還元される．(15.24) および (15.27) より

$$\beta_\mathrm{th} B_\mathrm{t}^2 \tau_\mathrm{E} = \frac{2.503}{(1 - f_\mathrm{rad})f_\mathrm{dil}(f_\mathrm{prof}\Theta)} \frac{1}{(f_\alpha + 5/Q)}$$

この式の左辺は核融合三重積 $\langle n_{20} T_\mathrm{keV}\rangle \tau_\mathrm{E}$ に比例する．W_th の (15.24)，τ_E の (15.25)，P_fus の (15.26)，燃焼条件 (15.27) より次の核燃焼条件が導かれる[37]．

$$\frac{B_\mathrm{t}^{0.73} a^{0.42}}{A^{0.26}}\left(f_\alpha + \frac{5}{Q}\right)^{0.31}$$
$$= 2.99\left[\frac{1}{(1-f_\mathrm{rad})f_\mathrm{dil}(f_\mathrm{prof}\Theta)}\right]^{0.31} \times \frac{q_\mathrm{I}^{0.96}(f_\mathrm{th}\beta_\mathrm{N})^{0.38}}{H_\mathrm{y2} M^{0.19} N_\mathrm{G}^{0.41} K^{1.92} \kappa_\mathrm{s}^{0.09}} \tag{15.28}$$

すなわち

$$\frac{1}{Q} + \frac{f_\alpha}{5}$$
$$= \frac{6.83}{(1-f_\mathrm{rad})f_\mathrm{dil}(f_\mathrm{prof}\Theta)}\left[\frac{q_\mathrm{I}^{0.96}(f_{th}\beta_\mathrm{N})^{0.38}}{H_\mathrm{y2} M^{0.19} N_\mathrm{G}^{0.41} (K^2)^{0.96} \kappa_\mathrm{s}^{0.09}}\left(\frac{A^{0.26}}{a^{0.42} B^{0.73}}\right)\right]^{3.226}$$

15.6 節で述べたケイ−ゴールドストン比例則 (L モード) を IPB98y2 比例則の代わりに用いると，核燃焼条件は

$$\frac{I_\mathrm{p} A^{1.25}}{a^{0.12}}\left(f_\alpha + \frac{5}{Q}\right)^{0.5} = \frac{146.9}{H_\mathrm{KG}}\left(\frac{1}{(1-f_\mathrm{rad})f_\mathrm{dil}(f_\mathrm{prof}\Theta)}\right)^{0.5}$$

のようになる．H_KG はケイ−ゴールドストン比例則を上まわる改善度である．ITER にとって必要な改善度は 2.57 である．ケイ−ゴールドストン比例則の場合，核燃焼条件は主に AI_p に依存するのは興味深い．

電磁誘導運転のシナリオの場合におけるパラメーター a, B_t, A を指定すると，Q 値およびほかのパラメーターは計算することができる．指定したパラメーターを表 15.4 に示し，これらの計算結果を表 15.5 に示す．これらの値は表 15.6 の左側カラムにある ITER の設計パラメーター[38]に比較的よく対応している．表 15.6 にある $\langle T_\mathrm{i}\rangle$ は次のように計算される．

表 15.4 指定する電磁誘導運転シナリオの ITER 設計パラメーター

a	B_t	A	q_I	κ_s	N_G	β_N	f_{th}	H_{y2}	$f_{prof}\Theta$	f_{rad}	f_α
2.0	5.3	3.1	2.22	1.7	0.85	1.8	0.95	1.063	1.35	0.27	0.95

$f_{DT} = 0.82$, $f_{He} = 0.04$, $f_{Be} = 0.02$ を指定. $\gamma_T = 1.1$, $\alpha_n = 0.1$, $\alpha_T = 1.0$. を指定. $q_I = 2.22$ を $I_p = 15.0$ になるように指定. $f_{prof}\Theta = 1.35$ と $H_{y2} = 1.063$ を $Q \approx 10$ ((15.28) 参照) になるように指定.

表 15.5 計算された電磁誘導運転シナリオの ITER 設計パラメーター

Q	R	I_p	τ_E	n_{20}	$\langle T_i \rangle$	$\langle T_e \rangle$	W_{th}	P_{fus}	P_{ext}	P_{rad}	β_{total}
9.8	6.2	15.0	3.75	1.01	8.01	8.81	338	424	42	33.2	0.025

$P_n, P_\alpha, P_{ext}, P_{rad}$ の単位は MW, W_{th} の単位は MJ. I_p の単位は MA.

表 15.6 ITER の設計パラメーター[38)-40)]

	電磁誘導運転		非誘導運転
I_p(MA)	15	I_p	9(MA)
B_t(T)	5.3	B_t	(5.17)(T)
R/a(m)	6.2/2.0	R/a	(6.35/1.84)(m)
A	3.1	A	(3.45)
$\kappa_{s\,95}/\delta_{95}$	1.7/0.33	$\kappa_{s\,95}/\delta_{95}$	(1.84/0.41)
$\langle n_e \rangle (10^{20}\,\text{m}^{-3})$	1.01	$n_e(0)$	0.6
N_G	0.85	N_G/n_G	$\sim 0.62/0.85$
$\langle T_i \rangle / \langle T_e \rangle$	8.0/8.8	$T_e(0)/T_i(0)$	37/34
$W_{thermal}$	325		
τ_E^{tr}(s)	3.7		
H_{y2}	1.0	H_{y2}	1.5~1.7
P_{fus}(MW)	410		
P_{ext}(MW)	41	P_{NB}(MW)	34
P_{rad}(MW)	48	P_{EC}(MW)	20
Z_{eff}	1.65		
β_t(%)	2.5	$\beta_{t,th}$(%)	~ 1.9
β_p	0.67	$\beta_{p,th}$	~ 1.2
β_N	1.77	$\beta_{N,th}$	~ 2
q_{95}	3.0	q_{95}	7
q_I	2.22		
l_i	0.86		
Q	10	Q	5
f_R	0.39	I_{bs}	4.5(MA)
f_{DT}/f_{He}(%)	82/4.1	I_{cd}	4.5(MA)
f_{Be}/f_{Ar}(%)	2/0.12		

$$\langle T_i \rangle = \frac{\langle nT_i \rangle}{\langle n \rangle} \frac{\langle T_i \rangle \langle n \rangle}{\langle nT_i \rangle} = \frac{\langle nT_i \rangle}{\langle n \rangle} \frac{1}{f_{prof}^{(2)}}, \qquad f_{prof}^{(2)} \equiv \frac{\langle nT \rangle}{\langle n \rangle \langle T \rangle}$$

ただし $\langle n \rangle$ と $\langle nT \rangle$ は (15.22)(15.23) で, $f_{prof}^{(2)} \equiv \langle nT \rangle / \langle n \rangle \langle T \rangle \approx (1 + \alpha_n)(1 +$

$\alpha_T)/(1+\alpha_n+\alpha_T)$ で与えられる.

注:実験炉の構造上からもパラメーターに制約が加わる.プラズマのセパラトリックス面とトロイダル磁場コイルの間には最低限の距離 Δ が必要であり,トロイダル磁場の最大値を $B_{\max}$ (図 15.22 参照) とすると,次のような拘束条件が付く.

$$\frac{B_\mathrm{t}}{B_{\max}} = \frac{R-a-\Delta}{R} = 1-\left(1+\frac{\Delta}{a}\right)\frac{1}{A}, \qquad 1-\frac{2}{A} < \frac{B_\mathrm{t}}{B_{\max}} < 1-\frac{1}{A}$$

ただし $a > \Delta > 0$ とした.Δ および $B_{\max}$ が与えられると,B_t は a, A の関数となる.

変流器の磁束変化量 $\Delta\Phi$ のプラズマ・リングの磁束に対する比 ξ は

$$\xi \equiv \frac{\Delta\Phi}{L_\mathrm{p} I_\mathrm{p}} = \frac{5B_{\max}(\mathrm{T})((R_\mathrm{OH}+d_\mathrm{OH})^2 + 0.5d_\mathrm{OH}^2)}{(\ln(8A/\kappa_\mathrm{s}^{1/2})+l_\mathrm{i}-2)RI_\mathrm{p}(\mathrm{MA})}$$

で与えられる.ここで $R_\mathrm{OH} = R-(a+\Delta+d_\mathrm{TF}+d_\mathrm{s}+d_\mathrm{OH})$ である.d_TF と d_OH はそれぞれ TF と OH コイル導体の厚さであり,d_s は TF と OH コイル導体間の距離である (図 15.22 参照).$j_\mathrm{TF}, j_\mathrm{OH}$ を TF および OH コイル導体の電流密度 ($\mathrm{MA/m^2 = A/(mm)^2}$ の単位) とすると

$$j_\mathrm{TF}(\mathrm{MA/m^2}) = \frac{2.5}{\pi}\frac{B_{\max}(\mathrm{T})}{d_\mathrm{TF}}\frac{1}{1-0.5d_\mathrm{TF}/(R-a-\Delta)}$$

$$j_\mathrm{OH}(\mathrm{MA/m^2}) = \frac{2.5}{\pi}\frac{B_{\max}(\mathrm{T})}{d_\mathrm{OH}}$$

である.

2000 年における ITER の主なパラメーターを表 15.6 に示す.$\tau_\mathrm{E}^\mathrm{tr}$ は放射損失の補正をしたエネルギー閉じ込め時間である.$Q=10$,κ_s は縦方向半径と横方向半径の比,q_{95} は 95% 磁束面における安全係数,トロイダル磁場コイルの最大磁場 $B_{\max}=11.8\,\mathrm{T}$,トロイダル磁場コイル個数は 18,単一 X 点ダイバーター (single null divertor) 配位,1

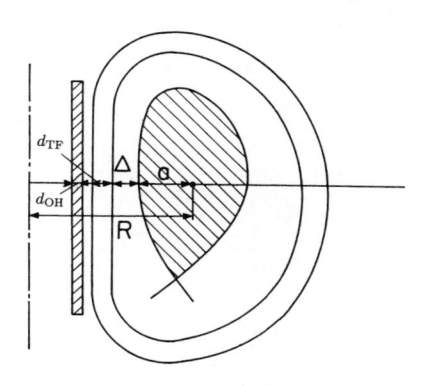

図 **15.22** トカマクにおけるプラズマ,トロイダル磁場コイル,変流器の中心ソレノイドコイルの幾何学的配置

ターンのループ電圧は $V_{\text{loop}} = 89\,\text{mV}$, $Q=10$ 条件の誘導パルスのフラット・トップは数 100 秒, P_{fus} は全核融合出力, β_N は正規化ベータ, N_G は正規化密度, f_R は放射損失の割合, $f_{\text{DT}}, f_{\text{Be}}, f_{\text{He}}, f_{\text{He}}$ は DT, Be, He, Ar の密度の電子密度に対する割合である.

非誘導定常運転の場合に最適化されるパラメーターは, 電磁誘導運転の場合のパラメーターとは異なってくる. ブートストラップ電流は (7.29) により $I_{\text{bs}}/I_{\text{p}} = c_{\text{b}}(a/R)^{0.5}\beta_{\text{p}}$ である. $\beta_t = 0.01\beta_N I_p/(aB_t)$, $B_p/B_t = \mu_0 I_p/(2\pi K a B_t) = 0.2(I_p/K a B_t)$, $B_p/B_t = aK/Rq_I$ であるので

$$\beta_{\text{p}} = 0.25K^2\beta_N(aB_t/I_p) = 0.05A\beta_N q_I$$

であり, ブートストラップ電流は

$$I_{\text{bs}}/I_{\text{p}} = C_{\text{bs}} A^{0.5}\beta_N q_I, \qquad C_{\text{bs}} = 0.05 c_{\text{b}}$$

で与えられる. 駆動電流および必要な駆動電力をそれぞれ I_{cd} および P_{cd} とするとき電流駆動効率 η_{cd} は

$$I_{\text{cd}} = \frac{\eta_{\text{cd}}}{\langle n\rangle R}P_{\text{cd}}, \qquad \eta_{\text{cd}} \equiv \frac{I_{\text{cd}}}{P_{\text{cd}}}\langle n\rangle R \tag{15.29}$$

で定義される. LHCD (11.47), ECCD (11.53) および NBCD (11.63) による非誘導電流 I_{cd} はいずれも $(T_e/n_e R)P_{\text{cd}}$ の依存性を持つので, 駆動効率は電子温度に比例する. したがって I_{cd} を次のように記述することができる.

$$I_{\text{cd}} = \frac{(\eta_{\text{cd}}/\langle T_e\rangle)\langle n\rangle\langle T_e\rangle}{\langle n\rangle^2 R}P_{\text{cd}} = \frac{(\eta_{\text{cd}}/\langle T_e\rangle)\langle n\rangle(\langle T_e\rangle + (f_{\text{DT}}+f_{\text{He}}+f_z)\langle T_i\rangle)}{\langle n\rangle^2 R(1+(f_{\text{DT}}+f_{\text{He}}+f_z)\langle T_i\rangle/\langle T_e\rangle)}P_{\text{cd}}$$

$I_{\text{cd}}(\text{MA})$

$$\approx 2.48\times 10^{-2}\left(\frac{\eta_{\text{cd19}}/\langle T_{e\,\text{keV}}\rangle}{f_{\text{prof}}^{(2)}[1+(f_{\text{DT}}+f_{\text{He}}+f_z)/\gamma_T]}\right)\frac{f_{\text{th}}\beta_N I_p(\text{MA})B_t}{Aa^2\langle n\rangle_{20}^2}P_{\text{cd}}(\text{MW})$$

ここで η_{cd19} は $10^{19}\,\text{A}/(\text{W}\cdot\text{m}^2)$ 単位で $\langle T_{e\,\text{keV}}\rangle$ は keV 単位の電子温度の体積平均である. そして

$$\frac{I_{\text{cd}}}{I_p} = C_{\text{cd}}\frac{\beta_N B_t}{Aa^2\langle n\rangle_{20}^2}P_{\text{cd}}(\text{MW})$$

$$C_{\text{cd}} = 2.48\times 10^{-2}\frac{(\eta_{\text{cd19}}/\langle T_{e\,\text{keV}}\rangle)f_{\text{th}}}{[1+(f_{\text{DT}}+f_{\text{He}}+f_z)/\gamma_T]f_{\text{prof}}^{(2)}} \tag{15.30}$$

が導かれた. 定常運転では $I_{\text{bs}}/I_p + I_{\text{cd}}/I_p = 1$ を満たさなければならないから, 必要な出力 P_{cd} は

$$P_{\text{cd}} = \frac{aRn_{20}^2}{C_{\text{cd}}\beta_N B_t}\frac{I_{\text{cd}}}{I_p} = \frac{aRn_{20}^2}{C_{\text{cd}}\beta_N B_t}\left(1-\frac{I_{\text{bs}}}{I_p}\right) = \frac{(1-C_{\text{bs}}A^{0.5}\beta_N q_I)aRn^2}{C_{\text{cd}}\beta_N B_t}$$

15.9 国際トカマク実験炉 (ITER) のパラメーター

である。核融合出力 P_{fus} は (15.26) で与えられているので

$$P_{\text{fus}} = C_{\text{fus}}\beta_N^2 I_p^2 B_t^2 Aa, \qquad C_{\text{fus}} = 2.35 \times 10^{-3} f_{\text{dil}}(f_{\text{prof}}\Theta)\kappa_s f_{\text{th}}^2$$

となり $Q_{\text{cd}} \equiv P_{\text{fus}}/P_{\text{cd}}$ は

$$\frac{1}{Q_{\text{cd}}} = \frac{(1-C_{\text{bs}}A^{0.5}\beta_N q_I)n_{20}^2 aR}{C_{\text{fus}}(\beta_N B_t)^2 I_p(\text{MA})^2 AaC_{\text{cd}}\beta_N B_t} = \frac{(1-C_{\text{bs}}A^{0.5}\beta_N q_I)N_G^2}{\pi^2 C_{\text{cd}}C_{\text{fus}}(\beta_N B_t a)^3} \tag{15.31}$$

になる[37)40)]。$A^{1/2}\beta_N q_I$ を大きくすることが、ブートストラップ電流の割合を大きくし、かつ $(\beta_N B_t a)^3/N_G^2$ を大きくすることが Q 値を大きくするのに好都合であるが、$q_I \propto 1/I_p$ を増やし(プラズマ電流 I_p を小さくし)、n_e を下げることは閉じ込め時間の劣化を招く。プラズマのエネルギー平衡の式 (15.27) を満たすのに必要な閉じ込め時間をえるためには、閉じ込め改善係数 H_{y2} を大きくとれるような運転モードを実現しなければならない (15.8 節参照)。

エネルギー・バランスから導かれた Q 値 (15.28) とプラズマ電流のバランスから導かれた Q_{cd} 値 (15.31) のプラズマ・パラメーターに対する依存性は全く異なるものであるが、Q と Q_{cd} の $N_G, q_I, \beta_N, \cdots$ などに対する依存性が異なる。$Q_{\text{cd}} = Q$ の条件を満たすため N_G, q_I, β_N などの負帰還制御を行う必要がある[37)]。

文献[40)] の非誘導電流駆動の ITER reference scenario 4, type II を検討の対象とした。この非誘導電流駆動定常運転においてはブートストラップ電流と非誘導駆動電流をそれぞれ $4.5\,\text{MA}$ および $4.5\,\text{MA}$ に設定している。$R, a, B_t, \kappa_s/\delta$ の値は文献[39)] から引用した。$N_G, \beta_{t,\text{th}}, \beta_{p,\text{th}}, \beta_{N,\text{th}}$ の値は文献[40)] から引用した。これらの値は表 15.6 に示してある。非誘導運転シナリオの指定した値を表 15.7 に示す。それから計算して導いたパラメータを表 15.8 に示す。これらの値は表 15.6 右側カラムにある reference scenario 4, type II のパラメータとよく整合している。

$I_{\text{bs}} = 4.5\,\text{MA}$ の設定は $C_{\text{bs}} = 0.0374$ すなわち $c_{\text{b}} = 0.748$ を必要としている。

表 **15.7** 指定する非誘導運転シナリオのITER設計パラメーター

a	B_t	A	q_I	κ_s	N_G	β_N	f_{th}	H_{y2}	$f_{\text{prof}}\Theta$	f_{rad}	f_α
1.84	5.17	3.45	3.35	1.84	0.63	2.15	0.95	1.702	1.20	0.3	0.95

$f_{\text{DT}} = 0.82, f_{\text{He}} = 0.04, f_{\text{Be}} = 0.02\ \delta = 0.41$ を指定。$\alpha_n = 0.03, \alpha_T = 2.0$, $\gamma_T = 1.08$ を指定。$\alpha_n = 0.03, \alpha_T = 2.0, \gamma_T = 1.08, I_p \approx 9.0\text{MA}$ になるよう $q_I = 3.34$ を指定。$Q \approx 5$ になるように $f_{\text{prof}}\Theta(\langle T_i \rangle) = 1.2, H_{y2} = 1.702$ を指定。

表 **15.8** 計算された非誘導運転シナリオのITER設計パラメーター

Q	R	I_p	τ_E	n_{20}	$\langle T_i \rangle$	$\langle T_e \rangle$	W_{th}	P_{fus}	P_{ext}	P_{rad}	β_{total}
5.01	6.35	9.02	3.88	0.534	12.0	13.0	241	228	45.5	26.6	0.020

電流駆動のための入力 P_{cd} を $P_{\text{cd}} = P_{\text{ext}}$ とした。近似式 $q_{95} \approx q_I f_\delta f_A$ の値は 4.69 で表 15.6 の非電流駆動の欄の q_{95} の値からずれている。$T(0) = (1+\alpha_T)\langle T \rangle \approx 3\langle T \rangle$。

ITER reference scenario 4, type II においては $P_{cd} = P_{ext} = 41.4\,\text{MW}$ の出力で $I_{cd} = 4.5\,\text{MA}$ を設定している．したがって必要な駆動効率 C_{cd} は $C_{cd} = 0.329 \times 10^{-2}$ で，必要な電流駆動効率 η_{cd19} は (15.30) より

$$\eta_{cd19} = 0.133 \frac{f_{\text{prof}}^{(2)}[1 + (f_{\text{DT}} + f_{\text{He}} + f_z)/\gamma_T]}{f_{\text{th}}} \langle T_{e\,\text{keV}} \rangle \approx 0.259 \langle T_{e\,\text{keV}} \rangle$$

となる．

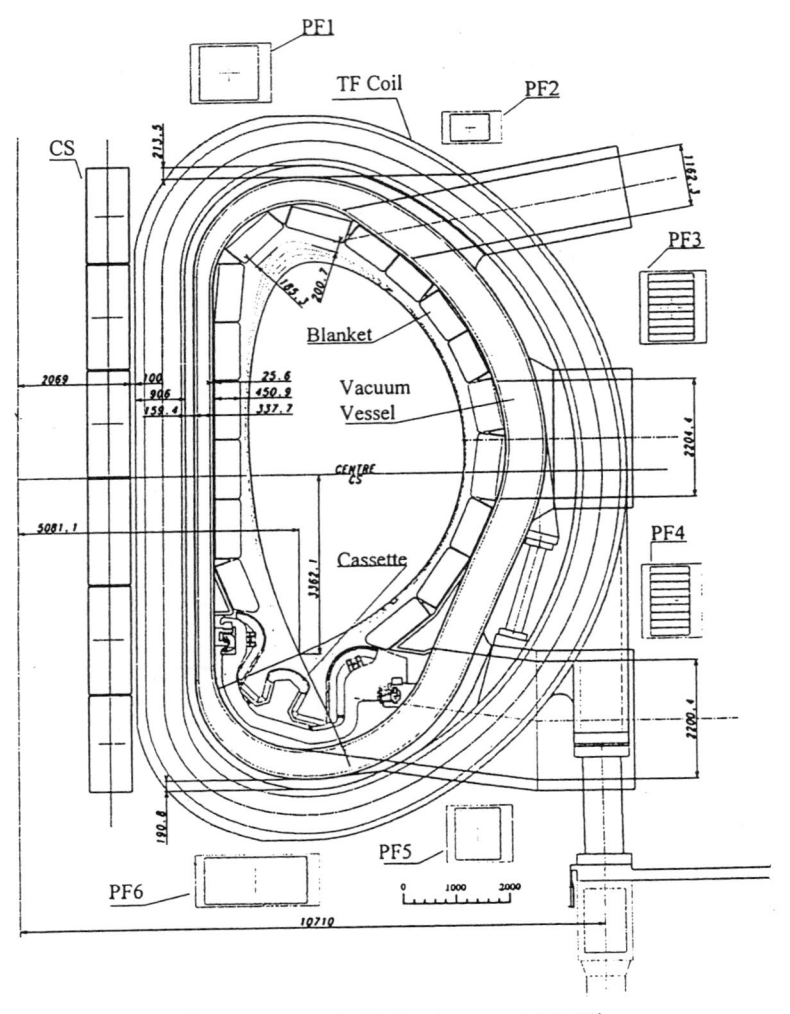

図 15.23 ITER 概略設計のポロイダル断面図[38]

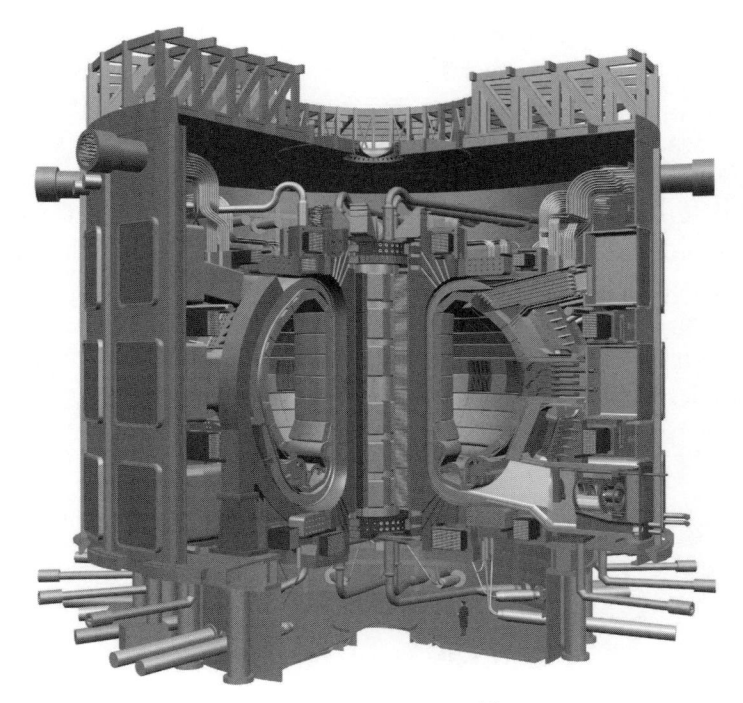

図 15.24 ITER の構造図[41]

トカマク炉の概念設計は，トカマクの実験研究の発展にともなって，活発に行われてきた．INTOR (International Tokamak Reactor)[42] および ITER (International Thermonuclear Experimental Reactor)[39] は，この分野の国際的活動の代表的なものである．

ITER は誘導電流駆動の場合 $Q \sim 10$ の核燃焼プラズマを長時間 (数 100 秒) 達成することを実証し，非誘導電流駆動により $Q \sim 5$ の定常運転を実現することを目指している．現在フランス (Cadarache) で建設中である．

2000 年における ITER-FEAT の概要設計の断面図を図 15.23 に，その構造図を図 15.24 に示す．

15.10　先進的トカマクへの試み

標準的トカマクのアスペクト比 A/a を極端に 1 に近づけた球状トカマク ST の期待される理論的な優位は Peng と Strickler によって論じられている[43]．期待される

利点は，自然に縦長の高非円形度がえられること ($\kappa_s > 2$)，高トロイダル・ベータ，そしてトカマクなみの閉じ込め特性などである．これらの予測は，特に Culham にある START (Small Tight Aspect Ratio Tokamak)[44] ($R/a = 0.3/0.28 = 1.31$, $I_p \approx 0.25\,\mathrm{MA}$, $B_t \approx 0.15\,\mathrm{T}$) によって実験的に確かめられた．トロイダル・ベータは 40%，$\beta_N = 3.5 \sim 5.9$ に達した[45]．観測されたエネルギー閉じ込め時間は標準トカマクと同じような比例則に従っている．Princeton にある NSTX (National Spherical Torus Experiment) ($R/a = 0.85/0.65 = 1.3$, $L_p = 1.5\,\mathrm{MA}$, $B_t = 0.3 \sim 0.6\,\mathrm{T}$) と Culham にある MAST (Mega Ampere ST) ($R/a = 0.85/0.65 = 1.3$, $I_p = 1.35\,\mathrm{MA}$, $B_t = 0.52\,\mathrm{T}$) で行われた実験で，エネルギー閉じ込め時間が $\tau_E \sim 0.1\,\mathrm{s}$ の領域まで ITER98y2 比例則に従っていることを実証した．密度比例則は $N_G \sim 1$ である．したがって重要な比例則は標準的トカマク (ITER) とほとんど同じである．すなわち

$$q_I \equiv \frac{KaB_t}{RB_p} = \frac{5K^2 aB_t}{AI_p} = \frac{5}{AI_N}\frac{1+\kappa_s^2}{2}, \qquad I_N \equiv \frac{I_p}{aB_t},$$

$$q_{95} = \left(\frac{5}{AI_N}\frac{1+\kappa_s^2}{2}\right)\frac{1.22 - 0.68/A}{(1 - 1/A^2)^2} \quad (A < 3) \tag{15.32}$$

$$\beta_c(\%) = \beta_N I_N, \qquad \beta_c(\%)\beta_p = 0.25\beta_N^2 K^2$$

$$S \equiv q_{95}I_N, \qquad \beta_c(\%) = \frac{\beta_N S}{q_{95}}, \qquad I_p = aB_t\frac{S}{q_{95}} \tag{15.33}$$

$$n_{e\,20} = N_G \frac{I_p}{\pi a^2}$$

$$\tau_E = 0.0562 \times 10^{0.41} H_{y2} I^{0.93} B_t^{0.15} M^{0.19} n_{20}^{0.41} a^{1.97} A^{1.39} \kappa_s^{0.78} P^{-0.69}$$

である．ただし q_{95} のアスペクト比に対する依存は $A \sim 1$ 付近で変わる．ここで R, a, B_t, I_p の単位は m, T, MA である．I_N 正規化された電流であり，S は shape parameter と呼ばれている ((15.33) 参照)．

さらに ST には有利な特性がある．プラズマの中心部の磁気面は標準的トカマクとあまり変わらないが，図 15.25 をみると，プラズマの周辺部では (非常に低アスペクト比の

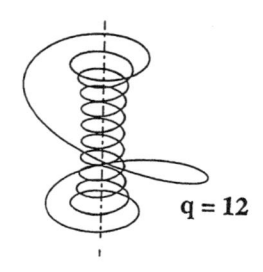

図 15.25 ST のプラズマ周辺における磁力線[45]

場合),磁力線はトーラスの主軸寄り内側に長く滞在し周辺部の q の値を大きくする.A が1に近づくと円筒安全係数が $q_\mathrm{I} \approx 2$ の場合でも,q_{95} は (15.32) よりわかるとおり大きくなる.したがって MHD 安定性の制限 (たとえば $q_{95} > 3$) にもかかわらず I_N を大きくとることができる.その結果トロヨン上限 β_c を大きくとれ,高ベータ・プラズマの反磁性が高正規化電流の常磁性の効果を弱めることが期待できる.このことから MHD 安定性に寄与することが期待される[45]).

文　献

1) L. A. Artsimovich: *Nucl. Fusion* **12**, 215 (1972).
   H. P. Furth: *Nucl. Fusion* **15**, 487 (1975).
2) V. S. Mukhovatov and V. D. Shafranov: *Nucl. Fusion* **11**, 605 (1971).
3) J. Wesson: *Tokamaks, 2nd ed.*, Oxford University Press, Oxford 1997.
4) M. Fujiwara, S. Itoh, K. Matsuoka, K. Matsuura, K. Miyamoto and A. Ogata: *Jpn. J. Appl. Phys.* **14**, 675 (1975).
   Y. Nagayama, Y. Ohki and K. Miyamoto: *Nucl. Fusion* **23**, 1447 (1983)
5) B. B. Kadomtsev: *Sov. J. Plasma Phys.* **1**, 389 (1975).
6) M. Greenwald: *Plasma Phys. Contr. Fusion* **44**, R27 (2002).
7) F. Troyon, R. Gruber, H. Saurenmann, S. Semenzato and S. Succi: *Plasma Phys. Contr. Fusion* **26**, 209 (1984).
8) DIII-D team: *Plasma Phys. Contr. Nucl. Fusion Res.* (Conf. Proceedings, Washington D. C. 1990) **1**, 69 (1991) IAEA, Vienna.
9) ITER Physics Basis: *Nucl. Fusion* **39**, No. 12 (1999).
10) K. Borrass: *Nucl. Fusion* **31**, 1035 (1991).
    K. Borrass, R. Farengo, G. C. Vlases: Nucl. Fusion **36**, 1389, (1996).
    B. LaBombard, J. A. Goetz, I. Hutchinson, D. Jablonski, J. Kesner et al.: *Nucl. Materials* **241-243**, 149 (1997).
11) R. J. Goldston: *Plasma Phys. Contr. Fusion* **26**, 87 (1984).
    S. M. Kaye: *Phys. Fluids* **28**, 2327 (1985).
12) P. N. Yushmanov, T. Takizuka, K. S. Riedel, D. J. W. F. Kardaun, J. G. Cordey, S. M. Kaye and D. E. Post: *Nucl. Fusion* **30**, 1999 (1990).
    N. A. Uckan, P. N. Yushmanov, T. Takizuka, K. Borras, J. D. Callen et al.: *Plasma Phys. Contr. Nucl. Fusion Res.* (Conf. Proceedings, Washington D. C. 1990) **3**, 307 (1991) IAEA, Vienna.
13) F. Wagner, G. Becker, K. Behringer et al.: *Phys. Rev. Lett.* **49**, 1408 (1982).
    F. Wagner, G. Becker, K. Behringer, D. Campbell, M. Keilhacker et al.: *Plasma Phys. Contr. Nucl. Fusion Res.* (Conf. Proceedings, Baltimore 1982) **1**, 43 (1983) IAEA, Vienna.
14) ASDEX Team: *Nucl. Fusion* **29**, 1959 (1989).
15) R. J. Groebner: *Phys. Fluids* **B5**, 2343 (1993).
16) E. J. Doyle, C. L. Rettig, K. H. Burrell, P. Gohil, R. J. Groebner et al.: *Plasma*

Phys. Contr. Nucl. Fusion Res. (Conf. Proceedings, Würzburg 1992) **1**, 235 (1992) IAEA, Vienna.

17) H. Biglari, D. H. Diamond, Y.-B. Kim, B. A. Carreras, V. E. Lynch, F. L. Hinton et al.: *Plasma Phys. Contr. Nucl. Fusion Res.* (Conf. Proceedings, Washington D.C. 1990) **2**, 191 (1991) IAEA, Vienna.

18) T. H. Dupree: *Phys. Fluids*: **15**, 334 (1972)
T. Boutros-Ghali and T. H. Dupree: *Phys. Fluids*: **24**, 1839 (1981)

19) T. S. Taylor, T. H. Osborne, K. H. Burrel et al.: *Plasma Phys. Contr. Nucl. Fusion Res.* (Conf. Proceedings, Würzburg 1992) **1**, 167 (1992) IAEA, Vienna.

20) TFTR Team: *Plasma Phys. Contr. Nucl. Fusion Res.* (Conf. Proceedings, Seville 1994) **1**, 11, (1995) IAEA, Vienna.
TFTR Team: *Plasma Phys. Contr. Nucl. Fusion Res.* (Conf. Proceedings, Washington D.C. 1990) **1**, 9, (1991) IAEA, Vienna.

21) JT60U Team: *Plasma Phys. Contr. Nucl. Fusion Res.* (Conf. Proceedings, Seville 1994) **1**, 199 (1995) IAEA Vienna.

22) JET Team: *Nucl. Fusion* **32**, 187 (1992).

23) JET Team: *17th Fusion Energy Conf.* (Conf. Proceedings, Yokohama 1998) **1**, 29 (1998) IAEA, Vienna.

24) A. Fujisawa, K. Itoh, H. Iguchi, K. Matsuoka, S. Okamomura et al.: *Plasma Phys. Rev. Lett.* **93**, 165002 (2004).
G. D. Conway, B. Scott, J. Schirmer, M. Reich, A. Kendl and ASDEX-U Team: *Plasma Phys. Contr. Fusion* **47**, 1165 (2005).

25) P. H. Diamond, S.-L. Itoh, K. Itoh and T. S. Hahm: *Plasma Phys. Contr. Fusion* **47**, R35 (2005).
P. H. Diamond, K. Itoh, S.-I. Itoh and T. S. Hahm: *20th Fusion Energy Conf.* (Vilamoura 2004) OV/2-1.

26) ITER Physics Basis, Chapter 2 in *Nucl. Fusion* **39**, No.12 (1999).

27) T. Fujita, S. Ide, Y. Kamada, T. Suzuki, T. Oikawa et al.: *Phys. Rev. Lett.* **87**, 085001 (2001).

28) P. A. Politzer, A. W. Hyatt, T. C. Luce, F. W. Perkins, R. Prater et al.: *Nucl. Fusion* **45**, 417 (2005).

29) J. L. Luxon: *Nucl. Fusion* **42**, 614 (2002).

30) P. H. Rutherford: *Phys. Fluids* **16**, 1903 (1973).

31) D. A. Gates, B. Lloyd, A. W. Morris, G. McArdle, M. R. O'Brien et al.: *Nucl. Fusion* **37**, 1593, (1997)

32) J. M. Finn: *Phys. Plasmas* **2**, 198 (1995).
D. J. Ward and A. Bonderson: *Phys. Plasmas* **2**, 1570 (1995).

33) M. Okabayashi, J. Bialek, A. Bodeson, M. S. Chance, M. S. Chu et al.: *20th IAEA Fusion Energy Conf.* (Vilamoura 2004) EX/3-1Ra.
H. Reimerdes, J. Bialek, M. S. Chance, M. S. Chu, A. M. Garofalo et al.: *20th IAEA Fusion Energy Conf.* (Vilamoura 2004) EX/3-1Rb.

34) H. Zohn: *Plasma Phys. Contr. Fusion* **38**, 105 (1996).
J. W. Connor: Plasma Phys. *Contr. Fusion* **40** 191 (1998).

M. Becoulet, G. Huysmans, Y. Sarazin, X. Garbet, P. Ghendrih et al.: *Plasma Phys. Contr. Fusion* **45**, A93 (2003).
35) Y. Kamada, T. Oikawa, L. Lao, T. Takizuka, T. Hatae et al.: *Plasma Phys. Contr. Fusion* **42**, A247 (2000).
36) P. T. Lang, A. Kallenbach, J. Bucalossi, G. D. Conway, A. Degeling et al. (ASDEX-U Team): *20th IAEA Fusion Energy Conf.* (Vilamoura 2004) EX/2-6.
37) K. Miyamoto: *Plasma Fusion Res.* **7**, 1403125 (2012).
    K. Miyamoto: *J. Plasma Fusion Res.* **76**, 166 (2000).
38) ITER Physics Bases: *Nucl. Fusion* **39**, No.12 (1999).
    Technical Bases for the ITER-FEAT Outline Design Dec. 1999 (Draft for TAC Review).
39) M. Shimada, V. Mukhavatov, G,Federici, Y. Gribov, A. Kukushihkin et al.: *The 19th IAEA Fusion Energy Conf.* (Lion 2002) CT-2.
40) Progress in the ITER Physics Basis: *Nucl. Fusion* **47**, No.6, S285 (2007).
41) R. Aymar, V. Chuyanov, M. Huget and Y. Shimomura: *18th IAEA Fusion Energy Conf.* (Sorrento 2000) OV/1.
42) INTOR Team: *Nucl. Fusion* **23**, 1513 (1983).
43) Y. K. M. Peng and D. J. Strickler: *Nucl. Fusion* **26**, 769 (1986).
44) D. A. Gates, R. Akers, L. Appel, P. G. Carolan, N. Conway et al.: *Phys. Plasmas* **5**, 1775 (1988).
45) D. C. Robinson: *Plasma Phys. Contr. Fusion* **41**, A143 (1999).

16

逆転磁場ピンチ (RFP)

16.1 RFP 配位

 逆転磁場ピンチ (逆磁場ピンチ)(reversed field pinch, RFP) はトカマクと同様,軸対称トーラス系に属し,プラズマ中に流すトロイダル電流によって生じるポロイダル磁場 B_θ と,外部トロイダル磁場コイルとプラズマ電流のポロイダル成分によってつくられるトロイダル磁場 B_z との組合せでプラズマを閉じ込める.したがってトカマクと同様,軸対称性を持っているため粒子軌道損失が小さいという長所を持っている.しかしトカマクとは磁場構成に大きな違いがある.ポロイダル磁場 B_θ とトロイダル磁場 B_z とが同じ程度の大きさであるので,安定係数

$$q_\mathrm{s}(r) = \frac{r}{R}\frac{B_z(r)}{B_\theta(r)}$$

が 1 よりかなり小さい ($q_\mathrm{s}(0) \sim a/(R\Theta)$, $\Theta \sim 1.6$).またトロイダル磁場の小半径分布は図 16.1 に示すようにプラズマ周辺で逆転する配位になっていて磁力線のシアが大きい.したがって比較的高ベータ ($\langle\beta\rangle \approx 10 \sim 20\%$) のプラズマを MHD 安定に閉じ込めることができる.このことは装置の小型化につながる.またクルスカル–シャフラノフ制限 ($q < 1$) を超えてプラズマ電流を大きく流すことができるので,閉じ込め比例則にもよるが,オーム加熱のみで着火条件に必要な温度まで加熱できる可能性を持っている.
 RFP の研究は核融合研究の最も早い時期から始められた.Harwell 研究所の Zeta では放電の初期に不安定であっても静かな状態に緩和されることが 1968 年に観測された[1].そのとき磁場構成は逆転磁場配位である (図 16.1).そして電子温度 $T_\mathrm{e} \approx 100 \sim 150\,\mathrm{eV}$,閉じ込め時間 $\tau_\mathrm{E} \approx 2\,\mathrm{ms}$,$\langle\beta\rangle \approx 10\%$ 程度の結果をえていた.しかし同じ会議 (ノボシビルスク) で発表されたトカマク T-3 の画期的結果 ($T_\mathrm{e} \approx 1\,\mathrm{keV}$, $\tau_\mathrm{E} \approx 5 \sim 6\,\mathrm{ms}$,$\beta \approx 0.2\%$) に注目が集まり,Zeta は閉鎖の運命をたどった.それはトカマクの閉じ込め特性が優れていたからである.しかし RFP では比較的高いベータ値を持つプラズマがすでに実現していたので,その後も引き続き研究が進められ,閉じ込め特性も次第に

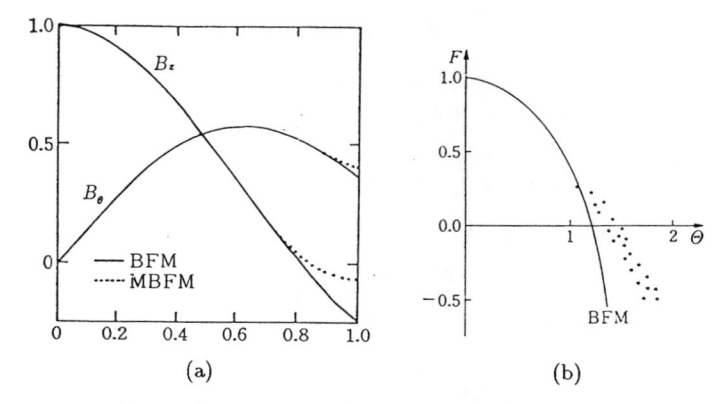

図 16.1 (a) 逆転磁場ピンチ (RFP) におけるトロイダル磁場 $B_z(r)$ とポロイダル磁場 $B_\theta(r)$ の半径分布 (ベッセル関数モデル BFM と変形されたベッセル関数モデル MBFM). (b) F–Θ 曲線
実線はベッセル関数モデル (BFM) の場合であり,点は実験データを示す.

改善されてきた (ZT-40M, OHTE, HBTX-IB, TPE-1RM15, MST, RFX, TPE-RX など)[2)-5)]. 不純物抑制,高温領域における閉じ込め比例則などが重要な課題である.

16.2 テイラーの緩和理論

電流を立ち上がらせるプラズマ生成初期においてプラズマは MHD 的に不安定な状態にあっても,やがてその初期条件にあまり依存することのない安定な RFP 配位が現れてくるという実験事実からヒントをえて,J. B. Taylor は 1974 年,RFP 配位がプラズマの緩和現象によって落ちつくエネルギー最小の状態であることを理論的に導いた[6)].

この課題を取り扱うために,電磁流体における磁気ヘリシティの概念を導入する.電場 $\boldsymbol{E}$ および磁場 $\boldsymbol{B}$ のスカラー・ポテンシャル ϕ とベクトル・ポテンシャル $\boldsymbol{A}$ を考え,ある磁気面に囲まれた領域の積分

$$K = \int_V \boldsymbol{A} \cdot \boldsymbol{B} \, \mathrm{d}\boldsymbol{r} \tag{16.1}$$

を磁気ヘリシティと定義する ($\mathrm{d}\boldsymbol{r} \equiv \mathrm{d}x\,\mathrm{d}y\,\mathrm{d}z$).

$$\boldsymbol{E} = -\nabla\phi - \frac{\partial \boldsymbol{A}}{\partial t}, \qquad \boldsymbol{B} = \nabla \times \boldsymbol{A}$$

であるので,マックスウェルの式から

$$\frac{\partial}{\partial t}(\boldsymbol{A} \cdot \boldsymbol{B}) = \frac{\partial \boldsymbol{A}}{\partial t} \cdot \boldsymbol{B} + \boldsymbol{A} \cdot \frac{\partial \boldsymbol{B}}{\partial t} = (-\boldsymbol{E} - \nabla\phi) \cdot \boldsymbol{B} - \boldsymbol{A} \cdot (\nabla \times \boldsymbol{E})$$
$$= -\boldsymbol{E} \cdot \boldsymbol{B} - \nabla \cdot (\phi\boldsymbol{B}) + \nabla \cdot (\boldsymbol{A} \times \boldsymbol{E}) - \boldsymbol{E} \cdot (\nabla \times \boldsymbol{A})$$

$$= -\nabla \cdot (\phi \boldsymbol{B} + \boldsymbol{E} \times \boldsymbol{A}) - 2(\boldsymbol{E} \cdot \boldsymbol{B})$$

となる[7]. もしプラズマが完全な導体壁に囲まれている場合は $\boldsymbol{B} \cdot \boldsymbol{n} = 0$, $\boldsymbol{E} \times \boldsymbol{n} = 0$ ($\boldsymbol{n}$ は境界の外に向かう法線方向の単位ベクトル) であるから

$$\frac{\partial K}{\partial t} = \frac{\partial}{\partial t}\int_V \boldsymbol{A}\cdot\boldsymbol{B}\mathrm{d}\boldsymbol{r} = -2\int_V \boldsymbol{E}\cdot\boldsymbol{B}\mathrm{d}\boldsymbol{r} \tag{16.2}$$

となる. (16.2) の右辺は磁気ヘリシティの損失項である.

$$\boldsymbol{E} + \boldsymbol{v}\times\boldsymbol{B} = \eta\boldsymbol{j}$$

が適用できる場合, 損失項は

$$\frac{\partial K}{\partial t} = -2\int_V \eta\boldsymbol{j}\cdot\boldsymbol{B}\mathrm{d}\boldsymbol{r} \tag{16.3}$$

となる. $\eta = 0$ の場合, 磁気ヘリシティは保存される. 抵抗0のプラズマにおいては任意の磁気面に囲まれた領域の K 積分は保存される. J. B. Taylor は, プラズマにわずかな抵抗がある場合について次のように考えた. すなわち有限抵抗のため局所的に磁力線の再結合が生じ, より安定な状態へと緩和していき, 部分領域の K 積分値は変化するが, 導体壁で囲まれたプラズマ全領域で積分された K_T の値は非常にゆっくりと変化し, いま考えている緩和現象の時間尺度では一定であるとする. したがって K_T の変分

$$\delta K_\mathrm{T} = \int \boldsymbol{B}\cdot\delta\boldsymbol{A}\mathrm{d}\boldsymbol{r} + \int \delta\boldsymbol{B}\cdot\boldsymbol{A}\mathrm{d}\boldsymbol{r} = 2\int \boldsymbol{B}\cdot\delta\boldsymbol{A}\mathrm{d}\boldsymbol{r} = 0$$

の条件で, 磁場のエネルギー最小条件

$$(2\mu_0)^{-1}\delta\int (\boldsymbol{B}\cdot\boldsymbol{B})\,\mathrm{d}\boldsymbol{r} = \mu_0^{-1}\int \boldsymbol{B}\cdot\nabla\times\delta\boldsymbol{A}\mathrm{d}\boldsymbol{r} = \mu_0^{-1}\int (\nabla\times\boldsymbol{B})\cdot\delta\boldsymbol{A}\mathrm{d}\boldsymbol{r}$$

を未定乗数法で求めると

$$\nabla\times\boldsymbol{B} - \lambda\boldsymbol{B} = 0 \tag{16.4}$$

が導かれる. この解はプラズマ圧力0の場合 ($\boldsymbol{j}\times\boldsymbol{B} = \nabla p = 0$, $\boldsymbol{j}\|\boldsymbol{B}$) の最小エネルギー状態に対応する. 円柱座標系における軸対称な解は

$$B_r = 0, \qquad B_\theta = B_0 J_1(\lambda r), \qquad B_z = B_0 J_0(\lambda r) \tag{16.5}$$

である. この解をベッセル関数モデル (BFM) と呼ぶ. これを図示したのが図 16.1a である. $\lambda r > 2.405$ の領域でトロイダル磁場 B_z が逆転していることを示す. 逆転磁場ピンチ実験においてはプラズマ電流 I_p を表すパラメーターとして Θ, トロイダル磁場の逆転の程度を表すパラメーターとして F を用いる. すなわち

$$\Theta = \frac{B_\theta(a)}{\langle B_z\rangle} = \frac{(\mu_0/2)I_\mathrm{p} a}{\int B_z 2\pi r\,\mathrm{d}r}, \qquad F = \frac{B_z(a)}{\langle B_z\rangle}$$

ただし $\langle B_z\rangle$ はトロイダル磁場のプラズマ断面における平均値である. 平均化されたト

ロイダル磁場 $\langle B_z \rangle$ およびプラズマ境界におけるトロイダル磁場 (TF コイルによってつくられる磁場) $B_z(a)$ は

$$\langle B_z \rangle = \frac{1}{\Theta} B_\theta(a), \qquad B_z(a) = \frac{F}{\Theta} B_\theta(a)$$

である. Θ および F の値の範囲はそれぞれ 1.3〜3.5 および $-2 \sim -0.2$ である. プラズマ境界における安全係数は $q_\mathrm{s}(a) = (a/R)(F/\Theta)$ となる.

F と Θ の値を上記のベッセル関数モデルの場合について計算すると

$$\Theta = \frac{\lambda a}{2}, \qquad F = \frac{\Theta J_0(2\Theta)}{J_1(2\Theta)} \tag{16.6}$$

となり, F–Θ の曲線は図 16.1b のようになる. テイラー・モデルにおいては

$$\lambda = \frac{\mu_0 \boldsymbol{j} \cdot \boldsymbol{B}}{B^2} = \frac{(\nabla \times \boldsymbol{B}) \cdot \boldsymbol{B}}{B^2} = \mathrm{const.}$$

は空間的に一定であり $\nabla p = 0$ である. 安全係数は

$$q_\mathrm{s}^\mathrm{BFM}(r) = \frac{rB_z}{RB_\theta} = \frac{a}{R\Theta} \frac{J_0(x)}{2J_1(x)/x}, \qquad q_\mathrm{s}^\mathrm{BFM}(0) = \frac{a}{R\Theta}$$

により与えられる. ただし $x = 2\Theta r/a$.

実験データでは有限ベータ効果や緩和現象が不完全であるためにベッセル関数モデルからはずれる. そして上記 λ はプラズマ中央部では平坦な空間分布をしているが周辺では 0 となる. $\lambda(r)$ として

$$\nabla \times \boldsymbol{B} - \lambda(r) \boldsymbol{B} = 0$$

を解いた解を変形されたベッセル関数モデル (MBFM) という.

トーラスにおける局所モードの安定条件は

$$\frac{1}{4} \left(\frac{q_\mathrm{s}'}{q_\mathrm{s}} \right)^2 + \frac{2\mu_0 p'}{rB_z^2} (1 - q_\mathrm{s}^2) > 0$$

であることから[8], $p'(r) < 0$ のところでは強いシア $q_\mathrm{s}'/q_\mathrm{s}$ で安定化し, シアの弱い中心部では $p'(r) \sim 0$ とするような圧力分布が望ましい. $q_\mathrm{s}^2 < 1$ のとき $q_\mathrm{s}' = 0$ (最小ピッチ) ならばそこで局所モードは不安定となる.

プラズマの有限抵抗を考慮すると古典磁場拡散 (7.7) により, その特徴的時間 $\tau_\mathrm{cl} = \sigma\mu_0 a^2$ 程度しか RFP 配位は保持されないはずである. しかし ZT-40M の実験[9]によれば τ_cl の 3 倍程度の 20 ms 以上の放電時間を実現している. この実験結果は, 古典磁場拡散で失われるトロイダル磁束を補う再生機構 (regeneration) があることを示す明確な証左である. したがってプラズマ電流が維持されている限り RFP 配位は維持されることになる.

16.3 MHD 緩和過程

　RFP プラズマの中心部の電子温度は外部領域の値より高く，トロイダル電場の磁力線に平行な成分は中心部で大きいので (RFP 配位により周辺部では逆向き)，電流分布はピーク状になりやすい．$m=1$ モードは不安定になり，トカマクの内部破壊 (15.3 節参照) のような緩和現象が起こる．しかしその物理過程はカドムチェフ・モデルとは異なっている．

　電流分布がピーク状になり，$q(0)$ が $1/n$ より小さくなると，プラズマ中心部の移動による磁束面の大域的非線形な変形のため，その移動の後方にできたセパラトリックス付近で，反平行な磁場の半径成分が形成され大きくなる．それから非線形駆動再結合が発展し始める．磁束のトモロジーを考慮すると，再結合の後有理面が現れ，$q(0)$ の値は $1/n$ より大きくなる (図 16.2 参照)．電流分布はより平坦になり，RFP プラズマはより安定な状態に緩和する．REPUTE RFP プラズマで観測された $q(0)$ の時間変化は，このシナリオによく対応している[10]．もしカドムチェフ型再結合が RFP の $q(r)$ (逆シア) 分布で起こるとすれば，磁束のトモロジーを考慮すれば再結合の後 $q(0)$ は減少し，電流分布はよりピークになり $m=1$ 大域的モードが不安定になる．

　本格的 MHD 非線形シミュレーションが精力的に行われた[11)12]．複数ヘリカル成分を持つ場合のシミュレーションから $m=1, n=5$ モードのヘリカル磁束を抽出し，その等高線の時間変化を図 16.3 に示す[11]．この図から明らかなようにヘリカルな駆動再結合が $12\sim 20\tau_A$ (τ_A はアルフベン通過時間) の期間に観測される．複数ヘリカル成分

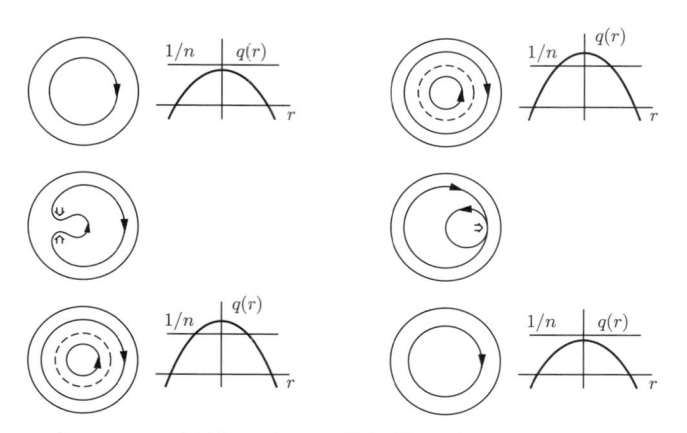

図 16.2　左：$m=1$ の大局的モードによる駆動再結合．右：有理面のティアリングモードによるカドモチェフ型再結合

16.3 MHD緩和過程

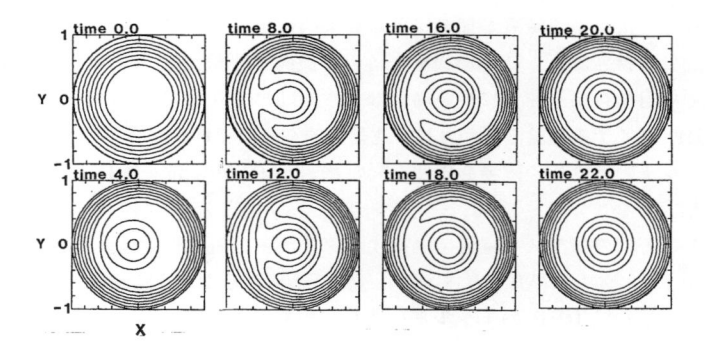

図 16.3 複数ヘリカル成分を持つ場合のシミュレーションから $m=1, n=5$ モードのヘリカル磁束を抽出したときの等高線の時間変化
図中の時間 $0.0 \sim 22.0$ の単位はアルフベン通過時間 τ_A である.

の緩和においては,異なる n を持つ不安定な $m=1$ モードが非線形カップリングによってそれらのエネルギーのほとんどを $(0,1)$ モードに供給する.軸対称な $m=0$ アイランドの非線形再結合が緩和過程においてヘリカルな再結合よりも重要な役割を果たしている.ヘリカル非線形駆動再結合においては,再結合線はヘリカルな線であり,互いに近づき合う流れ (矢印) が再結合に導く.再結合の後,その前とは異なる磁場 (右図の細い矢印) が生成される.これらの磁場はトロイダルおよびポロイダル成分を持っている.軸対称非線形駆動再結合 $(0,1)$ においては,再結合線はポロイダル方向のリングでトロイダル成分の磁場のみ生成される.後者の過程の方が,軸対称な逆転磁場 (有理面の内部領域でプラスの磁場,外側領域で逆方向の磁場) を生成するのにより有効である.

プラズマに揺動があるとき,プラズマ中の磁場 $\boldsymbol{B}$ はその時間平均 $\langle\boldsymbol{B}\rangle_\mathrm{t}$ と揺動項 $\tilde{\boldsymbol{B}}$ の和 $\boldsymbol{B}=\langle\boldsymbol{B}\rangle_\mathrm{t}+\tilde{\boldsymbol{B}}$ で表される.オーム則 (3.21)

$$\boldsymbol{E}+\left(\boldsymbol{v}-\frac{\boldsymbol{j}}{en_\mathrm{e}}\right)\times\boldsymbol{B}+\frac{1}{en_\mathrm{e}}\nabla p_\mathrm{e}=\eta\boldsymbol{j}$$

の時間平均をとると

$$\langle\boldsymbol{E}\rangle_\mathrm{t}+\langle\boldsymbol{v}\rangle_\mathrm{t}\times\langle\boldsymbol{B}\rangle_\mathrm{t}+\langle\tilde{\boldsymbol{v}}\times\tilde{\boldsymbol{B}}\rangle_\mathrm{t}-\frac{1}{en_\mathrm{e}}\langle\tilde{\boldsymbol{j}}\times\tilde{\boldsymbol{B}}\rangle=\langle\eta\boldsymbol{j}\rangle_\mathrm{t} \tag{16.7}$$

になる.ここで $\langle\ \rangle_\mathrm{t}$ は時間平均を表す.新しい項が揺動によって現れる.(16.7) の左辺第 3 項は MHD ダイナモと呼ばれ,第 4 項は Hall ダイナモと呼ばれる[13].プラズマ断面内のトロイダル磁束 $\varPhi_z=\int B_z\mathrm{d}S$ の時間的平均は,準定常状態では一定であるから θ 方向の電場の時間平均は 0,すなわち ($\oint E_\theta \mathrm{d}l=-\mathrm{d}\varPhi_z/\mathrm{d}t=0$) であり,かつ $\langle v_r\rangle_\mathrm{t}=0$ である.定常状態の RFP プラズマにおいては,次の条件を満たしている必要がある.

$$\langle\eta j_\theta\rangle_\mathrm{t}=\langle(\tilde{\boldsymbol{v}}\times\tilde{\boldsymbol{B}})_\theta\rangle_\mathrm{t}-\frac{1}{en_\mathrm{e}}\langle(\tilde{\boldsymbol{j}}\times\tilde{\boldsymbol{B}})_\theta\rangle_\mathrm{t} \tag{16.8}$$

言い換えれば抵抗による減衰が揺動による効果的電場によって補償される場合はプラズマは定常的に維持される．この過程をダイナモ機構と呼ぶ．

電子の平均自由行路が非常に長い場合はオーム則のような局所的関係は適用できなくなる．MHD ダイナモ理論の代わりに，運動論的ダイナモ理論が提案されている[14])．この理論では電子の運動量の磁場を横切る異常輸送が RFP 配位を維持するのに重要な役割を果たしている．

ポロイダル方向のプラズマ電流を維持するダイナモの磁気揺動は，一方では，電子の拡散係数が $D_e \sim v_{Te} a \langle (\delta B_r/B)^2 \rangle$ によって与えられるから (13.2 節参照)，電子の拡散を強める．そして RFP のエネルギー閉じ込めを損なう．

ポロイダル電流を維持するために必要なダイナモの，RFP の閉じ込め時間に対する影響を評価してみよう．変形ベッセル関数モデルでは，$\mu_0 j_\theta = \lambda B_\theta \sim (2\Theta/a) B_\theta$ の関係が成り立つ．(16.8) の右辺は

$$\left(\left(\tilde{\bm{v}} - \frac{1}{en_e}\tilde{\bm{j}}\right) \times \tilde{\bm{B}}\right)_\theta \sim \left(\left(\tilde{\bm{v}} - \frac{1}{en_e}\tilde{\bm{j}}\right)_z \tilde{B}_r \sim \tilde{v}_{ez} \tilde{B}_r\right)$$

になる．したがって，トロイダル磁束を維持するためのダイナモのレベルは，(16.8) より

$$\frac{\eta 2\Theta}{\mu_0 a} B_\theta = \tilde{v}_{ez} \tilde{B}_r, \qquad \frac{\tilde{B}_r}{B_\theta} \sim \frac{2\eta\Theta}{\mu_0 a \tilde{v}_{ez}} = 2\Theta \frac{a}{\tau_R \tilde{v}_{ez}}$$

になる．ただし $\tau_R = \mu_0 a^2/\eta$．MHD 不安定性の成長率を γ とすると，$\tilde{v}_{ez}$ の大きさは $R\gamma$ のオーダーになる．したがって比率 $\tilde{B}_r/B_\theta$ は

$$\frac{\tilde{B}_r}{B_\theta} \sim \left(\frac{2\Theta a}{R}\right) \frac{1}{\tau_R \gamma}$$

になる[10])．ティアリング・モードの成長率 ($\tau_A = a/v_A$, $v_A^2 = B_\theta^2/\mu_0 \rho_m$) を採用すると (7.1 節参照)

$$\gamma \sim \frac{1}{\tau_R^{3/5} \tau_A^{2/5}}$$

となる．比率 $\tilde{B}_r/B_\theta$ は次式で与えられる．

$$\frac{\tilde{B}_r}{B_\theta} \sim \left(\frac{2\Theta a}{R}\right)\left(\frac{\tau_A}{\tau_R}\right)^{2/5} = \left(\frac{2\Theta a}{R}\right) S^{-0.4}$$

変形ベッセル関数モデル・プラズマの熱拡散係数 D_e およびエネルギー閉じ込め時間 τ_E は次のように与えられる．

$$D_e \approx a v_{Te} \left(\frac{\tilde{B}_r}{B_\theta}\right)^2 \sim a v_{Te} 4\Theta^2 \left(\frac{a}{R}\right)^2 S^{-0.8}$$

$$\tau_E \approx \frac{a^2}{D_e} \sim \frac{a}{v_{Te}} \frac{1}{4\Theta^2} \left(\frac{R}{a}\right)^2 S^{0.8} \propto \frac{R^2 a^{-0.2} B_\theta^{0.8} T_e^{0.7}}{Z_{\text{eff}}^{0.8} n^{0.4} \Theta^2} \propto \frac{R(R/a) I_p^{0.8} T_e^{0.7}}{Z_{\text{eff}}^{0.8} n^{0.4} \Theta^2}$$

16.4 RFP の閉じ込め

オーム加熱の場合における RFP のエネルギー閉じ込め時間 τ_E はエネルギー・バランスの関係より

$$\frac{(3/2)\langle n(T_e + T_i)\rangle_v 2\pi R\pi a^2}{\tau_E} = V_z I_p$$

で与えられる．ただし V_z はループ電圧，I_p はプラズマ電流，$\langle\ \rangle_v$ は体積平均を表す．平均ポロイダル・ベータ β_θ の定義

$$\beta_\theta \equiv \frac{\langle n(T_e + T_i)\rangle_v}{B_\theta^2/2\mu_0} = \frac{8\pi^2 a^2 \langle n(T_e + T_i)\rangle_v}{\mu_0 I_p^2}$$

の関係を用いると，エネルギー閉じ込め時間は

$$\tau_E = \frac{3\mu_0}{8} R\beta_\theta \frac{I_p}{V_z} \tag{16.9}$$

となる．したがってオーム加熱プラズマの τ_E の比例則を求めるためには，β_θ と V_z の比例則が必要となる．RFP プラズマにループ電圧 V_z を加えるためにはプラズマの周りの導体シェルにトロイダル方向のカットを設ける必要がある．そうすると磁気ヘリシティの時間変化は，(16.1) 式を導くときに 0 と考えた表面積分の寄与を加えなければならない．

$$\frac{\partial K}{\partial t} = -2\int \boldsymbol{E}\cdot\boldsymbol{B}\,d\boldsymbol{r} - \int(\phi\boldsymbol{B} + \boldsymbol{E}\times\boldsymbol{A})\cdot\boldsymbol{n}\,dS$$

RFP にループ電圧 V_z を加えると，シェル・カットの両端に電圧 V_z がかかり，電場 $\boldsymbol{E}$ もシェル・カットの間隙に集中する．表面積分の項はシェル・カットからの寄与 $2V_z\Phi_z$ とそれ以外の表面 S_- からの寄与の和になる．すなわち

$$\frac{\partial K}{\partial t} = -2\int \eta\boldsymbol{j}\cdot\boldsymbol{B}\,d\boldsymbol{r} + 2V_z\Phi_z - \int_{S_-}(\phi\boldsymbol{B} + \boldsymbol{E}\times\boldsymbol{A})\cdot\boldsymbol{n}\,dS \tag{16.10}$$

ただし Φ_z はトロイダル磁束の空間平均で $\Phi_z = \pi a^2\langle B_z\rangle_v$ である．準定常状態においては $\langle \partial K/\partial t = 0\rangle_t$ である．(16.10) の時間平均をとると

$$V_z = \frac{\int\langle\eta\boldsymbol{j}\cdot\boldsymbol{B}\rangle_t d\boldsymbol{r} + (1/2)\int_{S_-}\langle\phi\boldsymbol{B} + \boldsymbol{E}\times\boldsymbol{A}\rangle_t\cdot\boldsymbol{n}\,dS}{\langle\Phi_z\rangle_t}$$

$$= V_P + V_B$$

$$V_P = \frac{2\pi R}{\pi a^2}\eta_0 I_p\zeta$$

$$V_B = \frac{2\pi R}{a}\frac{\langle\langle(\phi\boldsymbol{B} + \boldsymbol{E}\times\boldsymbol{A})\cdot\boldsymbol{n}\rangle_t\rangle_{S_-}}{\langle\langle B_z\rangle_t\rangle_v}$$

が導かれる．ただし $\langle\ \rangle_{S_-}$ は表面領域 S_- における平均である．そしてζは比抵抗および磁場の空間分布によって決まる無次元数で次式で与えられる．

$$\zeta \equiv \frac{\langle\langle \eta \boldsymbol{j} \cdot \boldsymbol{B}\rangle_{\mathrm{t}}\rangle_{\mathrm{v}}}{\eta_0 \langle\langle j_z\rangle_{\mathrm{t}}\rangle_{\mathrm{v}} \langle\langle B_z\rangle_{\mathrm{t}}\rangle_{\mathrm{v}}} = \frac{\langle\langle \eta \boldsymbol{j}\rangle_{\mathrm{t}} \cdot \langle \boldsymbol{B}\rangle_{\mathrm{t}}\rangle_{\mathrm{v}} + \langle\langle \widetilde{(\eta \boldsymbol{j})} \cdot \widetilde{\boldsymbol{B}}\rangle_{\mathrm{t}}\rangle_{\mathrm{v}}}{\eta_0 \langle\langle j_z\rangle_{\mathrm{t}}\rangle_{\mathrm{v}} \langle\langle B_z\rangle_{\mathrm{t}}\rangle_{\mathrm{v}}}$$

ここで η_0 は中心における比抵抗値であり，ζ の値は揺動項が無視できる場合は標準的ベッセル関数モデルで計算するとおよそ $\zeta \sim 10$ である．しかし一般的には揺動項のため $\zeta > 10$ である．V_{B} の値はプラズマ境界が完全な導体シェルの場合は 0 である．しかし現実の装置におけるプラズマ境界はライナー (もしくはライナー保護板) であって，導体シェルはプラズマ境界から若干はなれている．この場合擾乱またはプラズマ位置のずれによって磁力線が壁を横切ることが起こる (表面で $\boldsymbol{B} \cdot \boldsymbol{n} \neq 0$, $\boldsymbol{E} \neq 0$)．そのため V_{B} は有限の値を持つ．閉じ込め時間 τ_{E} の式に V_z の式を代入すると

$$\tau_{\mathrm{E}} = \frac{3}{8} \beta_\theta \left(\frac{\mu_0 a^2}{\eta_0} \frac{1}{2\zeta} \right) \left(1 + \frac{V_{\mathrm{B}}}{V_{\mathrm{p}}} \right)^{-1}$$

となる．高温になると抵抗成分が小さくなるので V_{B} の項が無視できなくなる．

オーム加熱実験における RFP エネルギー閉じ込め時間比例則が ZT-40M, RFX, TPE-1RM などのデータから ZT-40M グループによって提案された[15]．すなわち

$$\tau_{\mathrm{E\,stand.}} = 10.2 a^2 I_{\mathrm{p}}^{1.5} \left(\frac{I_{\mathrm{p}}}{N} \right)^{1.5} \tag{16.11}$$

単位は $\tau_{\mathrm{E}}(\mathrm{ms})$，$I_{\mathrm{p}}(\mathrm{MA})$，線密度 $N = \pi a^2 n_{\mathrm{e}} (10^{20}\,\mathrm{m}^{-1})$ である．多くの RFP 装置からえられた実験的エネルギー閉じ込め時間を比例則 (16.11) と比較した結果を図 16.4 に示す[15][16]．図の中の丸印は MST のデータで，閉じ込め改良モード (16.4.1 項参照) のプラズマのデータを含んでいる．(16.11) における I_{p}/N は，RFP の実験初期から

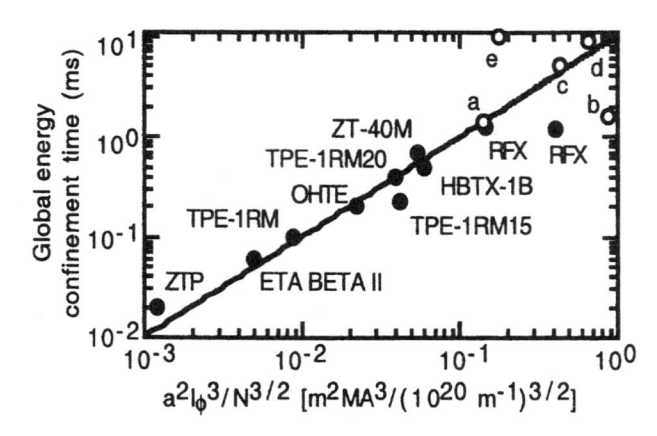

図 **16.4** 標準運転の RFP におけるエネルギー閉じ込め時間比例則 © 2001 American Phys. Soc. 文献[16] B. E. Chapman et al.: *Phys. Rev. Lett.* **87**, 205001 (2001) による

図の I_ϕ は文中の I_{p} に等しい．

RFP プラズマの重要なパラメーターであるが，グリンバルド密度 (15.7) の逆数である．I_p/N は通常 2 より大きく，最小値はトカマクと同じく 1 である[17]．

16.4.1 パルス的平行電流駆動 (PPCD)

最近電流分布の制御により RFP の閉じ込め特性が非常に改良されてきた．RFP の標準的運転では，RFP 配位の磁場構成より磁場に平行な電場はプラズマの中心部で大きくなる．その結果中心部で電流密度が大きくなり，大域的キンク・モードやティアリング不安定性が起こる．不安定性が成長し，執拗な再結合により電流分布はより平坦になる．飽和状態における磁気揺動は大きな異常輸送をもたらす．閉じ込めを改良するために，加える電場をその電場によって生ずる電流分布がより平坦になるように調整する．そしてより安定な揺動の小さいプラズマをつくる．そのため放電中にプラズマの外部領域に，強い磁場に平行な電場成分 (ほとんどポロイダル成分) が加わるように，追加的に電場を加える．この方法はパルス的平行電流駆動 (pulsed parallel current drive, PPCD) と呼ばれる．PPCD により 1994 年 MST 実験でエネルギー閉じ込め時間が倍増された (2.2 ms)[18]．PPCD 運転におけるエネルギー閉じ込め時間は 2001 年には 10 ms まで向上した[16]．そしてダイナモ効果が非常に弱くなった．

ダイナモの存在は平均化されたオーム法則の平行成分の測定によってはっきりと確認できる[13]．図 16.5 は測定された平行方向の，電場の径分布およびオーム則の電流密度項を示している．標準的プラズマ (図 16.5 左) では，電流密度の分布は電場の分布から非常にずれている．中心部での電流密度は電場から期待される値より小さい．一方プラ

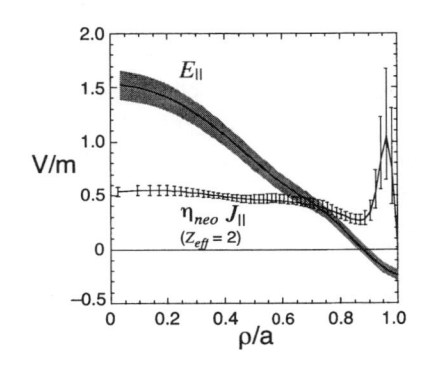

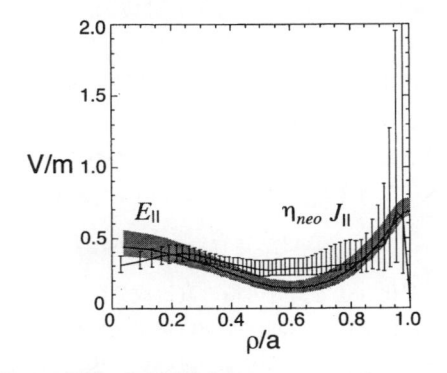

図 16.5 測定された磁場に平行な，平均的電場と電流密度 (に比抵抗率をかけた) の径分布
ⓒ 2004 IAEA (Nucl. Fusion) 文献[13] S. C. Prager et al.: *20th IAEA Fusion Energy Conf.* (Vilamoura 2004) OV/4-2 による
右：標準運転の場合．左：PPCD 運転の場合．二つの曲線の差がダイナモ効果を表している．

表 16.1 MST, RFX, TPE-RX の PPCD 実験運転条件およびプラズマ閉じ込め特性

	R/a	I_p	I_p/N	$\bar{n}_{e20}$	T_{e0}/T_{i0}	F/Θ	β	τ_E	文献
MST	1.5/0.5	0.34	4.0	0.1	0.39/0.2	-0.65/2.2	9	5	[18]
MST	1.5/0.5	0.21	3.5	0.07	0.6/0.18	-2.1/3.5	18	10	[16]
MST	1.5/0.5	0.4	5.1	0.1	0.8/0.3			5	[19]
MST^s	1.5/0.5	0.4	5.1	0.1	0.32/0.3			1	[19]
RFX	2/0.46	0.79	2.5	0.47	0.33/0.33	-0.20/1.5	6	1.9	[20]
TPE-RX	1.72/0.45	0.34	8.0	0.067	0.84/0.37	-0.69/2.0	9	3.5	[21]

PPCD 運転においてエネルギー閉じ込め時間が最大のときの値. 線密度 N は $N \equiv \bar{n}_e \pi a^2$ ($\bar{n}_e$ は, n_e の径分布のデータがない場合は干渉計による測定値) で計算. 4 行目にある MST^s は MST の標準運転のデータ. 単位は R, a(m), I_p(MA), $I_p/N(10^{-20}$MA·m), $\bar{n}_{e20}(10^{20}$ m$^{-3})$, T_{e0}, T_{i0}(keV), β(%), τ_E(ms).

ズマ周辺部での電流密度は電場とは反対方向に向いている. 強いダイナモがプラズマ断面のほとんどで電場に対して反対方向に電流を駆動している. PCCD プラズマ (図 16.5 右) では, 電場の分布は本質的に変わってくる. そして実験誤差の範囲内で, プラズマ断面のほとんどで電流密度と加えられた電場はオーム則で理解できる.

MST, RFX, TPE-RX の PPCD 実験運転条件およびプラズマ閉じ込め特性を表 16.1 に示す. 表 16.1 の 2 行目に載せられた MST プラズマ ($\beta = 18\%, \tau_E = 10$ ms) のプラズマ境界におけるトロイダル磁場 (TF コイルのつくる磁場) は 0.024 T である.

パルス的平行電流駆動 (PPCD) の代わりに定常平行電流駆動 (SPCD), オーム加熱のほかに追加加熱が RFP 研究の次の課題である.

16.4.2 振動場による電流駆動

RFP プラズマは非線形現象である MHD 緩和によって変形されたベッセル関数モデルの磁場配位になりやすい. この性質を利用した**振動場電流駆動法** (oscillating field current drive, OFCD) が提案されている[22]. そして予備実験も行われた[23]. 最近 OFCD の予備実験が MST において行われた[13]. この結果を図 16.6 に示す. この方法は磁気ヘリシティ・バランスの式 (16.10) の右辺第 2 項の V_z および Φ_z を

$$V_z(t) = \tilde{V}_z \cos\omega t, \qquad \Phi_z(t) = \Phi_{z0} + \tilde{\Phi}_z \cos\omega t$$

と変化させて両者の積の直流成分により抵抗損失の右辺第 1 項を補う方法である. この場合振動場の周期は MHD 緩和の時定数より長く, 磁場の抵抗拡散時間より短くなくてはならない. その電流駆動効率, 振動場付加による擾乱効果の評価などの問題が控えている.

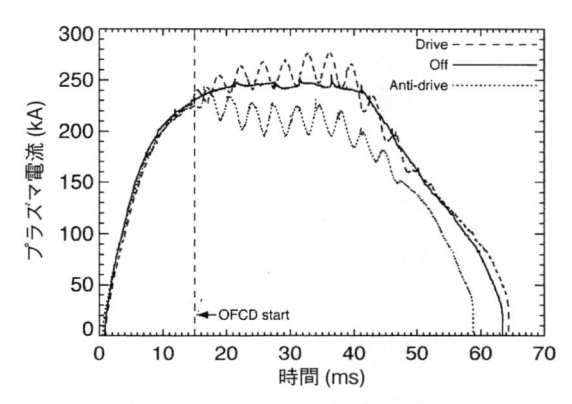

図 16.6 振動場電流駆動法 (OFCD) の三つの場合におけるプラズマ電流の時間変化 © 2004 IAEA 文献[13] S. C. Prager et al.: *20th IAEA Fusion Energy Conf.* (Vilamoura 2004) OV/4-2 による
トロイダル方向とポロイダル方向のループ電圧の相対的位相を変え，最大ヘリシティ入射の位相の場合 (鎖線)，最大ヘリシティ除去の位相の場合 (点線)，OFCD をオフした場合 (実線).

付 記

ステラレーター

ステラレーターの代表的な装置は LHD(Large Helical Device)(図 16.7 参照) と W7-X(Wendelstein7-X)(図 16.8) である．放電管の外側にヘリカル巻線 (LHD)[24] あるいは捩れたトロイダル・コイル[25]があり，プラズマ中にトロイダル電流を流さなくてもその磁力線は有限の回転変換角を持っている．したがってトカマクのようにトロイダル電流を駆動しなくても平衡を保持できる利点がある．

しかしトカマクが持つ回転対称性による荷電粒子の角運動量保存の制約に相当する制約を持たないので，条件によっては荷電粒子の軌道が磁束面から大きくずれるため，粒子の軌道損失，特に高エネルギー・イオンの軌道損失が大きい．また新古典拡散が大きくなる．これらの克服すべき課題をかかえている．

ステラレーターの簡単な解説は教科書[26)27)] を参照されたい．

タンデム・ミラー

単純ミラーについては 2.5 節に述べたが，単純ミラーの端損失が大きく，核融合炉の条件を満たすことはできない．その対策の一つとして，イオンの端損失を抑制するため，図 16.9 に示すようにミラー磁場をタンデムに並べ，中央ミラーの両端にプラグ・ミラー

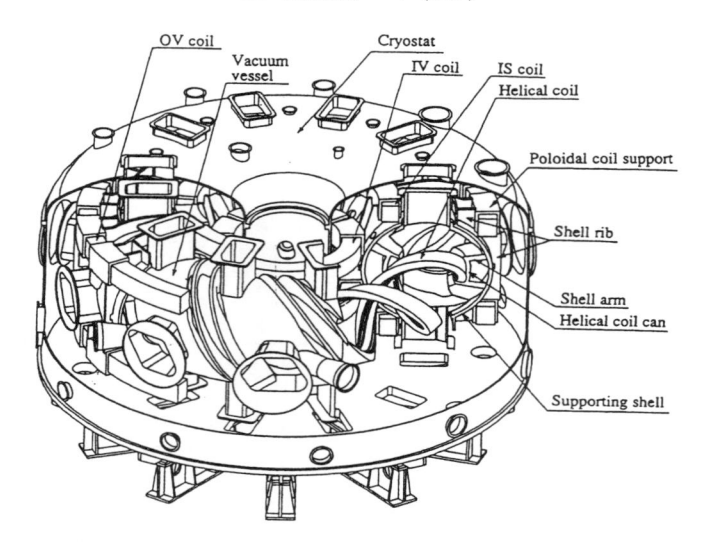

図 16.7 核融合科学研究所 (土岐) にある LHD 装置の説明図 ($R = 3.9\,\text{m}$, $a \sim 0.6\,\text{m}$, $B = 3\,\text{T}$)
vacuum vessel (真空容器), cryostat (クライオスタット), helical coil (ヘリカル・コイル), helical coil can (ヘリカル・コイル容器), poloidal coil suport (ポロイダル・コイル支持部).

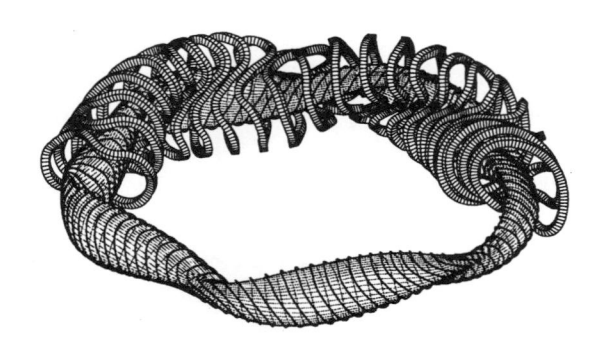

図 16.8 モジュラー・コイル系で磁場構成を最適化した Wendelstein 7-X 磁気面の説明図 ($R = 5.5\,\text{m}$, $a = 0.55\,\text{m}$, $B = 3\,\text{T}$)
Greifswald において 2014 年現在建設中.

を配置する. そして両端のプラグ・ミラーにあるプラズマの静電ポテンシャル ϕ_p を中央ミラーのプラズマの静電ポテンシャル ϕ_c より大きくなるように保つ.

　中央ミラーの磁場の強さを B_c, イオン速度の磁場に平行, 垂直成分をそれぞれ $v_{\|\text{c}}$, $v_{\perp\text{c}}$ ($v_\text{c}^2 = v_{\|\text{c}}^2 + v_{\perp\text{c}}^2$) とする. またプラグ・ミラーの磁場の強さを B_p, イオン速度の磁場

16.4 RFP の閉じ込め

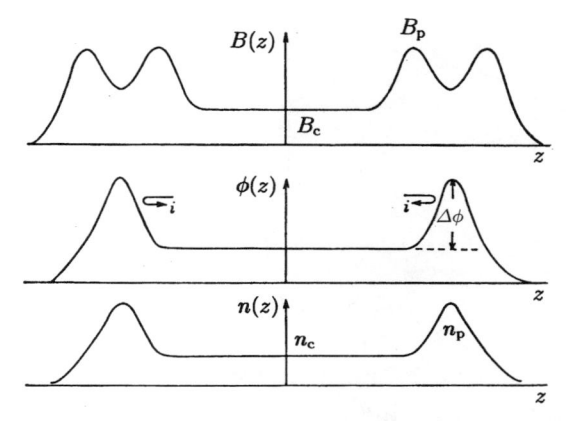

図 16.9 タンデム・ミラーの z 軸 (ミラー中心軸) に沿う磁場の大きさ $B(z)$, 静電ポテンシャル $\phi(z)$ および密度 $n(z)$ の分布

に平行, 垂直成分をそれぞれ $v_{\parallel \mathrm{p}}$, $v_{\perp \mathrm{p}}$ $(v_\mathrm{p}^2 = v_{\parallel \mathrm{p}}^2 + v_{\perp \mathrm{p}}^2)$ とすると

$$v_\mathrm{c}^2 = v_{\parallel \mathrm{c}}^2 + v_{\perp \mathrm{c}}^2 = \frac{2}{m_\mathrm{i}}(E - e\phi_\mathrm{c}) \tag{16.12}$$

$$v_\mathrm{p}^2 = v_{\parallel \mathrm{p}}^2 + v_{\perp \mathrm{p}}^2 = \frac{2}{m_\mathrm{i}}(E - e\phi_\mathrm{p}) \tag{16.13}$$

の関係がえられる. ここで E は荷電粒子の全エネルギーで, 保存される. (16.13) よりプラグ・ミラーを通過できる条件は

$$v_{\perp \mathrm{p}}^2 < \frac{2}{m_\mathrm{i}}(E - e\phi_\mathrm{p}) \tag{16.14}$$

である. 磁気モーメント $\mu_\mathrm{m} = m_\mathrm{i} v_\perp^2 / B$ は保存されるので, ミラー比を R_M とすると

$$v_{\perp \mathrm{p}}^2 = \frac{B_\mathrm{p}}{B_\mathrm{c}} v_{\perp \mathrm{c}}^2 = R_\mathrm{M} v_{\perp \mathrm{c}}^2$$

である. したがって (16.14) は次のようになる.

$$R_\mathrm{M} v_{\perp \mathrm{c}}^2 < \frac{2}{m_\mathrm{i}}(E - e\phi_\mathrm{p}) = \frac{2}{m_\mathrm{i}}\left((E - e\phi_\mathrm{c}) - e(\varphi_\mathrm{p} - \phi_\mathrm{c})\right)$$

$\phi_\mathrm{p} - \phi_\mathrm{c} = \Delta\phi$ として, (16.12) を上の式に代入すると

$$\frac{m_\mathrm{i}}{2} v_{\parallel \mathrm{c}}^2 - (R_\mathrm{M} - 1)\frac{m_\mathrm{i}}{2} v_{\perp \mathrm{c}}^2 > e\Delta\phi \tag{16.15}$$

をえる. (16.15) を $v_{\parallel \mathrm{c}} - v_{\perp \mathrm{c}}$ ダイアグラムで図示すると, 図 16.10 のようになる. この場合のイオンの閉じ込め時間は Pastukov によって次のように導かれた[28].

$$\tau_\mathrm{PAST} = \tau_\mathrm{ii} g(R_\mathrm{M}) \left(\frac{e\Delta\phi}{T_\mathrm{ic}}\right) \exp\left(\frac{e\Delta\phi}{T_\mathrm{ic}}\right) \tag{16.16}$$

$$g(R_\mathrm{M}) = \pi^{1/2}(2R_\mathrm{M} + 1)(4R_\mathrm{M})^{-1} \ln(4R_\mathrm{M} + 2)$$

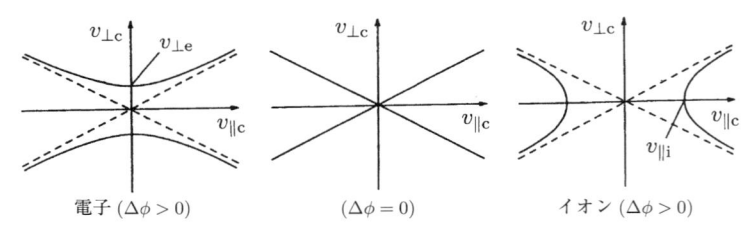

図 16.10 静電ポテンシャルが $\Delta\phi > 0$ で，ミラー比 R_M の場合のイオン，および電子のロス・コーン領域

イオンの場合：$m_\mathrm{i} v_{\parallel\mathrm{c}}^2/2 = e\Delta\phi$．電子の場合：電荷は $-e$ である．そして $m_\mathrm{e} v_{\perp\mathrm{c}}^2/2 = e\Delta\phi/(R_\mathrm{M} - 1))$．

ここで τ_ii はイオン・イオンのクーロン衝突時間である．タンデム・ミラーの代表的な実験装置は TMX-U[29]，Gamma 10[30] である．有効な静電ポテンシャルをいかに生成するかの課題が控えている．タンデム・ミラーの簡単な解説は教科書[31]を参照されたい．

文　献

1) D. C. Robinson and R. E. King: *Plasma Phys. Contr. Nucl. Fusion Res.* (Conf. Proceedings, Novosibirsk 1968) **1**, 263 (1969) IAEA, Vienna.
2) H. A. B. Bodin and A. A. Newton: *Nucl. Fusion* **20**, 1255 (1980).
3) H. A. B. Bodin: *Plasma Phys. Contr. Fusion* **29**, 1297 (1987).
4) MST Team: *Plasma Phys. Contr. Nucl. Fusion Res.* (Conf. Proceedings, Washington D. C. 1990) **2**, 519 (1991) IAEA, Vienna.
   TPE-1RM20 Team: *19th IAEA Fusion Energy Conf.* (Conf. Proceedings, Montreal 1996) **2**, 95 (1997) IAEA, Vienna.
5) EX4/3(RFX), EX4/4(TPE-RX): *17th IAEA Fusion Energy Conf.* (Conf. Proceedings, Yokohama 1998) **1** 367 and 375 (1998) IAEA, Vienna.
6) J. B. Taylor: *Phys. Rev. Lett.* **33**, 1139 (1974).
7) T. H. Jensen and M. S. Chu: *Phys. Fluids* **27**, 2881 (1984).
8) V. D. Shafranov and E. I. Yurchenko: *Sov. Phys., JETP* **26**, 682 (1968).
9) D. A. Backer, M. D. Bausman, C. J. Buchenbauer, L. C. Burkhardt, G. Chandler, J. N. Dimorco et al.: *Plasma Phys. Contr. Nucl. Fusion Res.* (Conf. Proceedings, Bartimore 1982) **1**, 587 (1983) IAEA, Vienna.
10) K. Miyamoto: *Plasma Phys. Contr. Fusion* **30**, 1493 (1988).
    Y. Ueda, N. Asakura, S. Matsuzuka, K. Yamagishi, S. Shinohara, K. Miyamoto et al.: *Nucl. Fusion* **27**, 1453 (1987).
11) K. Kusano and T. Sato: *Nucl. Fusion* **27**, 821 (1987).
12) D. D. Schnack, E. J. Caramana and R. A. Nebel: *Phys. Fluids* **28**, 321 (1985).
13) S. C. Prager, J. Adney, A. Almagri, J. Anderson, A. Blair et al.: *20th IAEA Fusion Energy Conf.* (Vilamoura 2004) OV/4-2.
14) A. R. Jacobson and R. W. Moses: *Phys. Rev.* **A29**, 3335 (1984).

R. W. Moses, K. F. Schoenberg and D. A. Baker: *Phys. Fluids* **31**, 3152 (1988).
15) K. A. Werley, J. N. Dimarco, R. A. Krakowski and C. G. Bathke: *Nucl. Fuison* **36**, 629 (1996).
16) B. E. Chapman, J. K. Anderson, T. M. Biewer, D. L. Brower, S. Castillo et al.: *Phys. Rev. Lett.* **87**, 205001 (2001).
B. E. Chapman, A. F. Almagri, J. K. Anderson, T. M. Biewer, P. K. Chattopadhyay et al.: *Phys. Plasmas* **9**, 2061 (2002).
17) J. S. Sarff, S. A. Hokin, H. Ji, S. C. Prager and C. R. Sovinec: *Phys. Rev. Lett.* **72**, 3670 (1994).
18) J. S. Sarff, N. E. Lanier, S. C. Prager and M. R. Stoneking: *Phys. Rev. Lett.* **78**, 62 (1997).
19) J. S. Sarff, A. F. Almagri, J. K. Anderson, T. M. Biewer, D. L. Brower et al.: *19th IAEA Fusion Energy Conf.* (Lyon 2002) OV/4-3.
20) R. Bartiromo, P. Martin, S. Martini, T. Bolzonella, A. Canton, and P. Innocente: *Phys. Rev. Lett.* **82**, 1462 (1999).
21) Y. Yagi, H. Koguchi, Y. Hirano, T. Shimada, H. Sakakita and S. Sekine: *Phys. Plasmas* **10**, 2925 (2003).
22) M. K. Bevir and J. W. Gray: *Proc. of Reversed Field Pinch Theory Workshop* (LANL Los Alamos, 1980)
M. K. Bevir, C. G. Gimblett and G. Miller: *Phys. Fluids* **28**, 1826 (1985).
23) K. F. Schoenberg, J. C. Ingraham, C. P. Munson, P.G. Weber et al.: *Phys. Fluids* **31**, 2285 (1988).
24) O. Kaneko et al.: *Nucl. Fusion* **53** 104015 (2013).
25) F. Wagner, T. Andreeva, J. Baldzuhn, A. Benndorf, H. Bolt et al.: *20th Fusion Energy Conf.* (Vilamoura 2004), FT/3-5.
26) 宮本健郎:プラズマ物理・核融合,東京大学出版会 2004.
27) K. Miyamoto: *Controlled Fusion and Plasma Physics*, Chap.6, Taylor and Francis, New York, London 2007.
28) V. P. Pastukhov: *Nucl. Fusion* **14**, 3 (1974).
29) T. C. Simonen, S. L. Allen, D. E. Baldwin, T. A. Casper, J. F. Clauser et al.: *Plasma Phys. Contr. Nucl. Fusion Res.* (Conf. Proceedings, London 1984) **2**, 255 (1985) IAEA, Vienna.
30) T. Cho, M. Ichimura, M. Inutake, K. Ishii, S. Miyoshi et al.: *Plasma Phys. Contr. Nucl. Fusion Res.* (Conf. Proceedings, London 1984) **2**, 275 (1985) IAEA, Vienna.
31) K. Miyamoto: *Controlled Fusion and Plasma Physics*, chap.7, Taylor and Francis, New York, London 2007.

17

慣性閉じ込め

　慣性核融合の特徴は，レーザー光あるいは粒子ビームのエネルギー・ドライバーによって超高密度のプラズマを生成し，短時間の間に核融合反応を行う点にある．すなわち，磁場による閉じ込めの役割を期待せず，イオンの慣性によってプラズマが膨張し始めるまでの短時間の閉じ込め，いわゆる慣性閉じ込めを利用する．そのために重水素・三重水素の小さい固体ペレットを固体密度 $n_\mathrm{s} = 5 \times 10^{28}\,\mathrm{m}^{-3}$ の $10^3 \sim 10^4$ 倍の超高密度まで圧縮することが必要となる．しかし，レーザー光や粒子ビームの運動量によって固体ペレットを圧縮することは不可能である．現在試みられている有力な方法は，ペレットを周囲からレーザー光あるいは粒子ビームで照射する方法である．これらのエネルギー・ドライバーの入射エネルギーの吸収によって，ペレットの表面は瞬間的にプラズマになり加熱される．プラズマは外側に噴出し，その反作用によって，内部のペレットを内側に加速圧縮する．これを爆縮という (図 17.1)．エネルギー・ドライバーによるプラズマ爆縮の物理的過程の解明は最も重要な研究課題であり，実験的理論的に精力的な研究が行われている．

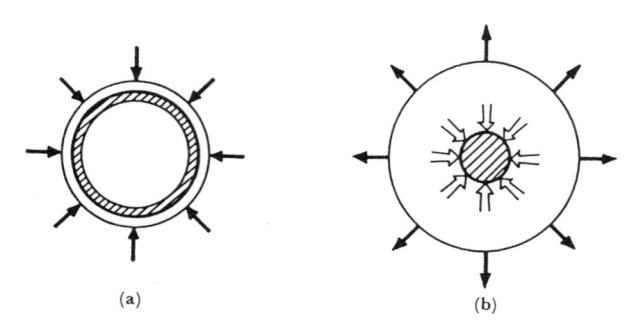

図 17.1　爆縮の概念図
(a) レーザー光あるいは粒子ビームの照射，(b) 表面におけるプラズマの外側への噴出とその反作用による爆縮運動．

17.1 ペレット利得[1)2)]

爆縮されたペレットからえられる核融合反応出力エネルギー E_{fus} とペレットに入射されたエネルギー・ドライバーのエネルギー E_L の比をペレット利得 G_{pellet} と定義する．次にエネルギー・ドライバーの入射エネルギー E_L から爆縮された中核部のエネルギー E_{fuel} への変換効率を η_h とする．爆縮された中核部のプラズマの密度と体積をそれぞれ n, V とする．$\langle \varepsilon_{\text{fuel}} \rangle$ を燃料になる粒子1個あたりの平均エネルギーとすると

$$E_{\text{fuel}} = \langle \varepsilon_{\text{fuel}} \rangle nV = \eta_h E_L \tag{17.1}$$

となる．通常燃料粒子1個あたりの平均エネルギーは $(3/2)T$ であるが，低温で電子密度が非常に大きくなると電子のフェルミ・エネルギーの方が主になる．このことはこの節の終わりのところで議論する．DT 核融合反応によって D および T の密度 n_D, n_T が減少する ($n_D = n_T = n/2$ とする)．

$$\frac{1}{n_D}\frac{dn_D}{dt} = -n_T \langle \sigma v \rangle, \qquad n(t) = n_0 \frac{1}{1 + n_0 \langle \sigma v \rangle t/2}$$

したがってプラズマが τ の間閉じ込められているとして燃焼率 f_B は

$$f_B \equiv \frac{n_0 - n(\tau)}{n_0} = \frac{n_0 \langle \sigma v \rangle \tau/2}{1 + n_0 \langle \sigma v \rangle \tau/2} = \frac{n_0 \tau}{2/\langle \sigma v \rangle + n_0 \tau} \tag{17.2}$$

となる．(17.2) は閉じ込め時間 τ の間に $\langle \sigma v \rangle(T)$ があまり変わらない場合に成り立つ式であり，点火時にイオン温度が急激に上昇する場合には適用できない．核融合反応出力エネルギー E_{fus} は

$$E_{\text{fus}} = f_B nV \frac{Q_{\text{fus}}}{2}, \qquad Q_{\text{fus}} \equiv 17.58\,(\text{MeV}) \tag{17.3}$$

となる．コア利得 (core gain) G_{core} を

$$G_{\text{core}} \equiv \frac{E_{\text{fus}}}{E_{\text{fuel}}} = f_B \frac{Q_{\text{fus}}/2}{\langle \varepsilon_{\text{fuel}} \rangle} \tag{17.4}$$

により定義すると，ペレット利得 G_{pellet}

$$G_{\text{pellet}} \equiv \frac{E_{\text{fus}}}{E_L} = \eta_h G_{\text{core}} \tag{17.5}$$

は次のように還元される．

$$G_{\text{pellet}} = \eta_h f_B \frac{Q_{\text{fus}}}{2\langle \varepsilon_{\text{fuel}} \rangle} \tag{17.6}$$

次に，ある慣性核融合炉のエネルギー収支について考察してみよう．核融合熱出力エネルギー E_{fus} により発電効率 η_{el} で発電し，電気エネルギーからドライバーのペレットへの入射エネルギーへの変換効率を η_L とすると，炉からエネルギーを取り出すため

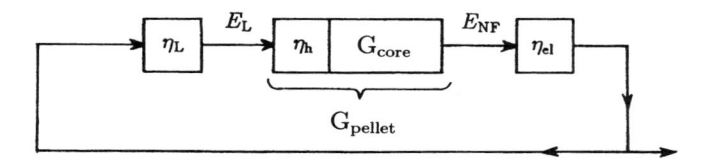

図 17.2 慣性核融合炉におけるエネルギーの流れの概念図

には少なくとも

$$\eta_{el}\eta_L G_{pellet} > 1 \tag{17.7}$$

でなければならない（図 17.2）（$\eta_L \sim 0.1, \eta_{el} \sim 0.4$ を仮定すると $G_{pellet} > 25$ が必要となる）．したがって (17.6) を変形すると

$$n\tau = \frac{4\langle\varepsilon_{fuel}\rangle}{\eta_{el}\eta_L\eta_h Q_{fus}\langle\sigma v\rangle}\frac{1}{[1/\eta_{el}\eta_L G_{pellet} - 2\langle\varepsilon_{fuel}\rangle/\eta_{el}\eta_L\eta_h Q_{fus}]}$$
$$> \frac{4\langle\varepsilon_{fuel}\rangle}{\eta_{el}\eta_L\eta_h Q_{fus}\langle\sigma v\rangle}\frac{1}{[1 - 2\langle\varepsilon_{fuel}\rangle/\eta_{el}\eta_L\eta_h Q_{fus}]} \tag{17.8}$$

が必要条件となる．

慣性閉じ込め時間 τ はおよそプラズマの半径 r を音速 c_s で走る時間の程度である．すなわち

$$\tau \approx \frac{r}{3c_s}, \qquad c_s^2 = \frac{5}{3}\frac{p}{\rho_m} = \frac{10}{3}\frac{T}{m_i}, \qquad \tau = 0.172\, r\left(\frac{T}{m_i}\right)^{-1/2} \tag{17.9}$$

また体積 V は

$$V = \frac{4\pi r^3}{3}$$

であり，必要なエネルギー・ドライバーのエネルギーは (17.1) より

$$E_L = \frac{E_{fuel}}{\eta_h} = \frac{4\pi}{3\eta_h}nr^3\langle\varepsilon_{fuel}\rangle \tag{17.10}$$

となる．(17.2) を用いると τ と燃焼率 f_B との関係は

$$\tau = \frac{f_B}{(1-f_B)}\frac{2}{n\langle\sigma v\rangle} \tag{17.11}$$

になる．燃焼率 f_B を密度 n の代わりに質量密度 ρ_m で表すと

$$f_B = \frac{r\rho_m}{6c_s m_i/\langle\sigma v\rangle + r\rho_m} \tag{17.12}$$

となる．$\beta(T)$ を

$$\beta(T) \equiv \frac{6c_s m_i}{\langle\sigma v\rangle} \tag{17.13}$$

で定義すると

$$f_B = \frac{r\rho_m}{r\rho_m + \beta(T)}, \qquad f_B' \equiv \frac{f_B}{1-f_B} = \frac{r\rho_m}{\beta(T)}, \qquad r\rho_m = f_B'\beta(T) \tag{17.14}$$

となる.ここで m_{i} は DT の平均質量 $m_{\mathrm{i}} = 2.5 m_{\mathrm{p}}$ (m_{p}:陽子の質量) である.
$T = 10\,\mathrm{keV}$ とすると $\langle \sigma v \rangle = 1.1 \times 10^{-16}\,\mathrm{cm^3/s}$ であり,$\beta(T) \approx 26\,\mathrm{g/cm^2}$ である.まとめると

$$\tau = 0.182\,r\left(\frac{T}{m_{\mathrm{i}}}\right)^{-1/2},$$

$$E_{\mathrm{fuel}} = \langle \varepsilon_{\mathrm{fuel}} \rangle n \frac{4\pi r^3}{3}, \qquad E_{\mathrm{L}} = \frac{E_{\mathrm{fuel}}}{\eta_{\mathrm{h}}},$$

$$E_{\mathrm{fus}} = f_{\mathrm{B}} \frac{Q_{\mathrm{fus}}}{2} n \frac{4\pi r^3}{3}, \qquad f_{\mathrm{B}} = \frac{r\rho_{\mathrm{m}}}{r\rho_{\mathrm{m}} + \beta(T)},$$

$$G_{\mathrm{core}} = \frac{E_{\mathrm{fus}}}{E_{\mathrm{fuel}}} = f_{\mathrm{B}} \frac{Q_{\mathrm{fus}}/2}{\langle \varepsilon_{\mathrm{fuel}} \rangle}, \qquad G_{\mathrm{pellet}} = \frac{E_{\mathrm{fus}}}{E_{\mathrm{L}}} = \frac{f_{\mathrm{B}}}{\eta_{\mathrm{h}}} \frac{Q_{\mathrm{fus}}/2}{\langle \varepsilon_{\mathrm{fuel}} \rangle}$$

が導かれる.

燃料の内部エネルギー E_{fuel} を求めてみよう.圧縮のときには,内向きの運動エネルギーの大部分は燃料の内部エネルギーに変換し,燃料のすべての領域 (熱い領域や冷たい領域) にわたって圧力は一様になっていると考えられる (等圧モデル[3],isobar model).そして中心のスパーク領域 (central spark region) は高温になり,その周りは冷たい圧縮された燃料によって囲まれている (図 17.3 参照).

電子密度 n の冷たい圧縮 DT 燃料の電子のフェルミ・エネルギー ϵ_{F} は

$$\epsilon_{\mathrm{F}} = (\hbar^2/2m_{\mathrm{e}}) \times (3\pi^2 n)^{2/3} = 0.5842 \times 10^{-19} n_{21}^{2/3}(\mathrm{J}) = 0.3646 n_{21}^{2/3}(\mathrm{eV}) \quad (17.15)$$

で与えられる.ただし $\hbar = h/2\pi$ はプランク常数,m_{e} は電子の質量,$n_{21} \equiv n(\mathrm{cm}^{-3}) \times 10^{-21}$ である.固体密度の 1000 倍に圧縮された $n = 5 \times 10^{22+3}\,\mathrm{cm}^{-3}$ に対応する電子のフェルミ・エネルギーは $\epsilon_{\mathrm{F}} = 495\,\mathrm{eV}$ になる.D と T との比率が 1:1 の DT

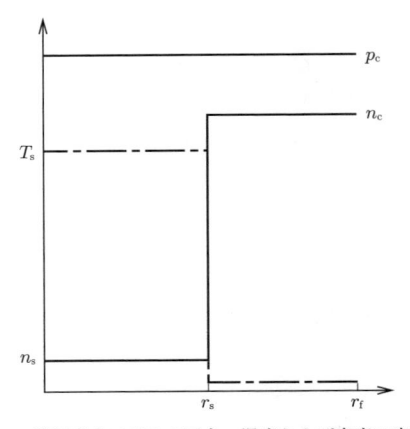

図 **17.3** 等圧点火モデルの圧力,温度および密度の空間分布

燃料の質量密度を $\rho_{\rm f}$ とすると

$$\rho_{\rm f} = 2.5 m_{\rm p} n = 4.182 \times n_{21}\,({\rm g/cm}^3)$$

となる．ここで $m_{\rm p}$ はプロトンの質量である．フェルミ・エネルギーを $\rho_{\rm f}$ で表すと

$$\epsilon_{\rm F} = 0.2251 \times 10^{-17}\,(\rho_{\rm f}({\rm g/cm}^3))^{2/3}\,({\rm J}) = 0.1405 \times 10^2\,(\rho_{\rm f}({\rm g/cm}^3))^{2/3}\,({\rm eV})$$

になる．

電子密度 n の冷たい圧縮された DT 燃料の単位体積あたりの内部エネルギー $\varepsilon_{\rm f}$ は，フェルミ・エネルギー $\epsilon_{\rm F}$ を用いると $\varepsilon_{\rm f} = (3/5) n \epsilon_{\rm F}$ となる[4]．DT 燃料が断熱圧縮される間に先行加熱がある場合，燃料原子 1 個あたりの内部エネルギー $\langle \varepsilon_{\rm fuel} \rangle$，および全内部エネルギー $E_{\rm fuel}$ は

$$\langle \varepsilon_{\rm fuel} \rangle = \alpha \frac{3}{5} \epsilon_{\rm F}, \qquad E_{\rm fuel} = \alpha \frac{3}{5} \epsilon_{\rm F} n V_{\rm f} \tag{17.16}$$

となる．α はその効果を考慮した先行加熱因子であり，$V_{\rm f}$ は冷たい圧縮された DT 燃料の体積である．

図 17.3 に示すような等圧点火モデルの燃料の内部エネルギーは

$$E_{\rm fuel,ig} = 3 n_{\rm s} T_{\rm s} V_{\rm s} + \frac{3}{5} \alpha \epsilon_{\rm F} n_{\rm c} V_{\rm c} = \frac{3}{5} \alpha \epsilon_{\rm F} n_{\rm c} V_{\rm f} \tag{17.17}$$

で表される．ここで圧力平衡の関係 $2 n_{\rm s} T_{\rm s} = (2/5) \alpha n_{\rm c} \epsilon_{\rm F}$ を用いた．$V_{\rm s}, r_{\rm s}$ はそれぞれスパーク領域の体積，半径であり，$V_{\rm f}, r_{\rm f}$ はそれぞれ燃料全領域の体積，半径である．$V_{\rm c}$ は冷たい圧縮された領域の体積で $V_{\rm c} = V_{\rm f} - V_{\rm s}$ である．$T_{\rm s}$ と $n_{\rm s}$ はそれぞれスパーク領域の温度，密度で，$n_{\rm c}$ は冷たい圧縮領域の密度である．期待できる核融合出力は

$$E_{\rm fus} \sim \frac{f_{\rm B}}{2} n_{\rm c} V_{\rm c} Q_{\rm fus} \tag{17.18}$$

である．ここでスパーク領域からの寄与は無視した（$n_{\rm s} V_{\rm s} \ll n_{\rm c} V_{\rm c}$）．コア利得 $G_{\rm core}$ は

$$G_{\rm core} = \frac{E_{\rm fus}}{E_{\rm fuel}} = f_{\rm B} \frac{Q_{\rm fus}/2}{(3/5) \alpha \epsilon_{\rm F}} \frac{V_{\rm c}}{V_{\rm f}} = 1.04 \times 10^6 \frac{f_{\rm B}}{\alpha \rho_{\rm f}^{2/3}} \frac{V_{\rm c}}{V_{\rm f}} \tag{17.19}$$

となる．点火条件は次のように与えられる[5)6)]．

$$\rho_{\rm s} r_{\rm s} > 0.3 \sim 0.4\,({\rm g/cm}^2) \tag{17.20}$$

またアルファ粒子の減速長 λ_α は $\rho \lambda_\alpha = 0.015 T_{\rm keV}^{5/4}\,{\rm g/cm}^2$ によって与えられる[7)8)]．そして $\rho_{\rm s} r_{\rm s} > \rho_{\rm s} \lambda_\alpha$ でなければならない．

固体密度の 2000 倍の圧縮例 $n_{\rm c} = 2000 n_{\rm solid}$ について考察しよう．この場合 $\rho_{\rm c} = 420\,{\rm g/cm}^3$ で $\epsilon_{\rm F} = 786\,{\rm eV}$ となる．スパーク領域の質量密度は $\rho_{\rm s} = \alpha \epsilon_{\rm F} \rho_{\rm c} / 5 T_{\rm s} = 26.4\,{\rm g/cm}^3$（$T_{\rm s} = 5\,{\rm keV}$, $\alpha = 2$ を仮定）である．点火条件を満たすために $r_{\rm s} = 0.015\,{\rm cm}$ とする．燃料の半径を $r_{\rm f} = 0.03\,{\rm cm}$ に選ぶと，(17.17) より $E_{\rm fuel} = 1.7\,{\rm MJ}$

をえる．ドライバーのエネルギーは $\eta_h = 0.1$ として $E_L = 17\,\text{MJ}$ になる．コア利得 G_{core}，ペレット利得 G_{pellet} は，$f_B \sim 0.34 (T \sim 5\,\text{keV},\ \beta \sim 21\,\text{g/cm}^3)$ と仮定すると，それぞれ $G_c = 3.2 \times 10^3$，$G_{\text{pellet}} = 3.2 \times 10^2$ になる．

慣性核融合炉を構想するときに，爆縮によってどの程度の超高密度プラズマを生成できるか，爆縮を効率的に行うためには燃料ペレットの構造，材料などの設計最適化の研究は重要である．

エネルギー・ドライバーの技術的問題としてはレーザー・ドライバーの効率化，軽イオン，あるいは重イオンなどの粒子ビーム・ドライバーの集光性の向上と効率化が重要課題である．

17.2 爆 縮

典型的なペレット構造を図 17.4 に示す．燃料 DT の球シェルの圧縮過程でピストンの役割を果たすプッシャー・セル (pusher cell) の外側に，低 Z 物質からなるアブレイターセル (ablator cell) が設けられる．爆縮過程におけるエネルギー・ドライバーから燃料 DT へのエネルギー変換効率は，このアブレイターセルとドライバーとの相互作用，輸送過程，流体運動などに依存する．アブレイターセル表面でドライバーのエネルギーが吸収され，表面が加熱・プラズマ化して噴出し，そのとき反作用で発生する圧力 P_a によって燃料 DT 球シェルが内部に向かって球対称に加速され，中心部において爆縮が起こる．したがってドライバーのエネルギー E_L から爆縮中核部の熱エネルギーへの変換効率 η_h は，ドライバーのエネルギー吸収率 η_{ab}，吸収エネルギーの流体力学的変換効率 η_{hydro} および流体力学的エネルギーの被圧縮中核部エネルギーへの伝達効率 η_T の積

$$\eta_h = \eta_{\text{ab}} \eta_{\text{hydro}} \eta_T$$

である．

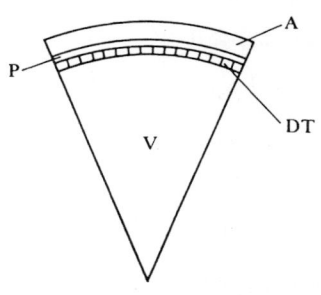

図 17.4 ペレット構造
A：アブレイター，P：プッシャー，DT：固体 DT 燃料，V：中空．

固体 DT の単位体積内の内部エネルギーは縮退した電子ガスのフェルミ・エネルギー $\epsilon_F = (\hbar^2/2m_e)(3\pi^2 n)^{2/3}$ と密度 n の積の 3/5 倍で与えられ,固体 DT の単位質量あたりの内部エネルギー w_0 は $w_0 \sim 1.0 \times 10^8$ J/kg の程度である (ただしは $\hbar = h/2\pi$ プランク定数,m_e は電子質量).圧縮の起こる前に先行加熱があると,そのため内部エネルギーが $\alpha_p w_0$ まで増加した後,断熱曲線に沿って圧縮される.理想気体の状態方程式を用いると圧縮後の内部エネルギー w は

$$w = \alpha_p w_0 \left(\frac{\rho}{\rho_0}\right)^{2/3}$$

となる.ρ_0 は初期質量密度,ρ は圧縮後の値である.先行加熱が充分抑制された場合に $\alpha_p \sim 3$ 程度であるとすると,1000 倍の圧縮により単位質量あたりの内部エネルギー w は $w \sim 3 \times 10^{10}$ J/kg となる.この値は $w = v^2/2$ として $v \sim 2.5 \times 10^5$ m/s の速度の運動エネルギーに対応する.したがって燃料球シェルがこの程度まで加速され,その運動エネルギーがよい効率 η_T で圧縮中核部のエネルギーに変換されるとすれば 1000 倍の爆縮が可能となる.

エネルギー・ドライバーの入射により質量 M の球シェル表面からプラズマが u の速度で噴出し,その反作用による圧力 P_a により球シェルが加速を受ける.その速度を v として,この現象をロケットモデルによって解析すると[9)10)]

$$\frac{d(Mv)}{dt} = -\frac{dM}{dt} \cdot u = SP_a \tag{17.21}$$

である.ここでは S は球シェルの表面積である.ρ を平均密度,Δ を球シェルの厚さとすると $M = \rho S \Delta$ である.多くの場合 $u \gg v$ であり,$u = $ const. である.噴出プラズマおよび加速された球シェルの運動エネルギーの和の変化はドライバーからの吸収エネルギーに等しい.したがって

$$\eta_{ab} I_L S = \frac{d}{dt}\left(\frac{1}{2} M v^2\right) + \frac{1}{2}\left(-\frac{dM}{dt}\right) u^2 \tag{17.22}$$

である.ただし I_L はドライバーの単位面積あたりの入力である.ドライバーからの吸収エネルギー E_a は (17.21)(17.22) より

$$E_a = \int \eta_{ab} I_L S \, dt \approx \frac{1}{2}(\Delta M) u^2 \tag{17.23}$$

となる.ただしここで $u \gg v, u = $ const. の近似を用いた.また ΔM は球シェルの質量変化の絶対値である.P_a は (17.21)(17.22) より

$$P_a = \frac{u}{S}\left(-\frac{dM}{dt}\right) \approx 2\eta_{ab} I_L \frac{1}{u} \tag{17.24}$$

となる.吸収エネルギーの流体力学的エネルギーへの変換効率 η_{hydro} は

$$\eta_{hydro} = \frac{1}{2E_a}(M_0 - \Delta M) v^2 = \frac{M_0 - \Delta M}{\Delta M}\left(\frac{v}{u}\right)^2$$

である．ロケット方程式 (17.21) より $v/u = \ln((M_0 - \Delta M)/M_0)$ となるので，変換効率 η_hydro は

$$\eta_\text{hydro} = \left(\frac{M_0}{\Delta M} - 1\right)\left(\ln\left(1 - \frac{\Delta M}{M_0}\right)\right)^2 \approx \frac{\Delta M}{M_0} \tag{17.25}$$

となる．ただし $\Delta M/M_0 \ll 1$ の近似を用いた．

加速された球シェルは最終的には $v \sim 3 \times 10^5$ m/s 以上になることが要求されている．そのために必要なアブレーション圧力 P_a は (17.21) において $S = 4\pi r^2$, $M \approx M_0$, $P_\text{a} \approx \text{const.}$ の近似を用いると

$$\frac{dv}{dt} = \frac{4\pi P_\text{a}}{M_0}r^2 = \frac{P_\text{a}}{\rho_0 r_0^2 \Delta_0}r^2, \qquad v = -\frac{dr}{dt}$$

となり，$v \cdot dv/dt$ を積分することにより

$$P_\text{a} = \frac{3}{2}\rho_0 v^2 \frac{\Delta_0}{r_0} \tag{17.26}$$

となる．ただし ρ_0, r_0, Δ_0 は球シェルの初期における質量密度，半径，厚さである．$r_0/\Delta_0 = 30, \rho_0 = 1\,\text{g/cm}^3$ とすると，$v = 3 \times 10^5$ m/s の速度をえるために必要なアブレーション圧力は $P_\text{a} = 4.5 \times 10^{12}\,\text{N/m}^2 = 45\,\text{Mbar}$(1 気圧$= 1.013\,\text{bar}$) となる．したがって必要なエネルギー・ドライバーの入力強度 I_L は

$$\eta_\text{ab} I_\text{L} = \frac{P_\text{a} u}{2} \tag{17.27}$$

である．

噴出プラズマの速度 u の評価はアブレーターセルとエネルギー・ドライバーの相互作用を考慮しなければならない．ここでは研究の進んでいるレーザー・ドライバーについて結果を述べる．アブレーターセル表面でできたプラズマの音速を c_s, 質量密度を ρ_c とすると，レーザー光の吸収入力強度 $\eta_\text{ab} I_\text{D}$ と，膨張するプラズマが単位面積あたりの球シェル表面から単位時間に取り出すエネルギー $4\rho_\text{c} c_\text{s}^3$ と釣り合うはずである．また $u \sim 4c_\text{s}$ である．そして ρ_c は入射レーザー光の遮断密度に近くなる．すなわち波長 λ のレーザー・ドライバーの場合には

$$u \sim 4c_\text{s}, \qquad \eta_\text{ab} I_\text{L} \sim 4m_\text{DT} n_\text{c} c_\text{s}^3$$

となる．ただし $m_\text{DT} = 2.5 \times 1.67 \times 10^{-27}$ kg は DT の質量平均，n_c は遮断密度で $n_\text{c} = 1.1 \times 10^{27}/\lambda^2(\mu\text{m})\,\text{m}^{-3}$ である．(17.27) より

$$P_\text{a} = 13\left(\frac{(\eta_\text{ab} I_\text{L})_{14}}{\lambda(\mu\text{m})}\right)^{2/3} \quad (\text{Mbar}) \tag{17.28}$$

をえる．ただし $(\eta_\text{ab} I_\text{L})_{14}$ は $10^{14}\,\text{W/cm}^2$ 単位の値である．この比例則は $1 < (\eta_\text{ab} I_\text{L})_{14} < 10$ の範囲で実験結果と対応している．

爆縮の多くの研究はレーザー・ドライバーを用いて行われている．観測される吸収率 η_{ab} は入射レーザー強度 I_L が増大するに従って落ちる．

Nd ガラス・レーザー光の波長 $1.06\,\mu m$ (赤)，2 倍高調波 $0.53\,\mu m$ (緑)，3 倍高調波 $0.35\,\mu m$ (青) などについて調べられたが，短波長ほど吸収率が大きく，$\lambda = 0.35\,\mu m$ の場合 $I_L = 10^{14} \sim 10^{15}\,W/cm^2$ において $\eta_{ab} \approx 0.9 \sim 0.8$ 程度である．流体力学的変換効率は $\eta_{hydro} \approx 0.1 \sim 0.15$ 程度が達成されている．η_T については $\eta_T \approx 0.5$ の予測がある．超高密度への有効な圧縮のためには，爆縮の過程でペレット内部を加熱せずに行われなければならない (ペレット内部の圧力を高めないために必要)．長波長レーザー光 (CO_2 レーザー $\lambda = 10.6\,\mu m$) を用いるとプラズマとの相互作用において高エネルギー電子が発生し，それが爆縮過程でペレット内部を先行加熱する．しかし短波長 ($\lambda = 0.35\,\mu m$) では高エネルギー電子の発生が小さいということが観測されている．

17.3 電磁流体力学的不安定性

爆縮過程の加速段階においては，アブレイターの表面からアブレイトされた低密度プラズマが，高密度燃料を加速するため，レイリー–テイラー (RT) 不安定性がアブレイション面付近で起こりやすくなっている．また爆縮過程のスタグネーションの減速段階では，低密度プラズマの中心スパーク領域と高密度プラズマの領域の境で不安定になりうる．このような RT 不安定性は，加速段階においては燃料とアブレイターとが混ざり合い，減速段階には中心スパーク領域の高温プラズマと周りの冷たいプラズマとの混合が起こる可能性があり，ペレットの性能を非常に劣化させる恐れがある．

さて，加速度 g にたいして，質量密度 ρ_h の流体がより軽い密度 ρ_l の流体によって支えられる場合を考察しよう．RT 不安定性の成長率は

$$\gamma = (\alpha_A g k)^{1/2}, \qquad \alpha_A = \frac{\rho_h - \rho_l}{\rho_h + \rho_l} \qquad (17.29)$$

で与えられる[11]．ここで k は加速度に垂直方向の揺動の波数を表す．$\rho_h \gg \rho_l$ の場合，成長率は $\gamma = (gk)^{1/2}$ になる．密度勾配が有限でその幅の大きさが L で $kL \gg 1$ の場合，成長率は $\gamma \sim (\alpha_A g/L)^{1/2}$ になる．

アブレイション面付近の RT 不安定性による揺動について，広く使われている分散式は，数値シミュレーション結果に合わせた解析式が用いられ，次式で与えられている[12)13)]．

$$\gamma = \left(\frac{kg}{1+kL}\right)^{1/2} - \hat{\beta} k V_a \qquad (17.30)$$

ここで $\hat{\beta}$ は定数で $\hat{\beta} = 1 \sim 3$ であり，V_a はアブレイション面とともに動く系におけるアブレイション面を横切る流速を表す．(17.30) における右辺第 1 項は有限密度勾配の

17.3 電磁流体力学的不安定性

補正をした通常の項であり,第2項は次に示すように流れの効果による安定化項である.

密度の大きい領域を $x < 0$ にとり,加速度 g を x の正の方向にとる. y 方向の波数を k とする.渦のない非圧縮流体の速度 (v_x, v_y) は

$$v_x = \frac{\partial \phi}{\partial y}, \qquad v_y = -\frac{\partial \phi}{\partial x}, \qquad \Delta \phi = 0$$

により与えられる.したがってアブレイション面とともに動く系における流れ関数 ϕ は

$$\phi = \phi_0 \exp(-k|x| + iky) \exp \gamma_0 t$$

により表される.流体の流れの速度を V_a (x の正の方向)とするとき,流体要素の座標は $x = x_0 + V_a t$ となり ϕ は ($x > 0$ において)

$$\phi = \phi_0 \exp(-k(x_0 + V_a t) + iky) \exp \gamma_0 t$$
$$= \phi_0 \exp(-kx_0 + iky) \exp(\gamma_0 - kV_a)t \qquad (17.31)$$

となる.これは流体の流れの安定化効果を表している.RT不安定性による揺動の成長過程の数値シミュレーションおよび実験測定が行われ,両者はよく一致する結果がえられている[2),14)].図17.5はRT不安定性の数値シミュレーション結果を示す.

ショックが流体の不連続面を通過するとき,透過および反射ショックが発生し,その境界面における揺動によりそれらのショックが曲げられる.曲げられたショックはその上流および下流の流体の圧力変化をもたらす.これが境界面における最初の揺動を増幅する.この新しい不安定性を**リヒトマイヤー—メシュコフ不安定性**[15)-17)] という.

ショックが流体の不連続面を通過すると,圧力勾配 ∇p と密度勾配 $\nabla \rho$ は必ずしも平行ではなく,次に示すように流れの渦を引き起こすことがありうる.理想流体の運動方程式は

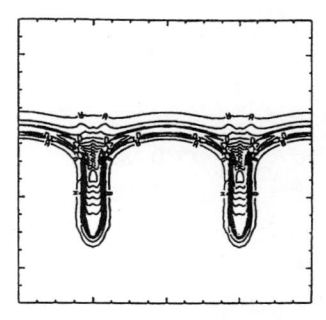

図17.5 平面ターゲットのレイリー—テイラー不安定性におる揺動を側面から観測したときの空間分布を数値計算した結果[2)]

アブレイトした低密度のプラズマが図の上側にあり,加速度は上方に向いている.実験結果とよく対応している.

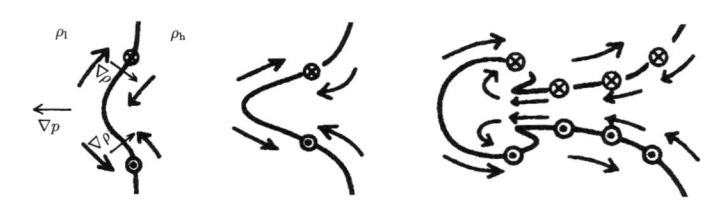

図 17.6 レイリー–テイラー不安定性とリヒトマイヤー–メシュコフ不安定性による揺動の成長[18]

$$\frac{\mathrm{d}\boldsymbol{u}}{\mathrm{d}t} = -\frac{1}{\rho}\nabla p \tag{17.32}$$

で与えられる．流速の渦を $\boldsymbol{\omega} = \nabla \times \boldsymbol{u}$ とするとき，(17.32) の回転をとると

$$\frac{\mathrm{d}\boldsymbol{\omega}}{\mathrm{d}t} = (\boldsymbol{\omega}\cdot\nabla)\boldsymbol{u} - \boldsymbol{\omega}(\nabla\cdot\boldsymbol{u}) + \frac{1}{\rho^2}\nabla\rho \times \nabla p \tag{17.33}$$

になる．(17.33) の第 3 項は図 17.6 に示すような配位の場合には渦を誘起し，RT 不安定性の成長を助けることになる[18]．

したがってレーザー光強度，ターゲット構造の厳密な球対称性は効果的な爆縮にとって不可欠である．そしてペレットの大きさ，爆縮されるコアの密度限界，必要な入射レーザー・エネルギーなどは，RT 不安定性によるプッシャーと燃料の混合の影響をどのくらい小さくできるかにかかっている．

17.4 高 速 点 火

ペタワット (Peta Watt, 10^{15} W) 級の超高強度レーザーが，チャープ・パルス増幅技術[19]により可能になり急速に発展してきたが，それにともない高速点火[20]と呼ばれる新しい研究が活発に行われるようになってきた．高速点火のシナリオには三つの段階がある．最初の段階は，燃料カプセルをこれまでの方法で爆縮し高密度燃料をつくりだす．第 2 段階では，アブレイトしたプラズマからなるカプセルの周りのコロナ中を，超高強度のレーザー光によるポンデラモーティブ力 (3.10 節および本節の末尾参照) によって孔をあけ，臨界密度面を高密度コア付近まで押し込む．最後に，超高強度のレーザー光とプラズマとの相互作用によってつくられる高速電子が臨界密度の面から高密度コアに向かって伝播し中心部を点火する (図 17.7 参照)．この新しい企てがもし実現できれば，爆縮と中心の自己点火の過程を分離することができ，爆縮にともなう困難さを劇的に減らすことができる．そしてペレット製作の精度を緩和し，爆縮ドライバーに対する対称性，品質に関する高度な要求を和らげることが可能になる．

高速点火するためには，面密度 $(\rho r)_{\mathrm{hs}} = 0.3 \sim 0.4\,\mathrm{g/cm^2}$，平均温度 5 keV の高温

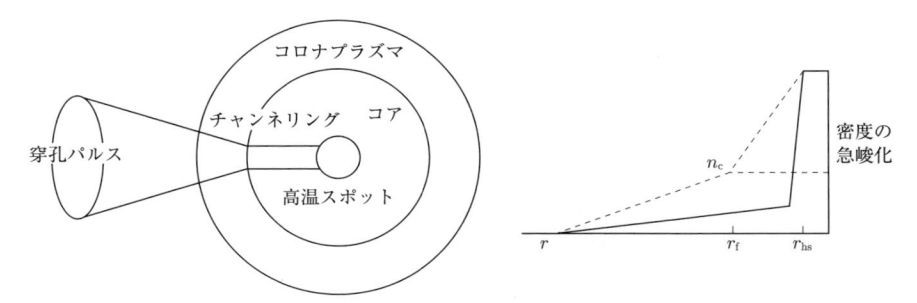

図 17.7 超高強度レーザー光による，爆縮コアプラズマの効率的加熱の概念図

スポットをつくることが必要である (17.1 節参照). 高温スポットの質量は ($\rho_{\rm hs}, r_{\rm hs}$ を
それぞれ高温スポットの質量密度, 半径とするとき),

$$M_{\rm hs}({\rm g}) = \frac{4\pi\rho_{\rm hs}r_{\rm hs}^3}{3} = 4\pi\frac{(\rho r)_{\rm hs}^3}{3\rho_{\rm hs}^2} \sim 4.2(0.4)^3/\rho_{\rm hs}^2 = \frac{0.27}{\rho_{\rm hs}({\rm g/cm}^3)^2}$$

で与えられる. 加熱された燃料の熱エネルギーは

$$E_{\rm hs} = \frac{M_{\rm hs}}{m_{\rm i}}3T = 31\frac{T_{\rm hs}({\rm keV})}{\rho_{\rm hs}({\rm g/cm}^3)^2} \quad ({\rm MJ})$$

になる. 高速点火前の, 冷たい圧縮された燃料のエネルギー $E_{\rm f}$ は

$$E_{\rm f} = \frac{3}{5}\alpha\epsilon_{\rm F}\frac{M_{\rm f}}{m_{\rm i}} = 0.32\alpha\rho_{\rm f}({\rm g/cm}^3)^{2/3}M_{\rm f}({\rm g}) \quad ({\rm MJ}), \qquad M_{\rm f} = \rho_{\rm f}V_{\rm c}$$

である. $M_{\rm f}$ は主燃料の g 単位の質量, 質量密度 $\rho_{\rm f}$, $\rho_{\rm hs}$ は g/cm^3 単位の値である.

点火エネルギーが非常に速く入射され, 主燃料が圧力平衡状態にならない場合は, 等
密度モデルが適用できる. その場合の燃料の全エネルギー $E_{\rm fuel}$ は

$$E_{\rm fuel} = 31\frac{T_{\rm hs}({\rm keV})}{\rho_{\rm f}({\rm g/cm}^3)^2} + 0.32\alpha\rho_{\rm f}({\rm g/cm}^3)^{2/3}M_{\rm f}({\rm g}) \quad ({\rm MJ}) \tag{17.34}$$

になる. そして核融合出力エネルギー $E_{\rm fus}$ は

$$E_{\rm fus} = f_{\rm B}\frac{M_{\rm f}}{m_{\rm i}}\frac{Q_{\rm fus}}{2} = 3.36\times 10^5 f_{\rm B}M_{\rm f}({\rm g}) \quad ({\rm MJ}) \tag{17.35}$$

で与えられる. したがってコア利得 $G_{\rm core}$ は

$$G_{\rm core} = \frac{E_{\rm fus}}{E_{\rm fuel}} = \frac{3.36\times 10^5 f_{\rm B}M_{\rm f}}{31T_{\rm hs}/\rho_{\rm f}^2 + 0.32\alpha\rho_{\rm f}^{2/3}M_{\rm f}} \tag{17.36}$$

に還元される. (17.36) の分母の第 1 項が第 2 項に比べて無視できる場合は

$$G_{\rm core} \approx 1.04\times 10^6\frac{f_{\rm B}}{\alpha\rho_{\rm f}({\rm g/cm}^3)^{2/3}}$$

となる.

固体密度の 1000 倍の爆縮の例 $\rho_{\rm f} = 1000\rho_{\rm solid} = 210\,{\rm g/cm}^3$ を考察しよう. $r_{\rm hs} = $

0.002 cm と $r_f = 0.01$ cm の値を選ぶ. $\alpha = 2$, $T_{hs} = 5$ keV とすると $M_f = 0.88 \times 10^{-3}$ g, $E_{fuel} = (3.5 + 19.9) = 23.4$ kJ になる. また $\eta_h = 0.1$ として $E_L \sim 234$ kJ をえる. $f_B \sim 0.22$ ($T \sim 30 \sim 40$ keV のとき $\beta(T) \sim 7$ g/cm^2) を仮定すると, $E_{fus} = 65$ MJ, $G_{core} = 2.8 \times 10^3$, $G_{pellet} = 2.8 \times 10^2$ をえる.

高速点火のために必要なレーザー光の出力を求めてみよう. 高温スポット領域 ($\rho_m r > 0.4$ g/cm^2, $\rho_m \sim 10^3 \rho_{solid}$, $T \sim 5$ keV) を高速点火するのに必要なエネルギーは, 加熱効率を考慮すると少なくとも 7~8 kJ 程度である. 閉じ込め時間 $\tau = r/(3c_s)$ は 8 ps のオーダーである. したがって出力は 10^{15} W=1 Peta Watt の大きさが必要である. 高温スポットの半径が 0.02 mm のとき, レーザー・ビーム強度は 10^{20} W/cm^2 になる.

レーザー・ビーム光によるポンデラモーティブ力 $\boldsymbol{F}_p$ は次のように与えられる (3.10 節にある (3.59) 参照).

$$\boldsymbol{F}_p = -\frac{\omega_p^2}{\omega^2} \nabla \frac{\epsilon_0 \langle \boldsymbol{E}^2 \rangle}{2} \tag{17.37}$$

有限の径を持つレーザー・ビームはプラズマ中に径方向外側に向かうポンデラモーティブ力をもたらす. この力はレーザー・ビームからプラズマを追い出し, プラズマ周波数 ω_p を下げ, ビーム内のプラズマの誘電常数 ϵ を外より大きくする. その結果プラズマは凸レンズの働きをしビームを自己収束させる. ポンデラモーティブ力は臨界密度 $\omega_p = \omega_{laser}$ の面を前方に押し進め, レーザー・チャンネルを高密度プラズマ領域まで通す[21]. 密度 $n = 10^3 n_{solid}$ の冷たい圧縮された燃料の圧力は $2/5\alpha\epsilon_F n \sim 3.2 \times 10^{15}$ Pa (パスカル) (10^5 Pa=1 bar~1 気圧) である. 一方 $I_L = 10^{24}$ W/m^2 の強度を持つレーザー・ビームのポンデラモーティブ力による圧力は $\epsilon_0 \langle \boldsymbol{E}^2 \rangle/2 = I_L/c \sim 3 \times 10^{15}$ Pa である. したがって臨界密度面をコア・プラズマにまで押し込むことは可能である. いったん臨界 (カット・オフ) 密度のプラズマまでチャンネルができれば, レーザー光はポンデラモーティブ力の振動項による $\boldsymbol{J} \times \boldsymbol{B}$ 加熱[22] ((3.58) 参照) などにより加熱することができると考えられている. 高密度プラズマと超高強度レーザー光との相互作用は実験[23]や計算機シミュレーションにより活発に研究が行われている.

ホールラウム・ターゲット

以上に述べた爆縮過程は, いわゆる直接照射型ターゲットの場合である. そのほかに間接照射型ターゲットの方式がある. これは燃料ペレットを取り囲む外球シェルの内側にレーザー光が照射され, X 線エネルギーもしくはプラズマのエネルギーに変換される. それにより内側の燃料ペレットが爆縮される (図 17.8). X 線およびプラズマは空洞の中に閉じ込められ, 爆縮に有効に用いられるように工夫されている. このような方式をホールラウム・ターゲット方式[2]と呼んでいる. この方式においては, 重イオン・ビーム[24]をエネルギー・ドライバーとして用いる可能性も検討されている.

17.4 高速点火

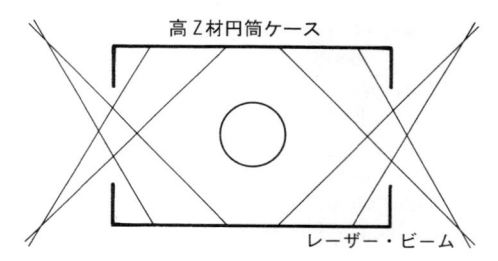

図 17.8 ホールラウム・ターゲットの配位

　最近の慣性閉じ込め核融合の研究は NIF (National Ignition Facility) を含めて文献[25)] に詳しく記述されている.

文　献

1) J. Nuckolls, L. Wood, A. Thiessen and G. Zimmerman: *Nature* **239**, 139 (1972).
2) J. Lindl: *Phys. Plasmas* **2**, 3933 (1995).
3) J. Meyer-Ter-Vehn: *Nucl. Fusion* **22**, 561 (1982).
4) R. E. Kidder: *Nucl. Fusion* **19**, 223 (1979).
5) C. Kittle: *Introduction to Solid State Physics, 8th ed.*, John Willey & Sons 2005.
6) S. Atzeni: *Jpn. J. Appl. Phys.* **34**, 1980 (1995).
7) G. S. Fraley, E. J. Linnebur, R. J. Mason and R. L. Morse: *Phys. Fluids* **17**, 474 (1974).
8) S. Yu. Guskov, O. N. Krokhin and V. B. Rozanov: *Nucl. Fusion* **16**, 957 (1976).
9) R. Decoste, S. E. Bodner, B. H. Ripin, E. A. McLean, S. P. Obenshain and C. M. Armstrong: *Phys. Rev. Lett.* **42**, 1673 (1979).
10) 三間圀興：核融合研究 **51**, 400 (1984).
11) G. Bateman: *MHD Instabilities* The MIT Press, Cambridge, Massachusetts 1978.
12) H. Takabe, K. Mima, L. Montierth and R. L. Morse: *Phys. Fluids* **28**, 3676 (1985).
13) K. S. Budil, B. A. Remington, T. A. Peyser, K. O. Mikaelian, P. L. Miller et al.: *Phys. Rev. Lett.* **76**, 4536 (1996).
14) B. A. Remington, S. V. Weber, S. W. Haan, J. D. Kilkenny, S. G. Glendinning, R. J. Wallace, W. H. Goldstein, B. G. Willson and J. K. Nash: *Phys. Fluids* **B5**, 2589 (1993).
15) R. D. Richtmyer: *Comm. Pure Appl. Math.* **13**, 297 (1960).
16) E. E. Meshkov: *Izv. Akad. Sci. USSR Fluid Dynamics*: **4**, 101 (1969).
17) G. Dimonte, C. E. Frerking and M. Schnider: *Phys. Rev. Lett.* **74**, 4855 (1995).
18) 高部英明：プラズマ・核融合学会誌 **69**, 1285 (1993).
19) D. Strickland and G.Mourou: *Optics Comm.* **56**, 219 (1985).
　　G. A. Mourou, C. P. J. Barty and M. D. Perry: *Phys. Today* **51** Jan. p22 (1998).
20) M. Tabak, J. Hammer, M. E. Glinsky, W. L. Kruer, S. C. Wilks, J. Woodworth, E. M. Campbell and M. D.Perry: *Phys. Plasmas* **1**, 1626 (1994).

21) S. C. Wilks, W. L. Kruer, M. Tabak and A. B. Landon: *Phys. Rev. Lett.* **69**, 1383 (1992).
22) W. L. Kruer and K. Estabrook: *Phys. Fluids* 28, 430 (1985).
23) R. Kodama, P. A. Norreys, K. Mima, A. E. Dangor, R.G. Evans et al.: *Nature* **412**, 798 (2001).
    R. Kodama and the Fast Ignitor Consortium: *Nature* **418**, 933 (2002).
24) R. G. Logan et al.: *19th IAEA Fusion Energy Conf.* (Lyon 2002) OV/3-4.
25) J. Lindl: *Inertial Confinement Fusion*, Springer/AIP Press, NewYork 1998.

A

熱いプラズマの誘電率の導入

A.1　熱いプラズマの分散式の公式化

　第 10 章では冷たいプラズマ中の波の分散式を導いた．この場合は無擾乱状態においてはイオンも電子も静止していることを仮定している．しかし熱いプラズマ中では，無擾乱状態において，いろいろな速度を持つ荷電粒子がラーマー運動をしていてらせん軌道を描いている．一様な磁場 $\boldsymbol{B}_0 = B_0\hat{\boldsymbol{z}}$ における荷電粒子の運動は

$$\frac{\mathrm{d}\boldsymbol{r}'}{\mathrm{d}t'} = \boldsymbol{v}', \qquad \frac{\mathrm{d}\boldsymbol{v}'}{\mathrm{d}t'} = \frac{q}{m}\boldsymbol{v}' \times \boldsymbol{B}_0 \tag{A.1}$$

で与えられる．$t' = t$ のとき $\boldsymbol{r}' = \boldsymbol{r}, \boldsymbol{v}' = \boldsymbol{v} = (v_\perp \cos\theta, v_\perp \sin\theta, v_z)$ とすると (A.1) の解は

$$\left.\begin{aligned}v'_x(t') &= v_\perp \cos(\theta + \Omega(t' - t)) \\ v'_y(t') &= v_\perp \sin(\theta + \Omega(t' - t)) \\ v'_z(t') &= v_z\end{aligned}\right\} \tag{A.2}$$

$$\left.\begin{aligned}x'(t') &= x + \frac{v_\perp}{\Omega}(\sin(\theta + \Omega(t' - t)) - \sin\theta) \\ y'(t') &= y - \frac{v_\perp}{\Omega}(\cos(\theta + \Omega(t' - t)) - \cos\theta) \\ z'(t') &= z + v_z(t' - t)\end{aligned}\right\} \tag{A.3}$$

である．ただし $\Omega = -qB_0/m$ である．また $v_x = v_\perp \cos\theta, v_y = v_\perp \sin\theta$ である．このような系において 1 次の擾乱が加わったとき，その擾乱がどのように伝播するかを解析するにはブラゾフ方程式から出発しなければならない．

　k 種の粒子の分布関数を $f_k(\boldsymbol{r}, \boldsymbol{v}, t)$ とすると

$$\frac{\partial f_k}{\partial t} + \boldsymbol{v} \cdot \nabla_\mathrm{r} f_k + \frac{q_k}{m_k}(\boldsymbol{E} + \boldsymbol{v} \times \boldsymbol{B}) \cdot \nabla_\mathrm{v} f_k = 0 \tag{A.4}$$

である．またマックスウェルの電磁方程式は

$$\nabla \cdot \boldsymbol{E} = \frac{1}{\epsilon_0} \sum_k q_k \int \boldsymbol{v} f_k \mathrm{d}\boldsymbol{v} \tag{A.5}$$

$$\frac{1}{\mu_0} \nabla \times \boldsymbol{B} = \epsilon_0 \frac{\partial \mathrm{E}}{\partial t} + \sum_k q_k \int \boldsymbol{v} f_k \mathrm{d}\boldsymbol{v} \tag{A.6}$$

$$\nabla \times \boldsymbol{E} = -\frac{\partial \boldsymbol{B}}{\partial t} \tag{A.7}$$

$$\nabla \cdot \boldsymbol{B} = 0 \tag{A.8}$$

である.無擾乱状態の 0 次の量をサフィックス "0" で表し,1 次の擾乱項はサフィックス "1" で表し $\exp i(\boldsymbol{k} \cdot \boldsymbol{r} - \omega t)$ で変化するものとする.

$$f_k = f_{k0}(\boldsymbol{r}, \boldsymbol{v}) + f_{k1} \tag{A.9}$$

$$\boldsymbol{B} = \boldsymbol{B}_0 + \boldsymbol{B}_1 \tag{A.10}$$

$$\boldsymbol{E} = 0 + \boldsymbol{E}_1 \tag{A.11}$$

を用いて (A.4) ～ (A.8) を次のように線形化する.

$$\boldsymbol{v} \cdot \nabla_\mathrm{r} f_{k0} + \frac{q_k}{m_k} (\boldsymbol{v} \times \boldsymbol{B}_0) \cdot \nabla_\mathrm{v} f_{k0} = 0 \tag{A.12}$$

$$\sum_k q_k \int f_{k0} \mathrm{d}\boldsymbol{v} = 0 \tag{A.13}$$

$$\frac{1}{\mu_0} \nabla \times \boldsymbol{B}_0 = \sum_k q_k \int \boldsymbol{v} f_{k0} \mathrm{d}\boldsymbol{v} = \boldsymbol{j}_0 \tag{A.14}$$

$$\frac{\partial f_{k1}}{\partial t} + \boldsymbol{v} \cdot \nabla_\mathrm{r} f_{k1} + \frac{q_k}{m_k} (\boldsymbol{v} \times \boldsymbol{B}_0) \cdot \nabla_\mathrm{v} f_{k1} = -\frac{q_k}{m_k} (\boldsymbol{E}_1 + \boldsymbol{v} \times \boldsymbol{B}_1) \cdot \nabla_\mathrm{v} f_{k0} \tag{A.15}$$

$$i\boldsymbol{k} \cdot \boldsymbol{E}_1 = \frac{1}{\epsilon_0} \sum_k q_k \int f_{k1} \mathrm{d}\boldsymbol{v} \tag{A.16}$$

$$\frac{1}{\mu_0} \boldsymbol{k} \times \boldsymbol{B}_1 = -\omega \left(\epsilon_0 \boldsymbol{E}_1 + \frac{i}{\omega} \sum_k q_k \int \boldsymbol{v} f_{k1} \mathrm{d}\boldsymbol{v} \right) \tag{A.17}$$

$$\boldsymbol{B}_1 = \frac{1}{\omega} (\boldsymbol{k} \times \boldsymbol{E}_1) \tag{A.18}$$

f_{k1} に対する (A.15) の右辺は (A.18) よりわかるとおり $\boldsymbol{E}_1$ の 1 次式で表されるので f_{k1} は $\boldsymbol{E}_1$ の 1 次式で与えられる.冷たいプラズマにおける分散式を導いた場合と同様に誘電率テンサー $\boldsymbol{K}(\boldsymbol{D} = \epsilon_0 \boldsymbol{K} \cdot \boldsymbol{E})$ は

$$\boldsymbol{E}_1 + \frac{i}{\epsilon_0 \omega} \boldsymbol{j} = \boldsymbol{E}_1 + \frac{i}{\epsilon_0 \omega} \sum_k q_k \int \boldsymbol{v} f_{k1} \mathrm{d}\boldsymbol{v} \equiv \boldsymbol{K} \cdot \boldsymbol{E}_1 \tag{A.19}$$

で与えられ, (A.17) (A.18) より

$$\boldsymbol{k} \times (\boldsymbol{k} \times \boldsymbol{E}_1) + \frac{\omega^2}{c^2} \boldsymbol{K} \cdot \boldsymbol{E}_1 = 0 \tag{A.20}$$

をえる．したがって f_{k1} を (A.15) によって求めることができれば $\boldsymbol{K}$ を計算することができる．そして冷たいプラズマにおける分散式と全く同じ形式で解けば波の伝播の性質を調べることができる．

A.2 線形化ブラゾフ方程式の解

(A.15) のブラゾフ方程式の解は無擾乱状態における粒子の軌道 (A.2)(A.3) に沿って (A.15) の右辺を時間積分をすることによって次のようにえられる．

$$f_{k1}(\boldsymbol{r},\boldsymbol{v},t) = -\frac{q_k}{m_k}\int_{-\infty}^{t}\left(\boldsymbol{E}_1(\boldsymbol{r}'(t'),t') + \frac{1}{\omega}\boldsymbol{v}'(t')\times(\boldsymbol{k}\times\boldsymbol{E}_1(\boldsymbol{r}'(t'),t'))\right)$$
$$\cdot \nabla'_{\mathrm{v}} f_{k0}(\boldsymbol{r}'(t'),\boldsymbol{v}'(t'))\mathrm{d}t' \tag{A.21}$$

(A.21) を (A.15) に代入すると

$$-\frac{q_k}{m_k}\left(\boldsymbol{E}_1 + \frac{1}{\omega}\boldsymbol{v}\times(\boldsymbol{k}\times\boldsymbol{E}_1)\right)\cdot\nabla_{\mathrm{v}} f_{k0}$$
$$-\frac{q_k}{m_k}\int_{-\infty}^{t}\left(\frac{\partial}{\partial t} + \boldsymbol{v}\cdot\nabla_{\mathrm{r}} + \frac{q_k}{m_k}(\boldsymbol{v}\times\boldsymbol{B}_0)\cdot\nabla_{\mathrm{v}}\right)[\text{integrand}]\mathrm{d}t'$$
$$= -\frac{q_k}{m_k}(\boldsymbol{E}_1 + \boldsymbol{v}\times\boldsymbol{B}_1)\cdot\nabla_{\mathrm{v}} f_{k0} \tag{A.22}$$

となるから，(A.22) 左辺第 2 項が 0 になることが証明できれば (A.21) が (A.15) の解であることが証明できたことになる．

(A.22) 左の第 2 項の微分オペレーターの変数を $(\boldsymbol{r},\boldsymbol{v},t)$ から $(\boldsymbol{r}',\boldsymbol{v}',t')$ に (A.2)(A.3) によって変換する．ただし被微分オペレーター項が (A.21) で表されていることを考慮する．

$$\frac{\partial}{\partial t} = \frac{\partial t'}{\partial t}\frac{\partial}{\partial t'} + \frac{\partial \boldsymbol{r}'}{\partial t}\cdot\nabla'_{\mathrm{r}} + \frac{\partial \boldsymbol{v}'}{\partial t}\cdot\nabla'_{\mathrm{v}} = \frac{\partial(t'-t)}{\partial t}\left(\frac{\partial \boldsymbol{r}'}{\partial(t'-t)}\cdot\nabla'_{\mathrm{r}} + \frac{\partial \boldsymbol{v}'}{\partial(t'-t)}\cdot\nabla'_{\mathrm{v}}\right)$$
$$= -\boldsymbol{v}'\cdot\nabla'_{\mathrm{r}} - \frac{q_k}{m_k}(\boldsymbol{v}'\times\boldsymbol{B}_0)\cdot\nabla'_{\mathrm{v}}$$

$$\boldsymbol{v}\cdot\nabla_{\mathrm{r}} = \boldsymbol{v}\cdot\nabla'_{\mathrm{r}}$$

$$\frac{\partial}{\partial v_x} = \frac{\partial \boldsymbol{r}'}{\partial v_x}\cdot\nabla'_{\mathrm{r}} + \frac{\partial \boldsymbol{v}'}{\partial v_x}\cdot\nabla'_{\mathrm{v}} = \frac{1}{\Omega}\left(\sin\Omega(t'-t)\frac{\partial}{\partial x'} + [-\cos\Omega(t'-t)+1]\frac{\partial}{\partial y'}\right)$$
$$+ \left(\cos\Omega(t'-t)\frac{\partial}{\partial v'_x} + \sin\Omega(t'-t)\frac{\partial}{\partial v'_y}\right)$$

$$\frac{\partial}{\partial v_y} = \frac{1}{\Omega}\left((\cos\Omega(t'-t)-1)\frac{\partial}{\partial x'} + \sin\Omega(t'-t)\frac{\partial}{\partial y'}\right)$$
$$+ \left(-\sin\Omega(t'-t)\frac{\partial}{\partial v'_x} + \cos\Omega(t'-t)\frac{\partial}{\partial v'_y}\right)$$

$$\frac{q}{m}(\boldsymbol{v}\times\boldsymbol{B}_0)\cdot\nabla_{\mathrm{v}} = -\Omega\left(v_y\frac{\partial}{\partial v_x} - v_x\frac{\partial}{\partial v_y}\right)$$

$$= v'_x\frac{\partial}{\partial x'} + v'_y\frac{\partial}{\partial y'} - \left(v_x\frac{\partial}{\partial x'} + v_y\frac{\partial}{\partial y'}\right) - \Omega\left(v'_y\frac{\partial}{\partial v'_x} - v'_x\frac{\partial}{\partial v'_y}\right)$$

$$= (\boldsymbol{v}' - \boldsymbol{v})\cdot\nabla'_{\mathrm{r}} + \frac{q}{m}(\boldsymbol{v}'\times\boldsymbol{B}_0)\cdot\nabla'_{\mathrm{v}}$$

したがって (A.22) 左辺第 2 項は 0 となる．ここで 1 次の摂乱項が $\exp(-i\omega t)$ で変化しているので ω の虚数部が正で，時間とともに増大する場合は (A.21) の積分が収斂する．ω の虚数部が負の領域にある場合には正の領域から解析接続をする．

A.3　熱いプラズマの誘電率テンサー

0 次の分布関数 f_0 は (A.12) を満たす必要がある．

$$f_0(\boldsymbol{r},\boldsymbol{v}) = f(v_\perp,v_z), \qquad v_\perp^2 = v_x^2 + v_y^2$$

また

$$\boldsymbol{E}_1(\boldsymbol{r}',t') = \boldsymbol{E}\exp i(\boldsymbol{k}\cdot\boldsymbol{r}' - \omega t')$$

とする．$\boldsymbol{B}_0$ の方向を z 軸とし $\boldsymbol{B}_0$ と伝播ベクトル $\boldsymbol{k}$ とがつくる平面内に x 軸をとる．したがって $k_y = 0$ となる．

$$\boldsymbol{k} = k_x\hat{\mathbf{x}} + k_z\hat{\mathbf{z}}$$

この場合 $f_1(\boldsymbol{r},\boldsymbol{v},t)$ は (A.21) より

$$\begin{aligned}f_1(\boldsymbol{r},\boldsymbol{v},t) = &-\frac{q}{m}\exp i(k_x x + k_z z - \omega t)\\ &\times \int_\infty^t \left(\left(1 - \frac{\boldsymbol{k}\cdot\boldsymbol{v}'}{\omega}\right)\boldsymbol{E} + (\boldsymbol{v}'\cdot\boldsymbol{E})\frac{\boldsymbol{k}}{\omega}\right)\cdot\nabla'_v f_0\\ &\times \exp\left(i\frac{k_x v_\perp}{\omega}\sin(\theta + \Omega(t' - t)) - i\frac{k_x v_\perp}{\Omega}\sin\theta\right.\\ &\left. + i(k_z v_z - \omega)(t' - t)\right)\mathrm{d}t'\end{aligned}$$

が導かれる．$\tau = t' - t$ を導入する．ベッセル関数の公式より

$$\exp(ia\sin\theta) = \sum_{m=-\infty}^{\infty} J_m(a)\exp im\theta$$

$$J_{-m}(a) = (-1)^m J_m(a)$$

$$\exp\Big(\quad\Big) = \sum_{m=-\infty}^{\infty}\sum_{n=-\infty}^{\infty} J_m\exp(-im\theta)J_n\exp\left(in(\theta + \Omega\tau)\right)\exp i(k_z v_z - \omega)\tau$$

A.3 熱いプラズマの誘電率テンサー

となる.

$$\left(\left(1-\frac{\boldsymbol{k}\cdot\boldsymbol{v}'}{\omega}\right)\boldsymbol{E}+(\boldsymbol{v}'\cdot\boldsymbol{E})\frac{\boldsymbol{k}}{\omega}\right)\cdot\nabla'_{\mathrm{v}}f_0$$

$$=\frac{\partial f_0}{\partial v_z}\left(\left(1-\frac{k_x v'_x}{\omega}\right)E_z+(v'_x E_x+v'_y E_y)\frac{k_z}{\omega}\right)$$

$$+\frac{\partial f_0}{\partial v_\perp}\left(\left(1-\frac{k_z v'_z}{\omega}\right)\left(E_x\frac{v'_x}{v_\perp}+E_y\frac{v'_y}{v_\perp}\right)+v_z E_z\frac{k_x}{\omega}\frac{v'_x}{v_\perp}\right)$$

$$=\left(\frac{\partial f_0}{\partial v_\perp}\left(1-\frac{k_z v_z}{\omega}\right)+\frac{\partial f_0}{\partial v_z}\frac{k_z v_\perp}{\omega}\right)$$

$$\times\left(\frac{E_x}{2}(e^{i(\theta+\Omega\tau)}+e^{-i(\theta+\Omega\tau)})+\frac{E_y}{2i}(e^{i(\theta+\Omega\tau)}-e^{-i(\theta+\Omega\tau)})\right)$$

$$+\left(\frac{\partial f_0}{\partial v_\perp}\frac{k_x v_z}{\omega}-\frac{\partial f_0}{\partial v_z}\frac{k_x v_\perp}{\omega}\right)\frac{E_z}{2}(e^{i(\theta+\Omega\tau)}+e^{-i(\theta+\Omega\tau)})+\frac{\partial f_0}{\partial v_z}E_z$$

であるから

$$f_1(\boldsymbol{r},\boldsymbol{v},t)=-\frac{q}{m}\exp i(k_x x+k_z z-\omega t)$$

$$\times\sum_{mn}\left(U\left(\frac{J_{n-1}+J_{n+1}}{2}\right)E_x-iU\left(\frac{J_{n-1}-J_{n+1}}{2}\right)E_y\right.$$

$$\left.+\left(W\frac{J_{n-1}+J_{n+1}}{2}+\frac{\partial f_0}{\partial v_z}J_n\right)E_z\right)\cdot\frac{J_m(a)\exp(-i(m-n)\theta)}{i(k_z v_z-\omega+n\Omega)}$$

となる. ただし

$$U=\left(1-\frac{k_z v_z}{\omega}\right)\frac{\partial f_0}{\partial v_\perp}+\frac{k_z v_\perp}{\omega}\frac{\partial f_0}{\partial v_z} \tag{A.23}$$

$$W=\frac{k_x v_z}{\omega}\frac{\partial f_0}{\partial v_\perp}-\frac{k_x v_\perp}{\omega}\frac{\partial f_0}{\partial v_z} \tag{A.24}$$

$$a=\frac{k_x v_\perp}{\Omega},\qquad \Omega=\frac{-qB}{m} \tag{A.25}$$

である. また

$$\frac{J_{n-1}(a)+J_{n+1}(a)}{2}=\frac{nJ_n(a)}{a},\qquad \frac{J_{n-1}(a)-J_{n+1}(a)}{2}=\frac{\mathrm{d}}{\mathrm{d}a}J_n(a)$$

である.

f_1 が求められたので誘電率テンサー (dielectric tensor) $\boldsymbol{K}$ は (A.19) より

$$(\boldsymbol{K}-\boldsymbol{I})\cdot\boldsymbol{E}=\frac{i}{\epsilon_0\omega}\sum_j q_j\int\boldsymbol{v}f_{j1}\mathrm{d}\boldsymbol{v} \tag{A.26}$$

で与えられる. $v_x=v_\perp\cos\theta$, $v_y=v_\perp\sin\theta$, $v_z=v_z$ であるので, (A.26) の x, y 成分は (A.23) の $e^{i(m-n)\theta}=e^{\pm i\theta}$ の項のみが積分に寄与し, (A.26) の z 成分は $e^{i(m-n)\theta}=1$ の項のみが積分に寄与する. すなわち

$$\boldsymbol{K} = \boldsymbol{I} - \sum_j \frac{\Pi_j^2}{\omega n_{j0}} \sum_{n=-\infty}^{\infty} \int d\boldsymbol{v} \frac{S_{jn}}{k_z v_z - \omega + n\Omega_j} \qquad (A.27)$$

$$S_{jn} = \begin{bmatrix} v_\perp (n\frac{J_n}{a})^2 U & -iv_\perp (n\frac{J_n}{a}) J_n' U & v_\perp (n\frac{J_n}{a}) J_n (\frac{\partial f_0}{\partial v_z} + \frac{n}{a} W) \\ iv_\perp J_n' (n\frac{J_n}{a}) U & v_\perp (J_n')^2 U & iv_\perp J_n' J_n (\frac{\partial f_0}{\partial v_z} + \frac{n}{a} W) \\ v_z J_n (n\frac{J_n}{a}) U & -iv_\perp J_n J_n' U & v_z J_n^2 (\frac{\partial f_0}{\partial v_z} + \frac{n}{a} W) \end{bmatrix}$$

ただし
$$\Pi_j^2 = \frac{n_j q_j^2}{\epsilon_0 m_j}$$

である.

$$\frac{v_z U - v_\perp (\frac{\partial f_0}{\partial v_z} + \frac{n\Omega}{k_x v_\perp} W)}{k_z v_z - \omega + n\Omega} = -\frac{v_z}{\omega} \frac{\partial f_0}{\partial v_\perp} + \frac{v_\perp}{\omega} \frac{\partial f_0}{\partial v_z}$$

$$\sum_{n=-\infty}^{\infty} J_n^2 = 1, \quad \sum_{n=-\infty}^{\infty} J_n J_n' = 0, \quad \sum_{n=-\infty}^{\infty} n J_n^2 = 0 \quad (J_{-n} = (-1)^n J_n)$$

の関係を用いる. そして n を $-n$ に置き換え (A.27) を書き換えると

$$\boldsymbol{K} = \boldsymbol{I} - \sum_j \frac{\Pi_j^2}{\omega} \sum_{n=-\infty}^{\infty} \int T_{jn} \frac{v_\perp^{-1} U_j n_{j0}^{-1}}{k_z v_z - \omega - n\Omega_j} d\boldsymbol{v}$$
$$- \boldsymbol{L} \sum_j \frac{\Pi_j^2}{\omega^2} \left(1 + \frac{1}{n_{j0}} \int \frac{v_z^2}{v_\perp} \frac{\partial f_{j0}}{\partial v_\perp} d\boldsymbol{v} \right)$$

$$T_{jn} = \begin{bmatrix} v_\perp^2 (n\frac{J_n}{a})(n\frac{J_n}{a}) & iv_\perp^2 (n\frac{J_n}{a}) J_n' & -v_\perp v_z (n\frac{J_n}{a}) J_n \\ -iv_\perp^2 J_n' (n\frac{J_n}{a}) & v_\perp^2 J_n' J_n' & iv_\perp v_z J_n' J_n \\ -v_\perp v_z J_n (n\frac{J_n}{a}) & -iv_\perp v_z J_n J_n' & v_z^2 J_n J_n \end{bmatrix}$$

がえられる. ここで $\boldsymbol{L}$ マトリックスは $L_{zz} = 1$, それ以外の成分はすべて 0 である. 次に

$$\frac{U_j}{k_z v_z - \omega - n\Omega_j} = -\frac{1}{\omega} \frac{\partial f_{j0}}{\partial v_\perp} + \frac{1}{\omega(k_z v_z - \omega - n\Omega_j)} \left(-n\Omega_j \frac{\partial f_{j0}}{\partial v_\perp} + k_z v_\perp \frac{\partial f_{j0}}{\partial v_z} \right)$$

$$\sum_{n=-\infty}^{\infty} (J_n')^2 = \frac{1}{2}, \quad \sum_{n=-\infty}^{\infty} \frac{n^2 J_n^2(a)}{a^2} = \frac{1}{2}$$

の関係を用いると

$$\boldsymbol{K} = \left(1 - \frac{\Pi_j^2}{\omega^2} \right) \boldsymbol{I}$$
$$- \sum_{j,n} \frac{\Pi_j^2}{\omega^2} \int \frac{T_{jn}}{k_z v_z - \omega - n\Omega_j} \left(\frac{-n\Omega_j}{v_\perp} \frac{\partial f_{j0}}{\partial v_\perp} + k_z \frac{\partial f_{j0}}{\partial v_z} \right) \frac{1}{n_{j0}} d\boldsymbol{v} \qquad (A.28)$$

となる.

$$\boldsymbol{N} \equiv \frac{\boldsymbol{k}}{\omega}c$$

を用いると (A.20) は

$$(K_{xx} - N_\parallel^2)E_x + K_{xy}E_y + (K_{xz} + N_\perp N_\parallel)E_z = 0$$
$$K_{yx}E_x + (K_{yy} - N^2)E_y + K_{yz}E_z = 0$$
$$(K_{zx} + N_\perp N_\parallel)E_x + K_{zy}E_y + (K_{zz} - N_\perp^2)E_z = 0$$

となる．ただし $N_\parallel$ は $\boldsymbol{N}$ の z 成分 ($\boldsymbol{B}$ に平行成分)，$N_\perp$ は $\boldsymbol{N}$ の x 成分 ($\boldsymbol{B}$ に垂直成分) である．分散式は係数マトリックスのデターミナントを 0 としてえられる．

A.4 マックスウェル分布の場合の誘電率テンサー

0 次の分布関数が 2 重マックスウェル分布

$$f_0(v_\perp, v_z) = n_0 F_\perp(v_\perp) F_z(v_z) \tag{A.29}$$
$$F_\perp(v_\perp) = \frac{m}{2\pi T_\perp} \exp\left(-\frac{mv_\perp^2}{2T_\perp}\right) \tag{A.30}$$
$$F_z(v_z) = \left(\frac{m}{2\pi T_z}\right)^{1/2} \exp\left(-\frac{m(v_z - V)^2}{2T_z}\right) \tag{A.31}$$

であるとすると

$$\left(-\frac{n\Omega_j}{v_\perp}\frac{\partial f_0}{\partial v_\perp} + k_z \frac{\partial f_0}{\partial v_z}\right)\frac{1}{n_0} = m\left(\frac{n\Omega_j}{T_\perp} - \frac{k_z(v_z - V)}{T_z}\right)F_\perp(v_\perp)F_z(v_z)$$

となる．v_z に関する積分はプラズマ分散関数 (plasma dispersion function)$Z(\zeta)$ を用いて行う．分散関数 $Z(\zeta)$ は

$$Z(\zeta) \equiv \frac{1}{\pi^{1/2}} \int_{-\infty}^{\infty} \frac{\exp(-\beta^2)}{\beta - \zeta} d\beta \tag{A.32}$$

で定義される．

$$\int_{-\infty}^{\infty} \frac{F_z}{k_z(v_z - V) - \omega_n} dv_z = \frac{1}{\omega_n} \zeta_n Z(\zeta_n)$$
$$\int_{-\infty}^{\infty} \frac{k_z(v_z - V) F_z}{k_z(v_z - V) - \omega_n} dv_z = 1 + \zeta_n Z(\zeta_n)$$
$$\int_{-\infty}^{\infty} \frac{(k_z(v_z - V))^2 F_z}{k_z(v_z - V) - \omega_n} dv_z = \omega_n(1 + \zeta_n Z(\zeta_n))$$
$$\int_{-\infty}^{\infty} \frac{(k_z(v_z - V))^3 F_z}{k_z(v_z - V) - \omega_n} dv_z = \frac{k_z^2 T_z}{m} + \omega_n^2(1 + \zeta_n Z(\zeta_n))$$
$$\omega_n \equiv \omega - k_z V + n\Omega$$

$$\zeta_n \equiv \frac{\omega - k_z V + n\Omega}{k_z(2T_z/m)^{1/2}}$$

$$\int_0^\infty J_n^2(b^{1/2}x)\exp\left(-\frac{x^2}{2\alpha}\right)x\mathrm{d}x = \alpha I_n(\alpha b)e^{-b\alpha}$$

$$\sum_{n=-\infty}^\infty I_n(b) = e^b, \qquad \sum_{n=-\infty}^\infty n I_n(b) = 0, \qquad \sum_{n=-\infty}^\infty n^2 I_n(b) = b e^b$$

の諸関係を用いると ($I_n(x)$ は n 次の変形ベッセル関数)

$$\boldsymbol{K} = \boldsymbol{I} + \sum_{i,e}\frac{\Pi^2}{\omega^2}\left(\sum_n\left(\zeta_0 Z(\zeta_n) - \left(1 - \frac{1}{\lambda_\mathrm{T}}\right)(1 + \zeta_n Z(\zeta_n))\right)e^{-b}\boldsymbol{X}_n + 2\eta_0^2\lambda_\mathrm{T}\boldsymbol{L}\right) \tag{A.33}$$

$$\boldsymbol{X}_n = \begin{bmatrix} n^2 I_n/b & in(I_n' - I_n) & -(2\lambda_\mathrm{T})^{1/2}\eta_n\frac{n}{\alpha}I_n \\ -in(I_n' - I_n) & (n^2/b + 2b)I_n - 2bI_n' & i(2\lambda_\mathrm{T})^{1/2}\eta_n\alpha(I_n' - I_n) \\ -(2\lambda_\mathrm{T})^{1/2}\eta_n\frac{n}{\alpha}I_n & -i(2\lambda_\mathrm{T})^{1/2}\eta_n\alpha(I_n' - I_n) & 2\lambda_\mathrm{T}\eta_n^2 I_n \end{bmatrix} \tag{A.34}$$

$$\eta_n \equiv \frac{\omega + n\Omega}{2^{1/2}k_z v_{Tz}}, \qquad \lambda_\mathrm{T} \equiv \frac{T_z}{T_\perp}, \qquad b \equiv \left(\frac{k_x v_{\mathrm{T}\perp}}{\Omega}\right)^2 = \alpha^2$$

$$\alpha \equiv \frac{k_x v_{\mathrm{T}\perp}}{\Omega}, \qquad v_{\mathrm{T}z}^2 \equiv \frac{T_z}{m}, \qquad v_{\mathrm{T}\perp}^2 \equiv \frac{T_\perp}{m}$$

($\boldsymbol{L}$ マトリックスの成分は $L_{zz} = 1$ 以外すべて 0)

が導かれる[1].

A.5 プラズマ分散関数

次式で定義されるプラズマ分散関数 $Z_\mathrm{p}(\zeta)$ の性質を調べよう.

$$Z_\mathrm{p}(\zeta) \equiv \frac{1}{\pi^{1/2}}\int_{-\infty}^\infty \frac{\exp(-\beta^2)}{\beta - \zeta}\mathrm{d}\beta \tag{A.35}$$

ただし $\mathrm{Im}\,\zeta > 0$ であるとする. 1 次のブラゾフ方程式 (A.21) は粒子の軌道に沿って $\exp(-i\omega t)$ を $-\infty$ から t まで時間積分することによりえられている. したがって ω の虚数部 ω_i は正でなければならない. まず $k_z > 0$ の場合を考えよう. この場合 $\mathrm{Im}\,\zeta > 0$ でなければならない. $\mathrm{Im}\,\zeta < 0$ の場合の $Z_\mathrm{p}(\zeta)$ は, $\mathrm{Im}\,\zeta > 0$ のときの $Z_\mathrm{p}(\zeta)$ から解析接続をしなければならない. $\mathrm{Im}\,\zeta > 0, \mathrm{Im}\,\zeta = 0, \mathrm{Im}\,\zeta < 0$ の場合における積分経路を図 A.1 に示す. ζ が実数で x としたとき $Z_\mathrm{p}(x)$ は (A.35) において $\beta - \zeta = \gamma$ とし, 下記の関係式を用いると

$$\int_{-\infty}^\infty \frac{\exp(-\gamma^2 - 2\zeta\gamma)}{\gamma}\mathrm{d}\gamma = -2\pi^{1/2}\int_{+i\infty}^\zeta \exp(t^2)\mathrm{d}t$$

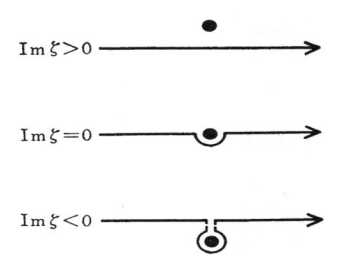

A.5 プラズマ分散関数

図 A.1 $k_z > 0$ のとき,$\mathrm{Im}\zeta > 0$, $\mathrm{Im}\zeta = 0$,および $\mathrm{Im}\zeta < 0$ の場合について (A.50) の積分経路

(右辺と左辺を ζ で微分すれば上記の関係式は明らか) $Z_\mathrm{p}(\zeta)$ は次のようになる.

$$Z_\mathrm{p}(\zeta) = -2\exp(-\zeta^2)\int_{i\infty}^{\zeta} \exp(t^2)\mathrm{d}t$$
$$= i\pi^{1/2}\exp(-\zeta^2) - 2S(\zeta)$$

ここで Stix の関数 $S(\zeta)$ は[2])

$$S(\zeta) = \exp(-\zeta^2)\int_0^{\zeta} \exp(t^2)\mathrm{d}t \tag{A.36}$$

である. Z_p の別の表式は[3])

$$Z_\mathrm{p}(\zeta) = 2i\exp(-\zeta^2)\int_{-\infty}^{i\zeta} \exp(-s^2)\mathrm{d}s$$
$$= i2\pi^{1/2}\exp(-\zeta^2)\Phi(2^{1/2}i\zeta) \quad (s = it)$$
$$Z_\mathrm{p}(\zeta) = i\int_0^{\infty} \exp(i\zeta z - z^2/4)\mathrm{d}z \quad \left(s = -\frac{z}{2} + i\zeta\right) \tag{A.37}$$

である. $\Phi(x)$ は次式で与えられる.

$$\Phi(x) \equiv \frac{1}{(2\pi)^{1/2}}\int_{-\infty}^{x} \exp\left(-\frac{t^2}{2}\right)\mathrm{d}t$$

$Z_\mathrm{p}(\zeta)$ および $S(\zeta)$ は

$$\frac{\mathrm{d}Z_\mathrm{p}(\zeta)}{\mathrm{d}\zeta} + 2\zeta Z_\mathrm{p}(\zeta) = -2, \qquad \frac{\mathrm{d}S(\zeta)}{\mathrm{d}\zeta} + 2\zeta S(\zeta) = 1$$

を満たす. $|\zeta| \lesssim 1$ の場合 (熱いプラズマ),$Z_\mathrm{p}(\zeta)$ の級数展開は

$$Z_\mathrm{p}(\zeta) = i\pi^{1/2}\exp(-\zeta^2) - \sum_{n=1}^{\infty}\frac{(-1)^{n-1}2\pi^{1/2}}{\Gamma(n+1/2)}\zeta^{2n-1}$$
$$= i\pi^{1/2}\exp(-\zeta^2) - \left(\frac{2}{1}\zeta - \frac{2\cdot 2}{3\cdot 1}\zeta^3 + \frac{2\cdot 2\cdot 2}{5\cdot 3\cdot 1}\zeta^5 - \frac{2\cdot 2\cdot 2\cdot 2}{7\cdot 5\cdot 3\cdot 1}\zeta^7 + \cdots\right) \tag{A.38}$$

となる．この級数展開は $S(\zeta)$ の積分に部分積分を適用すればえられる．

$$\int_0^\zeta 1 \times \exp(t^2)\mathrm{d}t = \zeta \exp\zeta^2 - \int_0^\zeta 2t^2 \exp t^2 \mathrm{d}t = \cdots$$

$|\zeta| \gtrsim 1$ の場合 (冷たいプラズマ)，$Z_\mathrm{p}(\zeta)$ の漸近展開は

$$\begin{aligned}Z_\mathrm{p}(\zeta) &= -\sum_{n=1} \frac{\Gamma(n-1/2)}{\pi^{1/2}} \frac{1}{\zeta^{(2n-1)}} \\ &= -\left(\frac{1}{\zeta} + \frac{1}{2}\frac{1}{\zeta^3} + \frac{3\cdot 1}{2\cdot 2}\frac{1}{\zeta^5} + \frac{5\cdot 3\cdot 1}{2\cdot 2\cdot 2}\frac{1}{\zeta^7} + \cdots\right)\end{aligned} \tag{A.39}$$

となる．漸近展開は $Z_\mathrm{p}(\zeta) = -2\exp(-\zeta^2)\int_{i\infty}^\zeta \exp(t^2)\mathrm{d}t$ の積分に部分積分

$$\int_{i\infty}^\zeta \exp t^2 \mathrm{d}t = \int_{i\infty}^\zeta \frac{1}{2t} 2t \exp t^2 \mathrm{d}t = \exp\zeta^2 \frac{1}{2\zeta} + \int_{i\infty}^\zeta \frac{1}{2t^2}\exp t^2 \mathrm{d}t + \cdots$$

を適用してえられる．この関数は Stix の $-2T(\zeta)$ に対応する[2)]．ガンマ関数は $\Gamma(z+1) = z\Gamma(z)$，$\Gamma(1) = 1$，$\Gamma(1/2) = \pi^{1/2}$，$\Gamma(n+1/2) = (2n-1)!!/2^n \pi^{1/2}$ の関係がある $((2n-1)!! = (2n-1)(2n-3)\cdots 3\cdot 1)$．

図 A.2 は x が実数の場合の $Z_\mathrm{p}(x)$ ($k > 0$) の実数部と虚数部を示す．

誘電率テンソー (A.34) にある関数 $Z(\zeta)$ は $\mathrm{Im}\omega > 0$ を前提としている．それは線形ブラゾフ方程式を解くにあたって粒子の軌道に沿って $\exp(-i\omega t)$ を $-\infty$ から t まで時間積分することによりえられているからである ($|\exp(-i\omega t)| = \exp\mathrm{Im}\omega t$)．したがって $k_z > 0$ の場合，誘電率テンソー (A.34) に現れる関数 $Z(\zeta)$ は，(A.35) で定義される $Z_\mathrm{p}(\zeta)$ に等しい．すなわち

$$Z(\zeta) = Z_\mathrm{p}(\zeta) \quad (k_z > 0)$$

$k_z < 0$ の場合も，誘電率テンソー (A.34) にある関数 $Z(\zeta)$ は $\mathrm{Im}\omega > 0$ を前提としている．したがってこの関数 $Z(\zeta)$ は $\mathrm{Im}\zeta = \mathrm{Im}\omega/(2^{1/2}k_z v_\mathrm{Tz}) < 0$ を前提としてい

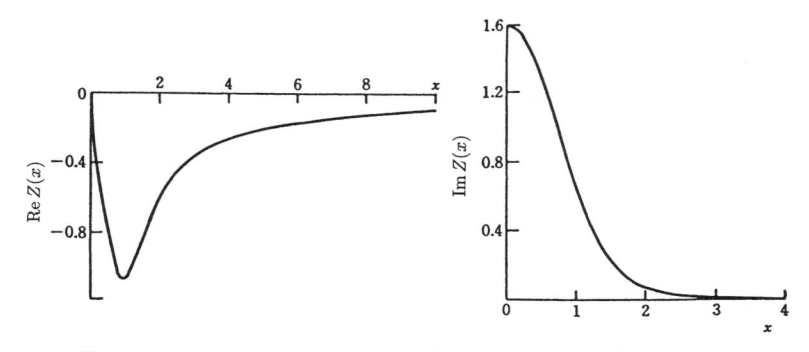

図 **A.2** x が実数のときの $Z(x)$ の実数部 $\mathrm{Re}\,Z(x)$ および 虚数部 $\mathrm{Im}\,Z(x)$

る．$\mathrm{Im}\zeta = \mathrm{Im}\omega/(2^{1/2}k_z v_{\mathrm{T}z}) > 0$ の領域には解析接続をしなければならない．$Z(\zeta)$ と $Z_{\mathrm{p}}(\zeta)$ との関係は

$$Z(\zeta) = Z_{\mathrm{p}}(\zeta) - 2\pi i \exp(-\zeta^2) \quad (k_z < 0)$$

である．

ζ が実数で x のとき，特異点付近の積分のコーシーの主値は $\lim_{\varepsilon\to 0}\left(\int_{-\infty}^{x-\varepsilon} + \int_{x+\varepsilon}^{\infty}\right)$ であるが，ζ が複素数のときのコーシーの主値は，特異点のすぐ上，およびすぐ下の経路をとる積分の平均値とする[2]．そうすると $Z(\zeta)$ は次式のようになる．

$$Z(\zeta) \equiv \frac{1}{\pi^{1/2}}\mathrm{P}\int_{-\infty}^{\infty}\frac{\exp(-\beta^2)}{\beta-\zeta}\mathrm{d}\beta + i\pi^{1/2}\frac{k_z}{|k_z|}\exp(-\zeta^2)$$

ここで P はコーシー (Cauchy) の主値 (principal value) の意味である．この主値は $-2S(\zeta)$ と同じである ($S(\zeta)$ は Stix 関数)．

$Z(\zeta)$ の級数展開は ($|\zeta| \lesssim 1$, 熱いプラズマ)

$$Z(\zeta) = i\pi^{1/2}\frac{k_z}{|k_z|}\exp(-\zeta^2) - 2\zeta\left(1 - \frac{2\zeta^2}{3} + \frac{4\zeta^4}{15} - \frac{8\zeta^6}{105} + \cdots\right) \tag{A.40}$$

$Z(\zeta)$ の漸近展開は ($|\zeta| \gtrsim 1$, 冷たいプラズマ)[2]

$$Z(\zeta) = i\sigma\pi^{1/2}\frac{k_z}{|k_z|}\exp(-\zeta^2) - \frac{1}{\zeta}\left(1 + \frac{1}{2\zeta^2} + \frac{3}{4\zeta^4} + \frac{15}{8\zeta^6} + \cdots\right) \tag{A.41}$$

$\dfrac{k_z}{|k_z|}\mathrm{Im}\zeta > 0 \ (\mathrm{Im}\omega > 0) \quad$ の場合 $\quad \sigma = 0$

$\dfrac{k_z}{|k_z|}\mathrm{Im}\zeta < 0 \ (\mathrm{Im}\omega < 0) \quad$ の場合 $\quad \sigma = 2$

しかし

$$|\mathrm{Im}\zeta||\mathrm{Re}\zeta| \lesssim \frac{\pi}{4} \ \text{で} \ |\zeta| \gtrsim 2 \quad \text{の場合} \quad \sigma = 1$$

$Z(\zeta)$ の虚数部はランダウ減衰とサイクロトロン減衰を表している．

$T \to 0$ すなわち $\zeta_{\mathrm{n}} \to \pm\infty$, $b \to 0$ のとき，高温プラズマの誘電率テンソルは，冷たいプラズマの誘電率テンソー (10.9) に近づく．

A.6 静電波の分散式

プラズマ中の波の電場 $\boldsymbol{E}$ がポテンシャル ϕ のみで

$$\boldsymbol{E} = -\nabla\phi$$

と表されるとき，この波を静電波という．この静電波については 10.5 節で述べたが，この節においては高温プラズマにおける静電波の分散式について述べる．$\partial\boldsymbol{B}_1/\partial t = \nabla\times\boldsymbol{E}$

より
$$\boldsymbol{B}_1 = \boldsymbol{k} \times \boldsymbol{E}/\omega = 0$$
であり,分散式は (10.92) より
$$k_x^2 K_{xx} + 2k_x k_z K_{xz} + k_z^2 K_{zz} = 0$$
である. (A.33) で与えられる $\boldsymbol{K}$ を代入すると

$$
\begin{aligned}
k_x^2 + k_z^2 &+ \sum_{\text{i,e}} \frac{\Pi^2}{\omega^2} \Bigg[k_z^2 2\eta_0^2 \lambda_{\mathrm{T}} \\
&+ \sum_{n=-\infty}^{\infty} \left(\frac{n^2 I_n}{b} k_x^2 - (2\lambda_{\mathrm{T}})^{1/2} \eta_n \frac{n}{b^{1/2}} I_n 2k_x k_z + 2\lambda_{\mathrm{T}} \eta_n^2 I_n k_z^2 \right) \\
&\times \left(\eta_0 Z(\zeta_n) - \left(1 - \frac{1}{\lambda_{\mathrm{T}}}\right)(1 + \zeta_n Z(\zeta_n)) \right) e^{-b} \Bigg] = 0
\end{aligned}
$$

となる.ただし

$$\omega_n \equiv \omega - k_z V + n\Omega, \qquad \sum_{n=-\infty}^{\infty} I_n(b) = e^b$$

$$\zeta_n = \frac{\omega_n}{2^{1/2} k_z v_{\mathrm{T}z}}, \qquad \lambda_{\mathrm{T}} = \frac{T_z}{T_\perp}$$

$$\eta_n = \frac{\omega + n\Omega}{2^{1/2} k_z v_{\mathrm{T}z}}$$

$$b = \left(\frac{k_x v_{\mathrm{T}\perp}}{\Omega} \right)^2$$

そして

$$
k_x^2 + k_z^2 + \sum_{\text{i,e}} \frac{\Pi^2}{\omega^2} \bigg(\frac{m\omega^2}{T_\perp} + \sum_{n=-\infty}^{\infty} \frac{m\omega^2}{T_\perp} I_n \Big(\zeta_0 Z(\zeta_n)
$$
$$
- \left(1 - \frac{1}{\lambda_{\mathrm{T}}}\right)(1 + \zeta_n Z(\zeta_n)) \Big) e^{-b} \bigg) = 0
$$
$$
k_x^2 + k_z^2 + \sum_{\text{i,e}} \Pi^2 \frac{m}{T_z} \left(1 + \sum_{n=-\infty}^{\infty} \left(1 + \frac{T_z}{T_\perp}\left(\frac{-n\Omega}{\omega_n}\right)\right) \zeta_n Z(\zeta_n) I_n e^{-b} \right) = 0 \quad (\text{A.42})
$$

がえられる ($\sum_{n=-\infty}^{\infty} I_n(b) e^{-b} = 1$).

波の周波数がサイクロトロン周波数より非常に大きいか ($|\omega| \gg |\Omega|$) あるいは磁場が非常に弱い場合 ($B \to 0$), $\zeta_n \to \zeta_0$, $n\Omega/\omega_n \to 0$, $\sum I_n(b) e^{-b} = 1$ の関係がある.したがって分散式は

$$k_x^2 + k_z^2 + \sum_{\text{i,e}} \Pi^2 \frac{m}{T_z} (1 + \zeta_0 Z(\zeta_0)) = 0 \quad (|\omega| \gg |\Omega|)$$

に還元される. $B = 0$ の場合の分散式は

$$k^2 + \sum_{i,e} \Pi^2 \frac{m}{T}\left(1 + \zeta Z(\zeta)\right) = 0 \quad \left(\zeta = \frac{\omega - kV}{2^{1/2}kv_{\mathrm{T}}},\quad B = 0\right)$$

となる. $\zeta_n \to \infty\,(n \neq 0)\,(k_z \to 0$, あるいは磁場が非常に強くなり $|\Omega| \to \infty$) のとき, $\zeta_n Z_n \to -1\,(\sum I_n(b)e^{-b} = 1)$ である. (A.42) は

$$k_x^2 + k_z^2 + \sum_{i,e}\Pi^2\frac{m}{T_z}\left(I_0 e^{-b}(1 + \zeta_0 Z(\zeta_0)) + \frac{T_z}{T_\perp}\sum_{n=1}^{\infty}\left(I_n(b)e^{-b}\frac{2n^2\Omega^2}{n^2\Omega^2 - \omega^2}\right)\right) = 0 \tag{A.43}$$

となる. この波を Bernstein 波という.

A.7 不均一プラズマにおける静電波の分散関係

(A.34) は 0 次の分布関数が空間的に一様な 2 重マックスウエル分布の場合の分散式である. 0 次の分布関数の密度や温度が y 方向に変化する場合は, (A.5) および (A.21) にもどって解析しなければならない. ここでは静電波 $\boldsymbol{E} = -\nabla\phi_1$, $\boldsymbol{B}_1 = 0$ の解析に限って議論する. したがって

$$-\nabla^2\phi_1 = \frac{1}{\epsilon_0}\sum_k q_k \int f_{k1}\mathrm{d}\boldsymbol{v} \tag{A.44}$$

$$f_{k1} = \frac{q_k}{m_k}\int_{-\infty}^{t}\nabla'_{\mathrm{r}}\phi_1(\boldsymbol{r}',t')\cdot\nabla'_{\mathrm{v}}f_{k0}(\boldsymbol{r}',\boldsymbol{v}')\mathrm{d}t' \tag{A.45}$$

を出発点とする. 0 次の分布関数 f_{k0} は (A.12) を満たす必要がある. すなわち

$$v_y\frac{\partial f_0}{\partial y} - \Omega\left(v_y\frac{\partial}{\partial v_x} - v_x\frac{\partial}{\partial v_y}\right)f_0 = 0$$

$v_\perp^2 = \alpha$, $(v_z - V)^2 = \beta$ および $y + v_x/\Omega = \gamma$ は荷電粒子の運動方程式の解であるから, $f_0(\alpha,\beta,\gamma)$ は (A.12) を満たす. そして次の 0 次分布関数を採用する.

$$\begin{aligned}
&f_0\left(v_\perp^2,(v_z-V)^2, y+\frac{v_x}{\Omega}\right)\\
&= \frac{n_0\left(1 - \epsilon(y + v_x/\Omega)\right)\exp\left(-\frac{v_\perp^2}{2v_{\mathrm{T}\perp}^2(1-\delta_\perp(y+v_x/\Omega))} - \frac{(v_z-V)^2}{2v_{\mathrm{T}z}^2(1-\delta_z(y+v_x/\Omega))}\right)}{2\pi v_{\mathrm{T}\perp}^2(1-\delta_\perp(y+v_x/\Omega))(2\pi)^{1/2}v_{\mathrm{T}z}(1-\delta_z(y+v_x/\Omega))^{1/2}}\\
&= n_0\left(1 - \left((\epsilon - \delta_\perp - \frac{\delta_z}{2}) + \delta_\perp\frac{v_\perp^2}{2v_{\mathrm{T}\perp}^2} + \delta_z\frac{(v_z-V)^2}{2v_{\perp z}^2}\right)\left(y + \frac{v_x}{\Omega}\right)\right)\\
&\quad \times \left(\frac{1}{2\pi v_{\mathrm{T}\perp}^2}\right)\left(\frac{1}{2\pi v_{\mathrm{T}z}^2}\right)^{1/2}\exp\left(-\frac{v_\perp^2}{2v_{\mathrm{T}\perp}^2} - \frac{(v_z-V)^2}{2v_{\mathrm{T}z}^2}\right) \tag{A.46}
\end{aligned}$$

密度勾配および温度勾配は以下のとおりである.

$$-\frac{1}{n}\frac{\mathrm{d}n}{\mathrm{d}y} = \epsilon, \qquad -\frac{1}{T_\perp}\frac{\mathrm{d}T_\perp}{\mathrm{d}y} = \delta_\perp, \qquad -\frac{1}{T_z}\frac{\mathrm{d}T_z}{\mathrm{d}y} = \delta_z$$

擾乱項として $\phi_1(\boldsymbol{r},t) = \phi_1(y)\exp(ik_x x + ik_z z - i\omega t)$ を考える．(A.45) の被積分項は

$$\nabla'_r \phi_1 \cdot \nabla'_v f_0 = (\boldsymbol{v}'\cdot\nabla'_r\phi_1)2\frac{\partial f_0}{\partial\alpha'} + \left(2ik_z(v'_z-V)\frac{\partial f_0}{\partial\beta'} - 2ik_z v'_z\frac{\partial f_0}{\partial\alpha'} + \frac{ik_x}{\Omega}\frac{\partial f_0}{\partial\gamma'}\right)\phi_1$$

になる．

$$\frac{\mathrm{d}\phi_1}{\mathrm{d}t'} = \frac{\partial\phi_1}{\partial t'} + (\boldsymbol{v}'\cdot\nabla'_r\phi_1) = -i\omega\phi_1 + \boldsymbol{v}'\cdot\nabla'_r\phi_1$$

$$\int^t \boldsymbol{v}'\cdot\nabla'_r\phi_1 \mathrm{d}t' = \phi_1 + i\omega\int^t \phi_1 \mathrm{d}t'$$

$$\alpha' = \alpha, \qquad \beta' = \beta \qquad \gamma' = \gamma$$

の関係を用いると

$$f_1 = \frac{q}{m}\left(2\frac{\partial f_0}{\partial\alpha}\phi_1 + \left(2i\omega\frac{\partial f_0}{\partial\alpha} + 2ik_z(v_z-V)\frac{\partial f_0}{\partial\beta} - 2ik_z v_z\frac{\partial f_0}{\partial\alpha} + \frac{ik_x}{\Omega}\frac{\partial f_0}{\partial\gamma}\right)\right.$$

$$\left.\times \int_{-\infty}^t \phi_1(y')\exp(ik_x x' + ik_z z' - i\omega t')\mathrm{d}t'\right) \tag{A.47}$$

$$\int_{-\infty}^t \phi(\boldsymbol{r}',t')\mathrm{d}t' = \int_{-\infty}^t \phi_1(y')\exp(ik_x x' + ik_z z' - i\omega t')\mathrm{d}t'$$

$$= \phi_1(y)\exp(ik_x x + ik_z z - i\omega t)\exp\left(-i\frac{k_x v_\perp}{\Omega}\sin\theta\right)$$

$$\times \int_{-\infty}^t \exp\left(\frac{ik_x v_\perp}{\Omega}\sin(\theta+\Omega\tau) + i(k_z v_z - \omega)\tau\right)\mathrm{d}\tau \tag{A.48}$$

がえられる．次の展開式を適用すると

$$\exp(ia\sin\theta) = \sum_{m=-\infty}^{\infty} J_m(a)\exp im\theta$$

$$J_{-m}(a) = (-1)^m J_m(a)$$

積分は

$$\int_{-\infty}^t \phi_1(\boldsymbol{r}',t')\mathrm{d}t'$$

$$= \phi_1(\boldsymbol{r},t)\sum_{n=-\infty}^{\infty}\frac{i(J_n^2(a) + J_n(a)J_{n-1}(a)\exp i\theta + J_n(a)J_{n+1}(a)\exp(-i\theta) + \cdots)}{\omega - k_z v_z - n\Omega}$$

$$\tag{A.49}$$

となる．ここで $a = k_x v_\perp/\Omega$ である．これを (A.47) に代入すると

$$f_1 = \frac{q}{m}\phi_1\left[2\frac{\partial f_0}{\partial\alpha} - \left(2(\omega - k_z v_z)\frac{\partial f_0}{\partial\alpha} + 2k_z(v_z-V)\frac{\partial f_0}{\partial\beta} + \frac{k_x}{\Omega}\frac{\partial f_0}{\partial\gamma}\right)\right.$$

$$\left.\times\sum\frac{(J_n^2(a) + \cdots)}{\omega - k_z v_z - n\Omega}\right] \tag{A.50}$$

A.7 不均一プラズマにおける静電波の分散関係

になる. (A.50) の f_1 を (A.44) に代入すると, 不均一プラズマの静電波の分散式が次のように導かれる.

$$\left(k_x^2 + k_z^2 - \frac{\partial^2}{\partial y^2}\right)\phi_1$$
$$= \phi_1 \sum_j \frac{q_j^2}{\epsilon_0 m_j} \int\int\int \left[2\frac{\partial f_0}{\partial \alpha} - \left(2(\omega - k_z v_z)\frac{\partial f_0}{\partial \alpha} + 2k_z(v_z - V)\frac{\partial f_0}{\partial \beta} + \frac{k_x}{\Omega}\frac{\partial f_0}{\partial \gamma}\right)\right.$$
$$\left. \times \sum_{n=-\infty}^{\infty} \frac{J_n^2 + J_n J_{n-1}\exp i\theta + J_n J_{n+1}\exp(-i\theta)}{\omega - k_z v_z - n\Omega} + \cdots \right]_j d\theta dv_\perp v_\perp dv_z \quad (A.51)$$

$|(k_x^2 + k_z^2)\phi_1| \gg |\partial^2\phi_1/\partial y^2|$ を仮定すると, (A.44) は次のような不均一プラズマの静電波の分散式に還元される[4]).

$$(k_x^2 + k_z^2) - \sum_j \Pi_j^2 \frac{1}{n_{0j}} \int\int\int [\quad]_j d\theta dv_\perp v_\perp dv_z = 0$$

$$k_x^2 + k_z^2 + \sum_j \Pi_j^2 \left\{ \frac{1}{v_{Tz}^2} + \sum_{n=-\infty}^{\infty} I_n(b)e^{-b}\left[\left(\frac{1}{v_{Tz}^2} - \frac{1}{v_{T\perp}^2}\frac{n\Omega}{\omega_n}\right)\zeta_n Z(\zeta_n)\right.\right.$$
$$- \frac{1}{v_{T\perp}^2}\frac{n}{k_x}\left((\epsilon' - \delta_\perp + f_n(b)\delta_\perp)\left(1 + \frac{n\Omega}{\omega_n}\zeta_n Z(\zeta_n)\right)\right.$$
$$+ \frac{\delta_z}{2}\left(1 + \frac{n\Omega\omega_n}{k_z^2 v_{Tz}^2}(1 + \zeta_n Z(\zeta_n))\right)\right)$$
$$+ \frac{1}{v_{Tz}^2}\frac{n}{k_x}\left((\epsilon' - \delta_z + f_n(b)\delta_\perp)(1 + \zeta_n Z(\zeta_n)) + \frac{\delta_z}{2}\left(1 + \frac{\omega_n^2}{k_z^2 v_{Tz}^2}(1 + \zeta_n Z(\zeta_n))\right)\right)$$
$$\left.\left.+ \frac{k_x}{\Omega}\left((\epsilon' + f_n(b)\delta_\perp)\frac{\zeta_n}{\omega_n}Z(\zeta_n) + \frac{\delta_z}{2}\frac{\omega_n}{k_z^2 v_{Tz}^2}(1 + \zeta_n Z(\zeta_n))\right)\right]_n\right\}_j = 0 \quad (A.52)$$

ここで $f_n(b) \equiv (1-b) + bI_n'(b)/I_n(b)$, $\epsilon' \equiv \epsilon - \delta_\perp - \delta_z/2$ である. また下記の関係を用いた.

$$\int_{-\infty}^{\infty} J_n^2(b^{1/2}x)\exp\left(-\frac{x^2}{2}\right)\cdot\frac{x^2}{2}x dx = f_n(b)I_n(b)e^{-b}$$

y 軸に平行な加速度 $\boldsymbol{g} = g\hat{\boldsymbol{y}}$ の効果 (たとえば磁力線の曲率による加速度 $g = v_\parallel^2/R$) を分散式 (A.52) に取り込むことが可能である[4]).

低周波の場合 ($\omega \ll |\Omega|$), $\zeta_n \gg 1$ $(n \neq 0)$, $\zeta_n Z(\zeta_n) \to -1$ $(n \neq 0)$ および $1 + \zeta_n Z(\zeta_n) \to -(1/2)\zeta_n^{-2}$ $(n \neq 0)$ であるので, (A.52) は次のようになる.

$$k_x^2 + k_z^2 + \sum_j \Pi_j^2 \left(\frac{1}{v_{Tz}^2} + I_0(b)e^{-b}\left(\frac{1}{v_{Tz}^2}(1 + \zeta_0 Z(\zeta_0)) - \frac{1}{v_{T\perp}^2}\right.\right.$$

$$+\frac{k_x}{\Omega\omega_0}(\epsilon'+f_0(b)\delta_\perp)\zeta_0 Z(\zeta_0)+\frac{k_x}{\Omega\omega_0}\delta_z\zeta_0^2(1+\zeta_0 Z(\zeta_0))\bigg)\bigg)_j=0 \quad (A.53)$$

ここで $\sum_{-\infty}^{\infty} I_n(b)e^{-b}=1$ を用いた.

等方的なプラズマで ($v_{\mathrm{T}\perp}=v_{\mathrm{T}z}=v_\mathrm{T}$), 温度勾配がなく ($\delta_\perp=\delta_z=0$), $V=0$ の場合には, よく用いられる密度勾配によるドリフト波の分散式がえられる.

$$k_x^2+k_z^2+\sum_j \Pi_j^2 \left(\frac{1}{v_\mathrm{T}^2}+I_0(b)e^{-b}\left(\frac{1}{v_\mathrm{T}^2}\zeta_0 Z(\zeta_0)+\frac{k_x}{\Omega\omega_0}\epsilon\zeta_0 Z(\zeta_0)\right)\right)_j=0$$

通常, 電子については $b_\mathrm{e}=0$ としてよい.

$$0=(k_x^2+k_z^2)\frac{v_{\mathrm{Te}}^2}{\Pi_\mathrm{e}^2}+1+\zeta_\mathrm{e}Z(\zeta_\mathrm{e})\left(1-\frac{\omega_\mathrm{e}^*}{\omega}\right)$$
$$+\frac{ZT_\mathrm{e}}{T_\mathrm{i}}\left(1+I_0(b)e^{-b}\zeta_\mathrm{i}Z(\zeta_\mathrm{i})\left(1-\frac{\omega_\mathrm{i}^*}{\omega}\right)\right) \quad (A.54)$$

ただし

$$\omega_\mathrm{e}^*=-\frac{k_x\epsilon v_{\mathrm{Te}}^2}{\Omega_\mathrm{e}}=-\frac{k_x\epsilon T_\mathrm{e}}{eB},\qquad \omega_\mathrm{i}^*=-\frac{k_x\epsilon v_{\mathrm{Ti}}^2}{\Omega_\mathrm{i}}=\frac{k_x\epsilon T_\mathrm{i}}{ZeB}$$

ω_e^* および ω_i^* はドリフト周波数と呼ばれる.

z の向きは磁場方向, y の向きは密度勾配の負の方向 (プラズマの外向き) をとっているので, x の向きは 電子のドリフト速度と逆方向に向いていることに注意されたい.

A.8 速度空間不安定性

速度分布関数が安定なマックスウェル分布からずれると, ランダウ増幅あるいはサイクロトロン増幅により不安定になることがある. このようなタイプの不安定性を速度空間不安定性あるいは微視的不安定性という.

A.8.1 ドリフト不安定性 (無衝突)

密度勾配のみのドリフト不安定性の分散式は (A.54) で与えられている. 成長率が周波数 (実数部) より非常に小さい場合は, $\zeta Z(\zeta)=\zeta Z_\mathrm{r}(\zeta)+ik_z/|k_z|\pi^{1/2}\zeta\exp(-\zeta^2)$. (A.54) の解は ($Z=1$ の場合)

$$\frac{\zeta_\mathrm{e}Z(\zeta_\mathrm{e})\omega_\mathrm{e}^*+I_0 e^{-b}\zeta_\mathrm{i}Z(\zeta_\mathrm{i})(T_\mathrm{e}/T_\mathrm{i})\omega_\mathrm{i}^*}{\omega_r+i\gamma}=1+\zeta_\mathrm{e}Z(\zeta_\mathrm{e})+\frac{T_\mathrm{e}}{T_\mathrm{i}}(1+I_0 e^{-b}\zeta_\mathrm{i}Z(\zeta_\mathrm{i}))$$

$$\frac{\omega_\mathrm{e}^*}{\omega_r}=\frac{\frac{T_\mathrm{e}}{T_\mathrm{i}}(1+e^{-b}I_0\zeta_\mathrm{i}Z_\mathrm{r}(\zeta_\mathrm{i}))+1+\zeta_\mathrm{e}Z_\mathrm{r}(\zeta_\mathrm{e})}{\zeta_\mathrm{e}Z_\mathrm{r}(\zeta_\mathrm{e})-e^{-b}I_0\zeta_\mathrm{i}Z_\mathrm{r}(\zeta_\mathrm{i})}$$

$$\frac{\gamma}{\omega_r}=\pi^{1/2}\frac{k_z}{|k_z|}\frac{\zeta_\mathrm{e}\left(1-\frac{\omega_r}{\omega_\mathrm{e}^*}\right)\exp(-\zeta_\mathrm{e}^2)-e^{-b}I_0\zeta_\mathrm{i}\left(\left(1+\frac{\omega_r}{\omega_\mathrm{e}^*}\frac{T_\mathrm{e}}{T_\mathrm{i}}\right)\exp(-\zeta_\mathrm{i})^2\right)}{\zeta_\mathrm{e}Z_\mathrm{r}(\zeta_\mathrm{e})-e^{-b}I_0\zeta_\mathrm{i}Z_\mathrm{r}(\zeta_\mathrm{i})}$$

である．γ/ω_r の分子の第 2 項はイオンによるランダウ減衰の寄与であり，第 1 項は電子による項で $\omega_r/\omega_e^* < 1$ のとき不安定に寄与する．k_z/ω が $v_{Ti} < \omega/k_z < v_{Te}$ の範囲にあるとき，$|\zeta_e| < 1$，$|\zeta_i| > 1$ となり，イオンのランダウ減衰の寄与が減り，第 1 項が支配的になる．$b < 1$ のとき

$$\left.\begin{aligned}\frac{\omega_e^*}{\omega_r} &= \frac{1+(T_e/T_i)b}{1-b} \approx 1 + \left(1 + \frac{T_e}{T_i}\right)b \\ \frac{\gamma}{\omega_r} &= \pi^{1/2}\frac{k_z}{|k_z|}\left(1+\frac{T_e}{T_i}\right)b\zeta_e\exp(-\zeta_e^2) \approx \frac{b\omega_e^*}{|k_z|v_{Te}}\end{aligned}\right\} \quad (A.55)$$

となる．無衝突ドリフト不安定性の成長率は，イオン・ラーマー半径が大きくなるにしたがって，大きくなる．電子のランダウ増幅の運動論的効果がドリフト波を不安定にする．ドリフト波の MHD による解析 (9.2 節参照) では，無衝突のとき抵抗性 MHD の時間スケールでは安定であった．

A.8.2 イオン温度勾配不安定性 (ITG)

(A.53) より

$$k_x^2 + k_z^2 + \Pi_i^2\left(\frac{m_i}{T_i} + I_0(b)e^{-b}\left(\frac{m_i}{T_i}\zeta_i Z(\zeta_i) - \frac{k_x}{\Omega_i\omega}\left[(\kappa_n - \kappa_T/2)\zeta_i Z(\zeta_i)\right.\right.\right.$$
$$\left.\left.\left.+ \kappa_T\zeta_i^2(1+\zeta_i Z(\zeta_i))\right]\right)\right) + \Pi_e^2\left(\frac{m_e}{T_e}(1+\zeta_e Z(\zeta_e)) + \frac{k_x}{\Omega_e\omega}(\kappa_n\zeta_e Z(\zeta_e))\right) = 0$$

ここで $\kappa_n = \epsilon$，$\kappa_T = \delta$ とし，電子の温度勾配を 0 とした．冷たいイオン ($\zeta_i \gg 1$) および熱い電子 ($\zeta_e \ll 1$) を仮定すると，分散式は

$$1 - \frac{\omega^2}{k_\parallel^2 v_{Te}^2} + \frac{T_e}{T_i}\left(1+(1-b)\left(-1-\frac{k_\parallel^2 v_{Ti}^2}{\omega^2}+\frac{\omega_i^*}{\omega}+\frac{k_\parallel^2 v_{Ti}^2}{\omega^2}\frac{\omega_i^*}{\omega}(1+\kappa_T/\kappa_n)\right)\right) = 0$$

に還元される ($Z(\zeta_i)$ は漸近展開，$Z(\zeta_e)$ は級数展開を用いた)．ここで $b \ll 1$，$T_e \gg T_i$ の場合を考え，$b_s = bT_e/T_i$，$c_s^2 = T_e/m_i$，$\omega_{pi}^* = \omega_i(1+\kappa_T/\kappa_n)$ とする．また熱い電子を仮定しているので $\zeta_e^2 = \omega^2/k_\parallel^2 v_{Te}^2 \ll 1$ であり，この項を無視する．そうすると上の式は

$$1 - \frac{\omega_e^*}{\omega} + b_s\left(1-\frac{\omega_i^*}{\omega}\right) - \frac{k_\parallel^2 c_s^2}{\omega^2}\left(1-\frac{\omega_{pi}^*}{\omega}\right) = 0 \quad (A.56)$$

になる．$k_\perp\rho_s \ll 1$，$\omega_e^*/\omega \ll 1$，$|\omega_{ip}|/\omega \gg 1$ ($\epsilon \ll \delta_i$) の場合，分散式は $\omega^3 = -k_\parallel^2 c_s^2|\omega_{ip}|$，すなわち $\omega = (k_\parallel^2 c_s^2|\omega_{ip}|)^{1/3}\exp(\pi/3)i$ になる．(文献[5] 参照)

A.8.3 種々の速度空間不安定性

A.8.2 項では比較的簡単なドリフト不安定性について述べたが，多くの速度空間不安

定性がある．

ミラー磁場に閉じ込められたプラズマの分布関数はロス・コーンの領域 $(v_\perp/v)^2 < 1/R_M$ (R_M で 0 である (2.5 節)．この欠落による不安定性をロス・コーン不安定性という[6]．

ICRF で加熱されたプラズマ (特にミラー磁場の場合) は磁場に垂直方向のイオン温度が平行方向の温度より大きい．この場合イオン・サイクロトロン高調波の不安定性が起こる．このようなタイプの不安定性を **Harris** 不安定性という[7]．Harris 不安定性は静電的で，分散式 (A.42) で解析できる．

一般的にプラズマは中心で高温，高密度で，端では低温，低密度である．イオン温度勾配 (密度勾配をともなう) による不安定性をイオン温度勾配不安定性，電子温度勾配 (密度勾配をともなう) による不安定性を電子温度勾配不安定性という[4]．

トロイダル・プラズマでは，磁場の弱いトーラス外側に捕捉粒子が必ず存在する．捕捉粒子による不安定性を捕捉粒子不安定性[8]という．

文　　献

1) 宮本健郎：核融合のためのプラズマ物理．岩波書店　1976
   K. Miyamoto: *Plasma Physics for Nuclear Fusion*, The MIT Press, Cambridge, Massachusetts 1980.
2) T. H. Stix: *The Theory of Plasma Waves*, McGraw-Hill, New York 1962.
   T. H. Stix: *Waves in Plasmas*, American Institute of Physics, New York 1992.
3) B. D. Fried and S. D. Conte: *The Plasma Dispersion Function*, Academic Press, New York 1961.
4) N. A. Krall and M. N. Rosenbluth: *Phys. Fluids* **8**, 1488 (1965).
5) W. M. Tang, G. Rewolt, and L. Chen: *Phys. Fluids* **29**, 3715 (1986).
6) M. N. Rosenbluth and R. F. Post: *Phys. Fluids* **8**, 547 (1965).
7) E. G. Harris: *Phys. Rev. Lett.* **2**, 34 (1959).
8) B. B. Kadomtsev and O. P. Pogutse: *Nucl. Fusion* **11**, 67 (1971).

B

物理定数，プラズマ・パラメーター，数学公式

c (真空中の光速)	2.99792458×10^8 m/s
ϵ_0 (真空中の誘電率)	$8.8541878 \times 10^{-12}$ F/m $\left(= \frac{c^{-2}}{4\pi \times 10^{-7}}\right)$
μ_0 (真空中の透磁率)	$1.25663706 \times 10^{-6}$ H/m $(= 4\pi \times 10^{-7})$
h (Planck 常数)	$6.6260755(40) \times 10^{-34}$ Js
κ (Boltzmann 常数)	$1.380658(12) \times 10^{-23}$ J/K
A (Avogadro 数)	$6.0221367(36) \times 10^{23}$ /mol
n_0 (1 torr, $0°$C のガス粒子密度)	3.53×10^{22} mol/m^3
e (電子の電荷)	$1.60217733(49) \times 10^{-19}$ C
1 eV (電子ボルト)	$1.60217733(49) \times 10^{-19}$ J
e/κ	11604 K/V
m_p (陽子の質量)	$1.6726231(10) \times 10^{-27}$ kg
m_e (電子の質量)	$9.1093897(54) \times 10^{-31}$ kg
$m_\mathrm{p}/m_\mathrm{e}$	1836
$(m_\mathrm{p}/m_\mathrm{e})^{1/2}$	42.9
$m_\mathrm{e} c^2$	0.5109 MeV

単位は MKS, T/e は eV 単位, $\ln \Lambda = 20$ とする. $10^{1/2} = 3.16$.

$$\Pi_\mathrm{e} = \left(\frac{n_\mathrm{e} e^2}{m_\mathrm{e} \epsilon_0}\right)^{1/2} = 5.64 \times 10^{11} \left(\frac{n_\mathrm{e}}{10^{20}}\right)^{1/2}, \qquad \frac{\Pi_\mathrm{e}}{2\pi} = 8.98 \times 10^{10} \left(\frac{n_\mathrm{e}}{10^{20}}\right)^{1/2}$$

$$\Omega_\mathrm{e} = \frac{eB}{m_\mathrm{e}} = 1.76 \times 10^{11} B, \qquad \frac{\Omega_\mathrm{e}}{2\pi} = 2.80 \times 10^{10} B$$

$$-\Omega_\mathrm{i} = \frac{ZeB}{m_\mathrm{i}} = 9.58 \times 10^7 \frac{Z}{A} B, \qquad \frac{-\Omega_\mathrm{i}}{2\pi} = 1.52 \times 10^7 \frac{Z}{A} B$$

$$\nu_{\mathrm{ei}\|} = \frac{1}{\tau_{\mathrm{ei}\|}} = \frac{n_\mathrm{e} Z e^4 \ln \Lambda}{9.3 \times 10 \epsilon_0^2 m_\mathrm{e}^{1/2} T_\mathrm{e}^{3/2}} = 2.9 \times 10^9 Z \left(\frac{T_\mathrm{e}}{e}\right)^{-3/2} \frac{n_\mathrm{e}}{10^{20}}$$

B. 物理定数，プラズマ・パラメーター，数学公式

$$\nu_{\text{ii}\|} = \frac{1}{\tau_{\text{ii}\|}} = \frac{n_{\text{i}} Z^4 e^4 \ln \Lambda}{3^{1/2} 6\pi \epsilon_0^2 m_{\text{i}}^{1/2} T_{\text{i}}^{3/2}} = 0.18 \times 10^9 \frac{Z^4}{A^{1/2}} \left(\frac{T_{\text{i}}}{e}\right)^{-3/2} \frac{n_{\text{i}}}{10^{20}}$$

$$\nu_{\text{ei}}^{\epsilon} = \frac{Z^2 n_{\text{i}} e^4 \ln \Lambda}{(2\pi)^{1/2} 3\pi \epsilon_0^2 m_{\text{e}}^{1/2} T_{\text{e}}^{3/2}} \frac{m_{\text{e}}}{m_{\text{i}}} = 6.35 \times 10^6 \frac{Z}{A} \left(\frac{T_{\text{e}}}{e}\right)^{-3/2} \frac{n_{\text{i}}}{10^{20}}$$

$$\lambda_{\text{D}} = \left(\frac{\epsilon_0 T}{n_{\text{e}} e^2}\right)^{1/2} = 7.45 \times 10^{-7} \left(\frac{T_{\text{e}}}{e}\right)^{1/2} \left(\frac{n_{\text{e}}}{10^{20}}\right)^{-1/2}$$

$$\rho_{\Omega \text{e}} = 2.38 \times 10^{-6} \left(\frac{T_{\text{e}}}{e}\right)^{1/2} \frac{1}{B}, \qquad \rho_{\Omega \text{i}} = 1.02 \times 10^{-4} \frac{1}{Z} \left(\frac{A T_{\text{i}}}{e}\right)^{1/2} \frac{1}{B}$$

$$\lambda_{\text{ei}} = \left(\frac{3T_{\text{e}}}{m_{\text{e}}}\right)^{1/2} \frac{1}{\nu_{\text{ei}\|}} = 2.5 \times 10^{-4} \left(\frac{T_{\text{e}}}{e}\right)^{2} \left(\frac{n_{\text{e}}}{10^{20}}\right)^{-1}$$

$$\lambda_{\text{ii}} = \left(\frac{3T_{\text{i}}}{m_{\text{i}}}\right)^{1/2} \frac{1}{\nu_{\text{ii}\|}} = 0.94 \times 10^{-4} \frac{1}{Z^4} \left(\frac{T_{\text{i}}}{e}\right)^{2} \left(\frac{n_{\text{i}}}{10^{20}}\right)^{-1}$$

$$v_{\text{A}} = \left(\frac{B^2}{\mu_0 n_{\text{i}} m_{\text{i}}}\right)^{1/2} = 2.18 \times 10^6 \frac{B}{(An_{\text{i}}/10^{20})^{1/2}}$$

$$v_{\text{Te}} = \left(\frac{T_{\text{e}}}{m_{\text{e}}}\right)^{1/2} = 4.19 \times 10^5 \left(\frac{T_{\text{e}}}{e}\right)^{1/2}, \qquad v_{\text{Ti}} = \left(\frac{T_{\text{i}}}{m_{\text{i}}}\right)^{1/2} = 9.79 \times 10^3 \left(\frac{T_{\text{i}}}{Ae}\right)^{1/2}$$

$$\eta_{\|} = \frac{Ze^2 m_{\text{e}}^{1/2} \ln \Lambda}{51.6 \pi^{1/2} \epsilon_0^2 T_{\text{e}}^{3/2}} = 5.2 \times 10^{-5} Z \ln \Lambda \left(\frac{T_{\text{e}}}{e}\right)^{-2/3}$$

$$D_{\text{cl}} = \frac{m_{\text{e}} T_{\text{e}}}{e^2 B^2} \nu_{\text{ei}\perp} = 3.3 \times 10^{-2} \frac{Z}{B^2} \left(\frac{n}{10^{20}}\right) \left(\frac{T_{\text{e}}}{e}\right)^{-1/2}, \qquad D_{\text{B}} = \frac{1}{16} \frac{T_{\text{e}}}{eB}$$

$$\left(\frac{\Omega_{\text{e}}}{\Pi_{\text{e}}}\right)^2 = \frac{\epsilon_0 B^2}{m_{\text{e}} n_{\text{e}}} = \left(\frac{v_{\text{A}}}{c}\right)^2 \frac{m_{\text{i}}}{m_{\text{e}}} = \frac{T_{\text{e}}}{m_{\text{e}} c^2} \frac{2}{\beta_{\text{e}}} = 0.097 B^2 \left(\frac{n_{\text{e}}}{10^{20}}\right)^{-1}$$

$$N_\lambda \equiv \frac{4\pi}{3} n_{\text{e}} \lambda_{\text{D}}^3 = 1.73 \times 10^2 \left(\frac{T_{\text{e}}}{e}\right)^{3/2} \left(\frac{n_{\text{e}}}{10^{20}}\right)^{-1/2}$$

$$\beta = \frac{nT}{(B^2/2\mu_0)} = 4.03 \times 10^{-5} \frac{1}{B^2} \left(\frac{T}{e}\right) \left(\frac{n}{10^{20}}\right)$$

$$\left(\frac{v_{\text{Te}}}{v_{\text{A}}}\right)^2 = \frac{m_{\text{i}}}{2 m_{\text{e}}} \beta_{\text{e}}, \qquad \left(\frac{v_{\text{Ti}}}{v_{\text{A}}}\right)^2 = \frac{1}{2} \beta_{\text{i}}, \qquad \left(\frac{v_{\text{A}}}{c}\right)^2 = \left(\frac{\lambda_{\text{D}}}{\rho_{\Omega \text{e}}}\right)^2 \frac{m_{\text{e}} n_{\text{e}}}{m_{\text{i}} n_{\text{i}}}$$

$$S(\text{磁気レイノルズ数}) = \frac{\tau_R}{\tau_H} = \frac{\mu_0 a^2}{\eta} \frac{B}{\mu_0 (n_{\text{i}} m_{\text{i}})^{1/2} a} = 2.6 \times 10^3 \frac{aB(T_{\text{e}}/e)^{3/2}}{ZA^{1/2}(n/10^{20})^{1/2}}$$

$$\frac{D_{\text{B}}}{D_{\text{cl}}} = \frac{1}{16} \frac{\Omega_{\text{e}}}{\nu_{\text{ei}\perp}}, \qquad \frac{\Pi_{\text{e}}}{\nu_{\text{ei}\|}} = \frac{51.6 \pi^{1/2}}{\ln \Lambda Z} n_{\text{e}} \lambda_{\text{D}}^3$$

B. 物理定数，プラズマ・パラメーター，数学公式

$a \cdot (b \times c) = b \cdot (c \times a) = c \cdot (a \times b)$

$a \times (b \times c) = (a \cdot c)b - (a \cdot b)c$

$(a \times b) \cdot (c \times d) = a \cdot b \times (c \times d)$

$\quad = a \cdot ((b \cdot d)c - (b \cdot c)d)$

$\quad = (a \cdot c)(b \cdot d) - (a \cdot d)(b \cdot c)$

$\nabla \cdot (\phi a) = \phi \nabla \cdot a + (a \cdot \nabla)\phi$

$\nabla \times (\phi a) = \nabla \phi \times a + \phi \nabla \times a$

$\nabla (a \cdot b) = (a \cdot \nabla)b + (b \cdot \nabla)a$

$\quad + a \times (\nabla \times b) + b \times (\nabla \times a)$

$\nabla \cdot (a \times b) = b \cdot \nabla \times a - a \cdot \nabla \times b$

$\nabla \times (a \times b) = a(\nabla \cdot b) - b(\nabla \cdot a)$

$\quad + (b \cdot \nabla)a - (a \cdot \nabla)b$

$\nabla \times \nabla \times a = \nabla(\nabla \cdot a) - \nabla^2 a$

(x, y, z) coordintes only

$\nabla \times \nabla \phi = 0$

$\nabla \cdot (\nabla \times a) = 0$

$r = xi + yj + zk$

$\nabla \cdot r = 3, \quad \nabla \times r = 0$

$\int_V \nabla \phi \cdot \mathrm{d}V = \int_S \phi n \mathrm{d}a$

$\int_V \nabla \cdot a \, \mathrm{d}V = \int_S a \cdot n \, \mathrm{d}a$

$\int_V \nabla \times a \, \mathrm{d}V = \int_S n \times a \, \mathrm{d}a$

$\int_S n \times \nabla \phi \, \mathrm{d}a = \oint_C \phi \mathrm{d}s$

$\int_S \nabla \times a \cdot n \, \mathrm{d}a = \oint_C a \cdot \mathrm{d}s$

円筒座標系 (r, θ, z)

$\mathrm{d}s^2 = \mathrm{d}r^2 + r^2 \mathrm{d}\theta^2 + \mathrm{d}z^2$

$\nabla \psi = \dfrac{\partial \psi}{\partial r}i_1 + \dfrac{1}{r}\dfrac{\partial \psi}{\partial \theta}i_2 + \dfrac{\partial \psi}{\partial z}i_3$

$\nabla \cdot F = \dfrac{1}{r}\dfrac{\partial}{\partial r}(rF_1) + \dfrac{1}{r}\dfrac{\partial F_2}{\partial \theta} + \dfrac{\partial F_3}{\partial z}$

$\nabla \times F = \left(\dfrac{1}{r}\dfrac{\partial F_3}{\partial \theta} - \dfrac{\partial F_2}{\partial z}\right)i_1 + \left(\dfrac{\partial F_1}{\partial z}\right.$

$\left. - \dfrac{\partial F_3}{\partial r}\right)i_2 + \left(\dfrac{1}{r}\dfrac{\partial}{\partial r}(rF_2) - \dfrac{1}{r}\dfrac{\partial F_1}{\partial \theta}\right)i_3$

$\nabla^2 \psi = \dfrac{1}{r}\dfrac{\partial}{\partial r}\left(r\dfrac{\partial \psi}{\partial r}\right) + \dfrac{1}{r^2}\dfrac{\partial^2 \psi}{\partial \theta^2} + \dfrac{\partial^2 \psi}{\partial z^2}$

球座標系 (r, θ, ϕ)

$\mathrm{d}s^2 = \mathrm{d}r^2 + r^2 \mathrm{d}\theta^2 + r^2 \sin^2 \theta \mathrm{d}\phi^2$

$\nabla \psi = \dfrac{\partial \psi}{\partial r}i_1 + \dfrac{1}{r}\dfrac{\partial \psi}{\partial \theta}i_2 + \dfrac{1}{r \sin \theta}\dfrac{\partial \psi}{\partial \phi}i_3$

$\nabla \cdot F = \dfrac{1}{r^2}\dfrac{\partial}{\partial r}(r^2 F_1)$

$\quad + \dfrac{1}{r \sin \theta}\dfrac{\partial}{\partial \theta}(\sin \theta F_2) + \dfrac{1}{r \sin \theta}\dfrac{\partial F_3}{\partial \phi}$

$\nabla \times F = \dfrac{1}{r \sin \theta}\left(\dfrac{\partial}{\partial \theta}(\sin \theta F_3) - \dfrac{\partial F_2}{\partial \phi}\right)i_1$

$\quad + \dfrac{1}{r}\left(\dfrac{1}{\sin \theta}\dfrac{\partial F_1}{\partial \phi} - \dfrac{\partial}{\partial r}(rF_3)\right)i_2$

$\quad + \dfrac{1}{r}\left(\dfrac{\partial}{\partial r}(rF_2) - \dfrac{\partial F_1}{\partial \theta}\right)i_3$

$\nabla^2 \psi = \dfrac{1}{r^2}\dfrac{\partial}{\partial r}\left(r^2 \dfrac{\partial \psi}{\partial r}\right)$

$\quad + \dfrac{1}{r^2 \sin \theta}\dfrac{\partial}{\partial \theta}\left(\sin \theta \dfrac{\partial \psi}{\partial \theta}\right) + \dfrac{1}{r^2 \sin^2 \theta}\dfrac{\partial^2 \psi}{\partial \phi^2}$

索　引

欧　文

Bernstein 波　307
BFM　266

CMA ダイアグラム　141

DT 炉心プラズマ　7

η_i モード　117, 119
ECCD　181
ECH　175
ELM　247
EPM　113

Galeev–Sagdeev の拡散係数　84
Grad–Shafranov の式　65

H モード　238
H モード・エネルギー閉じ込め比例則　195, 244
Hain–Lüst の電磁流体運動方程式　111
Hall ダイナモ　269
Harris 不安定性　312

ICRF　168
ITER　259
ITER-P 比例則　237
ITG　311

Kruskal–Shafranov の条件　103

L 波　135
L モード　237
L モード・エネルギー閉じ込め時間　237
LHCD　178
LHH　172

MHD 緩和　268
MHD ダイナモ　269
MHD 不安定性　88
MHD 領域　85

NBCD　184
NBI　21

Pastukov の閉じ込め時間　277
Pfirsch–Schlüter 係数　82
Pfirsch–Schlüter 電流　76

R 波　135
RFP　264
　──の閉じ込め時間　270, 272
Rosenbluth ポテンシャル　53

SOL　235
ST　259
Suydam 条件　111

Ware ピンチ　42
whistler 波　147

あ 行

アスペクト比 (aspect ratio)　33
熱いプラズマの誘電率テンサー　298
アルファ加熱　252
アルフベン速度 (Alfven velocity)　62, 142
アルフベン通過時間　22
アルフベン波 (Alfven wave)
　圧縮―― (compressional Alfven wave)　62, 142
　シア (捩れ)・―― (shear Alfven wave)　61, 112, 142
安全係数，安定係数 (safety factor)　104
案内中心 (guiding center)　12

イオン・イオン混成共鳴 (ion–ion hybrid resonance)　170
イオン温度勾配不安定性　311, 312
イオン・サイクロトロン共鳴 (ion cyclotron resonance)　137
イオン・サイクロトロン周波数領域加熱 (ion cyclotron range of frequency heating, ICRF)　168
イオン・サイクロトロン波　143
イオン・ドリフト周波数　118
イオン・ビームの減速時間　21
異常波 (extraordinary wave)　136
移動対称　27, 66

運動論的モデル　131

エネルギー緩和時間　20
エネルギー原理　98
エネルギー積分　98
エルミート演算子 (Hermite operator, self-adjoint operator)　98
円偏光　135

オーム加熱 (Ohm's heating)　22
オームの法則　57

か 行

回転対称　27
回転変換角 (rotational transform angle)　33
拡散テンサー　50, 178
核燃焼　253, 259
核融合反応断面積　6
核融合炉　6
核融合炉心プラズマ　4
カスプ磁場　31
カット・オフ (cut off)　136
荷電分離 (charge separation)　32
加熱　159
　イオン・サイクロトロン周波数領域―― (ion cyclotron range of frequency heating, ICRF)　168
　中性粒子ビーム入射―― (neutral beam injection, NBI)　20
　低域混成波―― (lower hybrid heating, LHH)　172
　電子サイクロトロン―― (electron cyclotron heating, ECH)　175
緩和現象　265

軌道面　37
逆転磁場ピンチ (逆磁場ピンチ)(reversed field pinch, RFP)　264
球状トカマク　259
強結合プラズマ (strongly coupled plasma)　4
共鳴 (resonance)　136
曲率ドリフト (curvature drift)　13
巨視的不安定性 (macro-instability)　88

グラジエント $B(\nabla B)$ ドリフト　13
グリンバルド密度　231
クーロン衝突 (Coulomb collision)　17
クーロン対数　18
群速度 (group velocity)　162

ケイ–ゴールドストン比例則　237

索　引　　　　　　　　　　　　　　　　319

コア利得 (core gain)　281
高域混成共鳴 (upper hybrid resonance)　145
高域混成共鳴周波数 (upper hybrid resonant frequency)　140
高エネルギー粒子モード (energetic particle mode, EPM)　113
高温プラズマの誘電率　164
交換不安定性 (interchange instability)　90
　——の安定化条件　93
高速点火 (fast ignition)　45, 290
高ハイブリッド共鳴周波数 (upper hybrid resonant frequency)　140
古典拡散係数 (classical diffusion coefficient)　81
混成共鳴 (hybrid resonance)　137

さ　行

サイクロトロン減衰 (cyclotron damping)　154
サイクロトロン (角) 周波数　12, 133
サイクロトロン速度 (cyclotron velocity)　154
歳差運動　41
最小磁場 (min. B)　91
散逸性ドリフト不安定性 (dissipative drift instability)　129

シア・アルフベン波 (shear Alfven wave)　61, 112, 142
シアのある流れ (sheared flow)　239, 240
シア・パラメーター　111, 116
磁気井戸 (magnetic well)　95
磁気音波 (magntoacoustic wave)　61
磁気粘性率 (magnetic viscosity)　59
磁気ヘリシティ　265
磁気面 (magnetic surface)　27
磁気モーメント (magnetic moment)　14, 16
磁気揺動による損失　194
磁気レイノルズ数 (magnetic Reynolds number)　60
軸対称系　64

磁束関数 (flux function)　64
磁束面 (magnetic flux surface)　26
磁場拡散時間　60
ジャイロ・ボーム型拡散係数　193
弱結合プラズマ (weakly coupled plasma)　4
主軸 (major axis)　32
小軸 (minor axis)　32
常磁性 (paramagnetism)　71
衝突時間　18
衝突ドリフト不安定性 (collisional drift instability)　130
衝突領域 (collisional region)　85
小半径 (minor radius)　32
新古典拡散　83
新古典ティアリング・モード　247
振動場電流駆動　274

スクレイプ・オフ層 (scrape off layer, SOL)　235
ステラレーター　275
スーパー・ショット　241

正常波 (ordinary wave)　136
静電波 (electrostatic wave)　147
制動放射　7
制動放射損失　234

速進波 (fast wave)　136
速度空間不安定性　310
速度分布関数 (velocity space distribution function)　9
速波 (fast wave)　136
損失錐 (loss cone)　15

た　行

帯状流 (zonal flow)　196, 204
ダイナモ (dynamo)　270
ダイバーター　235
大半径 (major radius)　32
対流エネルギー損失 (convective energy loss)　80
対流セル　240

対流損失　193
縦長断面プラズマ　226
縦長非円形断面　232
縦の断熱不変量　17
端損失　16
タンデム・ミラー　275
断熱圧縮　15
断熱不変量　16, 17

遅進波 (slow wave)　136
遅波 (slow wave)　136
着火条件 (ignition)　8
中間領域 (intermediate region)　85
中性粒子ビーム電流駆動 (neutral beam current drive, NBCD)　184
中性粒子ビーム入射加熱 (neutral beam injection, NBI)　20

冷たいプラズマ (cold plasma)　131
———の誘電率テンソー (dielectric tensor)　132

ティアリング不安定性 (tearing instability)　125
低域混成共鳴 (lower hybrid resonance)　144
低域混成共鳴周波数 (lower hybrid resonant frequency)　140
低域混成電流駆動 (lower hybrid current drive, LHCD)　178
低域混成波加熱 (lower hybrid heating, LHH)　172
低域混成波の近接条件 (accessibility condition)　173
抵抗拡散時間　22
抵抗性壁モード　247
抵抗性ドリフト不安定性 (resistive drift instability)　129
抵抗不安定性 (resistive instability)　121
定常運転　259
低ハイブリッド共鳴周波数 (lower hybrid resonant frequency)　140
テイラーの緩和理論　265
デバイ遮蔽　3

デバイ長 (Debye length)　4
電気抵抗 (electric resistance)　22
電磁 1 流体運動方程式　57
電子温度勾配不安定性　312
電子サイクロトロン加熱 (electron cyclotron heating, ECH)　175
電子サイクロトロン共鳴 (electron cyclotron resonance)　136
電子サイクロトロン電流駆動 (electron cyclotron current drive, ECCD)　181
電子サイクロトロン波 (electron cyclotron wave)　147
電子ドリフト周波数　118
電子のドリフト速度　128
電子のフェルミ・エネルギー　283
電子プラズマ周波数 (electron plasma frequency)　11, 137
電子プラズマ波 (electron plasma wave)　11, 139
電磁流体力学的不安定性 (magnetohydrodynamic instability)　88
電磁流体力学方程式　95

導体シェル　222
動的摩擦係数　50, 178, 184
トカマク　221
トカマク配位　108
閉じ込め時間　16, 80
　Pastukov の———　277
　RFP の———　270, 272
　トカマクの———　237, 243
　ミラーの———　16
ドライサー電場 (Dreicer field)　22
トランジット・タイム減衰 (transit time damping)　153
ドリフト周波数　190
ドリフト不安定性 (無衝突)　310
トロイダル座標 (toroidal coordinates)　68
トロイダル・ドリフト (toroidal drift)　32
遁走電子 (runaway electron)　21

な 行

内部破壊的不安定性　231
内部破壊モード (internal disruption mode)　126
内部輸送障壁　241
波の伝播　158
波の励起　158
波・プラズマ結合　158

熱拡散係数　80
熱伝導エネルギー損失 (conductive energy loss)　80
熱伝導係数　80
熱流束　80

は 行

ハイブリッド共鳴 (hybrid resonance)　137
破壊的不安定　231
爆縮　280, 285
長谷川–三間–Charney 方程式　197
長谷川–三間方程式　197
波動加熱 (wave heating)　158
バナナ領域 (banana region)　85
パルス的平行電流駆動　273
バルーニング不安定性　113
バルーニング・モード (ballooning mode)　113
ハロー電流　249
反磁性 (diamagnetism)　64, 71
反磁性電流 (diamagnetic current)　82

比体積 (specific volume)　94
非誘導定常運転　256
非誘導電流駆動　259
　中性粒子ビーム電流——(neutral beam current drive, NBCD)　184
　低域混成電流——(lower hybrid current drive, LHCD)　178
　電子サイクロトロン電流——(electron cyclotron current drive, ECCD)　181

フェルミ加速 (Fermi accelaration)　17
フォッカー–プランクの衝突項 (Fokker–Planck collision term)　50
負シア　193
ブートストラップ電流　86, 246
負の磁気シア　241
負のスパイク (negative spike)　231
フープ力 (hoop force)　72
プラズマ　1
プラズマ・パラメーター (plasma parameter)　4
プラズマ分散関数 (plasma dispersion function)　165, 301, 302
ブラゾフ方程式 (Vlasov equation)　49
プラトー領域 (plateau region)　85
フルート不安定性 (flute instability)　90
分極電流　43
分極ドリフト　43
分散関数　301
分散式 (dispersion equation)　134
分布関数 (distribution function)　46

平均最小磁場 (average min.B)　94
ベッセル関数モデル　266
ヘリカル対称　27
ペレット利得　281

放射損失　252
捕捉粒子不安定性　312
ボーム拡散係数　191
ホールラウム・ターゲット　292
ボルツマン方程式 (Boltzmann equation)　48
ポロイダル磁場 (poloidal field)　32
ポンデラモーティブ力　44, 292

ま 行

マイノリティ加熱 (minority heating)　172

ミラー磁場 (mirror field)　15
ミラーの閉じ込め時間　16

ミラー比 (mirror ratio)　15
ミルノフ・コイル　224

無衝突領域 (collisionless region)　85

モード変換　174

　　　　　　や　行

有効衝突周波数 (effective collision frequency)　84
誘電率テンサー　133, 164
　　熱いプラズマの——　164, 301
　　冷たいプラズマの——　133
誘導電流駆動　259

揺動　188
横の断熱不変量　16

　　　　　　ら　行

ラーマー運動　12

ラーマー半径　12
ラングミュア波 (Langmuir wave)　139
ランダウ減衰 (Landau damping)　151
ランダウの衝突積分　52

リヒトマイヤー–メシュコフ不安定性　289
リミター　221
リューヴィユの定理　46
粒子拡散係数　79
粒子閉じ込め時間 (particle confinement time)　79
臨界条件 (break even condition)　7

レイリー–テイラー不安定性 (Rayleigh–Taylor instability)　90
連結距離 (connection length)　80

炉心プラズマの条件　7
ロス・コーン (loss cone)　15
ロス・コーン不安定性　312

著者略歴

宮本健郎
 　　　　　1931 年　愛知県に生まれる
 　　　　　1955 年　東京大学理学部物理学科卒業
 　　　　　1961 年　Graduate School, College of Arts and Science, University of Rochester
 　1964-1972 年　名古屋大学プラズマ研究所
 　1972-1992 年　東京大学理学部物理学教室
 　1992-2000 年　成蹊大学工学部
 　1999-2002 年　Member of ITER Physics Expert Group
 　1992-　　 年　東京大学名誉教授

プラズマ物理の基礎

2014 年 10 月 10 日　初版第 1 刷

定価はカバーに表示

著　者　宮　本　健　郎
発行者　朝　倉　邦　造
発行所　株式会社　朝　倉　書　店
　　　　東京都新宿区新小川町 6-29
　　　　郵便番号　162-8707
　　　　電話　03(3260)0141
　　　　ＦＡＸ　03(3260)0180
　　　　http://www.asakura.co.jp

〈検印省略〉

© 2014 〈無断複写・転載を禁ず〉　　　　中央印刷・渡辺製本

ISBN 978-4-254-13114-7　C 3042　　Printed in Japan

JCOPY 〈(社)出版者著作権管理機構 委託出版物〉
本書の無断複写は著作権法上での例外を除き禁じられています．複写される場合は，そのつど事前に，(社)出版者著作権管理機構(電話 03-3513-6969，FAX 03-3513-6979，e-mail: info@jcopy.or.jp)の許諾を得てください．

前学習院大 川畑有郷・明大 鹿児島誠一・阪大 北岡良雄・
東大 上田正仁編

物性物理学ハンドブック

13103-1 C3042　　　　A 5 判　692頁　本体18000円

物質の性質を原子論的立場から解明する分野である物性物理学は，今や細分化の傾向が強くなっている。本書は大学院生を含む研究者が他分野の現状を知るための必要最小限の情報をまとめた。物質の性質を現象で分類すると同時に，代表的な物質群ごとに性質を概観する内容も含めた点も特徴である。〔内容〕磁性／超伝導・超流動／量子ホール効果／金属絶縁体転移／メゾスコピック系／光物性／低次元系の物理／ナノサイエンス／表面・界面物理学／誘電体／物質から見た物性物理

前宇宙研 市川行和・前電通大 大谷俊介編

原子分子物理学ハンドブック

13105-5 C3042　　　　A 5 判　536頁　本体16000円

自然科学の中でもっとも基礎的な学問分野であるといわれる原子分子物理学は，近年急速に進歩しつつある科学や工学の基礎をなすとともに，それ自身先端科学として重要な位置を占め，他分野に多大な影響を与えている。この原子分子物理学とその関連分野の知識を整理し，基礎から先端的な研究成果までを初学者や他分野の研究者にもわかりやすく解説する。〔内容〕原子・分子・イオンの構造および基本的性質／光との相互作用／衝突過程／特異な原子分子／応用／物理定数表

前東大 山田作衛・東大 相原博昭・KEK 岡田安弘・
東女大 坂井典佑・KEK 西川公一郎編

素粒子物理学ハンドブック

13100-0 C3042　　　　A 5 判　688頁　本体18000円

素粒子物理学の全貌を理論，実験の両側面から解説，紹介。知りたい事項をすぐ調べられる構成で素粒子を専門としない人でも理解できるよう配慮。〔内容〕素粒子物理学の概観／素粒子理論(対称性と量子数，ゲージ理論，ニュートリノ質量，他)／素粒子の諸現象(ハドロン物理，標準模型の検証，宇宙からの素粒子，他)／粒子検出器(チェレンコフ光検出器，他)／粒子加速器(線形加速器，シンクロトロン，他)／素粒子と宇宙(ビッグバン宇宙，暗黒物質，他)／素粒子物理の周辺

M.ル・ベラ他著
理科大 鈴木増雄・東海大 豊田　正・中央大 香取眞理・
理化研 飯高敏晃・東大 羽田野直道訳

統計物理学ハンドブック
—熱平衡から非平衡まで—

13098-0 C3042　　　　A 5 判　608頁　本体18000円

定評のCambridge Univ. Pressの"Equilibrium and Non-equilibrium Statistical Thermodynamics"の邦訳。統計物理学の全分野(カオス，複雑系を除く)をカバーし，数理的にわかりやすく論理的に解説。〔内容〕熱統計／統計的エントロピーとボルツマン分布／カノニカル集団とグランドカノニカル集団：応用例／臨界現象／量子統計／不可逆過程：巨視的理論／数値シミュレーション／不可逆過程：運動論／非平衡統計力学のトピックス／付録／訳者補章(相転移の統計力学と数理)

太田次郎総監訳　桜井邦朋・山崎　昶・木村龍治・
森　政稔監訳　久村典子訳

現代科学史大百科事典

10256-7 C3540　　　　B 5 判　936頁　本体27000円

The Oxford Companion to the History of Modern Science (2003).の訳。自然についての知識の成長と分枝を600余の大項目で解説。ルネサンスから現代科学へと至る個別科学の事項に加え，時代とのかかわりや地域的視点を盛り込む。〔項目例〕科学革命論／ダーウィニズム／(組織)植物園／CERN／東洋への伝播(科学知識)証明／エントロピー／銀河系(分野)錬金術／物理学(器具・応用)天秤／望遠鏡／チェルノブイリ／航空学／熱電子管(伝記)ヴェサリウス／リンネ／湯川秀樹

前阪大 長島順清著
朝倉物理学大系3
素粒子物理学の基礎 I
13673-9 C3342　　　A5判 288頁 本体5400円

実験物理学者が懇切丁寧に書き下ろした本格的教科書。本書は基礎部分を詳述。とくに第7章は著者の面目が躍如。〔内容〕イントロダクション／粒子と場／ディラック方程式／場の量子化／量子電磁力学／対称性と保存則／加速器と測定器

前阪大 長島順清著
朝倉物理学大系4
素粒子物理学の基礎 II
13674-6 C3342　　　A5判 280頁 本体5300円

実験物理学者が懇切丁寧に書き下ろした本格的教科書。本巻はIを引き継ぎ，クォークとレプトンについて詳述。〔内容〕ハドロン・スペクトロスコピィ／クォークモデル／弱い相互作用／中性K中間子とCPの破れ／核子の内部構造／統一理論

前東大 高柳和夫著
朝倉物理学大系11
原 子 分 子 物 理 学
13681-4 C3342　　　A5判 440頁 本体7800円

原子分子を包括的に叙述した初の成書。〔内容〕水素様原子／ヘリウム様原子／電磁場中の原子／一般の原子／光電離と放射再結合／二原子分子の電子状態／二原子分子の振動・回転／多原子分子／電磁場と分子の相互作用／原子間力，分子間力

前東大 高柳和夫著
朝倉物理学大系14
原　子　衝　突
13684-5 C3342　　　A5判 472頁 本体8800円

本大系第11巻の続編。基本的な考え方を網羅。〔内容〕ポテンシャル散乱／内部自由度をもつ粒子の衝突／高速荷電粒子と原子の衝突／電子－原子衝突／電子と分子の衝突／原子－原子，イオン－原子衝突／分子の関与する衝突／粒子線の偏極

元九大 高田健次郎・前新潟大 池田清美著
朝倉物理学大系18
原 子 核 構 造 論
13688-3 C3342　　　A5判 416頁 本体7200円

原子核構造の最も重要な3つの模型(殻模型，集団模型，クラスター模型）の考察から核構造の統一的理解をめざす。〔内容〕原子核構造論への導入／殻模型／核力から有効相互作用へ／集団運動／クラスター模型／付：回転体の理論，他

前九大 河合光路・元東北大 吉田思郎著
朝倉物理学大系19
原 子 核 反 応 論
13689-0 C3342　　　A5判 400頁 本体7400円

核反応理論を基礎から学ぶために，その起源，骨組み，論理構成，導出の説明に重点を置き，応用よりも確立した主要部分を解説。〔内容〕序論／核反応の記述／光学模型／多重散乱理論／直接過程／複合核過程－共鳴理論・統計理論／非平衡過程

東北工大 滝川 昇著
現代物理学［基礎シリーズ］8
原 子 核 物 理 学
13778-1 C3342　　　A5判 256頁 本体3800円

最新の研究にも触れながら原子核物理学の基礎を丁寧に解説した入門書。〔内容〕原子核の大まかな性質／核力と二体系／電磁場との相互作用／殻構造／微視的平均場理論／原子核の形／原子核の崩壊および放射能／元素の誕生

前電通大 伊東敏雄著
朝倉物理学選書2
電　磁　気　学
13757-6 C3342　　　A5判 248頁 本体2800円

基本法則からわかりにくい単位系，さまざまな電磁気現象までを平易に解説。初学者向け演習問題あり。〔内容〕歴史と意義／電荷と電場／導体／定常電流／オームの法則／静磁場／ローレンツ力／誘電体／磁性体／電磁誘導／電磁波／単位系／他

前阪大 清水忠雄著
基礎物理学シリーズ9
電　磁　気　学 I
―静電学・静磁気学・電磁力学―
13709-5 C3342　　　A5判 216頁 本体3000円

初学者向けにやさしく整理した形で明解に述べた教科書。〔内容〕時間に陽に依存しない電気現象：静電気学／時間に陽に依存しない磁気現象：静磁気学／電場と磁場が共にある場合／物質と電磁場／時間に陽に依存する電磁現象：電磁力学／他

前東大 清水忠雄著
基礎物理学シリーズ10
電　磁　気　学 II
遅延ポテンシャル・物質との相互作用・量子光学
13710-1 C3342　　　A5判 176頁 本体2600円

現代物理学を意識した応用的な内容を，理解しやすい流れと構成で学べるテキスト。〔内容〕マクスウェル方程式の一般解／運動する電荷のつくる電磁場／ローレンツ変換に対して共変な電磁場方程式／電磁波と物質の相互作用／電磁場の量子力学

前岡山大 東辻浩夫著 物理の考え方4	基礎・原理をていねいに記述し、放電から最近の応用まで理工学全般の学生を対象とした教科書。〔内容〕物質の四態／放電／電磁界中の荷電粒子の運動／核融合／プラズマの統計力／物質中の電磁界の波動／ダストプラズマ／他
プラズマ物理学	
13744-6 C3342　　A5判 200頁 本体3200円	

前筑波大 原　康夫・中大 稲見武夫・慶大 青木健一郎著	素粒子の平易な入門書。〔内容〕素粒子物理学とは／相対論的場の理論と量子力学／素粒子の世界を探る／対称性／U(1)ゲージ理論と量子電磁気学／弱い相互作用／対称性の破れ／電弱相互作用の統一理論／クォークとQCD／標準模型／他
素粒子物理学	
13082-9 C3042　　A5判 228頁 本体3800円	

前東工大 久武和夫・前東工大 岡田利弘著 理工学基礎講座9	原子物理学の基礎を新しい知見をもりこんでわかりやすく解説。〔内容〕古典的原子像／特殊相対論／光および X 線の性質（光量子説）／粒子の波動性／原子スペクトルと原子構造／量子力学／水素原子の量子力学／統計力学／固体／原子核
原子物理概論	
13509-1 C3342　　A5判 284頁 本体4800円	

前東大 有馬朗人著 基礎の物理9	初学者向きに微視的な世界における現代物理学の概念を、多くの例をあげてわかりやすく解説する。〔内容〕量子論のあけぼの／光の粒子性／電子の波動性／ラザフォード・ボーアの原子模型／量子力学／原子と分子の構造／原子核の構造／素粒子
原子と原子核	
13589-3 C3342　　A5判 260頁 本体4700円	

大貫惇睦・浅野　肇・上田和夫・佐藤英行・中村新男・高重正明・三宅和正・竹田精治著	物性科学、物性論の全体像を的確に把握し、その広がりと深さを平易に指し示した意欲的入門書。〔内容〕化学結合と結晶構造／格子振動と光物性／金属電子論／半導体と光物性／誘電体／超伝導と超流動／磁性／ナノストラクチャーの世界
物性物理学	
13081-2 C3342　　A5判 232頁 本体4000円	

青学大 久保　健・東工大 田中秀数著 朝倉物性物理シリーズ7	量子効果の説明を詳しく述べた、現代的な磁性物理学への入門書。〔内容〕磁性体の基礎／スピン間の相互作用／磁性体の相転移／分子場理論／磁性体の励起状態／一次元量子スピン系／ダイマー状態／フラストレーションの強いスピン系／付録
磁性 I	
13727-9 C3342　　A5判 248頁 本体4600円	

前東北大 畠山力三・東北大 飯塚　哲・東北大 金子俊郎著 電気・電子工学基礎シリーズ11	物質の第4状態であるプラズマの性質、基礎的手法やエネルギー・材料・バイオ工学などの応用に関して図を多用し平易に解説した教科書。〔内容〕基本特性／基礎方程式／静電的性質／電磁的性質／生成の原理／生成法／計測／各種プラズマ応用
プラズマ理工学基礎	
22881-6 C3354　　A5判 192頁 本体2900円	

核融合科学研 廣岡慶彦著 理科系のための	英文法の基礎に立ち返り、「英語嫌いな」学生・研究者が専門誌の投稿論文を執筆するまでになるよう手引き。〔内容〕テクニカルレポートの種類・目的・構成／ライティングの基礎的修辞法／英語ジャーナル投稿論文の書き方／重要表現のまとめ
入門英語論文ライティング	
10196-6 C3040　　A5判 128頁 本体2500円	

核融合科学研 廣岡慶彦著 理科系のための	著者の体験に基づく豊富な実例を用いてプレゼン英語を初歩から解説する入門編。ネイティブスピーカー音読のCDを付してパワーアップ。〔内容〕予備知識／準備と実践／質疑応答／国際会議出席に関連した英語／付録（予備練習／重要表現他）
入門英語プレゼンテーション ［CD付改訂版］	
10250-5 C3040　　A5判 136頁 本体2600円	

核融合科学研 廣岡慶彦著 理科系のための	豊富な実例を駆使してプレゼン英語を解説。質問に答えられないときの切り抜け方など、とっておきのコツも伝授。音読CD付〔内容〕心構え／発表のアウトライン／研究背景・動機の説明／研究方法の説明／結果と考察／質疑応答／重要表現
実戦英語プレゼンテーション ［CD付改訂版］	
10265-9 C3040　　A5判 136頁 本体2800円	

上記価格（税別）は2014年9月現在